电梯电气原理与控制技术
（第2版）

主　编　崔富义　刘富海　冯冠君

副主编　戴亮丰　翁贤贤　林凯明　王颖娴

参　编　彭成淡　雷勇利　张洪升　诸葛鑫路
林邓添　冯光辉　姜　磊　陈胜来
王　星　李书生　王莺洁　夏悦怡
窦飒飒

主　审　郭伟刚

北京理工大学出版社
BEIJING INSTITUTE OF TECHNOLOGY PRESS

图书在版编目（CIP）数据

电梯电气原理与控制技术 / 崔富义，刘富海，冯冠君主编．--2 版．--北京：北京理工大学出版社，2024.1

ISBN 978-7-5763-3400-5

Ⅰ．①电… Ⅱ．①崔… ②刘… ③冯… Ⅲ．①电梯-电气控制 Ⅳ．①TU857

中国国家版本馆 CIP 数据核字（2024）第 032625 号

责任编辑：王玲玲　　　**文案编辑**：王玲玲
责任校对：刘亚男　　　**责任印制**：施胜娟

出版发行 / 北京理工大学出版社有限责任公司
社　　址 / 北京市丰台区四合庄路 6 号
邮　　编 / 100070
电　　话 / （010）68914026（教材售后服务热线）
　　　　　（010）68944437（课件资源服务热线）
网　　址 / http：//www.bitpress.com.cn

版 印 次 / 2024 年 1 月第 2 版第 1 次印刷
印　　刷 / 三河市天利华印刷装订有限公司
开　　本 / 787 mm×1092 mm　1/16
印　　张 / 20
字　　数 / 465 千字
定　　价 / 89.00 元

前言 Preface

现代电梯是一种结构复杂且高度集成的机电一体化产品，随着高层建筑的不断涌现和电梯加装的迫切需求，电梯工程技术人才缺口巨大。研究表明，电梯电气故障率占电梯故障的85%~90%，而电梯电气控制技术的发展与创新又是现代智能电梯突破创新的关键，因此，电气控制系统是现代电梯技术的核心，电梯工程技术人才需要熟练掌握电梯电气原理及其控制技术。

当前，我国正在建设现代化产业体系。党的二十大报告指出："坚持把发展经济的着力点放在实体经济上，推进新型工业化，加快建设制造强国、质量强国、航天强国、交通强国、网络强国、数字中国。实施产业基础再造工程和重大技术装备攻关工程，支持专精特新企业发展，推动制造业高端化、智能化、绿色化发展。优化基础设施布局、结构、功能和系统集成，构建现代化基础设施体系。"电梯工程是装备制造产业中关系国计民生的一项重要产业。电梯专业人才培养在职业院校还属于一个朝阳专业，然而关于电梯职业型人才培养的教材比较匮乏，目前市场有一些电梯控制技术方面的教材，但内容较深，侧重于对控制原理和控制算法的研究，相关电气原理的介绍知识陈旧，缺乏系统性，没能结合职业院校和应用技术大学的学生的学情进行编制。职业院校和应用技术大学的办学目标决定了其课程设置应该坚持职业性、应用性和实践性。其理论知识以够用为原则，重在其实践能力的培养，使学生毕业后能快速掌握专业技能，融入企业，为社会创造价值。

本书依据国家职业标准及相关职业资格证书技能要求，融入全国职业院校技能大赛技术规程，结合电梯安装维修职业岗位要求，将专业基础知识与实际项目工程应用融为一体，围绕实际项目工程构建课程体系，组织实施教学，重在培养学生分析问题和解决问题的能力。通过对电梯电气控制基本知识和操作技能的学习，使学生熟知电梯电气部件的电气参数，能按照原理图完成电梯控制柜的安装与接线任务，会分析典型控制回路的工作原理与工作流程，识读和设计电梯电气控制原理图，了解电梯电气原理及控制技术，掌握各控制模块的作用，掌握各控制模块故障引起的电梯故障表现及常见风险分析，能根据电气原理图进行电梯电气调试与故障排除。本书编写过程中突出了职业素养、安全意识、工匠精神等元素的融入，以引导学生树立正确的价值观、人生观。

本书按照基础知识、部件选型、原理分析、控制应用、系统设计、系统调试、系统检测的模块化逻辑进行编写，在教材形态上，重新修订了本书的编写体例结构，强化了任务式的体例结构，同时，突出了教材的模块化编写思想，每个模块都对应相应的职业技能。本书修订后，丰富了数字化学习资源，各项目配备了丰富的立体化教学资源，包括电子课件、教学微课、实训指导、拓展资料等，配套的教学资源在“职教云”平台同步完成了建课。教学微课、拓展资料以二维码形式嵌入书中，可以扫码观看、阅读、下载，支持在线教学，实现了教材内容与线上学习平台的同步。

本书由杭州职业技术学院崔富义、刘富海和浙江同济科技职业学院冯冠君共同主编，广东省特种设备检测研究院中山检测院戴亮丰、林凯明，绍兴市特种设备检测院翁贤贤，杭州职业技术学院王颖娴为副主编，全书由杭州职业技术学院郭伟刚教授主审。另外，本书编写修订过程中，彭成淡、雷勇利、张洪升、诸葛鑫路、林邓添、冯光辉、姜磊、陈胜来、王星、李书生、王莺洁、夏悦怡、窦飒飒等同志参与部分章节内容的编写、修订和整理。崔富义、刘富海、付世州、陈文亮等老师对该课程基本知识点进行了相应教学微课视频的建设与录制。

由于编者水平有限，书中不妥之处难免，敬请同行批评指正。本书内容如果与相关技术规范或者全国电梯标准化技术委员会通过的解释文件有悖，应以后者为准。

教学微课视频二维码清单

名称	图形	名称	图形
电梯电气系统组成		电梯控制系统发展演变	
曳引机电梯结构与运行原理		曳引机认知与选型	
编码器的认知和选型		变压器的认知与选型	
开关电源认知与选型		接触器认知与选型	
相序继电器认知与选型		变频器认知与选型	
机房主开关认知与选型		电梯制动器开关认知与选型	

续表

名称	图形	名称	图形
端站保护装置认知与选型		平层装置的认知与选型	
检修装置的认知与选型		门防护装置的认知与选型	
电梯常用传感器认知与选型		交流双速电梯变极调速原理	
变频电梯制动回路分析		变频门机驱动回路分析	
直流门机驱动回路分析		变频电梯驱动回路分析	
变频电梯控制回路分析		安全及门锁回路分析	
检修回路与紧急电动运行回路分析		电梯按钮信号登记与显示回路分析	
PLC 控制电梯系统原理分析		微机控制电梯系统原理分析	

目录 Contents

项目 1 电梯基础知识认知

【知识目标】

1. 了解电梯的发展历史、结构组成与工作原理。
2. 熟悉电梯的分类方法。
3. 熟悉电梯电气控制系统组成与控制分类。

【技能目标】

1. 掌握电梯的结构组成与工作原理，能判定电梯的类型。

2. 掌握电梯电气控制系统的组成，能指出电梯控制系统的类型。

电梯的发展历史——电梯发展史

2020 全球最牛的5 个电梯

【素质目标】

1. 培养勤于思考、善于发现问题并创新突破的工匠意识。
2. 强化安全细心、坚持奋斗、执着专注、追求卓越的观念。
3. 树立大国工匠、技能报国、制造兴国精神。

任务1.1　电梯的发展历史

电梯是现代多层及高层建筑物中不可缺少的垂直运输设备。早在公元前1100年前后，我国古代的周朝时期就出现了提水用的辘轳，这是一种由木制（或竹制）的支架、卷筒、曲柄和绳索组成的简单卷扬机，如图1－1所示。公元前236年，希腊数学家阿基米德设计制作了由绞车和滑轮组构成的起重装置，用绞盘和杠杆把拉升绳缠绕在绕线柱上。这些就是电梯的雏形。

图1－1　辘轳

公元1765年，瓦特发明了蒸汽机后，英国于1835年在一家工厂里安装使用了一台由蒸汽机拖动的升降机。1845年，英国人阿姆斯特朗制作了第一台水压式升降机，这是现代液压电梯的雏形。

由于早期的升降机大都采用卷筒提升、棉麻绳牵引，断绳坠落事故时有发生，因而电梯的发展受到了安全性的考验。

1852年，他试着把防倒转棘轮的齿安装在井道每侧的导轨上，然后把四轮马车的弹簧安装在提升平台的上面，用拉升绳拴紧，这样如果缆绳断裂，拉力就会立刻从弹簧上释放出来，作用到棘轮内上，从而防止平台的下落。

1853年9月20日，奥的斯开办自己的电梯生产王国，奥的斯电梯公司由此诞生。

1854年，在纽约水晶宫举行的国际博览会上，奥的斯第一次向公众展示了他的发明，如图1－2所示。自此，搭乘电梯不再被认为是“冒险者的游戏”。

图1－2　轿厢下行超速保护测试

电梯原理

曳引钢带电梯

自动扶梯的运行原理

1857 年 3 月 23 日，奥的斯公司为地处纽约百老汇和布洛姆大街的 E. V. Haughwout 公司的一座专营法国瓷器和玻璃器皿的商店安装了世界上第一台客运升降机，升降机由建筑物内的蒸汽动力站通过轴和皮带驱动。

1874 年，罗伯特 · 辛德勒在瑞士创建迅达公司。

1878 年，奥的斯公司在纽约百老汇大街安装了第一台水压式乘客升降机，提升高度 34 m。

现代电梯兴盛的根本在于采用电力作为动力的来源。1831 年法拉第发明了直流发电机。1880 年，德国最早出现了用电力拖动的升降机，从此一种称为电梯的通用垂直运输机械诞生了。尽管这台电梯从当今的角度来看是相当粗糙和简单的，但它是电梯发展史上的一个里程碑。

1889 年，世界上第一个超高建筑电梯安装项目在法国巴黎完成。奥的斯公司在高度为 324 m 的埃菲尔铁塔中成功安装了升降电梯。按照铁塔底角的斜度及曲率，电梯在部分行程中须在倾斜的导轨上运行。同年 12 月，奥的斯公司在纽约第玛瑞斯特大楼成功安装了一台直接连接式升降机。这是世界上第一台由直流电动机提供动力的电力驱动升降机，如图 1 – 3 所示，名副其实的电梯从此诞生了。

图 1 – 3　奥的斯公司第一台电力驱动升降机

1891 年，世界上第一部自动电力驱动升降扶梯诞生。这种自动扶梯采用输送带原理，一条分节的坡道以 20° ~ 30° 坡度移动，扶梯的起止点都有齿长 40 cm 的梳状铲，与脚踏板上的凹齿啮合。乘客站在倾斜移动的节片上，不必举足，便能上、下扶梯。

1899 年 7 月 9 日，第一台奥的斯 · 西伯格梯阶式扶梯（梯级是水平的，踏板用硬木制成，有活动扶手和梳齿板）试制成功，这是世界上第一台真正的扶梯。

虽然曳引式的驱动结构早在 1853 年已在英国出现，但当时卷筒式驱动的缺点还未被人们充分认识，因而早期电梯以卷筒强制驱动的形式居多。随着技术的发展，卷筒驱动的缺点日益明显，如耗用功率大、行程短、安全性差等。1903 年，奥的斯电梯公司将卷筒驱动的电梯改为曳引驱动，为今天的长行程电梯奠定了基础。从此，在电梯的驱动方式上，曳引驱动占据了主导地位。曳引驱动使传动机构体积大大减小，而且还使电梯曳引机在结构设计时有效地提高了通用性和安全性。

从 20 世纪初开始，交流感应电动机进一步完善和发展，开始应用于电梯拖动系统，使电梯拖动系统简化，同时促进了电梯的普及。直至今日，世界上绝大多数电梯能采用交流电动机来拖动。

1985 年，三菱电动机公司研制出曲线运行的螺旋形自动扶梯，如图 1 – 4 所示，并成功投入生产。螺旋形自动扶梯可以节省建筑空间，具有装饰艺术效果。

图1－4　螺旋形自动扶梯

电梯的历史与发展

1989 年，奥的斯公司在日本发布了无机房线性电动机驱动的电梯。

1991 年，三菱电动机公司开发出带有中间水平段的提升高度较大的自动扶梯。这种多坡度型自动扶梯在提升高度较大时可降低乘客对高度的恐惧感，并能与大楼楼梯结构协调配置。

1992 年 12 月，奥的斯公司在日本东京附近的 Narita 机场安装了穿梭人员运输系统，如图1－5 所示。穿梭轿厢悬浮于一个气垫上，运行速度可达9.00 m/s，运行过程平滑、无声。后来，奥的斯公司又在奥地利、南非以及美国等其他一些国家和地区安装了该系统。

1993 年，三菱电动机公司在日本横滨 Landmark 大厦（图 1－6）安装了速度为 12.50 m/s 的超高速乘客电梯，这是当时世界上速度最快的乘客电梯。

图1－5　奥的斯公司水平穿梭人员运输系统

图1－6　日本横滨 Landmark 大厦

1996 年 3 月，芬兰通力电梯公司发布无机房电梯系统，如图 1－7 所示，电动机固定在机房顶部侧面的导轨上，由钢丝绳传动牵引轿厢。整套系统采用永磁同步电动机变压变频驱动。

1996 年，奥的斯公司推出 OdysseyTM，如图 1－8 所示，这是一个集垂直运输与水平运输于一体的复合运输系统。该系统采用直线电动机驱动，在一个井道内设置多台轿厢，轿厢在计算机导航系统控制下，能够在轨道网络内交换各自运行路线。

图1-7　无机房电梯系统

图1-8　多台电梯共用同一个井道

1996年，三菱电动机公司开发出采用永磁电动机无齿轮曳引机和双盘式制动系统的双层轿厢高速电梯，并安装于上海的Mori大厦。

1997年4月，迅达电梯公司在慕尼黑展示了无机房电梯，该电梯无须曳引绳和承载井道，自驱动轿厢在自支撑的铝制导轨上垂直运行。

20世纪90年代末，富士达公司开发出变速式自动人行道，如图1-9所示。这种自动人行道以分段速度运行，乘客从低速段进入，然后进入高速平稳运行段，最后进入低速段离开。这样提高了乘客上、下自动人行道时的安全性，缩短了长行程的乘梯时间。

图1-9　变速式自动人行道

2000 年 5 月，迅达电梯公司发布 Eurolift 无机房电梯，如图 1－10 所示。它采用高强度无钢丝绳芯的合成纤维曳引绳牵引轿厢。每根曳引绳由大约 30 万股细纤维组成，是传统钢丝绳质量的 1/4。绳中嵌入石墨纤维导体，能够监控曳引绳的轻微磨损等变化。

2000 年，奥的斯公司开发出 Gen2 无机房电梯，如图 1－11 所示。它采用扁平的钢丝绳加固胶带牵引轿厢。钢丝绳变速式自动人行道加固胶带（外面包裹聚氨酯材料）柔性好。无齿轮曳引机呈细长形，体积小，易安装，耗能仅为传统齿轮传动机器的一半。该电梯运行不需要润滑油，因此更具环保特性，是业界公认的“绿色电梯”。

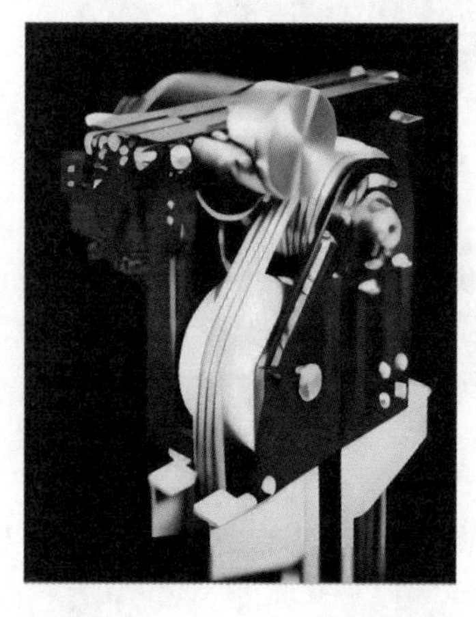

图 1－10　Eurolift 无机房电梯

图 1－11　Gen2 无机房电梯主机

2002 年 4 月 17—20 日，三菱电动机公司在第 5 届中国国际电梯展览会上展出了倾斜段高速运行的自动扶梯模型，其倾斜段的速度是出入口水平段速度的 1.5 倍。该扶梯不仅能够缩短乘客的乘梯时间，同时也提高了乘客上、下扶梯时的安全性与平稳性。

2003 年 2 月，奥的斯公司发布新型的 NextStepTM 自动扶梯。它采用了革新的 Guarded 踏板设计，梯级踏板与围裙板成为协调运行的单一模块。它还采用了其他提高自动扶梯安全性的新技术。

2004 年，台北国际金融中心大厦安装了速度为 1 010 m/min（16.8 m/s）的超高速电梯。该电梯由日本东芝电梯公司生产，提升高度达到 388 m。

2010 年 4 月，日本日立公司设计的超高速电梯安装在日本高 213 m 的 G1 Tower 大厦中，其速度达到 1 080 m/min（18 m/s）。

1900 年，奥的斯电梯公司通过代理商与中国签订了第 1 份电梯供应合同，1907 年合同完成，电梯在中国上海的一家饭店投入运行，电梯进入中国已有 100 多年的历史。截至 2022 年年底，根据国家市场监督管理总局 2023 年第 6 号文件对于电梯数量的统计，我国电梯登记在册的有 964.46 万台，约占全球在用电梯 2 100 万台总量的 4 成。目前，电梯已成为人们日常生活中依赖程度最高的交通工具之一。

电梯进入我国的时间虽然较早，但我国电梯研发和制造起步较晚，大致可分为三个阶段：

第一阶段：中华人民共和国成立之前的 1900—1949 年。我国基本没有生产和研制电梯的能力，主要依赖国外电梯。

第二阶段：中华人民共和国成立后至改革开放初期（1950—1979 年）。我国独立自主，自行设计研发、批量制造了各种电梯，逐步建立了我国电梯研发和生产的体系。1952 年，我国在北京天安门上安装了首台自己制造的电梯，该电梯载重为 1 000 kg，速度为 0.70 m/s，交流单速、手动控制。1953 年，我国制造了由双速感应电动机驱动的自动平层电梯。1956 年，我国成功研制了自动平层、自动开门的交流双速信号控制电梯。1957 年，上海电梯厂为武汉长江大桥生产安装了 8 台自动信号控制电梯。1959 年，上海电梯厂为北京火车站设计和制造了我国首批自动扶梯。1960 年，上海电梯厂又试制成功了采用信号控制的直流发电机组供电的直流电梯。1967 年，上海电梯厂研制出 4 台直流快速电梯的群控系统，这也是我国最早的群控电梯。1976 年，首台直流无齿轮高速电梯由天津电梯厂研制成功，提升高度为 102 m。1979 年，天津电梯厂又生产了我国第一台集选控制的交流调速电梯，速度为 1.75 m/s，提升高度为 40 m。在这一阶段，全国生产安装电梯约 1 万台，这些电梯主要是直流电梯和交流双速电梯。

第三阶段：改革开放初期至今（1980 年至今）。我国通过引进先进技术、合作开发，电梯的研发和生产制造快速发展，与国外先进技术之间的差距缩小。从 1980 年起，国内电梯制造厂先后与瑞士迅达、美国奥的斯电梯公司、日本三菱电动机公司、日本日立电梯等组建合资公司。1985 年，中国迅达上海电梯厂试制成功两台并联 2.50 m/s 高速电梯，北京电梯厂生产了中国首台微机控制的交流调速电梯。1988 年，上海三菱电梯有限公司生产了我国第一台变压变频控制电梯。1996 年，苏州江南电梯有限公司推出了微机控制交流变压变频调速多坡度自动扶梯。2012 年，康力电梯公司自主研发成功我国首台具有自主知识产权的超高速电梯，最高速度达到 7 m/s。截至 2023 年，国内电梯最高速度已经达到 21 m/s，如图 1－12 所示。另外，近年来，由不同企业开发的电梯远程监控系统被广泛应用，如 Prospect、Cloud ERMON、中国移动的“电梯卫士”等。在此期间，为了保障电梯的制造与安装质量，1987 年，政府首次颁布了国家标准 GB 7588—1987《电梯制造与安装安全规范》，并于 1995 年和 2003 年对其进行了两次修订，随后颁布了液压电梯、消防电梯、杂物电梯、载货电梯、家用电梯等一系列制造安装规范。1989 年，我国组建了国家电梯质量监督检验中心，以保障在国内使用的电梯的安全性能。1992 年，国家技术监督局批准成立全国电梯标准化技术委员会。随着我国经济的高速发展，各省市高楼耸立，快速增长的电梯台量让国家市场监督管理总局和全国电梯标准化技术委员会对适合我国国情基础条件的电梯标准有了更加深入的了解。由全国电梯标准化技术委员会（SAC/TC196）提出，电梯相关行业各龙头单位参与起草。在 2016 年 7 月 1 日，国家标准 GB 7588—2003《电梯制造与安装安全规范》一号修改单开始实施。2022 年 7 月 1 日，国家标准 GB/T 7588—2020.1《电梯制造与安装安全规范　第 1 部分：乘客电梯和载货电梯》、GB/T 7588.2—2020《电梯制造与安装安全规范第 2 部分：电梯部件的设计原则、计算和检验》开始实施。也标志着我国的电梯标准发展正式进入世界前列水平。同时，对于扶梯的发展及关注，我们国家也没有落下。1998 年，国家标准 GB 16899—1997《自动扶梯和自动人行道的制造与安装安全规范》开始实施。2011 年 7 月 29 日，GB 16899—2011《自动扶梯和自动　人行道的制造与安装安全规范》开始实施。经过多年对适合我国国情扶梯的标准的研究，紧随其后的是在 2022 年国家标准《自动扶梯和自动人行道的制造与安装安全规范》征求意见稿也进行了颁布，广泛征求意见。

检验专用章

乘客和载货电梯适用参数范围和配置表

设备类别	曳引与强制驱动电梯		
设备品种	曳引驱动乘客电梯		
产品名称	曳引式客梯	/	/
产品型号	UVF	/	/
额定速度	上行：≤21.0 m/s 下行：≤10.0 m/s	额定载重量	≤1600 kg
设备保护级别	/	防爆等级	/
调速方式	交流变频调速	驱动方式	曳引驱动
调速装置制造单位名称	株式会社日立大厦系统		
控制装置制造单位名称	株式会社日立大厦系统		
驱动主机布置方式	上置机房内		
驱动主机制造单位名称	株式会社日立大厦系统		
悬挂比（绕绳比）	1∶1	绕绳方式	复绕
轿厢悬吊方式	顶吊式	轿厢导轨列数	2列
轿厢数量	1个	多轿厢之间的连接方式	/
控制柜布置区域	机房内	工作环境	室内
轿厢上行超速保护装置型式	曳引机制动器		
轿厢意外移动保护装置型式	作用于曳引轮或只有两个支撑的曳引轮轴		
防爆型式	/		
PESSRAL 型号	HET-5		
PESSRAL 功能	采用减行程缓冲器时对电梯驱动主机正常减速的监测；控制轿厢或对重到达缓冲器上表面时的速度不超过所使用缓冲器的设计速度。		
PESSRAL 制造单位名称	株式会社日立大厦系统		
特殊用途产品	/		

图 1－12　最高速电梯

目前国内已形成较为完整的电梯上游零部件产业链，在市场占比达 97% 的高中低速电梯领域，配套零部件国产化率接近 100% 。电梯市场需求与城镇化水平和人口规模呈息息相关。

近几年，中国的升降机产业发展迅速，世界上 70% 的升降机在中国销售，占世界总销量的 60% ~65% 。无论是新装量还是存量，中国都已成为全球最大的电梯市场。据国家统计局数据显示，2022 年我国电梯产量增长 145. 4 万台，相比 2021 年电梯产量 154. 4 万台，同比增长 －11. 2% ，同期全球电梯产量同比增长 －31% 。2022 年全年电梯出口台量达 74 971 台，超过 2021 年 72 078 台，同比增长 3. 76% 。2022 年全年电梯进口台量 995 台，比 2021 年 1 218 台减少了 223 台。我国电梯发展已经进入平稳阶段。从 2021 年 4 月至今新申请的电梯相关专利来看，智能化电梯是现在电梯技术改进的主要趋势之一。

2023 年发布数智电梯战略，在数字、智能化领域去投入和布局，希望去引领整个行业，助力电梯行业成长以及转型升级。数字电梯智慧化这个技术更多是对电梯后市场有所突破，包括服务、安装、维保等领域。

总的来说，目前的趋势即机械的产品电子化，电子的产品软件化。这不仅仅是电梯行业面临的趋势，是对整个制造业来说的技术发展趋势。事实上，国产电梯不管是品质还是技术，并不比外资品牌逊色，甚至电梯零部件的整个产业链都在中国，中国也有不少内资企业涉足，当前国产品牌部分电梯已经在技术上比肩世界顶尖电梯企业，行业标准也在进一步引领全球。但在技术服务上，作为电梯大国，还需要进一步加强。

任务 1.2　电梯的结构与工作原理

1.2.1　曳引式电梯的基本结构

电梯安全保护系统

电梯结构

曳引式电梯基本结构

曳引式电梯是垂直交通运输工具中使用最普遍的一种电梯，现将其基本结构介绍如下：

1. 曳引系统

曳引系统由曳引机、曳引钢丝绳、导向轮及反绳轮等组成。

曳引机由电动机、联轴器、制动器减速箱、机座、曳引轮等组成。它是电梯的动力源。

曳引钢丝绳的两端分别连接轿厢和对重（或者两端固定在机房上），依靠钢丝绳与曳引轮绳槽之间的摩擦力来驱动轿厢升降。

导向轮的作用是调整轿厢和对重之间的距离，以便适合不同的工地布置。采用复绕型时，还可增加曳引能力。导向轮安装在曳引机架上或承重梁上。

当钢丝绳的绕绳比大于1时，在轿厢顶和对重架上应增设反绳轮。反绳轮的个数可以是1个、2个甚至3个，这与曳引比有关。

2. 导向系统

导向系统由导轨、导靴和导轨架等组成。它的作用是限制轿厢和对重的活动自由度，使轿厢和对重只能沿着导轨做升降运动。

导轨固定在导轨架上，导轨架是承重导轨的组件，与井道壁连接。

导靴装在轿厢和对重架上与导轨配合，强制轿厢和对重的运动服从于导轨的直立方向。

3. 门系统

门系统由轿厢门、层门、开门机、联动机构、门锁等组成。

轿厢门设在轿厢入口，由门扇、门导轨架、门靴和门刀等组成。

层门设在层站入口，由门扇、门导轨架、门靴、门锁装置及应急开锁装置组成。

开门机设在轿厢上，是轿厢门和层门启闭的动力源。

4. 轿厢

轿厢是用于运送乘客或货物的电梯组件，由轿厢架和轿厢体组成。轿厢架是轿厢体的承重构架，由横梁、立柱、底梁和斜拉杆等组成。轿厢体由轿厢底、轿厢壁、轿厢顶及照明装置、通风装置、轿厢装饰件和轿内操纵按钮板等组成。轿厢体空间的大小由额定载重量或额定载客人数决定。

5. 重量平衡系统

重量平衡系统由对重和重量补偿装置组成。对重由对重架和对重块组成。对重将平衡轿厢自重和部分额定载重。重量补偿装置是补偿高层电梯中轿厢与对重侧曳引钢丝绳长度变化对电梯平衡设计影响的装置。

6. 电力拖动系统

电力拖动系统由曳引电动机、供电系统、速度反馈装置、调速装置等组成，对电梯实行速度控制。

曳引电动机是电梯的动力源，根据电梯配置可采用交流电动机或直流电动机。

供电系统是为电动机提供电源的装置。

速度反馈装置是为调速系统提供电梯运行速度信号的装置。一般采用测速发电机或速度脉冲发生器，与电动机相联。

调速装置对曳引电动机实行调速控制。

7. 电气控制系统

电气控制系统由操纵装置、位置显示装置、控制屏、平层装置、选层器等组成，它的作用是对电梯的运行实行操纵和控制。

操纵装置包括轿厢内的按钮操作箱或手柄开关箱、层站召唤按钮、轿顶和机房中的检修或应急操纵箱。

位置显示装置是指轿内和层站的指层灯。层站上一般能显示电梯运行方向或轿厢所在的层站。

控制屏安装在机房中，由各类电气控制元件组成，是电梯实行电气控制的集中组件。

平层装置主要包括平层感应器和隔磁板，其作用是提供电梯平层信号，使轿厢能够准确平层。

选层器能起到指示和反馈轿厢位置、决定运行方向、发出加/减速信号等作用。

8. 安全保护系统

安全保护系统包括机械和电气的各类保护系统，可保护电梯安全使用。

机械方面的有：限速器和安全钳，起超速保护作用；缓冲器，起冲顶和撞底保护作用；此外，还有切断总电源的极限保护等。

电气方面的安全保护在电梯的各个运行环节都有。

曳引电梯工作原理

1.2.2 曳引式电梯的工作原理

电梯是复杂的机电一体化产品，它包含机械和电气两大部分，它的基本结构为在一条垂直的电梯井内放置一个上下移动的轿厢。下面以曳引驱动电梯（曳引电梯）为例简单介绍电梯的工作原理。

在井道中，曳引绳一端连接轿厢，另一端连接对重装置，曳引绳把它们悬挂在电梯井顶部机房的曳引轮上，曳引轮依靠曳引绳表面及曳引轮之间的摩擦力来拉动轿厢沿导轨上下运动。曳引电动机驱动曳引轮转动，使轿厢上升或下降。当轿厢移动时，对重装置会向反方向移动。曳引电动机可以是交流电动机或直流电动机。有的曳引电梯还有重量补偿装置，即在轿厢及对重装置下方设置补偿绳或补偿链装置，或用补偿绳或补偿链装置连接轿厢和对重装置，或者把补偿绳或补偿链装置的另一端连接到地面上，用来补偿电梯运行时因曳引绳长度变化造成的轿厢与对重装置两侧重量的不平衡。另外，曳引电梯还设置了各种安全装置，防止轿厢因曳引绳断裂、制动失灵等原因造成的坠落，例如，在机房装设的限速器、在轿厢及对重装置上安装的安全钳、在电梯井道底部安装的缓冲器等。

曳引电梯在功能上由8个部分构成：曳引系统、导向系统、轿厢、门系统、重量平衡系统、电力拖动系统、电气控制系统和安全保护系统。曳引系统用来输出与传递动力，使电梯运行，由曳引电动机、曳引绳、导向轮、反绳轮组成。导向系统用来限制轿厢和对重装置的活动自由度，使轿厢和对重装置只能沿着导轨做升降运动，由导轨、导靴和导轨架组成。轿厢用来运送乘客和货物，是电梯的工作部分，由轿厢架和轿厢体组成。门系统用来控制层站入口和轿厢入口，包括轿厢门、层门、门机、门锁装置等。重量平衡系统用来平衡轿厢重量，在电梯运行过程中使轿厢与对重装置的重量差保持在规定范围之内，保证电梯的曳引传动正常，其由对重和重量补偿装置（补偿链或补偿绳）组成。电力拖动系统用来提供动力，实现对电梯速度的控制，它包括曳引电动机、供电系统、速度反馈装置、调速装置等。电气控制系统用来采集井道信息如厅外召唤、轿内登记等，然后通过预先设置的规则控制电梯运行，实现电梯的使用功能，电气控制系统由操纵装置、位置显示装置、控制柜、平层装置、选层器等组成。安全保护系统用来保证电梯安全使用，防止一切危及人身安全的事故发生，它由限速器、安全钳、缓冲器、端站保护装置等组成。

下面以集选控制电梯为例，介绍电梯的操纵与运行的一般过程。

1. 有司机操纵

首先，司机用锁梯钥匙将电梯解锁，然后电梯门自动打开，司机进入轿厢。

当有乘客乘用电梯时，司机根据轿厢内乘客的要求，按下操纵盘上的相应层站的选层按钮，电梯便自动定出运行方向（例如由基站向上运行），然后司机按下方向与开车按钮，电梯自动关门，门关好后，电梯快速启动、加速，直到稳速运行。

当电梯临近停梯站前方某个距离位置时，由控制系统发出减速信号，同时平层装置动作，确定电梯停靠站。电梯停站过程完全受控于电梯调速装置，电梯调速装置使电梯按给定速度曲线制动减速，直到准确平层停梯。然后，开门放客及接纳新的乘客进入轿厢。电梯司机再次按下方向按钮，电梯再次关门、启动，加速直至稳速运行，重复上述过程。

为防止乘客进入轿厢时被夹现象的发生，电梯门都设置安全保护触板或光电保护装置，若电梯关门时有乘客或乘客携带物品被夹，由于安全触板或光电保护装置的作用，电梯会停止关门，并使电梯门再度打开，直到被夹现象消除，电梯门再次关闭。

为了防止电梯超载，轿厢底部会设置超载传感器，可在操纵盘上显示超载信号，并控制电梯启动，起到了超载保护作用。

集选控制电梯能自动应答与运行方向一致的厅外呼梯信号，并能在控制系统的作用下自动减速停车，这功能被称为“顺向截梯”功能。集选电梯不具备“反向截梯”功能。

2. 无司机操纵

无司机操纵的集选电梯不同于有司机操纵的电梯。

首先，管理人员用锁梯钥匙将电梯解锁，然后电梯门自动响应按钮进行开关门，电梯停梯待客。当基站有乘客乘用电梯时，按下厅外呼梯按钮，电梯门自动打开。若其他层站有乘客乘用电梯，当乘客按下厅外呼梯按钮时，电梯自动启动前往接客，在该层站自动停梯开门，等待乘客进入轿厢。

乘客进入电梯轿厢后，只要按下楼层按钮，电梯就自动关门、定向启动、加速、匀速运行直至到达预定停靠站，停梯、开门放客。电梯停站时间到达规定时间（6～8 s）时，自动关门启动运行。

无司机操纵的集选电梯在运行中逐一登记各楼层呼梯信号，对于符合运行方向的呼梯信号，逐一停靠应答。待全部完成顺向指令后，便自动换向应答反向召唤信号。当无召唤信号时，电梯在该站停留 6～8 s 后自动关门停梯。

以上是电梯正常运行模式，这种情况下，电梯是根据轿厢内外召唤操作运行的。通常，电梯还具有以下几种运行模式：

①紧急运行模式。紧急情况下，如发生火灾时，电梯在接到火灾报警信号后，将自动进入紧急运行模式，电梯不响应轿内登记和厅外召唤，直接返回基站，到达基站后，电梯门打开，疏散轿厢内的乘客。

②检修运行模式。在轿厢内、轿厢顶部或机房设置检修开关，检修人员操作检修开关后，电梯进入检修运行模式。在检修运行模式下，电梯将不响应轿内登记和厅外召唤。

任务 1.3　电梯的分类

电梯基础
知识简介（2016）

电梯是指动力驱动，利用沿刚性导轨运行的箱体或者沿固定线路运行的梯级（踏步），进行升降或者平行运送人、货物的机电设备，包括载人（货）电梯、自动扶梯、自动人行道等。本书所述为常见用电力拖动的升降运送人、货物的电梯。

在最新的2014 版的特种设备目录中，将电梯分为曳引与强制驱动电梯（曳引驱动乘客电梯、曳引驱动载货电梯、强制驱动载货电梯）、液压驱动电梯（液压乘客电梯、液压载货电梯）、自动扶梯与自动人行道（自动扶梯、自动人行道）以及其他类型电梯（防爆电梯、杂物电梯、消防员电梯）。此外，根据建筑物的高度、用途及客流量（或物流量）的不同，电梯有以下几种分类方法。

1. 按用途分类

乘客电梯：为运送乘客而设计的电梯，应用范围广泛。

载货电梯：可以有人随乘，主要为运送货物而设计的电梯，用在工厂厂房和仓库中。

客货电梯：以运送乘客为主，但也可以运送货物的电梯。

病床电梯：或称为医用电梯，为运送病床（包括病人）及医疗设备而设计的电梯，用在医院和医疗中心。

住宅电梯：为便于运送乘客、家具、担架等而设计的供住宅楼使用的电梯。

杂物电梯：服务于规定层的层站固定式提升装置，具有一个轿厢，由于结构形式和尺寸的限制，轿厢内不允许人员进入。主要用于运送少量食品、图书和文件等。

汽车电梯：为运送车辆而设计的电梯，应用在立体停车设备中。

特种电梯：应用在一些有特殊要求场合的电梯，包括防爆电梯、防腐电梯、船用电梯等。

观光电梯：井道和轿厢壁至少有一侧透明，乘客可观看轿厢外景物的电梯，主要运送乘客。

家用电梯：安装于私人住宅，仅供家庭成员使用的电梯。这种电梯也可以安装于非单一家庭使用的建筑物内，作为单一家庭进入住所的工具。

其他类型的电梯：除上述常用电梯外，还有一些特殊用途的电梯，如消防员用电梯等。

2. 按拖动方式分类

交流电梯：用交流电动机驱动的电梯。若采用单速交流电动机驱动，则称为交流单速电梯；若采用双速交流电动机驱动，则称为交流双速电梯。当交流电动机配有调压调速装置时，称为交流调速电梯。当电动机配有变压变频调速装置时，称为变压变频调速（Variable Voltage and Variable Frequency，VVVF）电梯。

直流电梯：采用直流电动机驱动的电梯。

液压电梯：利用液压传动驱动柱塞使轿厢升降的电梯。

3. 按驱动形式分类

曳引驱动的电梯：采用曳引轮作为驱动部件，曳引绳悬挂在曳引轮上，一端悬挂轿厢，另一端连接对重装置，由曳引绳和曳引轮之间的摩擦产生的曳引力驱动轿厢上下运动。这是目前电梯经常采用的一种驱动形式。

液压驱动的电梯：采用液压作为动力源，把油压入或退出油缸来驱动柱塞做直线运动，直接或通过钢丝绳间接地带动轿厢上下运动。

卷筒驱动的电梯：采用两组悬挂的钢丝绳，每组钢丝绳的一端固定在卷筒上，另一端固定在轿厢或对重装置上。一组钢丝绳按顺时针方向绕在卷筒上，另一组钢丝绳按逆时针方向绕在卷筒上，这样，当一组钢丝绳绕出卷筒，另一组钢丝绳绕入卷筒时，固定在两组钢丝绳上的轿厢即可实现上下运动。早期的电梯多采用这种方式。由于提升高度低、载重量小、能耗大等因素，目前已不常见。

齿轮齿条电梯：将导轨加工成齿条，轿厢装上与齿条啮合的齿轮，电动机带动齿轮旋转使轿厢升降的电梯。这种方式主要用于建筑施工电梯。

螺杆式电梯：将直顶式电梯的柱塞加工成矩形螺纹，再将带有推力轴泵的大螺母安装于油缸顶，然后通过电动机经减速机（或皮带）带动螺母旋转，从而使螺杆顶升轿厢上升或下降的电梯。

直线电动机驱动的电梯：直线电动机是一种将电能直接转换成直线运动机械能，不需要任何中间转换机构的传动装置。它可以看成是一台旋转电动机按径向剖开成的平面电动机。由定子演变而来的一侧称为初级，由转子演变而来的一侧称为次级。在永磁直线同步电动机驱动的电梯中，永磁体作为次级布置在轿厢上，初级固定不动，当初级绕组通入交流电源时，初级、次级之间的气隙中产生行波磁场，次级在行波磁场的切割下，将感应出电动势并产生电流。该电流与气隙中的磁场相互作用就会产生电磁推力，推动轿厢运动。

4. 按速度分类

低速电梯：轿厢额定速度小于等于1.00 m/s的电梯。

中速电梯（快速电梯）：轿厢额定速度大于1.00 m/s且小于等于2.00 m/s的电梯。

高速电梯：轿厢额定速度大于2.00 m/s且小于3.00 m/s的电梯。

超高速梯：轿厢额定速度大于等于3.00 m/s的电梯，通常用于超高层建筑物。

5. 按电梯有无司机分类

有司机电梯：电梯的运行方式由专职司机操纵完成。

无司机电梯：由乘客自己操纵的电梯。乘客进入电梯轿厢，在操纵盘上选择所要去的层楼，电梯自动运行到目的层楼。这类电梯一般具有集选功能。

有/无司机电梯：这类电梯设置有/无司机转换电路，一般情况下由乘客自己操纵，如遇客流量大或特殊情况时，可由司机操纵。

6. 按操纵控制方式分类

手柄开关操纵：电梯司机在轿厢内控制操纵盘手柄开关，实现电梯的启动、上升、下降、平层、停止的运行状态。

按钮控制电梯：是一种简单的自动控制电梯，具有自动平层功能，常见有轿外按钮控制、轿内按钮控制两种方式。

①轿外按钮控制。电梯的呼唤、运行方向和选层均通过安装在各楼层厅门处的按钮进行操纵。在运行中直至停靠之前，不接受其他楼层的操纵指令。

②轿内按钮控制。按钮箱安装在轿厢内，由司机操纵。电梯只接受轿内按钮指令，厅门召唤按钮不能截停和操纵电梯，只能通过轿内指示灯给出召唤信号。

信号控制电梯：这是一种自动控制程度较高的有司机电梯。能将厅门召唤信号、轿内选层信号和其他专用信号，进行自动综合分析判断。由司机进行操纵。一般具有轿厢命令及厅外召唤登记、顺向截梯、自动换向、自动平层、自动开门等功能。

集选控制电梯：这是一种在信号控制基础上发展起来的全自动控制的电梯，与信号控制的主要区别在于能实现无司机操纵。集选控制电梯是一种高度自动控制的电梯。将厅外召唤信号、轿内选层信号等多种信号自动综合分析，自动决定轿厢的运行。可实现无司机控制。这种电梯除了具有信号控制电梯的功能外，还具有自动延时控制停站时间、自动应召服务、自动换向应答、反向厅外召唤等功能。集选控制电梯一般具有有/无司机操纵转换功能，当实现有司机操纵时，即为信号控制电梯。

下集选控制电梯：这种电梯只有当电梯下行时才具有集选功能。电梯上行时不能截停电梯。如果乘客欲从某层楼上行时，只能先乘坐下行电梯，下到基站后再上行。

并联控制电梯：将两台或三台电梯集中排列，共用厅外召唤信号，按规定的并联控制并进行集中控制和自动调度，用于提高载运效率，缩短候梯时间。每台电梯都具有集选功能。

群控电梯：将多台电梯集中排列，共用厅外召唤信号。电梯调度系统根据客流情况和各梯所在楼层位置进行交通流分析，自动选择最佳运行方式，对多台电梯进行集中控制和自动调度

7. 按机房位置分类

可分为有机房电梯和无机房电梯两类，其中每一类又可做进一步划分。

有机房电梯根据机房的位置与形式，可分为以下几种：

①机房位于井道上部并按照标准要求建造的电梯。

②机房位于井道上部，机房面积等于井道面积，净高度不大于 2 300 mm 的小机房电梯。

③机房位于井道下部的电梯。

无机房电梯根据曳引机的安装位置，也可以分为以下几类：

①曳引机安装在上端站轿厢导轨上的电梯。

②曳引机安装在上端站对重导轨上的电梯。

③电引机安装在上端站楼顶板下方承重梁上的电梯。

④曳引机安装在井道底坑内的电梯。

8. 按曳引机结构分类

有齿曳引机电梯：曳引电动机输出的动力通过齿轮减速箱传递给曳引轮，再驱动轿厢，采用此类曳引机的电梯称为有齿轮曳引电梯。

无齿轮曳引机电梯：曳引电动机输出的动力直接驱动曳引轮，再驱动轿厢，采用此类曳引机方式的电梯称为无齿轮曳引电梯。

9. 其他分类

①特殊用途：消防梯、冷气梯等。

②根据轿厢尺寸，也经常使用小型、超大型等区分电梯。此外，还有双层轿厢电梯等。

③斜行电梯：轿厢在倾斜的井道中沿着倾斜的导轨运行，是集观光和运输于一体的物送设备。

任务1.4 电梯的电气控制系统组成

电梯电力拖动控制系统组成

电梯的电气控制系统由逻辑控制装置、操纵装置、平层装置和位置显示装置等部分组成，其中逻辑控制装置是根据电梯的运行逻辑功能的要求来控制电梯的运行，它通常设置在机房中。操纵装置包括两部分：轿厢内的操纵按钮箱和厅门门口的召唤按钮箱，用来操纵电梯的运行。平层装置是发出平层控制信号，使电梯轿厢准确平层的控制装置。位置显示装置用来显示电梯轿厢所在楼层位置，一般在轿内、厅外或机房设置位置显示装置。另外，厅门除了设置位置指示装置外，还设置电梯运行方向指示装置，用箭头显示电梯的运行方向。下面介绍上述装置的组成与功能。

1.4.1 操纵装置

操纵装置包括两部分：轿厢内的操纵按钮箱和厅外的召唤按钮箱。另外，电梯还设置了检修盒，在维修时，可以通过它操纵电梯慢上、慢下。

1. 轿内操纵按钮箱

操纵按钮箱设置在电梯轿厢内靠门的轿壁上，在其操纵盘面上装有与电梯运行功能有关的按钮和开关。下面以普通乘客电梯为例介绍其按钮和开关的功能。

①运行方式开关。普通乘客电梯一般有无司机（自动）、有司机、检修和消防4种运行方式。运行方式开关用于选择电梯的运行方式，常用钥匙开关。

②选层按钮。电梯操纵箱上装有与电梯停站层数相对应的选层按钮，通常为带指示灯的按钮。当乘客按下要前往的层楼按钮后（预选目的层站），若该指令被控制系统登记，则按钮内指示灯被点亮；当电梯到达预选的层楼时，相应的指令被控制系统消除，该指示灯随之

熄灭；当电梯未到达预选层楼时，乘客预选的层楼按钮的指示灯会保持点亮状态，直到完成该指令之后，指示灯才会熄灭。

③召唤楼层指示灯。在选层按钮旁边或在操纵盘上方，装有召唤楼层指示灯。当有人按下厅外召唤按钮时，控制系统使相应召唤楼层指示灯亮，提示轿内司机。当电梯轿厢应答到召唤层楼时，指示灯熄灭。

④上、下方向按钮。也称方向启动按钮。电梯在有司机状态下，该按钮的作用是确定运行方向及启动运行。当司机按下前往楼层的选层按钮后，再按下其前往的方向（上或下）按钮，电梯轿厢就会关门，启动，驶向预选的楼层。

⑤开关门按钮。开关门按钮用于控制开启或关闭电梯的轿厢门。

⑥检修运行开关。也称慢速运行开关，在电梯检修时使用。

⑦警铃按钮。当电梯在运行中突然发生故障停止，而电梯司机或乘客又无法从轿厢中出来时，可以按下该按钮，通知维修人员及时援救。

⑧直驶按钮（或开关）。在有司机状态下，按下直驶按钮，电梯只按照轿内指令运行，而不响应厅外召唤信号。当满载时，通过轿用超载装置控制系统可自动地把电梯转入直驶状态，也只响应轿厢内指令。

⑨风扇开关。用于控制轿厢通风设备。

⑩召唤蜂鸣器。电梯在有司机状态下，当有人按下厅外召唤按钮时，操纵盘上的蜂鸣器发出声音，提醒司机及时应答。

⑪照明开关。照明开关用于控制轿厢内照明设施。照明电源不受电梯电源控制，当电梯故障或检修停电时，轿厢内仍有正常照明。

⑫急停开关。当出现紧急情况时，按下急停开关，电梯立即停止运行。

2. 厅外召唤按钮箱

厅外召唤按钮箱安装在电梯厅门的门口一侧，通常中间层站设置上、下两个召唤按钮，顶端层站设置一个下召唤按钮，下端层站设置一个上召唤按钮。厅外召唤按钮为带灯按钮。乘客按下按钮后，如果该召唤信号被控制系统登记，则按钮的指示灯点亮。当电梯响应该召唤后，指示灯被熄灭，意味着控制系统已消除此次登记。在信号控制电梯和集选电梯中，控制系统到达呼梯层站，只消除与电梯运行方向相同的召唤信号，而相反方向的召唤将被控制系统保持。

另外，在下端站（基站）的召唤按钮盒内，通常设有一个钥匙开关，是用来锁电梯的开关。

3. 检修开关盒

通常在电梯机房控制柜、轿厢内与轿厢顶设有电梯检修开关盒，盒内一般有检修开关、急停按钮及慢上、慢下按钮。轿顶检修开关盒还装有电源插座、照明灯及其开关等。

1.4.2 平层装置

所谓平层，是指轿厢在接近某一楼层的停靠站时，使轿厢地坎与厅门地坎达到同一平面的操作。为保证电梯轿厢在各层停靠时准确平层，通常在轿顶设置平层装置，由平层装置发出平层控制信号，控制系统控制电梯制动停靠，实现平层。因此，平层装置是发出平层控制信号，使电梯轿厢准确平层的控制装置。

平层装置示意图如图 1－13 所示。它由安装在井道支架上的隔板和安装在轿厢顶部的多个传感器构成。传感器通常为凹槽形光电感应开关、凹槽形接近开关。图 1－13（a）是采用两个传感器的平层装置，它们依次为上平层、下平层传感器。图 1－13（b）是采用三个传感器的平层装置，它们依次为上平层、门区和下平层传感器。电梯平层过程中，安装在轿厢顶部的传感器随着轿厢运动，安装在井道壁支架上静止的隔板插入传感器的凹槽中，当它完全阻断几个传感器的光路或磁路时，控制系统制动，电梯平层。

下面介绍几种平层装置的工作原理。

①仅具有平层功能的平层装置，如图 1－13（a）所示。当电梯轿厢上行，接近预选的层站时，电梯运行速度由快速（额定梯速）变为慢速后继续运行。装在轿厢顶上的上平层传感器先进入隔板，此时电梯仍继续慢速上行。当下平层传感器进入隔板后，它的输出状态的改变预示着电梯已平层。因此，控制系统使上行接触器线圈失电，制动器合闸停车。

②具有提前开门功能的平层装置，如图 1－13（b）所示。它与图 1－13（a）功能相比，多一个提前开门功能。当轿厢慢速向上运行时，上平层传感器首先进入隔板，轿厢继续慢速向上运行；接着门区传感器进入隔板，门区传感器的输出状态改变，提前使开门继电器吸合，轿门、厅门提前打开，这时轿厢仍然继续慢速上行，当隔板插入下平层感应器时，上行接触器线圈失电释放，轿厢停在预选层站。

③图 1－13（b）也可实现自动再平层功能。当电梯轿厢上行，接近预选的层站时，电梯由快速变成慢速运行；当上平层传感器进入隔板后，使本已慢速运行的电梯进一步减速；当中间开门区传感器进入隔板时，控制电路准备延时断电；当下平层传感器进入隔板时，电梯停止，此时已完全平层。但是，如果电梯因某种原因超过平层位置，上平层感应器离开了隔板，控制将使相应的继电器动作，电梯反向平层，以获得较好的平层精度。

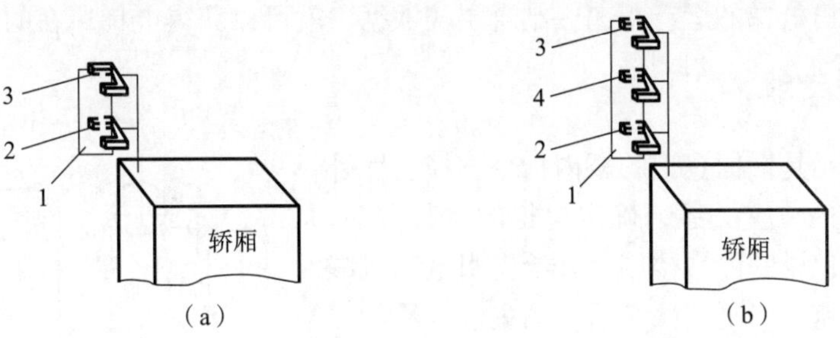

1—隔板；2—下平层传感器；3—上平层传感器；4—门区传感器。

图 1－13　平层装置示意图

（a）采用两个传感器的平层装置；（b）采用三个传感器的平层装置

1.4.3　位置显示装置

位置显示装置用来显示电梯轿厢所在楼层位置和电梯的运行方向，也称为层楼显示器。电梯经过一个楼层时，会有相应的位置信号传递到控制系统，电梯控制系统根据这个位置信号转换成显示内容传到每个显示装置。通常，电梯在轿厢、每个层楼的厅门或者机房等处设置位置显示装置，以灯光数字的形式显示目前电梯所在的楼层，以箭头形式显示电梯目前的运行方向。

层楼显示器有信号灯、LED数码管和LED点阵等多种形式，目前电梯主要采用后两种显示方式。

信号灯形式的层楼显示器上装有和电梯运行层楼相对应的信号灯，每个信号灯外都有数字表示。当电梯轿厢运行进入某层，该层的层楼指示灯就亮，离开某层后，该层的层楼指示灯熄灭，指示轿厢目前所在的位置。另外，根据电梯选定的方向，通常用符号“▲”“▼”指示上、下行方向。

数码管的层楼显示器采用7段LED数码管显示电梯目前所在的楼层，用符号“▲”“▼”指示上、下行方向。也有采用LED点阵形式的层楼显示器，用数字的点阵字形提示电梯目前所在的楼层，用动态的上下箭头点阵字形表示电梯目前的运行方向。有的电梯为了提醒乘客和厅外候梯人员电梯已到本层，会配有扬声器（俗称到站钟、语音报站），以声音来传达信息。

另外，有的电梯采用无层灯的层楼指示器，除一层（基站）厅门装有层楼指示器外，其他层楼厅门只有上、下方向指示和到站钟的无层灯层楼指示器。

在电梯系统中，常采用下列方法获得指层信息：

①通过机械选层器获得。机械选层器是一种机械或电气驱动的装置，模拟电梯轿厢加速、减速、平层状态，及时向控制系统发出所需要的信号，用于控制系统确定运行方向、加速、停止、取消呼梯信号、门操作、位置显示等。当电梯带有机械选层器时，指层信息是通过选层器触点接通层楼显示器的指示灯来实现的。选层器中跟随电梯上下移动的动触点，在不同的位置接通不同的层楼指示灯，其信号是连续的，一个层灯熄灭，其相邻的层灯即亮。

②通过装在井道中的层楼传感器获得。电梯运行时，安装在轿厢上的隔板插入某层的层楼传感器凹槽时，层楼传感器发出一个开关信号，指示相应的楼层。

③通过微机选层器获得。微机与PLC控制的电梯通过对旋转编码器或光电开关的脉冲计数，可以计算出电梯的运行距离，结合层楼数据，就可以获得电梯所在的位置信号。

1.4.4 选层器

选层器的作用是根据登记的轿内指令选择、厅外召唤信号和轿厢的位置关系，确定电梯的运行方向，当电梯将要到达预设的停站楼层时，给曳引电动机减速信号，使其换速，当平层停车后，消去已应答的召唤信号，并指示轿厢目前的位置。

在电梯系统中，选层器有三种：机械选层器、继电器选层器和数字选层器。

机械选层器放置在机房内，是一种模拟电梯运行状态的机械电气装置，通常用钢带与电梯轿厢连接，能指示轿厢位置，选层、消号、确定运行方向、发出限速信号等，如图1－14所示。

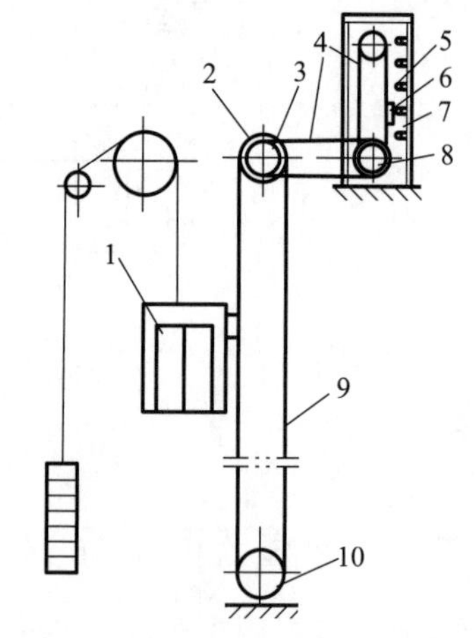

1—轿厢；2—链轮；3—钢带轮；4—钢带；5—层站静触头；6—动滑板；7—机架；8—减速器；9—穿孔钢带；10—涨紧轮。

图1－14 机械选层器

当电梯上、下运行时，带动钢带运行，钢带牙轮带动链条经减速箱又经链条传动，带动选层器上的动滑板运行，把轿厢运行模拟到动滑板上。根据运行情况，动滑板与选层器机架上各层站静触头接触和离开，完成电气触点的通断，起到电气开关作用。每个层楼对应一块定滑板，其功能通常有轿厢位置指示，上、下行换速，上、下行定向，轿内指令消号，上、下厅外召唤指令消号等。

继电器选层器是一种电气选层器。在与电梯位置有关的井道信号作用下，这种电气选层器需要完成楼层指示、轿内指令和厅外召唤指令登记与消号、换速及终端层站的电气安全保护等功能，继电器选层器由井道信号传感器和相应逻辑控制电路组成，它设有与轿厢同步运动的机械部件，是以电气选层步进信号的形式来反映轿厢在井道中的位置的。通常采用双稳态磁开关产生井道信号，并将其产生的与电梯轿厢位置有关的井道信号传递给相应的逻辑控制电路，用于完成电梯的运行逻辑控制。由装在轿厢导轨上各层支架上的圆形永磁铁（磁豆）和装在轿厢上的一组双稳态磁性开关相互作用提供井道信号，各层的选层信号则是由机房内控制柜中的层楼继电器来实现的。

数字选层器采用旋转编码器或光电码盘获取轿厢在井道中的位置信息，然后经微机或 PLC 处理计算后，完成楼层指示、轿内指令和厅外召唤指令登记与消号、换速等功能。采用这种选层器的电梯，通常在曳引电动机的轴端安装一个与曳引电动机一起转动的旋转编码器或光电码盘。曳引电动机旋转时，旋转编码器或光电码盘随之转动并输出脉冲序列，输出脉冲的个数与电梯的运行距离成正比关系。将此脉冲序列输入微机或 PLC，微机或 PLC 可根据该脉冲个数及测量时间计算出电梯运行距离及速度。在此基础上，根据登记的厅外召唤信号、轿内指令信号，控制系统即可对电梯进行定向、选层、指层、消号、减速等控制。

采用数字选层器，省去了在井道中安装大量的测量轿厢位置的传感器和隔板，由于旋转编码器或光电码盘即使在低速时也不会丢失脉冲，因此，数字选层器测量精度高、可靠性好。但是，在电梯的使用过程中，由于曳引绳打滑、曳引绳变形或其他原因，脉冲数和运行距离的对应关系发生了变化。计算出的运行距离及速度会与实际情况出现偏差。因此，通常需要进行校正。如在电梯到达基站校正点时，将脉冲计数值清零或是置为固定的数值。另外，一般在轿顶上还设置平层感应器，对电梯进行同步位置的校正，以保证电梯的平层精度。

1.4.5　逻辑控制装置

逻辑控制装置主要集中在电气控制柜中，其主要作用是完成对电梯电力拖动系统的控制，从而实现对电梯功能的控制。

电气控制柜通常安装在电梯的机房里。另外，在轿厢顶上，还有门电动机及其调速装置、其他电路配线专用的电气装置和接线板。这些元器件和电路通常装在规定的盒内。

电梯的逻辑控制主要由以下几部分组成：轿内指令、厅外召唤信号、定向选层、启动运行、平层、指层、开关门、安全保护及其他功能（如检修、消防照明）的逻辑控制。

任务 1.5　电梯控制系统发展

控制系统组成

从控制系统的实现方法来看，电梯的控制系统发展经历了继电器－接触器控制、半导体逻辑控制和微机控制三种主要形式。

1.5.1 继电器-接触器控制系统

继电器控制电梯原理图

继电器-接触器控制系统是20世纪80年代以前使用的一种电梯电气控制系统，系统结构简单，易于理解和掌握。这种系统采用继电器与接触器实现电梯逻辑控制，线路复杂，故障率高，控制柜体积大，系统能耗大，不易维修，已基本淘汰。

1.5.2 半导体逻辑控制系统

基于PLC的电梯控制系统

半导体逻辑控制系统是20世纪60年代随着半导体技术及其器件的应用而出现的一种电梯控制系统，是用半导体逻辑器件替代了继电器-接触器的有触点系统。这种控制技术避免了上述继电器-接触器系统存在的缺点，实现了无触点逻辑控制，没有触点的磨损或接触不良的问题。由于这种系统是以“硬件”逻辑运算为基础的，在控制系统中根据控制算法和要求进行布线，当控制要求（算法）需要改变时，往往必须改变布线。

1.5.3 微机控制系统

微机控制系统包含有可编程控制（PLC）、单微机控制和多微机控制等多种形式。

PLC即可编程控制器，它可以实现逻辑运算、顺序控制，以及定时、计数和算术运算等，并可通过数字式或模拟式输入和输出。PLC控制系统根据电梯的操纵控制方式，采用程序实现了继电器控制逻辑，也可以完全脱离继电器控制电路重新按电梯的控制功能进行设计。这种系统具有可靠性高、稳定性好、编程简单、使用方便、维护检修方便等优点。这种系统以“软件”逻辑运算为基础，当控制要求（算法）需要改变时，无须改变或重新布线。

电梯的计算机控制系统（微机控制系统）采用微处理器为核心的控制系统，它采用计算机程序对电梯的轿内指令、厅外召唤、井道信息进行综合管理，实现电梯的运行控制。电梯的计算机控制系统有以下几种形式：

①以微控制器（单片机）为核心的控制系统。利用微控制器控制电梯具有成本低、通用性强、灵活性大和易于实现复杂控制等优点。

②单梯的计算机控制系统是采用计算机对单台电梯进行控制的。每台电梯控制系统可以配两个或更多个微处理器，例如，一个微处理器负责机房与轿厢的信息交换，另一个微处理器负责轿厢的各类操作控制。在控制系统的工作过程中，主机按顺序采集厅外召唤信号、轿内指令信号，并进行登记和处理。计算机控制系统收集了轿内外、井道及机房各种控制、保护及检测信号后，按照事先拟定的控制程序控制电梯运行，实现选层、定向、启动加速、匀速、制动减速、平层停靠、消号、开门等操作。

③多台计算机控制的群控系统。为了提高建筑物内多台电梯的运行效率，节省能源，减少乘客的待梯时间，将多台电梯进行集中统一的控制和管理，称为群控。群控目前多是采用多台微机控制的系统，梯群控制的任务是收集层站呼梯信号及各台电梯的工作状态信息，然后按最优决策合理地调度各台电梯，完成群控管理微机与单台梯控制微机的信息交换，对群控系统的故障进行诊断和处理。

电梯电气控制系统按照控制方法可分为：

①轿内手柄开关控制电梯的电气控制系统。由电梯司机控制轿内操纵箱的手柄开关，控制电梯运行。

②轿内按钮开关控制电梯的电气控制系统。由电梯司机控制轿内操纵箱的按钮，控制电梯运行。

③轿内外按钮开关控制电梯的电气控制系统。由乘用人员控制层门外召唤箱或轿内操纵箱的按钮，控制电梯运行。

④轿外按钮开关控制电梯的电气控制系统。由使用人员控制层门外操纵箱的按钮，控制电梯运行。

⑤信号控制电梯的电气控制系统。将层门外召唤箱发出的外指令信号、轿内操纵箱发出的内指令信号和其他专用信号等加以综合分析、判断后，由电梯专职司机控制电梯运行。

⑥集选控制电梯的电气控制系统。将层门外召唤箱发出的外指令信号、轿内操纵箱发出的内指令信号和其他专用信号等加以综合分析、判断后，由电梯司机或乘用人员控制电梯运行。

⑦并联控制运行的电梯电气控制系统。两台电梯共用厅外召唤信号，两台电梯控制系统交换信息，调配和确定两台电梯的启动、向上或向下运行。

⑧群控电梯的电气控制系统。对集中排列的多台电梯，所用厅外的召唤信号由微机按规定顺序自动调配，确定其运行状态。

电梯电气控制系统的按照电梯的用途可分为：

①载货电梯、病床电梯的电气控制系统。这类电梯的提升高度一般比较低，运送任务不太繁忙，对于运行效率也没有过高的要求，但是对于平层准确度的要求比较高。常采用轿内手柄开关控制和轿内按钮开关控制。

②杂物电梯的电气控制系统。杂物电梯的额定载重量为 100 ~ 200 kg，运送对象主要是图书、饭菜、杂货等物品。这类电梯不能用于运送乘客，因此控制电梯上下运行的操纵箱不能设置在轿内，只能在厅外控制电梯的上下运行，常采用轿外按钮开关控制。

③乘客或病床电梯电气控制系统。装在多层站、客流量大的宾馆、医院、饭店、写字楼和住宅楼里，常采用信号控制、集选控制、并联控制、群控方式。

电梯控制系统按驱动系统的类别和控制方式可分为：

①交流双速异步电动机变极调速拖动、轿内手柄开关控制电梯的电气控制系统。采用交流双速拖动，控制方式为轿内手柄开关控制。适用于速度低于 0.63 m/s 的货梯、病梯的控制系统。

②交流双速、轿内按钮开关控制电梯的电气控制系统。采用交流双速，控制方式为轿内按钮开关控制。适用于速度低于 0.63 m/s 的货梯、病梯的控制系统。

③交流双速、轿内外按钮开关控制电梯的电气控制系统。采用交流双速拖动，控制方式为轿内外按钮开关控制。适用于客流量不大，用于运送乘客或货物，速度低于 0.63 m/s 的客货梯的电气控制系统。

④交流双速、信号控制电梯的电气控制系统。采用交流双速拖动，控制方式为信号控制，具有比较完善的性能。适用于客流量不大且较为均衡、速度不高于 0.63 m/s 的乘客电梯的电气控制系统。

⑤交流双速、集选控制电梯的电气控制系统。采用交流双速拖动，控制方式为集选控制，具有完善的工作性能。适用于速度不高于0.63 m/s、层站不多、客流量变化较大的乘客电梯的电气控制系统。

⑥交流调压调速拖动、集选控制电梯的电气控制系统。采用交流双速电动机作为曳引电动机，设有对曳引电动机进行调压调速的控制装置。控制方式为集选控制，具有完善的工作性能。适用于速度低于1.6 m/s、层站较多的乘客电梯的电气控制系统。

⑦直流电动机拖动、集选控制电梯的电气控制系统。采用交流双速电动机作为曳引电动机，设有对曳引电动机进行调压调速的控制装置。控制方式为集选控制，具有完善工作性能。适用于多层站的乘客电梯的电气控制系统。

⑧交流调频调压调速拖动、集选电梯电气控制系统。采用交流单绕组单速电动机作为曳引电动机，设有调频调压调速装置。控制方式为集选控制，具有完善的工作性能。适用于各种使用场合和各种速度的电梯电气控制系统。

⑨交流调频调压调速拖动、并联运行的电梯电气控制系统。采用交流调频调压调速，2~3 台集选控制电梯做并联运行。适用于层站比较多、速度大于1.0 m/s 的电梯电气控制系统。

电梯的电气控制系统按电梯的运行管理方式可分为：

①有专职司机（有司机）控制的电梯电气控制系统。轿内手柄开关控制电梯的电气控制系统、轿内按钮开关控制电梯的电气控制系统、信号控制电梯的电气控制系统等。

②无专职司机（无司机）控制的电梯电气控制系统。轿内外按钮开关控制电梯的电气控制系统、轿外按钮开关控制电梯的电气控制系统、群控电梯的电气控制系统等。

③有/无专职司机（有/无司机）控制的电梯电气控制系统。集选控制电梯的电气控制系统采用这种管理方式，轿内操纵箱上设有有司机、无司机、检修三个工作状态的钥匙开关，司机可以根据承载任务的忙、闲及出现故障的情况，用专用钥匙扭动钥匙开关调节其控制模式，选择不同的任务和状态。

复习思考题

1. 世界上第一台电梯和自动扶梯分别是哪一年出现的？
2. 简述电梯的分类。
3. 信号控制电梯、集选电梯、下集选电梯在功能上有什么区别？
4. 简述曳引驱动电梯的构成及其各部分的作用。
5. 简述有司机操纵的集选电梯的运行过程。
6. 简述无司机操纵的集选电梯的运行过程。
7. 简述电梯的紧急运行模式。
8. 简述电梯的检修运行模式。

项目2

电梯电气部件选型

【知识目标】

1. 熟悉电梯主要电气部件的结构、功能、安装位置与接线方法。
2. 了解电梯主要电气部件的工作原理与电气参数。
3. 了解电梯主要电气部件的实际应用。

【技能目标】

1. 能够测量和检测电梯电气部件的参数。
2. 掌握电梯电气部件的结构及功能，能熟练地对其进行安装、控制操作。

【素质目标】

1. 培养勤于思考、善于发现问题并创新突破的工匠意识。
2. 强化安全细心、坚持奋斗、执着专注、追求卓越的观念。
3. 树立大国工匠、技能报国、制造兴国的精神。

电梯是将机械原理应用、电气技术、微处理器技术、系统工程学、人体工程学、空气动力学甚至美学等多学科和技术集于一体的机电设备，它是建筑物中必不可少的垂直交通工具。电梯的运行过程中，需要频繁地升降、加速、减速、平层、启动、制动，需要大量的电气部件相互配合，才能保证乘客的安全、舒适乘坐。这些电气部件分别安装在机房、井道、轿厢、底坑等区域。

本项目了解电梯中的这些部件，并对一些主要的电气部件的选型做简单介绍。

任务 2.1　电梯机房电气部件

电梯机房的电气部件通常由供电电源主开关、控制柜、电梯曳引机、制动器和限速器等组成，如图 2－1 所示。

图 2－1　机房

2.1.1　供电电源主开关

在机房中，每台电梯都应单独装设一个能够切断该电梯电源的主开关。电梯常用的主要类型有闸刀开关和自动空气开关（图 2－2），其中自动空气开关集控制和多种保护功能于一身，除能完成接触和分断电路外，还能对电路或者电气设备发生的断路、严重过载及欠电压等进行保护，同时，也可以用于不频繁地启动电动机，其具有操作安全、使用方便、工作可靠、安装简单、动作值可调、分断能力较强、兼顾多种保护功能、动作后不需要更换元件等优点，因此在当今电梯的设计中，被广泛选用。

自动空气开关在电路发生严重过载、短路以及失压等故障时，能自动切断故障电路，有效地保护串接在它后面的电气设备。自动空气开关工作原理如图 2－3 所示。

图 2－2　自动空气开关

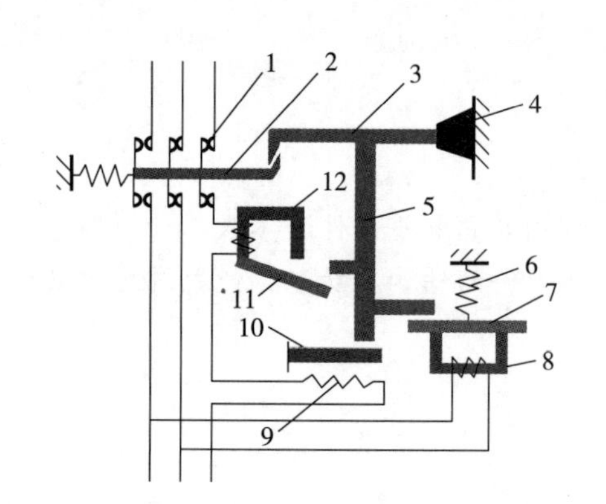

1—触点；2—锁键；3—搭钩；4—转轴；5—杠杆；6—弹簧；
7—衔铁；8—欠电压脱扣；9—加热电阻丝；
10—热脱扣器金属片；11—衔铁；12—过电流脱扣器。

图 2－3　自动空气开关原理图

空气开关的工作原理

过电流保护：当发生过电流时，衔铁 11 吸合，向上顶起杠杆 5，使搭钩 3 与锁键 2 脱离，触点 1 在弹簧的作用下脱开，供电线路断开。过电流保护的要求是当线路中电流通过 90% 的整定电流时，过电流脱扣器 12 不应动作；当通以 110% 的整定电流时，过电流脱扣器应瞬时动作。

欠电压保护：当发生欠电压时，衔铁 7 释放，在杠杆原理的作用下，触点 1 断开电路。当线路电压正常时，欠电压脱扣器 8 应产生足够的吸力，克服弹簧 6 的作用将衔铁 7 吸合。

过热保护：当线路过载时，热脱扣器金属片 10 弯曲，同样，在杠杆原理作用下，使线路断开。热脱扣器作为过热（过载）保护，其整定电流有一定调节范围，延时动作时间应符合电路技术要求。开关因热过载脱扣，以手动复位后，等待 1 min 即可再启动。

电梯电源主开关要求其整定容量稍大于所有电路的总容量，并且具有切断电梯正常使用情况下最大电流的能力。电梯频繁启动时，会引起配电网电压波动，因此应正确选择电源开关。选用自动空气开关做电源开关时，至少要满足以下三方面的要求：

①电压等级要适用。一般断路器通常可以适用于 220 V 以上的各电压等级，而空气开关适用的电压等级为 500 V 以下，电梯电源的电压一般为 380 V，能够满足这一要求。

②过载保护。主要是指线路电缆（或设备）的过载保护，视电缆（或设备）所能承受的过载电流值和耐受时间来选择和确定自动空气开关的过载长延时（反时限）特性。一般断路器能承受的负载及短路电流更大些。

③短路保护。这是人们在选用自动空气开关时容易忽视而造成事故的关键一项。实际工作中，应根据电源容量计算出最大预期短路电流，要求在出现这一短路电流时，自动空气开关能在极短的时间（通常要求小于 0. 1 s，宜在 0. 02 s 以内）自动切断故障电源。否则，会因弧光短路或触头熔焊等原因造成设备、线路故障，甚至造成人身危害。

为了使自动空气开关的使用既能满足电梯的使用要求，又能满足空气开关本身的技术要求，电梯用自动空气开关的选用一般遵循以下原则：

①自动空气开关的额定电压大于等于被保护线路的额定电压。

②自动空气开关的额定电流大于等于被保护线路的计算负载电流。

③热脱扣器的整定电流等于所控制负载的额定电流。

④电磁脱扣器的瞬时脱扣整定电流大于等于负载电路正常工作时的峰值电流。

⑤自动空气开关欠电压脱扣器的额定电压等于被保护线路的额定电压。

⑥配电线路中的上、下级断路器的保护特性应协调配合，下级的保护特性应位于上级保护特性的下方且不相交。

⑦断路器的长延时脱扣电流应小于导线允许的持续电流。

在电梯的电路中，最常见的故障是跳闸，若发生跳闸故障，则应计算电气设备功率之和是否超出供电认可容量，并检查总开关容量是否与供电认可容量相匹配。空气开关的额定电流一般等于设备额定电流（分支额定电流总和）的 1. 2 ~ 1. 3 倍。国内的工业电压一般为 380 V，三相异步电动机额定电流 $I \approx 2P$（P 为电动机的额定功率，单位：kW）。在电梯设计行业，一般选择的额定电流较大，通常为 $I \approx (4 \sim 6)P$。例如，10 kW 功率电动机选用的空气开关电流大概为 40 ~ 60 A，在选型时，通常选用 63 A。针对特殊的电梯，如防爆电梯，在选择其使用的空气开关时，则还需要考虑防爆方面的技术要求，普通的空气开关则不能适用。若电梯的型号和有关参数不详，可按下式估算电梯的功率：

交流单速电梯 $P \approx 0.035 Qv\cos\varphi$

交流双速电梯 $P \approx 0.030 Qv\cos\varphi$

式中，Q 为电梯的额定载重量，kg；v 为电梯的额定速度，m/s；$\cos\varphi$ 为电梯的功率因数。

2.1.2 控制柜

电梯控制柜是整个电梯的控制中心，它担负着运行过程中各类信号的处理、启动、制动、调速及安全检测等职能，将各种电子器件和电器元器件安装在一个有防护作用的柜形结构内，被称为电梯的“大脑”，是整个电梯的控制中心。控制柜通常由信号处理、驱动调速和安全检测三大部分组成。

随着电子技术的不断发展，电梯控制柜变得越来越小，但其功能却越来越强大。电梯控制柜技术的发展可以分为两部分：控制部分与驱动部分。其发展历程如图 2－4 所示。

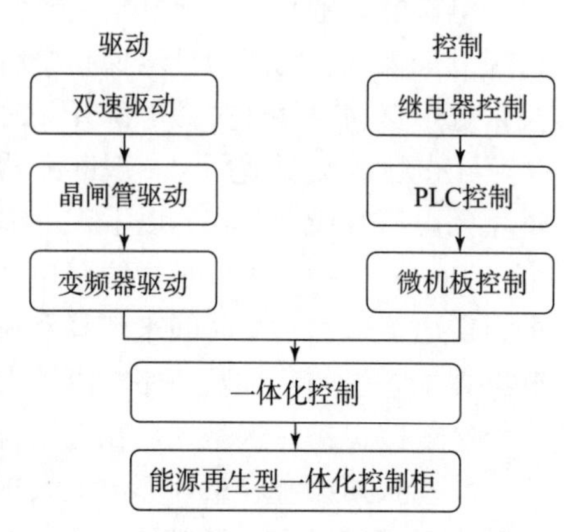

图 2－4　控制柜的发展历程

目前，各电梯厂家生产的控制柜中晶闸管驱动与继电器控制这两项技术已经被淘汰。在一些货梯中，PLC＋双速驱动配置仍在少量使用。进入 21 世纪，绝大部分电梯在配置上都采用了 PLC＋变频器驱动或微机控制＋变频器驱动的方式。随着一体化控制柜的研发成功，因其调试方便、可靠性高、控制精度高、性价比高等优点被广泛应用于电梯行业。除了国际主流电梯制造厂家，如三菱、奥的斯、日立等电梯都研发了一体化控制柜外，国内也涌现出一批一体化控制柜生产厂家，如新时达、默纳克、蓝光等。

一体化控制柜有以下特点：

①电梯电气控制与驱动控制集成设计，简化了控制柜内走线，提高了运行可靠性。

②将变频器控制界面与电梯控制界面合二为一，由统一的服务器来设置参数，调试人员操作更方便。

③控制精度可达 1∶1 000，兼容有齿轮与无齿轮曳引机，与无齿轮曳引机配合使用，可以达到最优节能效果。

④实现静态定位功能，实现真正的免脱负载角度识别。

⑤用户可自定义的维保界面，既可预设运行次数值，也可设置进入密码。

⑥松开抱闸瞬间，实现对负载的自适应，无须调整称重信号即可达到完美的启动效果。

⑦结构紧凑，体积小。

能源再生型一体化控制柜也称四象限一体化控制柜。在国家大力倡导环保节能的前提下，如何降低电梯能耗是大家都密切关注的，能源再生型一体化控制柜势必成为未来的发展趋势。目前国际上有多个制造厂研制并应用，其运用了多种先进技术，如能量回馈技术、永磁同步无齿轮曳引机、变压变频无连杆门机、先进的电梯管理技术、超级电容等，减少能源的消耗。

下面以国内主流的一体化控制柜为例，介绍控制柜的电气元器件及选型。如图 2－5 所示，电梯控制柜配备了微机主板、变频器、接触器、继电器、变压器、开关电源、熔断器、开关、检修按钮、能耗制动单元等元器件。

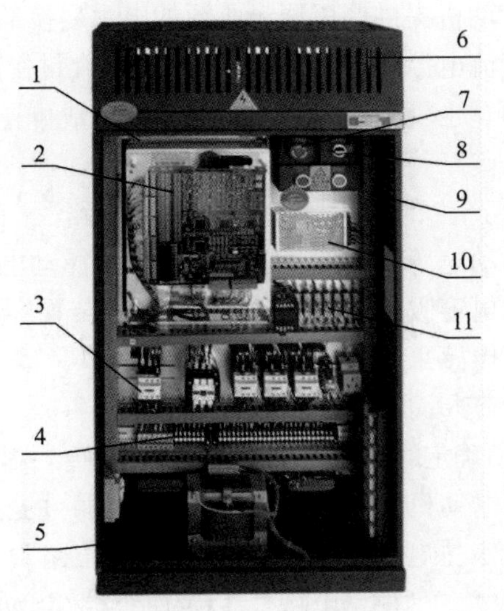

变频器的调速方式

1—变频器；2—微机主板；3—接触器；4—接线端子；5—变压器；6—制动电阻；
7—停止按钮；8—检修按钮；9—控制按钮；10—开关电源；11—熔断器。

图2－5　控制柜的组成

1. 变频器

变频器是应用变频技术与微电子技术，通过改变电动机工作电源频率方式来控制交流电动机的电力控制设备。

变频器主要由整流（交流变直流）、滤波、逆变（直流变交流）、制动单元、驱动单元、检测单元、微处理单元等组成，其功用是通过内部IGBT的开断来调整输出电源的电压和频率，根据电动机的实际需要来提供其所需要的电源电压，达到节能、调速的目的。同时，变频器还具有过流、过压、过载保护等保护功能。变频器技术是强弱电混合、机电一体的综合性技术，既要处理巨大电能的转换，又要处理信息的收集变换和传输，大致可以分为电力变换部分和控制部分（图2－6）。随着工业自动化程度的不断提高，变频器已得到了非常广泛的应用。

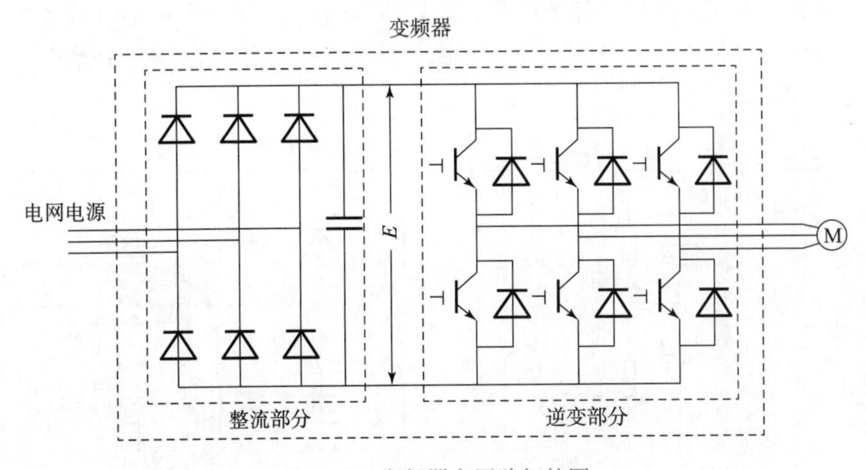

图2－6　变频器主回路拓扑图

变频器的主电路是给电动机提供调压调频电源的电力变换部分，由三部分构成：

①将工频电源变换为直流电源的“整流器”。整流器大量使用的是二极管的变流器，它把工频电源变换为直流电源。也可用两组晶体管变流器构成可逆变流器，由于其功率方向可逆，可以进行再生运转。

②吸收变流器和逆变器产生的电压脉动的“平波回路”。在整流器整流后的直流电压中，含有电源6倍频率的脉动电压，此外，逆变器产生的脉动电流也使直流电压变动。为了抑制电压波动，采用电感和电容吸收脉动电压（电流）。装置容量小时，如果电源和主电路构成器件有余量，可以省去电感采用简单的平波回路。

③将直流功率变换为交流功率的“逆变器”。同整流器相反，逆变器是将直流功率变换为所要求频率的交流功率，以所确定的时间使6个开关器件导通、关断就可以得到3相交流输出。

变频器的控制电路是给电动机供电（电压、频率可调）的主电路提供控制信号的回路，由频率、电压的“运算电路”，主电路的“电压、电流检测电路”，电动机的“速度检测电路”，将运算电路的控制信号进行放大的“驱动电路”，以及逆变器和电动机的“保护电路”组成。

①运算电路：将外部的速度、转矩等指令同检测电路的电流、电压信号进行比较运算，决定逆变器的输出电压、频率。

②电压、电流检测电路：与主回路电位隔离检测电压、电流等。

③驱动电路：驱动主电路器件的电路。它与控制电路隔离使主电路器件导通、关断。

④速度检测电路：以装在电动机轴上的速度检测器的信号为速度信号，送入运算回路，根据指令和运算可使电动机按指令速度运转。

⑤保护电路：检测主电路的电压、电流等，当发生过载或过电压等异常时，发挥保护作用。

变频器中有大量的电容、电阻、变压器、传感器等元器件（图2－7），而每个元器件的作用也不尽相同。C_1 电容是吸收电容，可以对整流电路起到滤波作用，C_2 电容可以吸收IGBT的过流与过压能量，而电解电容也称储能电容，在充电电路中主要作用为储能和滤波；电阻元件可以分为压敏电阻、热敏电阻、充电电阻和均压电阻，压敏电阻可以起到电压保护、耐雷击的作用，热敏电阻主要起到过热保护作用，充电电阻安装在整流桥与电解电容之间，防止变频器在开机瞬间烧坏储能电容，而均压电阻防止由于储能电容电压的不均烧坏储能电容，并且由于储能电容特性无法完全一致，需要均压电阻对电压均匀分配。电子元器件实物图如图2－8所示。

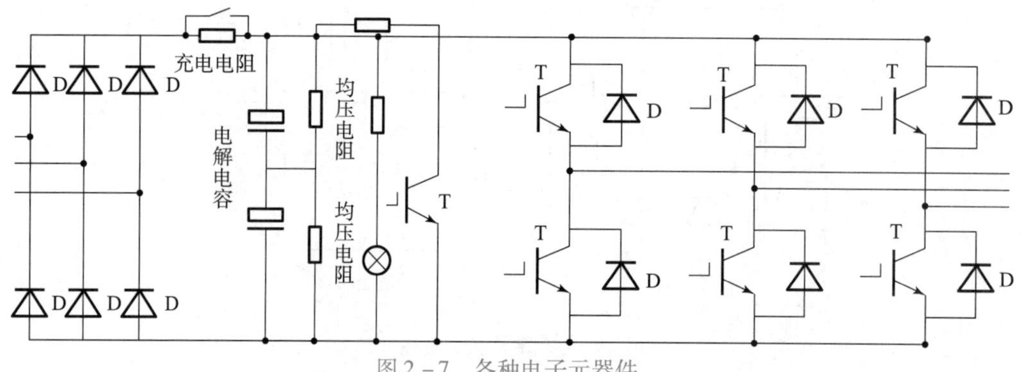

图2－7　各种电子元器件

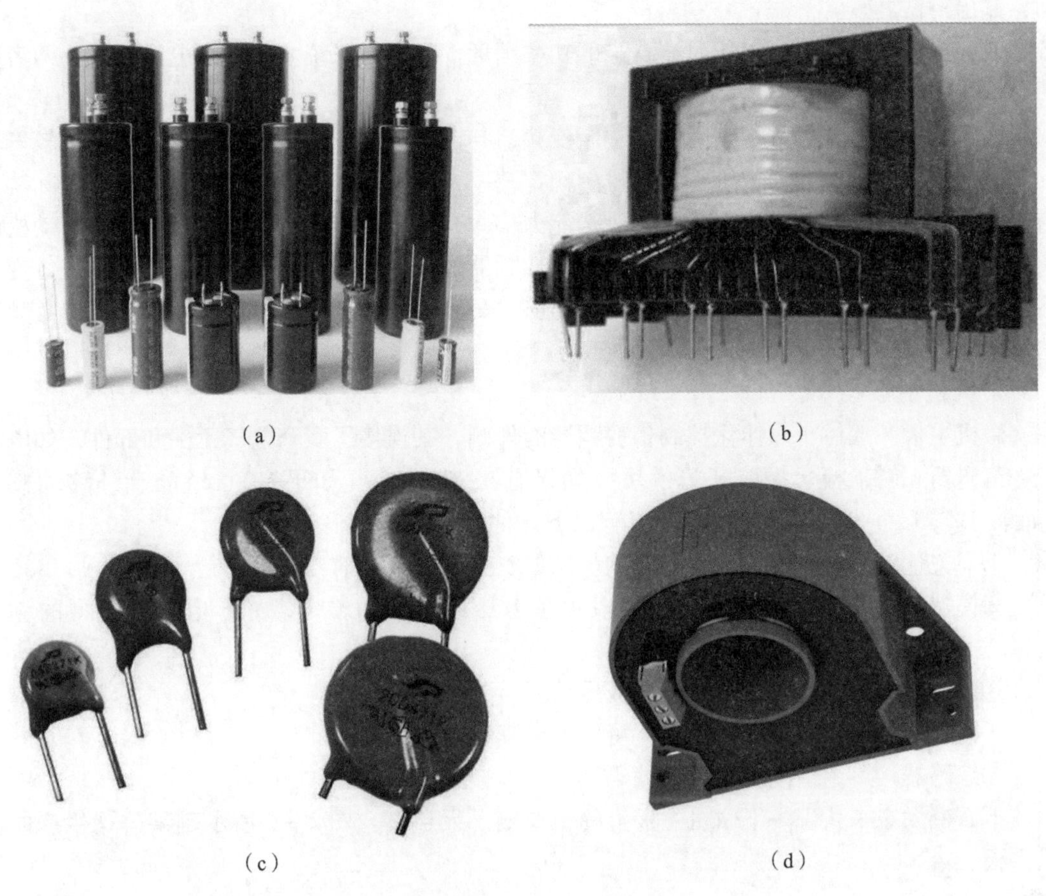

(a)　(b)　(c)　(d)

图2-8 电子元器件实物

(a) 电容；(b) 变压器；(c) 电阻；(d) 霍尔电流传感器

选用变频器时，要看重其效率，以达到节能环保要求，最大限度地为消费者减少能源消耗。在选用变频器功率时，要注意以下几点：

①变频器功率值与电动机功率值相当时最合适，以利于变频器在高的效率值下运转。

②在变频器的功率分级与电动机功率分级不相同时，则变频器的功率要尽可能接近电动机的功率，但应略大于电动机的功率。

③当电梯频繁启动、制动工作或处于重载启动且较频繁工作时，可选取大一级的变频器，以确保变频器长期、安全地运行。

④经测试，电动机实际功率确实有富余，可以考虑选用功率小于电动机功率的变频器，但要注意瞬时峰值电流是否会造成过电流保护动作。

⑤当变频器与电动机功率不相同时，则须相应调整节能程序的设置，以达到较高的节能效果。

在选择变频器时，主电源的电能质量也是考虑的重要因素之一，主要从以下方面考虑：

①电源电压及波动。应特别注意与变频器低电压保护整定值相适应，因为在实际使用中，电网电压偏低的可能性较大。

②主电源频率波动和谐波干扰。这方面的干扰会增加变频器系统的热损耗，导致噪声增

加，输出降低。

③变频器和电动机在工作时，自身的功率消耗。在进行系统主电源供电设计时，两者的功率消耗因素都应考虑进去。

变频器容量选定过程，实际上是一个变频器与电动机的最佳匹配过程，最常见也较安全的是使变频器的容量大于或等于电动机的额定功率，但实际匹配中要考虑电动机的实际功率与额定功率相差多少，通常都是设备所选能力偏大，而实际需要的能力小，因此按电动机的实际功率选择变频器是合理的，避免选用的变频器过大，使投资增大。对于轻负载类，变频器电流一般应按 1.1N（N 为电动机额定电流）来选择，或按厂家在产品中标明的与变频器的输出功率额定值相配套的最大电动机功率来选择。

2. 微机主板

微机主板一般位于一体化控制柜变频器的外侧，其连接了多个电气元件和部件，如电动机、编码器、轿顶板、提前开门模块（如果有）、群控板（如果有）、轿厢意外移动模块（如果有）等，一般的输入/输出接口有以下几种：

①开关量输入，可以输入多路开关量，如安全电气开关信号输入。

②模拟量输入，其输入端子可作模拟量电压或电流的输入，如压电传感器型的称重装置。

③通信端子排，与轿顶板或外召板通信。

④输出端子排，由继电器输出，可以设定其相应的功能。

⑤编码器接口，适配各种类型编码器。

下面带大家来认识一下微机主板上的主要电子元器件。图 2－9 所示是某公司生产的微机主板。

图 2－9　微机主板

目前，市场上的电梯在满足日常使用的同时，在符合标准要求的前提下，配备了各种个性化的功能。据不完全统计，电梯可以实现的各种功能见表2－1。

表2－1　电梯可以实现的各种功能

序号	名称	功能	索引
1	安全触板	在轿门关闭过程中，当有乘客或障碍物触及时，使轿门重新打开的机械式门保护装置	GB/T 7024—2008
2	安全和运行等接触器触点检测保护	系统检测安全和运行等接触器触点是否可靠动作，如发现触点的动作和线圈的驱动状态不一致，将停止轿厢一切运行，并直到进行断电复位才能恢复正常运行	
3	变频器多重保护	可通过变频器对过流、过压、超速、欠速、过热等进行保护，系统一收到变频器保护信号，就紧急停车，并直到进行复位才能恢复正常运行	
4	并联控制	并联控制时，两台电梯共同处理层站呼梯信号。并联的各台电梯相互通信、相互协调，根据各自所处的层楼位置和其他相关的信息，确定一台最适合的电梯去应答每一个层站呼梯信号，从而提高电梯的运行效率	GB/T 7024—2008
5	层楼位置信号的自动修正	在运作过程中，电梯系统会对轿厢所在的位置做监测和分析，当由于故障或人为操作而使电梯轿厢位置与系统分析结果不相符时，电梯会自动以低速（0.25 m/s）驶返最低层，以便重新对轿厢位置做出确认和校正	
6	层楼显示字符的多样性设定	可通过系统设置，使楼层显示最大限度地满足客户需求	
7	超速保护	当电梯的运行速度超过设定速度的1.2倍时，电梯软件超速保护功能立即投入作用，控制电梯以最快的速度停车。当电梯运行速度超过额定速度的1.25倍时，电梯系统中的安全装置之一——限速器电气开关动作，使电梯立即急停刹车。当电梯的下行速度超过额定速度的1.4倍时，限速器带动安全钳动作，把电梯轿厢强行钳固在井道的导轨上。以上3重超速保护功能对电梯中乘客的人身安全提供可靠的保护	
8	超载保护	电梯超载时，轿内发出音频或视频信号，并保持开门状态，不允许启动	GB/T 7024—2008
9	触板带光幕	将光幕和安全触板结合，安装在电梯上，同时具有光幕和安全触板的保护功能，更好地防止乘客或物品被电梯门夹住	

续表

序号	名称	功能	索引
10	磁角度自学习功能	控制系统可通过相应操作自动识别永磁同步主机磁角度的大小	
11	单光束保护装置（电眼）	在轿门关闭过程中，当有乘客或物体通过轿门时，在轿门高度方向上的某一点或数个特定点可自动探测并发出信号，使轿门重新打开门保护装置	GB/T 7024—2008 4. 12. 3
12	到站钟	当轿厢将到达选定楼层时，提醒乘客电梯到站的音响装置	GB/T 7024—2008 4. 93
13	到站自动开门	在自动状态、司机状态或专用状态下，电梯响应指令信号运行，到达服务层后自动开门	
14	地震管制	地震发生时，对电梯的运行做出管制，以保障电梯乘客安全的功能	GB/T 7024—2008 3. 2. 7
15	点阵式层楼显示器	系统厅外和轿内可采用点阵式层楼显示器，具有字符丰富、显示生动、字形美观等特点	
16	电梯自救运行	电梯故障的发生可能会导致电梯在非平层区（离平层位置超过 125 mm）停车，当故障被排除后或该故障并不是重大的安全类故障时，电梯会自动以低速进行自救运行，并在最近的服务层停车开门，以防止将乘客困在轿厢中	
17	独立操作（专用服务）	通过专用开关转换状态，电梯将只接受轿内指令，不响应层站召唤（外呼）的服务功能	GB/T 7024—2008 3. 2. 3
18	对讲系统（内部通话装置）	内部通话装置用于轿厢内、机房、电梯管理中心等之间的相互通话。在电梯发生故障时，它帮助轿内乘客向外报警，同时，便于电梯管理人员及时安抚乘客，减少乘客的恐惧感。在电梯调试或维修时，方便不同位置有关人员之间相互沟通	GB/T 7024—2008 4. 98
19	反向时自动消除指令	电梯响应完同一方向的召唤指令后，正常停车并转向运行时，电梯系统将自动做出检查，将尚登记留存的轿内召唤指令进行一次消除操作，防止进行多余运行，以提高电梯的运行效率和降低电能消耗	
20	防捣乱功能	当检测到轿内选层指令明显异常时，取消已登记的轿内运行指令的功能	GB/T 7024—2008 3. 2. 6
21	防溜车保护	在非检修状态，电梯运行过程中，电梯系统监测到设定速度和反馈速度不一致，电梯存在溜车的可能性时，系统就停止轿厢一切运作，并直到复位才能恢复正常运行	

续表

序号	名称	功能	索引
22	防门锁短接	电梯在非检修状态下，系统检测到厅、轿门门锁不能正常通断，将停止轿厢一切运行，并直到进行复位才能恢复正常运行	
23	防终端越程保护	电梯的上、下终端都装有终端减速开关，以保证电梯不会越程	
24	扶手	固定在轿厢内的扶手装置	GB/T 7024—2008 4. 3. 5
25	服务层的设置	正常运行状态下，电梯可响应各层站的召唤指令运行。通过特定密码或操作方式可设置电梯能停靠哪些层站，不停靠哪些层站	
26	故障历史记录	电梯系统具有全面、合理的系统故障自动检测和存储功能，当电梯有故障发生时，电梯自动检测出故障发生的原因、位置和状态，并对故障做出及时的分项记录和分级处理。电梯维修保养人员可通过电梯系统的微机故障记录表了解电梯发生故障的资料，以便及时排除电梯故障	
27	故障显示	当电梯发生故障时，在系统的控制主板的 LED 上直接显示故障代码，用户可将此故障代码告诉维修人员，维修人员即可根据此故障代码判断故障产生原因，方便维修工作	
28	故障重开门	（1）当电梯在开、关门过程中，因受阻而导致开关门动作力矩过大时，门机控制系统发出力矩过大信号，电梯门将往相反方向动作，从而实现对门电动机及障碍物的保护。 （2）如果电梯持续关门 10 s 后，尚未使门锁闭合，电梯就会转换成开门状态	
29	关门按钮提前关门	在自动状态运行时，电梯到站自动开门后，可按压关门按钮直接关门	
30	光幕	在轿门关闭过程中，当有乘客或物体通过轿门时，在轿门高度方向上的特定范围内可自动探测并发出信号，使轿门重新打开门保护装置	GB/T 7024—2008 4. 12. 2
31	后视装置	使用轮椅车的乘客不能在轿厢内转向，退出轿厢时能观察到身后障碍物的装置	
32	换站停靠	当电梯因开门受阻而无法正常打开时，电梯系统会自动对开门时间进行计算，当时间超出设定值时，电梯会自动关门并运行到邻近的服务层尝试再开门，以保证电梯某层发生开门故障时，到该层的乘客能在附近层楼走出轿厢，且保持电梯系统正常运行状态，避免由于某层发生开门故障而影响正常的电梯运行	

续表

序号	名称	功能	索引
33	火灾应急返回	操纵消防开关或接收相应信号后，电梯将直驶到设定楼层，进入停梯状态	GB/T 7024—2008 3. 2. 1
34	IC 卡识别功能	系统可通过使用配置的 IC 卡，对乘客进行身份识别，不符合身份的人员不能坐电梯到达指定的服务层	
35	集选控制	在信号控制的基础上，把召唤信号集合起来进行有选择的应答。电梯可有（无）司机操纵。在电梯运行过程中，可以应答同一方向所有层站呼梯信号和操纵盘上的选层按钮信号，并自动在这些信号指定的层站平层停靠。电梯运行响应完所有呼梯信号和指令信号后，可以返回基站待命，也可以停在最后一次运行的目标层待命	GB/T 7024—2008 5. 4
36	检修操作	在电梯检修状态下，手动操作检修控制装置使电梯轿厢以检修速度运行的操作	GB/T 7024—2008 3. 2. 18
37	轿内延长开门时间	该功能可延长开门的时间，以方便特殊乘客或随客货物的上下	
38	井道层楼数据自学习	通过此功能使电梯自动对建筑物层楼高度进行自测定，当测定工作完成后，层楼高度的数据会自动存储在电梯系统的微机中，这样电梯微机就能准确计算出该建筑物内各层的位置，对电梯的加减速及平层位置实现精确的控制	
39	警铃	在轿厢按压操纵箱上的“紧急呼唤”按钮，使轿顶警铃发出响声，通知值班人员	
40	开门按钮	电梯关门过程中，可按压开门按钮重新开门	
41	楼层滚动显示	厅外和轿内显示采用滚动的方式显示运行的方向，而层楼位置数据的变化则采用翻转的方式	
42	满载直驶	轿厢载荷超过设定值时，电梯不响应沿途的层站召唤，按登记的轿内指令行驶	GB/T 7024—2008 3. 2. 10
43	门区外不能开门保护措施	电梯在非平层位置不能开门，防止发生意外	
44	门受阻保护	当电梯在开、关门过程中受阻时，电梯门向相反方向动作的功能	GB/T 7024—2008 3. 2. 12
45	逆向运行保护	当系统检测到电梯连续 3 s 运行的方向与指令方向不一致时，就会紧急停车，并在进行复位前，禁止电梯的一切动作	
46	启动补偿	使用数字开关量/模拟量信号在电梯启动时进行力矩补偿，从而保证电梯在不同负载下都有较好的启动舒适感	

续表

序号	名称	功能	索引
47	欠相保护	系统检测到三相 380 V 电压其中任一相电压缺失，就紧急停车，供电正常后才能恢复正常运行	
48	欠压保护	系统检测到三相 380 V 电压其中任一相电压偏低，超出电梯系统阈值，就紧急停车，在供电正常后，才能恢复正常运行	
49	群控	群控是指将两台以上电梯组成一组，由一个专门的群控系统负责处理群内电梯的所有层站呼梯信号。群控系统可以是独立的，也可以隐含在每一个电梯控制系统中。群控系统和每一个电梯控制系统之间都有通信联系。群控系统根据群内每台电梯的楼层位置、已登记的指令信号、运行方向、电梯状态、轿内载荷等信息，实时将每一个层站呼梯信号分配给最适合的电梯去应答，从而最大限度地提高群内电梯的运行效率。群控系统中通常还可选配上班高峰服务、下班高峰服务、分散待梯等多种满足特殊场合使用要求的操作功能	GB/T 7024—2008 5. 7
50	双开门	电梯设置前门和后门，每一个层门设置召唤指示器，电梯应答相应的前门或后门厅外召唤停站，将同时开启前门和后门	
51	司机操作	通过轿厢操纵箱上的开关，使电梯操作方式由正常的自动运行改为司机操作。司机操作没有自动关门功能，电梯的关门是在司机持续按关门按钮的条件下进行的。同时，还具有司机选择定向和按钮直驶功能。其他功能和无司机操作没有区别	
52	厅外盲文按钮	召唤箱采用盲文按钮，适合障碍人士使用	
53	停电照明功能	电梯在通电的状态下，当市电停电时，轿厢应急照明灯亮	
54	微动平层（再平层）	当电梯停靠开门期间，由于负载变化，检测到轿厢地坎与层门地坎平层差距过大时，电梯自动运行使轿厢地坎与层门地坎再次平层的功能	GB/T 7024—2008 3. 1. 28. 4
55	无障碍操纵箱	特殊设计的轿厢操纵盘，以方便残疾人使用，尤其是轮椅使用人员操作电梯	GB/T 7024—2008 4. 96
56	五方通话	可通过机房对讲机与值班室、轿顶、轿内、底坑进行对讲	
57	误指令消除	可以取消轿内误登记指令的功能。电梯在正常服务状态下，无论在运行过程中或是停车在门区中，当有被错误登记的轿内指令需要取消时，只要再次将已登记好（内指令指示灯点亮）的内指令按钮按下，该内指令的登记就会被取消，内指令指示灯熄灭	GB/T 7024—2008 3. 2. 11

续表

序号	名称	功能	索引
58	下集选控制	下集选控制时，除最低层和基站外，电梯仅将其他层站的下方向呼梯信号集合起来应答。如果乘客欲从较低的层站到较高的层站去，须乘电梯到底层或基站后，再乘电梯到要去的高层站	GB/T 7024—2008 5.5
59	闲时省电	（1）如果电梯在 30 min 内运行的次数是 3 次或小于 3 次，电梯系统判断此时为闲时状态，则 3 min 无呼唤后，自动熄灭照明灯、风扇。 （2）如果电梯在 30 min 内的运行次数超过 3 次，电梯系统判断此时为繁忙状态，则 30 min 无呼唤后，自动熄灭照明灯、风扇	
60	消防信号反馈	当设有消防中心监控时，可在消防中心直接发送一个无源的消防信号到正常运行中的电梯，电梯立即消除所有指令和召唤，自动返回消防基站。到达消防基站后，系统返回一个无源信号给消防中心，通知消防中心电梯已返回消防基站	
61	消防员服务	操纵消防开关使电梯进入消防员专用状态的功能。该状态下，电梯将直驶到设定楼层后停梯，其后只允许授权人员操作电梯	GB/T 7024—2008 3.2.2
62	永磁同步门机	采用永磁同步变频门机，具有低转速、大转矩、高效率、恒转矩、控制精度高、噪声低、振动小等优点	
63	语音报站	语音通报轿厢运行状况和楼层信息的功能	GB/T 7024—2008 3.2.15
64	预留视频电缆	预留机房到轿厢的独立视频电缆线，方便客户连接摄像头监视设备	
65	预留音频电缆	预留机房到轿厢独立音频电缆线，方便客户连接音频设备	
66	远程监视	远程监视装置通过有线或无线电话线路、Internet 网络线路等介质，和现场的电梯控制系统通信，监视人员在远程监视装置上能清楚了解电梯的各种信息	GB/T 7024—2008 5.9
67	运行超时保护	当电梯的轿厢（或对重）受障碍物阻挡而停止下行时，会导致电动机空转、曳引绳在曳引轮上打滑。当此故障发生时，电梯系统将使电梯立即停止运行并保持停车状态	
68	运行次数计数器	对电梯的运行次数做出累计并显示的计数器	GB/T 7024—2008 3.2.8

续表

序号	名称	功能	索引
69	召唤功能	通过按压操纵箱的层楼按钮或召唤箱的召唤按钮，电梯按运行次序依次运行到所按压的指定楼层。召唤功能分为轿内召唤和厅外召唤。 轿内召唤： （1）按压操纵箱的各层召唤按钮，除电梯所在层的召唤灯不能自保外，其余召唤灯都应亮灯。 （2）电梯应按召唤顺序停站，当电梯运行至被召唤的层楼时，对应的轿内召唤灯应熄灭。 厅外召唤： （1）电梯能按楼层顺序应答厅外的召唤。 （2）电梯停靠层的厅外召唤试验： ①电梯所在层和电梯运行方向相同的厅外召唤应不能登记，但关门过程中按压该按钮应能重开门。 ②电梯所在层和电梯运行方向相反的厅外召唤应能登记	
70	驻停（退出运行）	当启动此功能开关后，电梯不再响应任何层站召唤，在响应完轿内指令后，自动返回指定楼层停梯	GB/T 7024—2008 3. 2. 14
71	自动返基站	在无召唤指令登记的情况下，电梯会自动返回预先设定的基站并关门熄灯待机，以便以最快的速度为基站的乘客提供服务。此功能中，基站所在的层站由客户进行选择	
72	自动关门	在自动状态运行时，电梯到站自动开门后，延时若干时间自动关门	
73	自动救援操作（停电自动平层）	当电梯正常电源断电时，经短暂延时后，电梯轿厢自动运行到附近层站，开门放出乘客，然后停靠在该层站等待电源恢复正常	GB/T 7024—2008 3. 2. 5

无论电梯的功能有多丰富，其运行都应遵守相应的规则，表 2 - 2 介绍了电梯运行的基本规则。

表 2 - 2　电梯的运行规则要求

序号	名称	要求
1	定向	根据轿厢位置与信号位置确定运行方向，按照时间优先原则，即先收到的信号优先于后收到的信号
2	顺向截车	响应同方向的停车指令，不响应逆方向的停车指令
3	最远反向截车	响应最远信号后，改变运行方向
4	满载直驶	电梯满载运行时，不再执行顺向外呼功能
5	满载	电梯超载后，厅轿门不再关闭，并发出声光报警信号
6	厅外开门	电梯停层位置的呼梯按钮按下，电梯自动开门

续表

序号	名称	要求
7	门区外禁止开门	电梯在门区以外控制电路禁止自动开门
8	分散待梯	并联或群控时，各电梯停止在不同楼层，有呼叫信号时，最靠近乘客的电梯执行服务
9	自返基站	电梯在没有信号一定时间后自动驶向基站，并在基站待梯
10	防捣乱	根据称重信号，在轻载状态时，可选楼层个数受到限制
11	检修运行	供电梯检查、维修使用，就是电梯的点动运行，按下按钮电梯以检修速度运行，松手即停。检修指令有优先级别，最危险的位置（轿顶）级别最高
12	消防员运行	消防电梯独有的功能，需经过耐火门试验。只能选 1 个楼层信号，到站不开门，按开门按钮开门，松开立刻关门，可再选楼层
13	火灾返回	收到信号后，电梯以最快方式返回基站，开门后不再运行

3. 能耗制动单元

电梯在运行过程中，不仅能够消耗电能，也能在某些时候产生电能。那么什么时候电梯能够“发电”呢？实际上，电梯在两种情况下其电动机变为发电机，产生电能。

变频器为什么要外接制动电阻？制动电阻的作用是什么？

电梯的曳引轮两端通过钢丝绳分别连接了轿厢和对重，当轿厢空载上行或者重载下行时，机械能做功，带动曳引轮转动，此时电动机处于发电状态，机械能通过曳引机和变频器转化成了直流电能。另外一种情况发生在电梯的减速制动过程中，电梯的减速是通过逐渐减少电动机（曳引机）频率来实现的。在频率减少的瞬间，电动机同步转速随之下降，而由于机械惯性，电动机转子转速不变。但同步转速小于转子转速时，转子电流相位几乎改变了 180°，电动机从电动状态转为发电状态。此时，电动机轴上的转矩变成制动转矩，使电动机转速迅速下降，电动机处于再生制动状态。电动机再生的电能经续流二极管全波整流后反馈到直流电路，由于绝大部分直流电路的电能没回馈到电网，仅靠变频器本身的电容吸收，只能消耗部分能耗。因此，电梯必须采取措施处理这些再生能量，这时候能耗制动单元就起作用了。

能耗制动采用的方法是在变频器直流侧加电阻组件，将再生电能消耗在功率电阻上实现制动，如图 2－10 所示。这是一种处理再生能量最直接的办法，它是将再生能量通过专门的能耗制动电路消耗在电阻上，转为热能。能耗制动单元包含制动单元和制动电阻两部分。

图 2－10　制动电阻

制动单元的功能是当直流回路的电压超过规定限值时，接通耗能电路，使直流回路通过制动电阻后以热能的方式释放能量。制动单元分为内置式和外置式两种，前者适用于小功率的通用变频器，后者则适用于大功率变频器或是对制动有特殊要求的工况。原理上，二者并无区别，都是接通制动电阻的“开关”。

制动电阻是用于将电动机的再生能量以热能方式消耗的载体，包括电阻阻值和功率容量两个重要参数。常用有波纹电阻和铝合金电阻两种，前者采用表面立式波纹，有利于散热，并选用高阻燃无机涂层，有效保护电阻丝不被老化，延长寿命；后者耐气候性、耐振动性优于传统瓷骨架电阻器，广泛应用于高要求恶劣工控环境。

能耗制动单元中的部件是制动电阻，制动电阻的阻值和功率值随着载重、速度的提升，以及高度的变化，会有不同的配置，如何选择与电梯相适应的制动电阻，保证在冗余的情况下节省资源，是各大生产厂商需要考虑的问题。

4. 断错相保护器

电气设备在运行过程中，可能出现接线端子松动无电压或导线中断的现象，即断相现象，造成三相电路不平衡，容易导致电动机过热或烧坏。当电梯设备出现错相时，会造成电动机反转，带来严重的事故隐患。因此，每台电梯都设置了断错相保护器。图 2－11 所示是一种常见的断错相保护器——相序继电器。

图 2－11　相序继电器

相序继电器通常被串联在电梯的控制回路中，如图 2－12 所示，当电路正常时，继电器常开触点吸合，接触器 KM 线圈得电，接触器触点吸合，电动机得电正常运行。当 ABC 相线中任意一路断开或者错相时，常开触点不能吸合，接触器线圈无法得电，电动机无法正常运行。

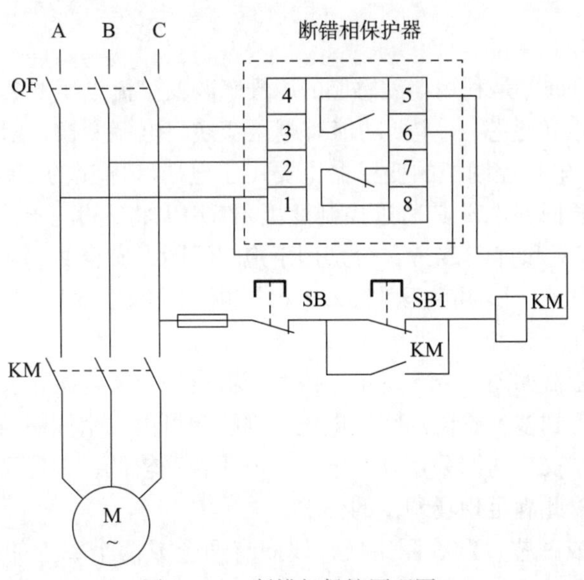

图 2－12　断错相保护原理图

相序保护电路详解

相序保护器可以分为两种形式：一种为采用线性变压器供电保护器，一种为采用电容降压式供电保护器。相较于前者，电容降压式供电保护器体积小（外壳宽度小于 18 mm）、成本低，被很多的中小电梯制造企业所选用，其将无极性聚丙烯电容器直接串联在整流回路中，利用容抗来将380 V的电压降为符合相关继电器线圈的工作电压，方法简单，但其使用寿命较低，如选用这种保护器，应明示其合理的使用年限。

当前，新制造的电梯几乎都使用了变频拖动技术，变频器是通过整流、逆变工作的，变频器在整流时对电源相序并没有严格的要求，而逆变时自身又能够产生出固有的相序，即电动机的旋转方向仅取决于变频器输出的电源相序，而与城市电网供电的相序无关。为了使城市电网的相序不影响变频调速电梯的正常运行，可以考虑在电梯的安全回路中并联两对相序保护器的动合触点，其中一个用于正相序，一个用于逆向序，如图2－13所示。

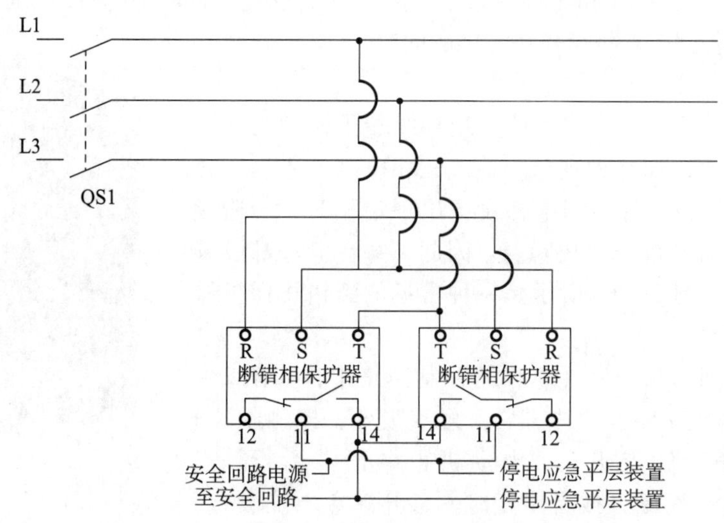

图2－13　相序自动纠正及停电平层装置跨接电路

变压器的选用和维修

5. 变压器

变压器（Transformer）是利用电磁感应的原理来改变交流电压的装置，主要构件是初级线圈、次级线圈和铁芯（磁芯）。主要功能有电压变换、电流变换、阻抗变换、隔离、稳压（磁饱和变压器）等。电梯控制柜的变压器主要用于电压和电流的变换。如图2－14所示，这是某品牌电梯的电源回路图。其通过控制变压器TRF1将380 V电源降压为直流110 V、交流110 V、交流220 V和直流24 V，分别用于抱闸线圈、安全回路、门机和光幕电源、呼梯指令、显示信号等供电。照明变压器将220 V电源降为交流36 V，用于轿顶和底坑的安全电源。

电梯中常见的变压器如图2－15所示。该变压器由一个闭合磁路及绕在铁芯上的原线圈和副线圈组成。为了得到多种不同的变换电压，副线圈可由几个线圈组成。为了解决网络波动问题，尤其是电梯在安装初期采用临时电，其电压普遍较低，因此又在原线圈和副线圈中分别设置一些抽头，以此满足现场调试的要求。

变压器由铁芯（或磁芯）和线圈组成，线圈有两个或两个以上的绕组，其中接电源的绕组叫初级线圈，其余的绕组叫次级线圈。它可以变换交流电压、电流和阻抗。最简单的铁芯变压器由一个软磁材料做成的铁芯及套在铁芯上的两个匝数不等的线圈构成，如图2－16所示。

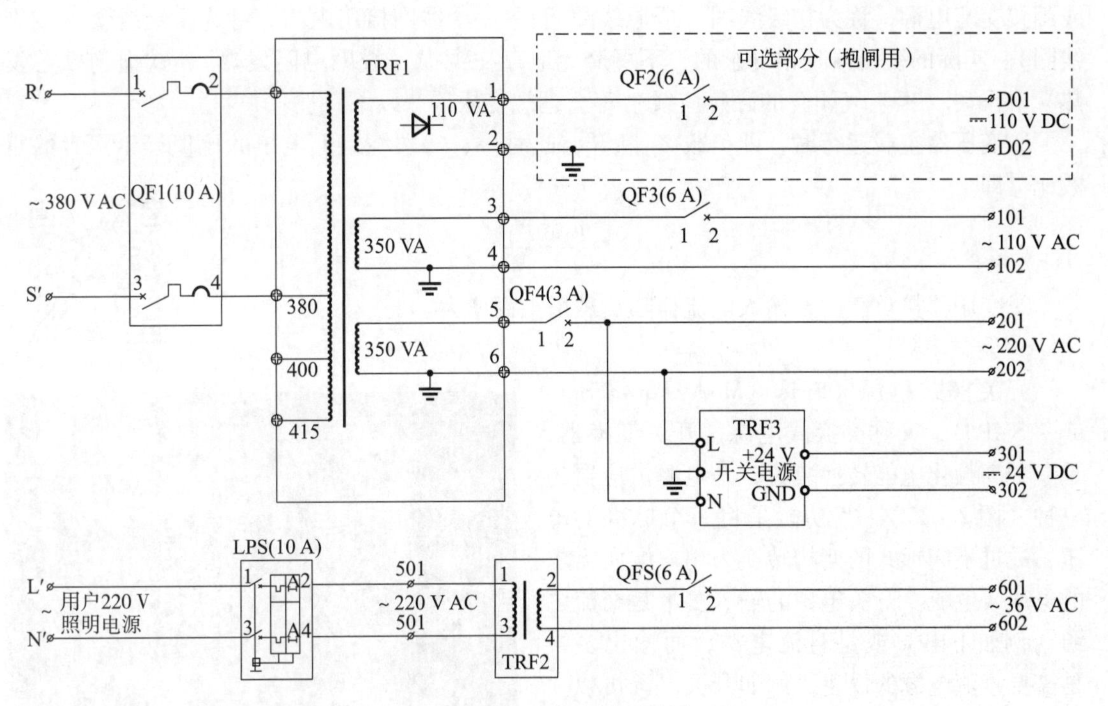

图 2－14　电梯电源回路图

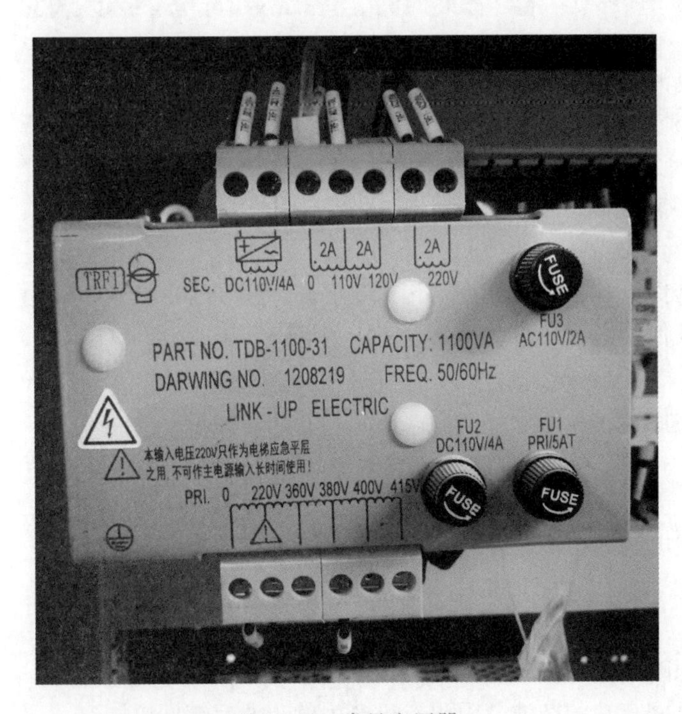

图 2－15　常见变压器

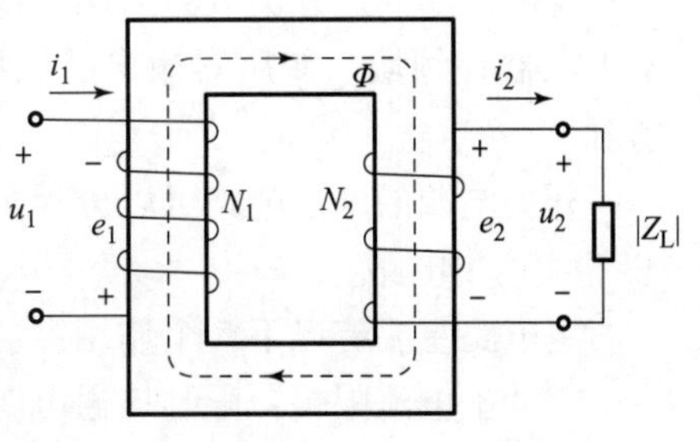

图 2－16　变压器原理

铁芯的作用是加强两个线圈间的磁耦合。为了减少铁芯内涡流和磁滞损耗，铁芯由涂漆的硅钢片叠压而成。两个线圈之间没有电的联系，线圈由绝缘铜线（或铝线）绕成。一个线圈接交流电源，称为初级线圈（或原线圈）；另一个线圈接用电器，称为次级线圈（或副线圈）。实际的变压器是很复杂的，不可避免地存在铜损（线圈电阻发热）、铁损（铁芯发热）和漏磁（经空气闭合的磁感应线）等。理想变压器有以下特性：

①变压器空载运行时，即负载 Z_L 断开，此时一、二次绕组上电压的比值等于两者的匝数比。即

$$\frac{u_1}{u_2}=\frac{N_1}{N_2}$$

②变压器接负载时，输入电流会随负载增大而增大。

开关电源

6. 开关电源

开关模式电源（Switch Mode Power Supply，SMPS），又称交换式电源、开关变换器，是一种高频化电能转换装置，是电源供应器的一种（图2-17）。其功能是将一个标准的电压，通过不同形式的架构转换为用户端所需求的电压或电流。开关电源的输入多半是交流电源（例如市电）或是直流电源，而输出多半是需要直流电源的设备，例如开关电源可以为电梯的呼梯按钮提供电源。

图2-17　常见开关电源

开关电源不同于变压器，它们有以下区别：

①功能不同。开关电源可以对电源进行整流，既可以将交流通过整流变为直流，也可以降低电压，而变压器则是将电压进行升降变化。

②工作频率不同。开关电源的频率较高，一般在几十千赫兹（kHz），而变压器一般频率较低，常用的为工频频率50 Hz。

③开关电源含有大量的电子元器件，其自身功耗小、转化效率高、体积小、质量小、稳压范围广，但开关电源会对电梯的其他用电设备产生电磁干扰。相对来说，变压器体积大、效率低。

④用途不同。开关电源适用于稳压要求高的场合，广泛用于计算机、通信、自动控制、家用电器等领域。变压器输出的电压随输入的电压不断变化，适用于对电压要求不高的场合。

开关电源的内部电路可以分为主电路、控制电路、检测电路、辅助电源四大部分。

（1）主电路

主电路主要有以下5个作用：

①冲击电流限幅：限制接通电源瞬间输入侧的冲击电流。

②输入滤波器：其作用是过滤电网存在的杂波及阻碍本机产生的杂波反馈回电网。

③整流与滤波：将电网交流电源直接整流为较平滑的直流电。

④逆变：将整流后的直流电变为高频交流电，这是高频开关电源的核心部分。

⑤输出整流与滤波：根据负载需要，提供稳定、可靠的直流电源。

（2）控制电路

控制电路在正常工作中，一方面从输出端取样，与设定值进行比较，然后去控制逆变器，改变其脉宽或脉频，使输出稳定；另一方面，根据测试电路提供的数据，经保护电路鉴别，对电源进行各种保护措施。

（3）检测电路

检测电路主要提供电路中正在运行的各种参数和各种仪表数据。

（4）辅助电源

辅助电源主要实现电源的软件（远程）启动，为保护电路和控制电路（PWM 等芯片）工作供电。

7. 熔断器

熔断器（fuse）是指当电流超过规定值时，以本身产生的热量使熔体熔断，断开电路的一种电器。熔断器广泛应用于高低压配电系统、控制系统及用电设备中，作为短路和过电流的保护器，是应用最普遍的保护器件之一。

电梯中常见的熔断器如图 2－18 所示。

熔断器的型号含义

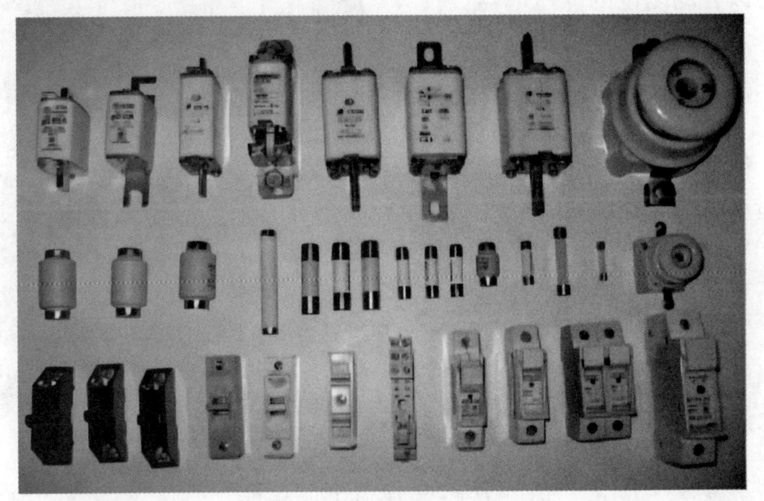

图 2－18　常见熔断器

熔断器由绝缘底座（或支持件）、触头、熔体等组成，熔体是熔断器的主要工作部分，熔体相当于串联在电路中的一段特殊的导线，当电路发生短路或过载时，电流过大，熔体因过热而熔化，从而切断电路。熔体常做成丝状、栅状或片状。熔体材料具有相对熔点低、特性稳定、易于熔断的特点。一般采用铅锡合金、镀银铜片、锌、银等金属。在熔体熔断切断电路的过程中会产生电弧，为了安全、有效地熄灭电弧，一般均将熔体安装在熔断器壳体内，采取措施，快速熄灭电弧。

在电梯使用中，越来越多的电梯使用了断路器，常见的有空气开关断路器，两者都可以实现线路的短路和过载保护，那么这两者之间有什么区别呢？

两者的原理不同。熔断器的原理是利用电流流经导体会使导体发热，达到导体的熔点后，导体熔化，断开电路，以保护用电器和线路不被烧坏。它是热量的一个累积，所以也可以实现过载保护。一旦熔体烧毁，就要更换熔体。断路器是通过电流底磁效应（电磁脱扣器）实现断路保护，通过电流的热效应实现过载保护（不是熔断，一般不用更换器件）。具体到实际中，当电路中的用电负荷长时间接近于所用熔断器的负荷时，熔断器会逐渐加热，直至熔断。如前所述，熔断器的熔断是电流和时间共同作用的结果，起到对线路进行保护的作用，它是一次性的；而断路器是电路中的电流突然加大，超过断路器的负荷时，会自动断开，它是对电路一个瞬间电流加大的保护，例如当漏电很大时，或短路时，或瞬间电流很大时，当查明原因并排除故障后，可以合闸继续使用。

8. 检修按钮

按钮开关是指利用按钮推动传动机构，使动触点与静触点接通或断开，并实现电路换接的开关。按钮开关是一种结构简单，应用十分广泛的主令电器。在电气自动控制电路中，用于手动发出控制信号，以控制接触器、继电器、电磁启动器等。

电梯中常见的检修按钮如图 2－19 所示。

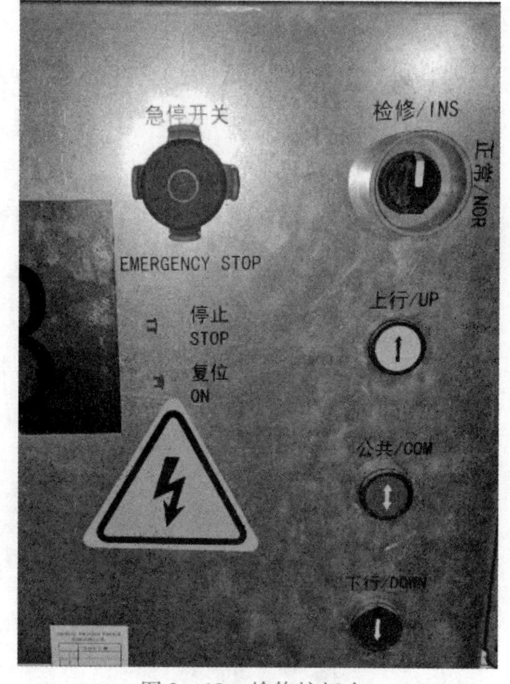

图 2－19　检修按钮盒

按钮开关又称控制按钮（简称按钮），是一种手动且一般可以自动复位的低压电器。按钮通常用于电路中发出启动或停止指令，以控制电磁启动器、接触器、继电器等电器线圈电流的接通和断开。

按钮开关是一种按下即动作、释放即复位的用来接通和分断小电流电路的电器。通常用于交直流电压 440 V 以下、电流小于 5 A 的控制电路中，一般不直接操纵主电路，也可以用于互联电路中。

在实际的使用和选型中，为了防止误操作，通常在按钮上做出不同的标记或涂以不同的颜色加以区分，其颜色有红、黄、蓝、白、黑、绿等。一般红色表示“停止”或“危险”情况下的操作，绿色表示“启动”或“接通”。急停按钮必须用红色蘑菇头按钮。按钮必须有防护挡圈，且挡圈或增加防误操作保护的功能，以防意外触动按钮而产生误动作。安装按钮的按钮板和按钮盒的材料必须是金属的，并与机械的总接地母线相连。

如图 2－20 所示，在按钮 1 未按下时，动触头 3 与上面的静触头 4 是接通的，这对触头称为常闭触头。此时，动触头 3 与下面的静触头 5 是断开的，这对触头称为常开触头。按下按钮 1，常闭触头断开，常开触头闭合；松开按钮 1，在复位弹簧的作用下恢复原来的工作状态。

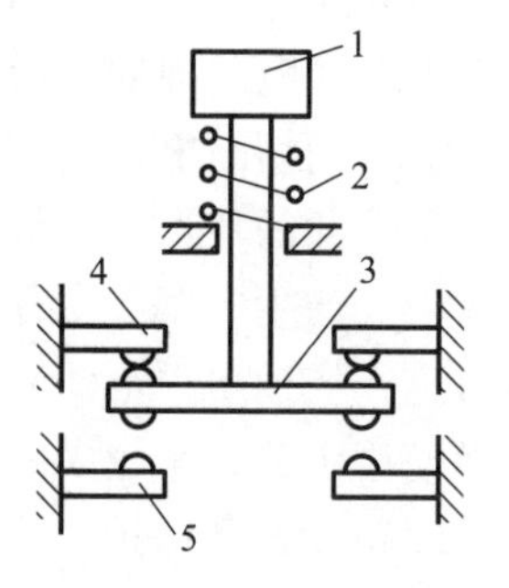

1—按钮；2—弹簧；3—动触头；4、5—静触头。

图 2－20　按钮结构图

2.1.3 电梯曳引机

永磁同步曳引机组成

电梯曳引机组一般由电动机、制动器、松闸装置、减速箱、盘车装置、曳引轮和导向轮等组成。其功能是将电能转换成机械能，直接或间接带动曳引轮转动。

曳引电动机：通常情况下，曳引机组多数采用交流电动机，当电梯速度大于2.5 m/s时，也会采用由直流电动机驱动的无齿曳引机组，但要求电动机的转速较慢。

电梯专用电动机的特殊要求：

①具有大的启动转矩，使之满足轿厢与运行方向所确定的特定状态时的启动力矩要求。

②较小的启动电流，以保护电动机不会发热烧毁。

③应有较硬的机械特性，以免随着负载变化时，电梯的速度不稳定。

④要求噪声小、脉动转矩小，供电电压在±7%范围内波动，应具有相对的稳定性。

电梯常用的电动机类型：

——直流电动机

由晶闸管直接控制电动机。一般适用于$v \leqslant 15$ m/s的高级客梯。

——交流电动机

交流单速电动机，适用于$v < 0.5$ m/s，500 kg以下的小载重量的杂物电梯。

——交流双速电动机

速比一般为4∶1，适用于$v \leqslant 1$ m/s的货梯及低档客梯。

其中，快速绕组用于启动、加速和满速运行；慢速绕组用于减速、制动和检修运行。

常用双速电动机有定子单绕组双速电动机（YTD）和定子双绕组双速电动机（JTD）。

——交流三速电动机

适用于1 m/s $< v \leqslant 2$ m/s的高档客梯。运行时有三种速度可切换，以改进舒适感。

——交流调压调速电动机

适用于1 m/s $< v \leqslant 2.5$ m/s的高档客梯。通常有两种方式：

①涡流制动调速方式：采用带有与驱动电动机转子同轴连接的涡流制动器电动机来改变驱动阻力矩，以达到改变速度的目的。

②直流能耗调速方式：采用双绕组双速电动机，其中，快速绕组用作三相驱动，慢速绕组改为直流绕组，在减速阶段输以可调直流电，以达到阻力矩调速的目的。

其缺点是：机械特性较软、受负载影响较大（平层精度、舒适感差）、机组发热大（故需配有强迫冷风装置和过热保护装置）。

交流调频调压调速电动机，适用于1 m/s $< v \leqslant 11$ m/s的各级载重量的高档客梯。

2.1.4 制动器

制动器是保证电梯轿厢的停止位置，防止轿厢移动，保证进出轿厢的人员和货物安全，还能在双速拖动技术不完善的梯种上参与减速平层过程的安全装置。其功能是通电时松闸，失电时抱闸，通常分为机械电动闸瓦式和液压电动式两种形式。松闸时应保持同步离开，两侧闸瓦四角处间隙应满足制造厂要求，并应装有制动器故障保护装置。

制动器是怎么工作的呢？当电梯处于静止状态时，曳引电动机、电磁制动器的线圈中均无电流通过，这时因电磁铁芯间没有吸引力，制动瓦块在制动弹簧压力作用下，将制动轮抱紧，保证电梯停止运行。当曳引电动机通电旋转的瞬间，制动电磁铁中的线圈同时通电，电磁铁芯迅速磁化吸合，带动制动臂克服制动弹簧的作用力，制动瓦块张开，与制动轮完全脱离，电梯得以运行。当电梯轿厢到达所需停站时，曳引电动机失电，制动器电磁铁同时失电，电磁铁芯中磁力迅速消失，铁芯在制动弹簧力的作用下通过制动臂复位，使制动瓦块再次将制动轮抱住，电梯停止工作。制动器结构图如图 2－21 所示。

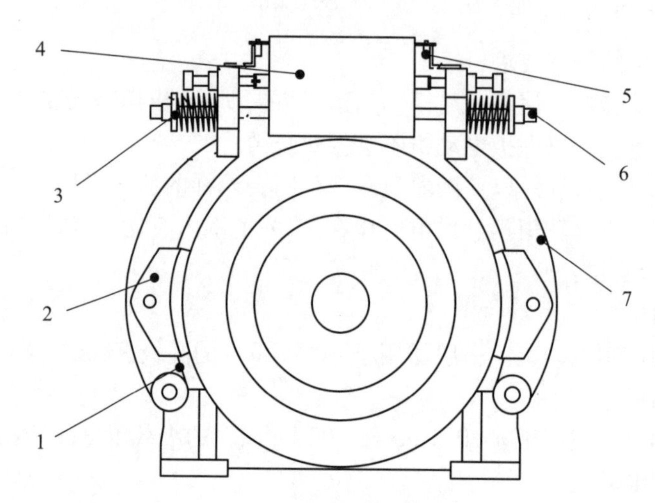

1—制动轮；2—制动瓦；3—制动弹簧；4—电磁铁芯；5—微动开关；6—调节螺母；7—制动臂。

图 2－21　制动器结构图

选择制动器，应选择机电摩擦型常闭式制动器，其制动形式应依靠机械力的作用，且其制动力矩应满足使用要求。制动器的松闸和抱闸，除了能够保证快速之外，还要求平稳，满足频繁启动、制动的工作要求。另外，市面上常见制动器还有块式制动器、碟式制动器，它们和图 2－21 所示的鼓式制动器原理相同，但在外观和功能性上有些差别，如图 2－22 和图 2－23 所示。

图 2－22　块式制动器

图 2－23　碟式制动器

制动器作用在制动轮上产生的力矩 M 可按以下公式计算：

$$M=\frac{QD}{2ie}$$

式中，Q 为悬挂重物的质量，包括轿厢质量、最大起重量和钢丝绳质量等，kg；D 为制动轮直径，m；i 为减速比；e 为曳引比。

2.1.5　编码器

编码器的原理

电梯的测速反馈装置，用于检测轿厢及电动机的实际运行速度，并将信号传送给驱动控制系统，常用的电梯测速装置为编码器。编码器是一种传感器，可以用数字化信息将角度、长度等信息以编码的方式输出，具有精度高、测量量程大、反应快等特点、编码器的体积小、质量小、结构紧凑、安装维护方便、工作可靠，广泛安装于电梯曳引驱动主机和门机上。

编码器按照测量方式，可以分为直线型编码器、角度编码器、旋转编码器。按照信号原理，可以分为增量型编码器和绝对型编码器。

增量型编码器有一个中心轴的光电码盘，其上有环形通、暗的刻线，由光电发射和接收器件读取，获得四组正弦波信号 A、B、C、D，每个正弦波相差 90°，将 C、D 信号反向，叠加在 A、B 两相上，可增强稳定信号。另外，每转输出一个 Z 相脉冲，以代表零位参考位。依靠比较 A、B 两相的相位差判断编码器正反转，通过零位脉冲可获得编码器的零位参考位。编码器的分辨率以旋转一周的通、暗刻线数量区分，也称解析分度，一般每转分度 5 ~ 10 000 线。增量型编码器结构原理图和实物图分别如图 2 – 24 和图 2 – 25 所示。

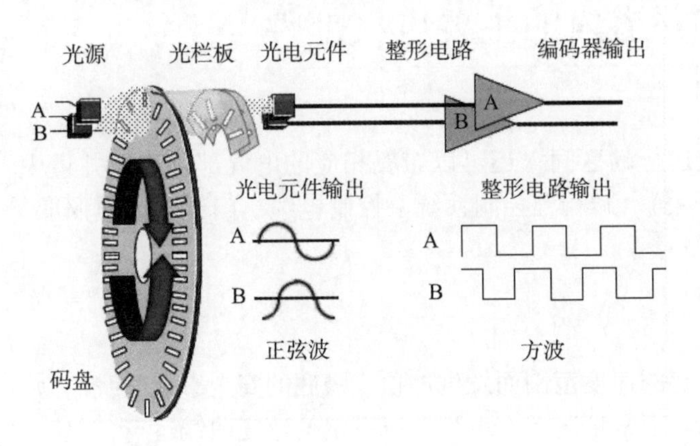

图 2 – 24　增量型编码器结构原理图

图 2 – 25　增量型编码器

绝对型编码器光码盘上有许多道光通道刻线，每道刻线依次以 2 线、4 线、8 线、16 线、…编排，这样，在编码器的每一个位置，通过读取每道刻线的通、暗来获得一组从 $2^0 \sim 2^{n-1}$ 的唯一的二进制编码（格雷码），这就称为 n 位绝对型编码器。这样的编码器是由光电码盘的机械位置决定的，它不受停电、干扰的影响。绝对型编码器是由机械位置决定的，每个位置是唯一的，它无须记忆，无须找参考点，而且不用一直计数，什么时候需要知道位置，什么时候就去读取它的位置。这样，编码器的抗干扰特性、数据的可靠性大大提高了。但旋转一周后，为了保证编码唯一性，利用了钟表齿轮机械的原理，通过齿轮传动另一组码盘，在单圈编码的基础上增加圈数编码，以扩大测量范围。在实际安装过程中，这种编码器不必寻找零点，可以将某一中间位置作为起始点就可以了，从而大大简化安装调试难度。

绝对型编码器结构原理图、结构图如图 2－26 和图 2－27 所示。

图 2－26　绝对型编码器原理图

图 2－27　绝对型编码器内部结构图

增量型编码器存在零点累计误差、抗干扰较差、接收设备的停机需断电记忆、开机应找零或参考位等问题，但其价格相对低廉，电梯异步电动机采用较多。而绝对型编码器可以解决增量型编码器存在的问题，越来越多地被电梯采用。

现在绝大多数的电梯利用编码器与微机组成闭环系统，取得较好的调速特性。在选择时，多数已适配好，但在使用中应注意不要超过编码器的极限参数；接线需正确，以免造成电子元件损坏；编码器的电缆线应分开敷设，以免引入干扰，还应对电缆线进行屏蔽处理。

任务 2.2　井道内的主要电气部件

井道主要是供电梯的轿厢和对重运行的区间，还可以布置相应的电气部件。在井道中，主要有端站开关（极限开关和限位开关）、减行程控制系统、控制电缆、门锁、井道照明等电气部件。下面来一一介绍。

2.2.1　端站开关

为了防止在端站时，电梯超出设定的速度范围而发生冲顶或蹲底的安全事故，我们为电梯在端站设定了一个允许的速度范围。正常情况下，电梯会以设定的速度曲线运行，速度也在允许范围内；否则，一旦检测出电梯速度超出允许范围，制动器将立即动作，强迫电梯制动。端站强迫减速开关就是到达端站时产生开关信号，控制系统收到此信号后，每 10 ms 检测一次速度并判断速度是否正常，直到电梯正常停止，此时速度处于监控状态。

在端站，除了强迫减速开关外，还有上/下端站限位开关、上/下端站极限开关，其开关的配置顺序如图 2－28 所示（以上端站为例，下端站与上端站对称布置）。

电梯在最端站平层时的平层位置在端站极限开关前端，电梯正常运行时，仅强迫减速开关动作，以检测电梯速度是否在设定的速度范围内；电梯检修运行时，能到达限位开关，触碰此开关动作后，电梯软件系统强迫电梯停止运行；若电梯高速运行时，因故障原因未能制停而继续运行，触动了极限开关，则强制断开电梯安全回路并切断制动器电源，使电梯停止运行。图 2－29 所示为端站开关的现场安装图。

行程开关的内部结构

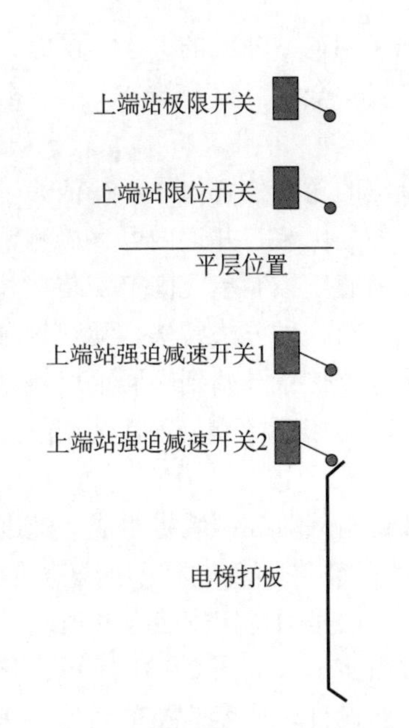

图2－28　上端站开关布置图

图2－29　端站开关现场安装图

限位开关和极限开关在设置和功能上有所区别，主要有以下两点：

①限位开关为单方向限制，电梯停止后，轿厢不能向危险的方向运行，但能反向运行。

②极限开关动作后，直接切断电梯驱动主机及制动器电源，电梯停止向任何方向的运行。

2.2.2　减行程控制系统

高速电梯在对缓冲器进行选型时，如果按照正常的计算，其缓冲器的行程非常大，从而导致电梯的底坑深度和顶层高度也非常大。为了能够减小缓冲行程，尽可能地减小电梯底坑深度和顶层高度，从而方便建筑物的设计，降低建筑和电梯制造成本。GB/T 7588.1—2020《电梯制造与安装安全规范第1部分：乘客电梯和载货电梯》第5.12.1.3条对应用减行程缓冲器的电梯的电气设计给予了明确的规定。目前，额定速度超过2.5 m/s的电梯普遍采用了减行程缓冲器设计。

选择减行程缓冲器，需要保证电气设计在任何情况下，轿厢（或对重）接触到缓冲器表面时的速度不大于缓冲器的设计速度。要达到这个目的，要求电梯在运行末端必须进行相应的减速，并且监控减速有效。即使减速失效，也要有一套安全装置保证轿厢（或对重）接触到缓冲器表面的速度不大于缓冲器的设计速度，这就需要设计一套减速控制系统，其应符合GB/T 7588.1—2020《电梯制造与安装安全规范第1部分：乘客电梯和载货电梯》第5.11.2条的要求。

减行程控制系统由速度调节、位置监控、速度监控3个装置单元组成。

①速度调节单元。主要是由主微机控制板、变频器、曳引机、制动器及测速元件构成一个闭环速度调节系统。它能使电梯按正常运行曲线运行或强制降速。高速电梯常常采用无齿

轮曳引机制动器作为强制降速的装置，制动器充分考虑了制动减速度的大小，同时，也经过了型式试验，满足 GB/T 7588.1—2020《电梯制造与安装安全规范第 1 部分：乘客电梯和载货电梯》第 5.11.2 条的要求。

②位置监控单元。依据标准要求，获取位置监控单位的轿厢位置信号不得依赖于驱动装置。通常在电梯的使用过程中有两种位置监控方法：一种是由装在井道内可直接测量轿厢位置的电气安全开关与固定于轿厢上的打板构成；一种是由速度控制单元固定安装在井道内确定位置的一定长度的速度编码板直接代替位置检测单元。第一种方法常选用常闭触点的电气安全开关，固定在轿厢上的打板长度不低于保证轿厢从检测位置开始到轿厢平层停靠、触及极限开关直至撞击缓冲器之前的高度，这种位置监控方法的速度检测装置常选用限速器。而第二种设计完全省略位置检测开关。

③速度监控单元。速度监控单元由速度检测装置和逻辑计算控制装置组成。速度检测装置一般有两种形式：一种是在限速器上附加安装不同的凸轮来实现电梯不同速度阶段的监控，其检测触点应串入安全回路中，如图 2－30 所示；一种是由固定安装在井道内一定长度的速度编码板及固定于轿厢上的测速光电开关、微机板来实现，如图 2－31 所示，其速度检测单元的控制输出点直接串入安全回路中，并应考虑冗余设计。速度监控单元是高速电梯减行程缓冲器应用电气设计的关键，为了保证速度检测单元的安全可靠性，其所用的限速器和电子电路（PESSRAL）等，都要进行安全部件型式试验，如图 2－32 所示。

图 2－30　限速器测速单元

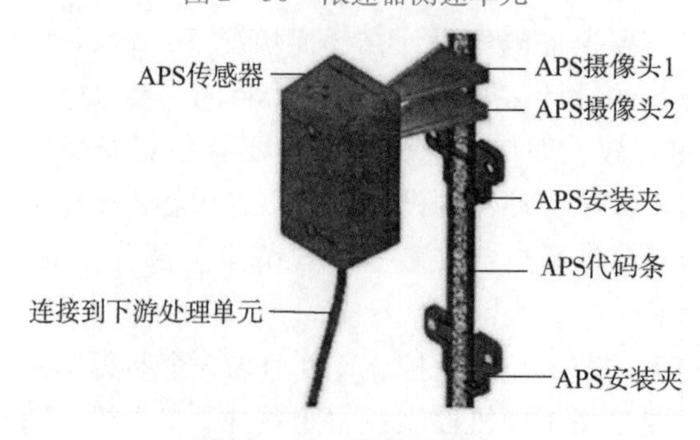

图 2－31　编码板测速

都要进行安全部件型式试验，如图 2－32 所示。

浙江省特种设备检验研究院　　NO. TSX 311002720180019
国家电梯产品质量监督检验中心（浙江）　　第1页 共1页

附表

适用参数范围和配置表

额定速度	≤8.0m/s	额定载重量	≤1600kg
设备保护级别	—	防爆等级	—
调速方式	交流变频调速	调速装置制造单位名称	
驱动方式	曳引驱动	控制装置制造单位名称	
驱动主机布置方式	上置机房内	驱动主机制造单位名称	
液压泵站布置方式	—	液压泵站制造单位名称	—
悬挂比(绕绳比)	1:1	绕绳方式	复绕
轿厢悬吊方式	顶吊式	轿厢导轨列数	≥2
轿厢数量	1	多轿厢之间的连接方式	—
控制柜布置区域	机房内	工作环境	室内型
轿厢上行超速保护装置型式	曳引机制动器	轿厢意外移动保护装置型式	曳引机制动器
顶升方式	—	防止轿厢沉降装置	—
防止轿厢自由坠落或者超速下降的措施	—	防爆型式	—
PESSRAL功能	1.采用减行程缓冲器时对电梯驱动主机正常减速的监测（ETSL）；2.检测门开启情况下轿厢的意外移动（UCM）；3.门开着情况下的平层和再平层控制（OB）	PESSRAL型号	LIMAX SAFE SG/SC
PESSRAL制造单位名称	ELGO-Batscale AG	特殊用途产品	—

图 2－32　安全部件型式试验参数

2.2.3　控制电缆

轿厢内外所有电气开关、照明、信号控制线等都要与机房控制柜连接，轿内按钮也要与机房控制柜连接，所有这些信号的信息传输都需要通过电梯随行电缆（图 2－33）。随行电缆一般都在轿厢底部固定牢靠并接入轿厢。

图 2－33　电梯用随行电缆

电梯的随行电缆是电梯的“大动脉”，一旦有断裂现象，必将产生“大失血”，后果不堪设想。

选择随行电缆应遵循以下原则：

①满足抗拉强度。电梯电缆中有一半是用来延伸的，高层电梯最多可达100多米，其自重近百千克，所以必须要有足够的抗拉强度。根据实际抗拉要求等级，可选择麻绳、PP绳、纤维绳、钢丝绳等来满足使用要求。

②良好的电气参数。电缆在随着电梯上下运动的过程中，中间会有一段受重力作用发生弯曲变形，造成电缆的阻抗和分布电容等电气参数发生变化。质量不好的电缆在受力变形时，参数变化大，就会引起阻抗不匹配、视频衰减增大并产生信号反射，这就会导致视频信号信噪比下降，产生视频干扰，所以应尽量选用屏蔽好的、线径粗的视频电缆，以阻止干扰信号“入侵”。

2.2.4 门锁

在选用门锁时，应注意其是适用于交流安全回路还是直流安全回路，或是同时适用。当选用错误时，如直流型安全回路门锁用在交流型安全回路中，就给门锁的可靠性和耐久性带来了安全隐患，增加了门锁的故障率。因为如果明示了电路类型，其在进行型式试验时，将选用对应的电路类型的电压和电流进行耐久性试验，而不用进行其他电路类型的耐久性试验。

门锁的型式试验证书上有技术参数及配置表的明确标识，如图2－34所示。

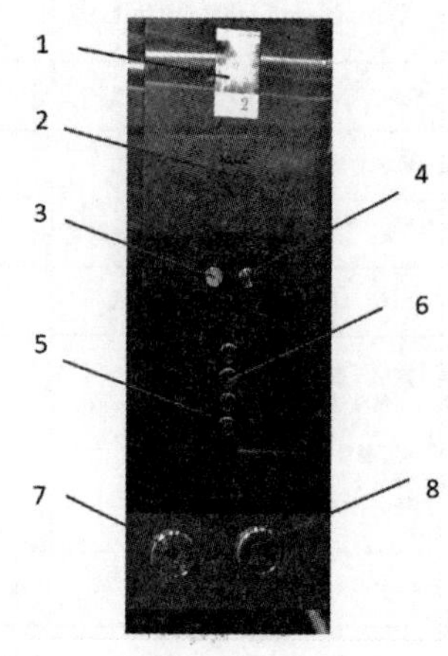

1—轿厢楼层显示；2—铭牌；3—应急照明灯；4—对讲及警铃；
5—未登记的轿内指令按钮；6—已登记的轿内指令按钮；7—开门按钮；8—关门按钮。

图2－34　适用参数范围和配置表

2.2.5 井道照明

GB/T 7588.1—2020《电梯制造与安装安全规范第1部分：乘客电梯和载货电梯》第5.2.1.4.1和5.10.8.2条规定：

第5.2.1.4.1条规定：井道应设置永久安装的电气照明装置，即使所有的门关闭时，轿厢位于井道内整个行程的任何位置也能达到下列要求的照度：

a）轿顶垂直投影范围内轿顶以上1.0 m处的照度至少为50 lx；

b）底坑地面人员可以站立、工作和（或）工作区域之间移动的任何地方，地面以上1.0 m处的照度至少为50 lx；

c）在a）和b）规定的区域之外，照度至少为20 lx，但轿厢或部件形成的阴影除外。

为了达到该要求，井道内应设置足够数量的灯，必要时在轿顶可设置附加的灯，作为井道照明系统的组成部分。

应防止照明器件受到机械损坏。

照明电源应符合5.10.7.1的要求。

注：对于特定的任务，可能需要设置附加的临时照明，如手持灯具。

测量照度时，照度计需朝向最强光源。

第5.10.8.2条规定：井道照明开关（或等效装置）应分别设置在底坑和主开关附近，以便这两个地方均能控制井道照明。

如果轿顶上设置了附加的灯（如5.2.1.4.1），应连接到轿厢照明电路，并通过轿顶上的开关控制。开关应在易于接近的位置，距检查或维护人员的入口处不超过1 m。

该标准中，对井道照明的要求，相比较GB 7588—2003版标准，取消了对井道顶和底的照明灯的位置要求，并对照明测量有了更加清晰的地域规定，同时，对井道照明开关有了位置距离要求。

任务2.3　轿厢的主要电气部件

2.3.1　门机

电梯的门机，是一个负责启、闭电梯厅轿门的机构，当其收到电梯开关门信号时，电梯通过自带的控制系统控制门机，将电动机产生的力矩转变为一个特定方向的力，关闭或打开门。

门机装在轿厢靠近轿门处，由电动机通过减速装置带动曲柄摇杆机构（如有）进行开关门，再由轿门带动层门开关门。电梯的门机可以分为直流门机和交流门机两种，具体如图2－35所示。过去异步电动机广泛应用在开门机上，随着科学技术的发展，永磁同步门机（图2－36）以其转速低、转矩大、效率高、转矩恒定、控制精度高、噪声低、振动小等诸多优点，被越来越多地应用于电梯的门系统。

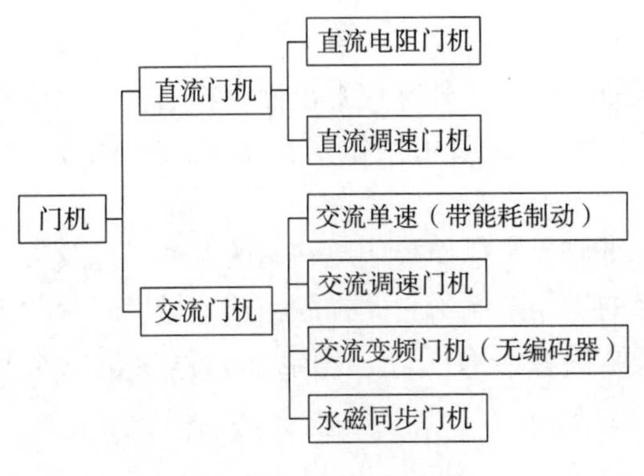

图2－35　门机的分类

图2－36　永磁同步门机

GB/T 7588.1—2020《电梯制造与安装安全规范第1部分：乘客电梯和载货电梯》第5.3.6.2.2.1（c）条规定："阻止关门力不应大于150 N，这个力的测量不得在关门行程开始的1/3之内进行。"该条款主要是保护乘客在进出轿厢时，不被层门所夹伤。在实际的使用过程中，由于安装人员疏忽，加之自检时忽略了此要求，导致阻止关门力普遍过大，由于现有的门机大部分采用变频驱动门机，其关门力矩调整十分简单，电梯的制造企业在制作安装工艺时应明示提醒，并在自检报告中增加此类要求的检验。

关于门机的选择，应考虑门宽度和开门方式，应验算关门动能。GB/T 7588.1—2020《电梯制造与安装安全规范第1部分：乘客电梯和载货电梯》第5.3.6.2.2.1（a）条规定："层门和（或）轿门及其刚性连接的机械零件的动能，在平均关门速度下的测量值或计算值不应大于10 J。"

2.3.2 轿顶控制箱

轿顶控制箱位于电梯轿厢的顶部，集成了轿顶控制板、轿顶接口板、应急电源、照明、对讲警铃、插座等部件，为了操作和维修方便，一般轿顶控制箱所有的外部接线都采用预制接线对插端子，如图2-37所示。

图2-37　轿顶控制箱

2.3.3 操纵箱

一般电梯的操纵箱安装于轿厢靠近门位置的轿壁板上，外部仅露出操纵箱面板，底盒藏于壁板后，因此深度不能太突出。操纵箱目前绝大多数采用按钮操作形式，如图2-38所示。

操纵箱是集中安装供电梯司机、乘用人员、维修人员操作控制电梯用的器件，以及查看电梯运行方向和轿厢所在位置的装置，也是电梯的操作控制平台。操纵箱的结构形式及所包括的电气元件种类数量与电梯的控制方式、停站层数等有关。常用电气元件包括以下几部分：

（1）电梯司机和乘用人员正常操作的器件

供电梯司机和乘用人员正常操作的器件，安装在操纵箱面板上，包括对应各电梯停靠层站的轿内指令按钮、开门按钮、关门按钮、警铃按钮和对讲按钮，以及查看电梯运行方向和轿厢所在位置的显示器件、对讲装置、蜂鸣器等。

其中楼层位置显示器的形式多种多样，有信号灯、七段数码管，也有点阵块和液晶显示器等。

（2）电梯司机和维修人员进行非正常操作的器件

供电梯司机和维修人员进行非正常操作的器件安装在操纵箱下方的暗盒内，设有专门钥匙，一般乘用人员不能打开使用。暗盒内装设的器件包括电梯运行状态控制开关（司机/自动选择、检修/正常选择）、轿内照明开关、轿内风扇开关、急停开关（红色）、检修状态下慢速上/下运行按钮、直驶按钮、专用开关等。

（3）厅门外召唤信号记忆显示灯器件

这种设有外召唤信号显示灯的操纵箱，适用于控制方式为轿内按钮控制的货梯使用。对于控制方式为信号控制和集选控制的电梯，由于这些控制方式的电梯自动化程度高，具有自动寻找内外指令登记信号的功能，近年来采用的操纵箱一般都不装设外召信号灯和记忆显示灯。

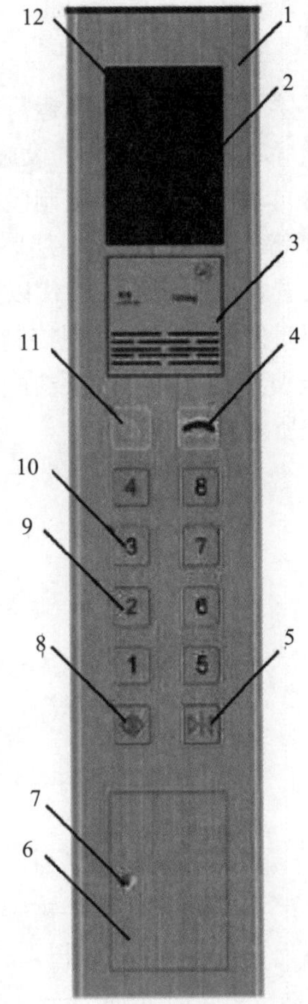

1—面板；2—楼层显示；3—铭牌；4—对讲装置按钮；5—关门按钮；6—暗盒；7—暗盒锁；8—开门按钮；9—已登记的轿内指令按钮；10—未登记的轿内指令按钮；11—警铃；12—运行方向指示。

图2－38　电梯操纵箱

此外，随着科技的发展，方便快捷和安全的操纵方式迭代更新，常见的轿厢控制还有：轿厢需要刷IC卡或者密码才能召唤指定楼层（图2－39）以及直接人脸识别的呼梯方式（图2－40）。

图2－39　刷卡乘梯

图2－40　人脸识别

2.3.4 换速平层装置

换速平层装置是指在电梯运行将到达预定停靠站时，电梯电气控制系统依据装设在电梯井道内（或轿厢侧面）的机电设施提供的电信号，适时控制电梯按预定要求正常换（减）速，平层时自动停靠开门的控制装置的总称。常用的换速平层装置有以下三种：

（1）干簧管传感器换速平层装置

这种装置自20世纪70年代以来，是国内生产的交直流电梯运行过程中，实现到站提前换速、平层时停靠开门的常用控制装置。这种装置由装设在井道内轿厢导轨上的平层隔磁板及换速干簧管传感器和装设在轿厢架直梁上的换速隔磁板及平层干簧管传感器构成，如图2－41所示。

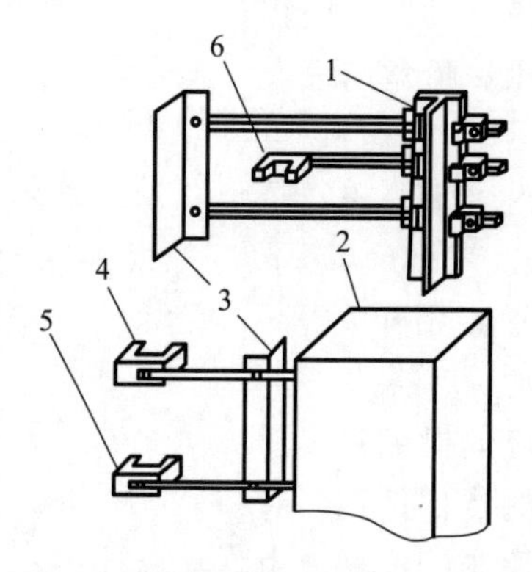

1—导轨；2—轿厢；3—隔磁板；4—上平层干簧管；5—下平层干簧管；6—换速干簧管。

图2－41 干簧管传感器换速平层装置

电梯运行过程中，通过装设在轿架上的传感器和隔磁板依次插入位于井道轿厢导轨上相对应的隔磁板或传感器，通过隔磁板（隔磁铁板）旁路磁场的作用，实现到站提前换速、平层时停靠开门的任务。干簧管与隔磁板的作用过程如图2－42所示。

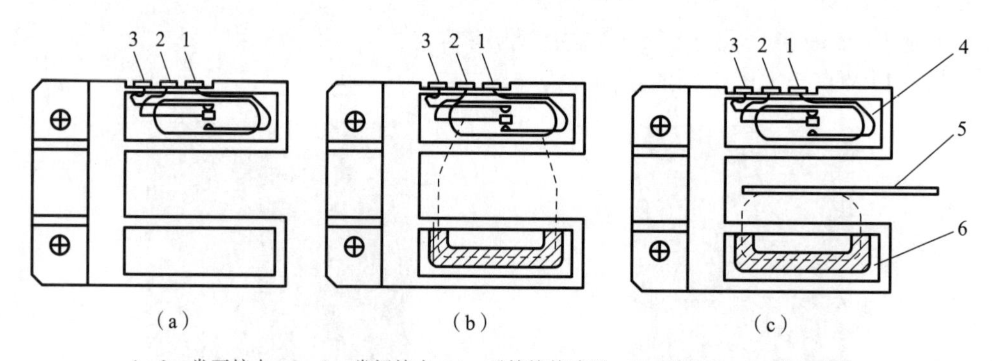

1、2—常开接点；2、3—常闭接点；4—干簧管传感器；5—隔磁板；6—永久磁铁。

图2－42 干簧管传感器与隔磁板

图2－42（a）表示把干簧管传感器中的永久磁铁取出后，传感器另一侧的干簧管在没有磁场力作用下的情况，干簧管的常闭接点2和3是接通的，常开接点1和2是断开的。

图2－42（b）表示把永久磁铁放回传感器内，传感器另一侧的干簧管在永久磁铁所建立的磁场力作用下，出现常闭接点2和3断开、常开接点1和2闭合的情况。图2－42（c）表示把一块具有导磁功能的铁板放到干簧管和永久磁铁中间时，由于永久磁铁所产生的磁场绝大部分通过铁板构成闭合磁回路，这时的干簧管又失去磁场力的作用，从而恢复成图2－42（a）的状态。电梯在正常运行过程中，电梯电气控制系统就是通过合理设置、实施干簧管传感器与隔磁板之间的这种相互作用原理，实现按预先设定的要求，控制电梯完成上下运送任务的。

干簧管传感器实物如图2－43所示。

（2）双稳态开关换速平层装置

双稳态换速平层装置是由双稳态磁性开关和与其配合使用的圆柱形磁铁及相应的装配机件构成的，如图2－44所示。这种装置广泛应用在20世纪80年代初的合资电梯中。该装置与干簧管传感器换速平层装置相比较，具有电气线路敷设简便（井道内墙壁上不敷设相关控制线路）、辅助机件轻巧等优点。因此，在交流调压调速电梯上应用也较为广泛。

图2－43　干簧管传感器实物

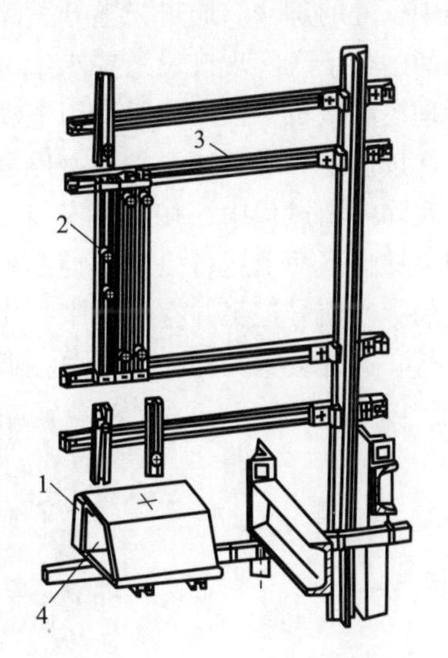

1—双稳态开关；2—圆形永久磁铁；
3—圆形磁铁支架；4—双稳态开关支架。

图2－44　双稳态开关换速平层装置

如图2－45所示，电梯运行过程中，当向上运行，双稳态开关接近或路过圆柱形磁体的S极时，开关动作（常开接点接通）；接近或路过圆柱形磁性体的N极时，开关复位（常开接点断开）。因此，新安装竣工的电梯投入运行前，应以检修速度慢速上、下运行一次，检查一下井道内装设的圆柱形磁体的N、S极极性是否符合控制系统的控制要求，然后再进行电梯的快速运行调试工作。

双稳态开关与干簧管传感器相比，优点是开关动作可靠、速度快、安装方便，不受隔磁板长度的限制，即对某一双稳态开关来讲，如果需开关动作的地方放置N极，则在开关复位的地方放置S极即可。

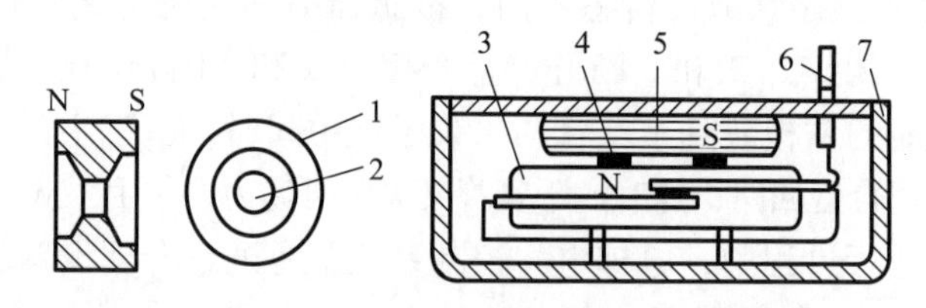

1—外径；2—固定孔；3—干簧管；4—方形磁铁；5—定位弹性体；6—引出线；7—壳体。

图 2-45　双稳态开关与圆柱磁铁

（3）光电开关减速平层装置

随着电梯拖动控制技术的进步，人们对电梯的要求日益提高。近年来不少电梯制造厂家和电梯安装改造维修企业采用反应速度更快、安装调整和配接线更简单、使用效果更好的光电开关和遮光板作为电梯减速平层停靠控制装置。

该装置由固定在轿架上的光电开关和固定在轿厢导轨上的遮光板，实现电梯上、下运行过程中位置的确认。通过光电开关路过遮光板时，遮光板隔断光电开关的光发射与光接收电路之间的联系，实现按设定要求给电梯控制系统提供电梯轿厢所在位置信号，再由控制系统的管理控制微机，依据位于曳引电动机上的旋转编码器提供的脉冲信号，适时计算，适时控制电梯按预定要求减速、平层、停靠开门，完成接送乘客的任务。

实际使用过程中，在电梯安装完工后，进行快速试运行前，做好必要的准备，通过操作控制电梯自下而上运行一次，控制系统的微机系统就可以将采集到的轿厢位置和旋转编码器提供的脉冲信号记忆并存储起来，作为井道楼层距离、换速距离的依据，控制电梯按预定要求运行。这种装置结构比较简单，调试也比较方便，外形如图 2-46 所示。

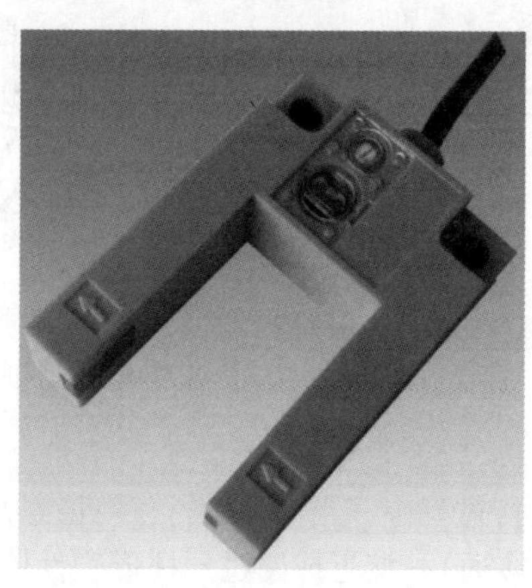

图 2-46　光电开关

2.3.5　轿顶检修控制装置

电梯进行调试和维保作业时，维保人员通常在轿顶控制电梯的慢速运行（不超过 0.63 m/s）。图 2-47 是典型的检修运行控制装置，其集成了检修、运行的切换开关，上、下行电动按钮，紧急停止按钮，照明开关。电源插座等。这个控制装置的安装位置应易于接近。轿顶检修箱实物如图 2-48 所示。

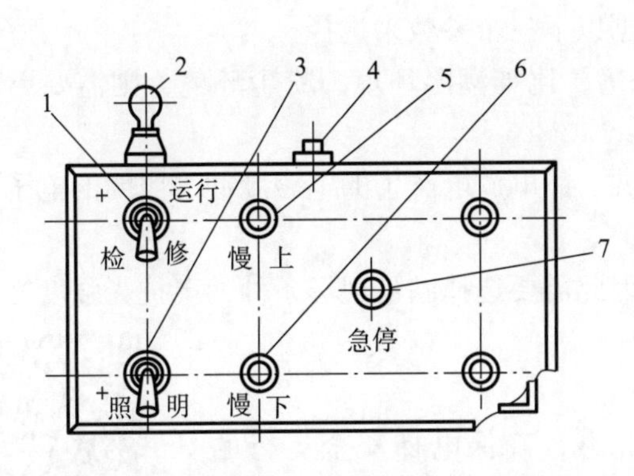

1—运行检修转换开关；2—检修照明灯；3—检修照明开关；
4—电源插座；5—慢上按钮；6—慢下按钮；7—急停按钮。

图2－47　轿顶检修箱示意图

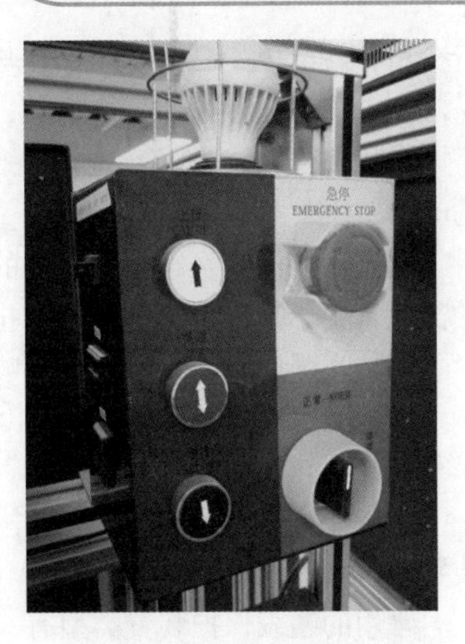

图2－48　轿顶检修箱

选择检修开关时，必须是双稳态开关。所谓的双稳态开关，是指这种开关有两个稳定的状态，如果没有外界操作，这种开关可以稳定地保持在一种状态下。在实际的应用中，检修开关旁边设置的防护圈高于旋柄的边缘，操作时需要深入其保护壳内旋动开关，无意的动作不可能将检修开关旋转到正常运行位置，这种设置起到了防止误动作的作用，可以防止轿顶检修人员处于危险中。

轿顶检修工作时，维保人员的人身安全是第一位的。因此，轿顶检修运行操作时，轿顶检修操作人员拥有电梯的最高控制权，一旦进行轿顶检修，其他位置的，如电梯机房的紧急操作装置和检修装置、轿厢内的检修操作装置、底坑内的检修操作装置均应无法控制电梯的运行，为了达到这个要求，轿顶检修的切换开关应是安全触点型开关。

门入口保护——光幕

2.3.6　门入口的安全保护

电梯的门入口保护有多种形式，大致可以分为接触式保护装置和非接触式保护装置两种。其中，非接触式有光电式保护装置、电磁感应式保护装置、超声波监控装置、红外线光幕式保护装置等。

接触式保护装置通常采用安全触板，由于安全性不高而逐渐被淘汰。一是当触板的微动开关损坏后，安全触板无法实现安全的闭环，门机将继续关门，从而有可能夹伤人；二是这种接触式保护的方式给乘客带来不舒适感。

以常见的红外线光幕式保护装置为例（图2－49），光幕的一边等间距安装有多个红外发射管，另一边是红外接收管，每一个红外发射管对应着若干个红外接收管。当红外发射管发出的调制信号（光信号）能顺利到达红外接收管，红外接收管接收到调制信号后，进行光电转换，而在有障碍物的情况下，红外发射管发出的调制信号（光信号）不能顺利到达红外接收管，这时该红外接收管收不到调制信号，从而无法进行光电转换，这样，通过对内部电路状态进

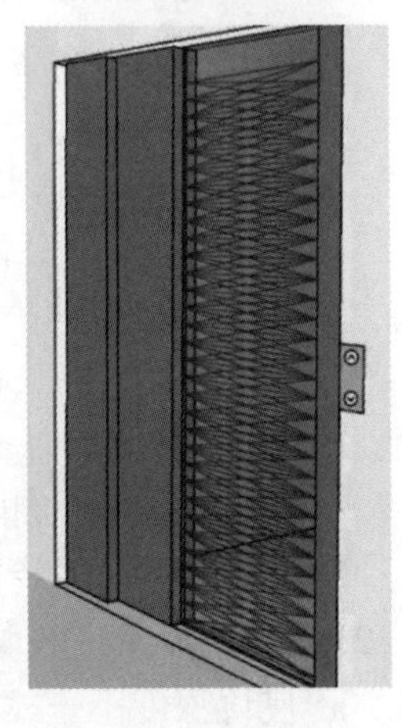

图2－49　红外线光幕示意图

行分析，就可以检测到物体存在与否的信息。

要选择可靠性好的光幕产品，可以依据以下三个参数来选择：

①IP 等级。尤其是在现场条件比较恶劣，比如潮湿环境、粉尘环境，则需要更高等级的光幕。

②抗干扰能力。电梯变频器的高次谐波、静电放电产生的电磁脉冲、照明的电子整流器的交流寄生干扰等，都是常见干扰源。

③抗光强度。强光对光幕影响很大，因此需要选择满足现场条件的高抗光强度光幕。

2.3.7 超载保护装置

超载保护装置原理

超载保护装置是为了防止电梯发生超载，确保电梯安全运行的装置。

常用的超载保护装置类型有：

①轿底式称重装置：有活动轿底式（轿厢体与轿底分离，称重装置被设在轿底与轿厢架之间）、活动轿厢式称重装置两种。

②轿顶式称重装置：以曳引钢丝绳绳头上的弹簧组作为称重传感元件或有四个轿厢块均匀安装在轿厢梁下面。

③机房称重式称重装置：一般用于货载电梯，如图 2-50 所示。

图 2-50　机房称重式称重装置

任务 2.4　底坑中的主要电气部件

正确地进出电梯底坑

底坑中设计的电气部件较少，主要有底坑急停、底坑检修盒、井道照明开关、电源插座。根据 GB/T 7588.1—2020《电梯制造与安装安全规范第 1 部分：乘客电梯和载货电梯》5.2.1.5.1 要求，底坑内应具有：

①停止装置，该装置应在打开门进入底坑时和在底坑地面上可见且容易接近，并应符合 5.12.1.11 的要求。该装置的位置应符合下列规定：

a. 底坑深度小于或等于 1.60 m 时，应设置在：

——底层端站地面以上最小垂直距离 0.40 m 且距底坑地面最大垂直距离 2.00 m；

——距层门框内侧边缘最大水平距离 0.75 m，如图 2-51 所示。

b. 底坑深度大于1.60 m时，应设置2个停止装置：

上部的停止装置设置在底层端站地面以上最小垂直距离1.00 m且距层门框内侧边缘最大水平距离0.75 m；下部的停止装置设置在距底坑地面以上最大垂直距离1.20 m的位置，并且从其中一个避险空间能够操作，如图2-52所示。

图2-51　底坑一个停止装置

图2-52　底坑两个停止装置

c. 如果通过底坑通道门而非层门进入底坑，应在距通道门门框内侧边缘最大水平距离0.75 m、距离底坑地面1.10~1.30 m高度的位置设置一个停止装置。如果在同一层站具有两个可进入底坑的层门，则应确定其中一个层门是进入底坑的门，并设置进入底坑的设备。注：停止装置可与②所要求的检修运行控制装置组合。

②永久设置的符合5.12.1.5规定的检修运行控制装置，应设置在距离避险空间0.30 m范围内，并且从其中一个避险空间能够操作，如图2-53所示。

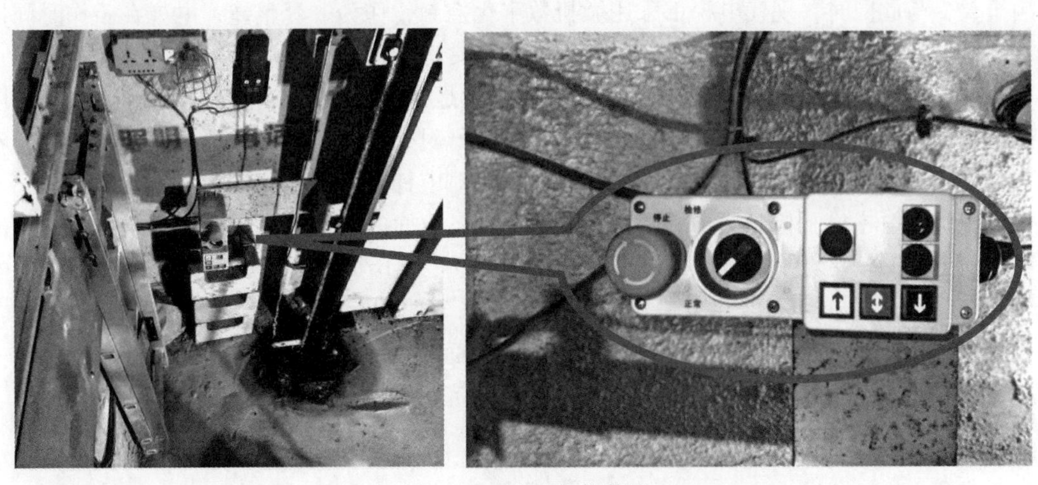

图2-53　底坑检修装置

③电源插座，如图2-54所示。

④井道照明操作装置（见5.2.1.4.1），设置在进入底坑的门地面以上最小垂直距离1.00 m且距该门门框内侧边缘最大水平距离0.75 m的位置（图2-55）。

图2－54　底坑电源插座

图2－55　井道照明开关

另外，还有缓冲器电气安全开关、张紧轮安全开关、补偿绳防跳装置（额定速度大于3.5 m/s时配置）等电气安全开关。由于电气安全开关结构简单，文献中介绍较多，在此不做赘述。

任务2.5　电磁兼容问题

电梯作为一种大功率的机电产品，其运行时在不断地发电和充电，目前主流技术采用了变频调速驱动电动机、变频器等部件，在人为设定状态下运行时，可能对同环境的电梯设备影响很大。与此同时，现代电梯都采用微机数字化控制，作为一套整体，电梯在工作时同样可能会受到外来的电磁干扰，严重的话不仅影响正常运转，还会损坏相关电气部件。

对电梯产品进行电磁兼容性能（EMC）测试就是为了检测电梯产品电磁干扰发射强度和抵抗外界电磁干扰的能力。因此，使电梯产品降低对外界的干扰以及提高自身抵御内外不同程度电磁干扰的能力，成为业界和广大人民群众对电梯产品的更高期望。

随着我国电梯检验检测逐步标准化和规范化，各方面的技术进一步研究深化，对于电磁兼容问题也从慢慢更新了符合中国国情特色的标准。在GB/T 7588.1—2020《电梯制造与安装安全规范第1部分：乘客电梯和载货电梯》第5.10.1.1.13条规定：电磁兼容性应符合GB/T 24807—2021《电梯、自动扶梯和自动人行道的电磁兼容　发射》和GB/T 24808—2022《电梯、自动扶梯和自动人行道的电磁兼容　抗扰度》的要求。用GB/T 24807代替了ISO 22199；用GB/T 24808代替了ISO 22200。

2.5.1　电磁兼容概述

电磁兼容对于没有接触过它的人而言是比较空泛神秘的。其实，电磁兼容所涉及的内容大部分是日常生活中常见的现象，只不过平时人们并没有去深入研究。生活中，使用手机、吸尘器等设备时，电视机屏幕可能出现“雪花”；在乘坐飞机时，被要求关闭手机及相关的电子设备；雷电时，小区的电梯可能会出现烧毁主板导致停梯故障。这些都是生活中常见的现象，实质上就是电磁干扰在日常生活中的具体体现。研究这些电磁干扰的发生及其防护的学科领域，被称为电磁兼容。

电磁兼容（Electromagnetic Compatibility，EMC）性能是设备或者系统在自身所处电磁环境中能够正常工作，且不对同电磁环境中的任何事物构成不能承受的电磁骚扰的能力。电磁兼容实际上要求设备或系统满足以下三个要求：

①不对其他系统产生干扰。

②对其他系统的发射不敏感。

③不对自身产生干扰。

电磁兼容包括电磁干扰和电磁抗扰度两方面内容，如图 2－56 所示。

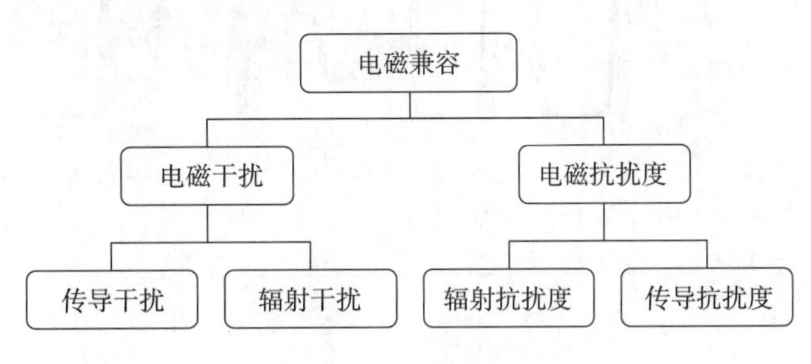

图 2－56 电磁兼容的分类

①电磁干扰（Electromagnetic Interference，EMI），是指电气产品在正常运行时，向外界发射的电磁干扰强度不能超过标准规定值，也称电磁发射。

②电磁抗扰度（Electromagnetic Susceptibility，EMS），是指在正常工作情况下，电气产品不能因为其同一电磁环境中的其他事物正常工作时发出的电磁干扰，而影响其自身的正常运行。

随着变频驱动控制电梯的普及，各种微电子电路及设备被用于电梯控制系统，使得电梯抗电磁干扰的能力下降；又因为调速方式的改变，电梯的电磁干扰能力在提升。在电梯的日常使用中，电梯偶尔会遇到不正常开关门、不走梯、突然停梯等情况，电梯维护保养人员在对电梯全面检查后，排除了可能出现的机械原因和常见的电气原因，但是以上问题仍然存在；此时就可以考虑是否遭受到了电磁干扰，如遇到雷暴天气时，“电网地电位”通过地环路进入电梯控制系统，形成电压“浪涌”，如果此时控制系统未正确安装浪涌保护装置，可能会导致电梯接收的信号异常，导致停梯，甚至烧坏控制主板。

图 2－57 所示是某品牌电梯空载运行时电流总谐波畸变率 THD，其值为 80%～180%，而其稳定运行时，THD 约为 120%，根据 GB/T 24807—2021《电梯、自动扶梯和自动人行道的电磁兼容 发射》规定，THD 限制为 37%，此电梯的电流总谐波畸变率严重超出限值。对此品牌电梯的变频器进行检查，发现其配置的变频器在出厂时配置了电磁滤波器配件，而电梯制造厂为了节约生产成本，将此配件省去，使得电梯电磁兼容指标大大降低。这与目前我国电梯行业现实情况有关，我国对电梯标准在进一步优化，所有的电梯相关标准都在转换成推荐性标准，制造商可以选择符合推荐性标准的制造方法，也可以自由选择采用任何其他技术方法来确保符合电梯安全技术规范，因为安全技术规范里对电磁兼容没有明确的要求，

所以部分电梯制造企业没有思考到这个问题，这也使得有一些电梯的偶发性故障难以彻底修复，增加了电梯安全隐患。因为该类故障在电梯总故障中占比较低，所以部分电梯制造企业没有规范要求此类标准。因此，需要在安全技术规范内增加电磁兼容相关要求，来遏制此类现象的发生。

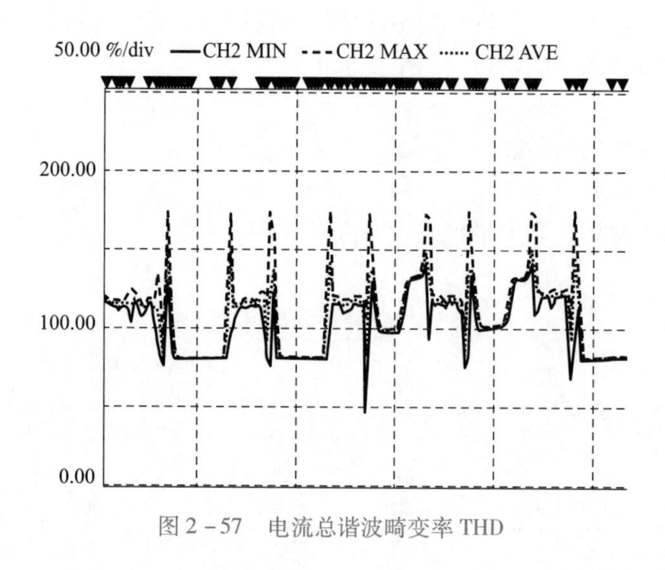

图 2－57　电流总谐波畸变率 THD

国外在 EMC 领域的研究起步较早，早在 19 世纪末，英国物理学家发表了《论干扰》，开创了电磁兼容研究的先河。目前，国际标准化组织（ISO）、欧洲标准（EN）和日本工业标准（JIS）都发布了电磁发射标准和电磁抗扰度标准。我国于 2009 年发布了 GB/T 24807—2009《电磁兼容　电梯、自动扶梯和自动人行道的产品系列标准　发射》和 GB/T 24808—2009《电磁兼容　电梯、自动扶梯和自动人行道的产品系列标准　抗扰度》两个标准，均等同于采用了欧洲标准。随着电梯的增多、科技发展的进步，根据市场调研的结果，全国电梯标准化标委会基于我国国情，起草了 GB/T 24807—2021《电梯、自动扶梯和自动人行道的电磁兼容　发射》和 GB/T 24808—2022《电梯、自动扶梯和自动人行道的电磁兼容　抗扰度》，同时，GB/T 24807—2009《电磁兼容　电梯、自动扶梯和自动人行道的产品系列标准　发射》和 GB/T 24808—2009《电磁兼容　电梯、自动扶梯和自动人行道的产品系列标准　抗扰度》废止。新版本的标准针对中国特色的电磁兼容问题进行了进一步的加强规范和要求，对降低电梯相对应的问题和风险作出了贡献，同时，也意味着中国电梯的安全运行进一步得到加强。

2.5.2　电梯电磁兼容问题

众所周知，电梯的控制系统由供电系统、电气控制系统、通信系统、驱动系统、安全回路等组成。在电梯的运行过程中，各个系统内部和各系统之间很可能出现相互影响，可能造成某些控制信号被触发，影响到电梯的整体运行。电梯的整个系统在运行时，也会产生不同程度的干扰，由于没有规范要求，其产生的电磁干扰是否影响到人身安全尚不得而知。因此，有必要在电梯的生产和使用环节加强对电磁问题的深入研究。

1. 设计制造环节

①电梯的主板（图2－58）。在设计时有很多的芯片，每个芯片在生产设计时都需要考虑其电磁兼容问题，但是，在电梯进入变频器时代的早期，由于缺乏相关经验，且国内没有强制要求，电梯电磁兼容问题突出，发生了较多的电磁干扰问题。图2－58的电梯主板上，其芯片和电子元件布置繁多，电梯作为一种集成化较高的机电设备，其主板的设计应该有足够厚度，以保证具有较强的抗电磁干扰能力。另外，主板芯片应该具有电磁防干扰设计或涂抗电磁干扰物质。

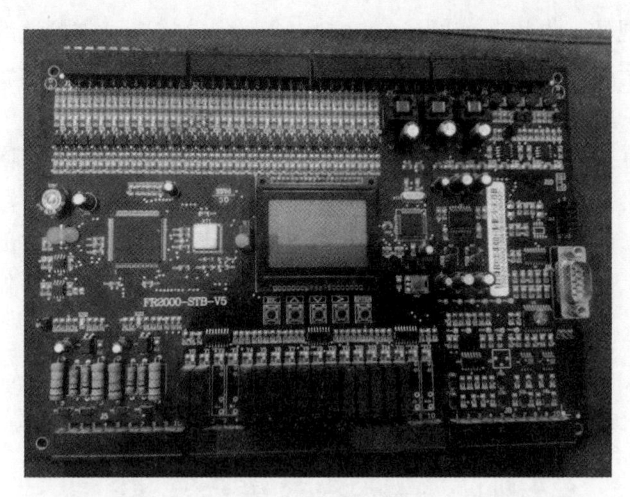

图2－58　电梯系统主板

②电梯的开关电源（图2－59）。这是电梯系统中不可缺少的电气元件，且其功能越来越集成，有设计厂家将变压器的功能全部用开关电源实现，其作用是管理电源系统的开闭，维持相对均衡的输出电压。开关电源常遇到的电磁兼容问题有小型变压器的线圈未进行屏蔽处理；电气元件排列不合理，使得开关内电气元件相互干扰的概率增加；未设计吸收电路。

图2－59　开关电源内部结构

③变频器。这是现代电梯必不可少的设备，其内部结构可以分为整流电路和逆变电路两部分。而在“交流－直流－交流”的不断变化过程中，不可避免地会产生三种干扰：射频传导发射干扰、射频辐射干扰、谐波干扰。变频器常遇到的电磁兼容问题与开关电源类似，除了屏蔽干扰和合理布线外，也要注意保持其良好的接地。

2. 安装环节

目前电梯的安装工艺多种多样，部分企业对电梯兼容性尚缺乏考虑，加之安装工人的水平参差不齐，因此，部分电梯安装现场存在电磁兼容问题。

电梯的安装现场环境复杂，虽然国家标准和检验规则要求电梯的机房不得有与电梯无关的物品和设备，但实际上电梯的机房往往都会安装一些电气设备，如通信设备、总控制柜、消防设备等，这些设备会在电梯运行时，不时地在不同程度上对电梯产生干扰，很可能影响电梯的正常运行。

此外，在安装现场，由于工作的疏忽，常常会遇到电梯未可靠接地的问题。保证可靠的接地，有助于隔离干扰源，使干扰信号流入大地，消除或减少干扰源的影响。

安装环节发现的电磁兼容问题可以分为以下方面：

①现场布线混乱。电源线、信号线无条理，杂乱无章，有的甚至在同一线槽内，既可能造成电磁干扰，也为后续的维护保养增加难度。

②电梯的电缆未屏蔽。有的厂家为了节约成本，未使用屏蔽电缆，部分安装现场虽然使用了屏蔽电缆，屏蔽层却未能可靠接地，形同虚设。随行电缆的屏蔽层如图 2－60 所示。

图 2－60　电梯随行电缆屏蔽层

3. 运行环节

在电梯的运行过程中，也会遇到电磁兼容问题。日常的使用管理和维护保养过程中，部分电气设备的金属外壳出现接地松动现象，有的电气部件在更换后，未对其外壳进行接地，给电梯带来了电磁兼容问题。电梯接地不可靠，也会给电梯带来触电风险。此外，电梯的电源质量也可能影响电梯电磁干扰发射和抗干扰的能力，容易引发被测电梯所处的电磁背景和噪声结果不理想，甚至超过标准限值的要求。

任务 2.6　高速电梯驱动与控制

一般来说，额定速度超过 2.5 m/s 都被称为高速电梯或超高速电梯。随着城市不断向高空发展，越来越多的摩天大楼拔地而起，高速电梯的需求也越来越多。目前，国内越来越多的自主品牌纷纷设计出高速电梯，但由于摩天大楼大多数选用国际一线品牌电梯，自主品牌电梯应用案例较少，还需要积累相应的设计经验。在驱动方面，高速电梯常选用双绕组永磁同步电动机；在电气控制方面，其控制柜按功能分组设计，如将主电路柜和信号控制柜分开。另外，由于其额定速度的增大，选用的变频器需要更大的容量，其变频器的控制多采用双（多）变频并联控制方式。

在高速电梯的电气控制方面，有几点需要注意。

1. 回路设计应考虑线损对电压的影响

高速电梯的提升高度较高，层站较多，通信回路功率随之增大。由于通信电源回路的电压较低，而电流又较大，以提升高度200 m，64层站的乘客电梯为例，目前电梯企业的安全回路、门锁回路设计串联的单股电缆长度都超过了1 000 m，在设计回路时，必须考虑线损对器件用电电压的影响。

如图2-61所示，以层站召唤的串行通信板SCLC板为例，其工作电流为I，每16层共用一个电源组（为24 V输出），如果随行电缆、门锁电缆、井道电缆仍然按线径为0.75 mm^2选型，根据GB/T 3956—2008《电缆的导体》表3“单芯和多芯电缆用第5种软铜导体”，标称截面积为0.75 mm^2的不镀金属单线在20 ℃时导体最大电阻为26 Ω/km，R_1为相邻两层间的线阻，R_2为机房到该电源组高层的线阻，经过计算，电缆芯数需要18芯才能保证通信板的正常运行，见表2-3。

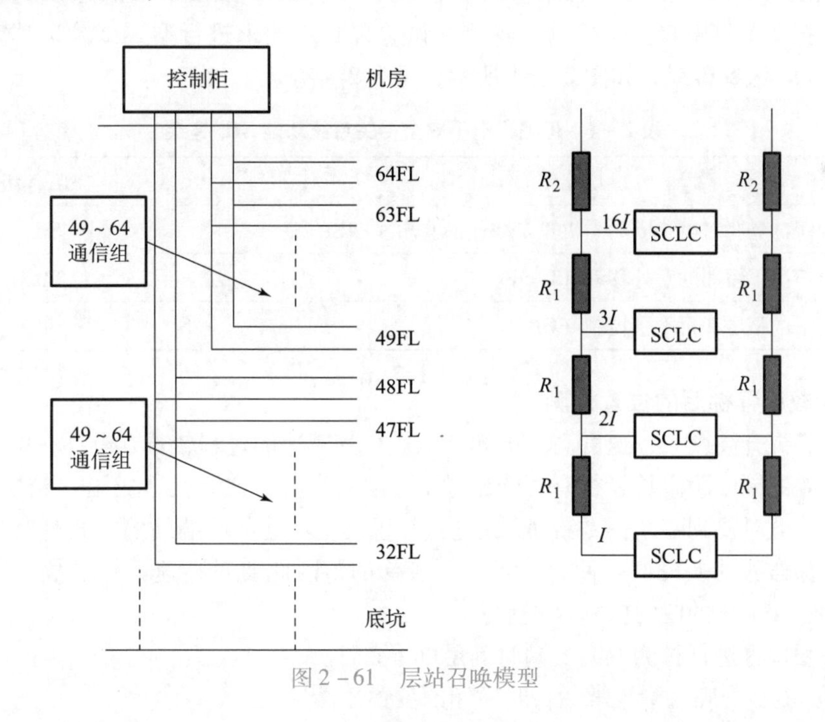

图2-61 层站召唤模型

表2-3 楼层布线表

型号	1~16层	17~32层	33~48层	49~64层
P24	9芯	7芯	4芯	2芯
N24	9芯	7芯	4芯	2芯

如果计算出线路的损耗数值，增大电源回路的导线面积，以此减少回路电阻值，那么所选择的电源回路的线径或电缆芯数将增大，将会大幅度增加成本，并且消耗多余电能。

为了解决上述问题，可以从以下两个方面着手：一是提高传输电压等级，电压提高后，其相应的电流值变小，能耗降低；二是传输方式的选择，仍以图 2－60 为例，可以按照每 16 层分配一个开关电源，在井道中布置，将其高压传输的电压通过开关电源后整定为需要的电压。

2. 减行程控制板

由于受缓冲器的压缩行程和底坑深度等因素的限制，高速电梯采用的缓冲器基本都采用减行程缓冲器进行设计。GB/T 7588. 1—2020《电梯制造与安装安全规范第 1 部分：乘客电梯和载货电梯》第 5. 12. 1. 3 条对应用减行程缓冲器的电梯的电气设计进行了明确规定："选择减行程缓冲器时，电气设计必须保证在任何情况下，轿厢（或对重）接触到缓冲器表面时的速度不大于缓冲器的设计速度。"要达到这个目的，要求电梯在运行末端必须进行相应的减速，并且监控减速有效。即便减速失效，也要有一套安全装置保证轿厢（或对重）接触到缓冲器表面时的速度不大于缓冲器的设计速度。"减行程控制板"的功能及控制方式应与正常的速度调节系统结合起来，以获得一个符合 GB/T 7588. 1—2020《电梯制造与安装安全规范第 1 部分：乘客电梯和载货电梯》第 5. 11. 2 条要求的减速控制系统。减行程控制板根据 TSGT 7007—2022《电梯型式试验规则》要求进行型式试验，其安全完整性等级（SIL）应达到 3 级，如图 2－61 所示，见表 2－4。

表 2－4　可编程电子安全相关系统功能 SIL 等级

功能	SIL 等级
采用减行程缓冲器时对电梯驱动主机正常减速的监测（ETSL）	SIL3
检测门开启情况下轿厢的意外移动（UCM）	SIL3
门开着情况下的平层和再平层控制（OB）	SIL3

3. 电梯故障停梯后的位置检测

高速电梯提升高度大，速度高，电梯断电后，其减速的过程较长，电梯在曳引轮上打滑距离长，轿厢的制停距离长，很有可能超过了一层的高度，这时就造成了"错层"，系统检测出现错乱。此时要到端站去"寻址"，进行位置校正。这种反端站的方式耗时长，对于越来越注重乘梯体验的人民群众而言，是不可接受的，因此要对高速电梯的故障停机进行设计，使其能够在最短的时间内恢复正常。

要对轿厢位置进行检测，需要同时满足以下条件：

条件 1：能够准确检测正常运行时轿厢的位置。

条件 2：能够判断主机状态，比如是否空转等。

条件 3：能够准确检测急停、断电后轿厢的位置。

一般情况下，条件 1 和条件 2 容易满足，而对于条件 3，需要既能解决急停打滑带来的位置误差问题，也能够记录工程人员盘车救援后轿厢的位置，就需要特殊设置了。可以采用轿厢绝对位置检测和用增量式旋转编码器进行位置检测等方法。

4. 新型节能控制系统

高速电梯在使用过程中一般运行较为频繁。为了避免电梯产生的电量（电梯空载上行或满载下行时，曳引电动机处于发电状态）白白浪费，需要电梯配备能量回馈系统，以达到良好的节能效果。一些国际品牌电梯的控制系统已经在高速电梯上采用了 AFE（active frontend）驱动控制技术。AFE 驱动控制技术称为有源前端控制技术，由于整流桥在变频器的前端，且采用双闭环控制，即电压外环和电流内环控制，工作时，在稳定直流侧电压的同时，实现其交流侧在受控功率因数条件下的正弦波电流控制，使整流器具备了很多有源的控制特点（例如功率的控制）。采用 AFE 技术，可以做到网侧电流的正弦化，功率因数也可以任意调整，能量可以双向传输，可以极其方便地实现“四象限”运行，因而真正实现了“绿色电能变换”。

对于采用 AFE 技术的“四象限”变频驱动器，其输出电压一般为三相 460 V AC，与之相匹配的曳引电动机在同等功率下，额定电流相对三相 380 V AC 供电的曳引电动机要小很多。这样“四象限”变频驱动器的输出模块的额定电流也可以对应降低，又降低了驱动控制器的成本。AFE 技术在高速电梯上的普及应用，将会给国产电梯控制技术以及曳引电动机的设计带来新的变革。

任务 2.7　电梯电气部件选型示例

有机房载货电梯电气选型计算

电梯的选型和计算，尤其是电气部件，多数没有明确的标准，各个制造厂家都有各自的计算方法，但无论如何计算，必须满足相应标准的要求，且电梯能够稳定、可靠地运行。表 2－5 给出了某品牌乘客电梯的电气部件选型计算，仅供参考。

表 2－5　电梯基本参数

额定载重量/kg	1 000	额定速度/($m \cdot s^{-1}$)	1.75
曳引比	2∶1	层/站/门	11/11/11
开门尺寸	宽×高	轿厢内尺寸	宽×深×高
开门方式	中门	提升高度/m	36

2.7.1　驱动主机的选型计算

曳引驱动主机以断续周期性的方式工作，其运行时受力情况比较复杂。驱动主机选型时，一般按照经验公式计算选择。常用的功率计算如下：

$$P_1 = Qv(1 - k)/(102\eta) \tag{2-1}$$

式中，Q 为额定载重量，kg；v 为电梯额定速度，m/s；k 为平衡系数，取 0.45；η 为传动总效率，永磁同步无齿轮曳引机一般为 0.8～0.85，取 0.85。

把型号 GETM3.0H 的参数代入式（2－1）可得

$$P_1=\frac{1\ 000\times 1.75\times(1-0.45)}{102\times 0.85}=11.10\ (\text{kW})$$

这里选择浙江某品牌的曳引驱动主机，其型号为 GETM3.0H－175/1000，具体技术参数如图 2－62 所示。其功率为 11.7 kW，满足要求。

型 号 Product type	曳引比 Traction Ratio	额定载重 Load (kg)	电梯额定速度 Elevator Speed (m/s)	额定转速 Rated speed (r/min)	额定转矩 Rated torque (N.m)	电机 Motor					制动器 Brake			曳引轮 Sheave				
						功率 Power (kW)	电压 Voltage (V)	电流 Current (A)	极对数 Poles (p)	频率 Frequency (Hz)	电流 Current (A)	电压 Voltage (V)	制动力矩 Brake torque (N.m)	节径 Diameter (mm)	绳槽 Rope nxd	β角 β angle	γ角 γ angle	槽距 Groove pitche (mm)
GETM3.0H-100/0800			1.0	95.5	502	5		11.5		25.4					5xø10			15
GETM3.0H-150/0800	2:1	800	1.5	143	521	7.8	340	17	16	38.2	2x1.34	DC110	2x668	400	5xø10	96°	35°	15
GETM3.0H-175/0800			1.75	167	514	9		21		44.5					5xø10			15
GETM3.0H-100/1000			1.0	95.5	604	6		14		25.4					5xø10			15
GETM3.0H-150/1000	2:1	1000	1.5	143	669	10	340	22.3	16	38.2	2x1.15	DC110	2x837	400	6xø10	96°	35°	15
GETM3.0H-175/1000			1.75	167	669	11.7		26		44.5					6xø10			15

图 2－62　驱动主机的型号及技术参数

选定驱动主机的型号后，需要对驱动主机适用性进行计算。

1. 输出转矩的计算

$$M=9\ 500P_n\eta/N \tag{2-2}$$

式中，P_n 为电动机功率，kW；η 为曳引机总效率，一般由曳引机制造厂提供，取 0.80；n 为电动机额定转速，r/min。

把前面选定的驱动主机参数代入式（2－2），可得

$$M=\frac{9\ 500\times 11.7\times 0.80}{167}=532.46\ (\text{N}\cdot\text{m})$$

所选的曳引驱动主机额定转矩为 669 N·m，满足要求。

2. 曳引机输出轴最大静载荷计算

$$Q_{\max}=\frac{P+1.25Q}{r}+n_1q_1H+\frac{1}{r}\sin(\alpha-90^\circ)(P+kQ+n_2q_2H) \tag{2-3}$$

式中，P 为轿厢自重，kg；r 为曳引比；n_1 为曳引绳根数；q_1 为曳引钢丝绳单位长度质量，kg/m；H 为提升高度，m；α 为钢丝绳在曳引轮的包角；n_2 为补偿链（绳）根数；q_2 为补偿链（绳）单位长度质量，kg/m。

其中，轿厢自重 P 取 1 250 kg，曳引钢丝绳单位长度质量 q_1 为 0.398 kg/m，钢丝绳在曳引轮的包角 α 为 153°，补偿链（绳）根数 n_2 为 1 根，其单位长度质量 q_2 为 0.296 kg/m，代入式（2－3），可得

$$\begin{aligned}Q_{\max}&=\frac{1\ 250+1.25\times 1\ 000}{2}+6\times 0.398\times 36+\\&\quad\frac{1}{2}\sin(153^\circ-90^\circ)(1\ 250+0.45\times 1\ 000+1\times 0.296\times 36)\\&=2\ 098.07\ (\text{kg})\end{aligned}$$

所选驱动主机允许载荷为 3 000 kg，满足要求。

3. 曳引钢丝绳在曳引轮槽中的比压计算

$$P_2 = \frac{T}{n_1 dD} \times \frac{g\cos\dfrac{\beta}{2}}{\pi - \beta - \sin\beta} \tag{2-4}$$

式中，T 为轿厢以额定载重量停靠在最底层站时，轿厢一侧的曳引绳静拉力，N；d 为曳引钢丝绳直径，mm；D 为曳引轮直径，mm。

经分析，$T = \dfrac{Q + P + 2nq_1 H}{2}g = \dfrac{1\ 000 + 1\ 250 + 2 \times 6 \times 0.398 \times 26}{2} \times 9.8 = 1\ 1867.49$（N），查得曳引轮直径400 mm，代入式（2-4），可得

$$P_2 = \frac{11\ 867.49}{6 \times 10 \times 400} \times \frac{8 \times \cos(96°/2)}{\pi - \dfrac{\pi}{180°} \times 96° - \sin 96°} = 5.61\ (\text{MPa})$$

根据GB 7588—2003的要求，$[P_2] \leqslant \dfrac{12.5 + 4V_c}{1 + V_c} = \dfrac{12.5 + 4 \times 1.75 \times 2}{1 + 1.75 \times 2} = 5.89$（MPa），计算的曳引钢丝绳在曳引轮槽中的比压满足要求。

2.7.2 制动器的选型

制动器的制动力应满足GB/T 7588.1—2020《电梯制造与安装安全规范第1部分：乘客电梯和载货电梯》第5.9.2.2.2.1条规定："当轿厢载有125%额定载重量并以额定速度向下运行时，仅用制动器应能使驱动主机停止运转。"在上述情况下，轿厢的平均减速度不应大于安全钳动作或轿厢撞击缓冲器所产生的减速度。所有参与向制动面施加制动力的制动器机械部件应至少分两组设置。如果由于部件失效，其中一组不起作用，应仍有足够的制动力使载有额定载重量以额定速度下行的轿厢和空载以额定速度上行的轿厢减速、停止并保持停止状态。

1. 125%额定载荷以额定速度下行制停所需的制动力矩计算

当电梯下行时，轿厢的制动器既要克服轿厢载重产生的重力，也要克服减速时产生的作用力，方能使电梯停止运行。

$$F_1 = \frac{(1-k)Q + (1.25 - 1)Q}{r}(a + g) \tag{2-5}$$

式中，a 为轿厢的减速度，其值不应超过安全钳动作或轿厢撞击缓冲器所产生的减速度，取 $0.2g$。

将前面选定的驱动主机参数代入式（2-5），可得

$$F_1 = \frac{(1-0.45) \times 1\ 000 + (1.25-1) \times 1\ 000}{2} \times (0.2+1) \times 9.8 = 4\ 704\ (\text{N})$$

曳引机制动器所需的制动力矩为

$$M_1 = F_1 r = 3\ 490 \times 0.2 = 940.8\ (\text{N} \cdot \text{m})$$

所选的制动器制动力矩为2×837 N·m，故满足要求。

2. 单臂制动时所需的制动力矩计算

当电梯下行时，如果制动器机械部件一组不起作用，另一组产生的制动力应能够克服额定载重量产生的重力和减速度时产生的作用力之和。

$$F_2 = \frac{(1-k)Q}{r}(a+g) \tag{2-6}$$

式中，a 为轿厢的减速度，取 $0.2g$。

将前面选定的驱动主机参数代入式（2-6），可得

$$F_2 = \frac{(1-0.45)\times 1\ 000}{2}\times(0.2+1)\times 9.8 = 3\ 234\ (\text{N})$$

曳引机单臂制动所需的制动力矩为

$$M_2 = F_2 r = 3\ 234\times 0.2 = 646.8\ (\text{N}\cdot\text{m})$$

所选的制动器单臂制动力矩为 837 N·m，故满足要求。

2.7.3 紧急电动的选型

GB/T 7588.1—2020《电梯制造与安装安全规范第 1 部分：乘客电梯和载货电梯》5.9.2.3.1 条规定，如果紧急操作需要采用 5.9.2.2.2.9 b）的手动操作，应是下列方式之一：

a）使轿厢移动到层站所需的操作力不大于 150 N 的手动操作机械装置，该机械装置符合下列要求：

1）如果电梯的移动可能带动该装置，则应是一个平滑且无辐条的轮子。

2）如果该装置是可拆卸的，则应放置在机器空间内容易接近的地方。如果该装置有可能与相配的驱动主机混淆，则应作出适当标记。

3）如果该装置可从驱动主机上拆卸或脱出，符合第 5.11.2 条规定的电气安全装置最迟应在该装置连接到驱动主机上时起作用。

第 5.9.2.3.3 条规定，如果向上移动载有额定载重量的轿厢所需的手动操作力大于 400 N，或者未设置 5.9.2.3.1 a）规定的机械装置，则应设置符合 5.12.1.6 规定的紧急电动运行控制装置。

当电梯满载于底层时，对于曳引轮，其两边的质量差最大，此时

$$\Delta T = \left(\frac{Q+P+2n_1q_1H}{2} - \frac{P+kQ+2n_2q_2H}{2}\right)g \tag{2-7}$$

将已知数据代入式（2-7），可得：

$$\Delta T = \left(\frac{1\ 000+1\ 250+2\times 6\times 0.398\times 36}{2} - \frac{1\ 250+0.45\times 1\ 000+2\times 1\times 0.296\times 36}{2}\right)\times 9.8$$

$$= 3\ 433.06\ (\text{N})$$

现场选用的盘车轮小齿轮分度圆直径为 $D_1 = 45$ mm，其盘车轮外缘直径为 $D_2 = 350$ mm，根据平衡方程可得：盘车力 $F = \Delta T\dfrac{D_1}{D_2} = 3\ 433.06\times\dfrac{45}{350} = 441.39$（N）。

由于盘车力大于 400 N，并且未设置 5.9.2.3.1 a）规定的机械装置，因此，本台电梯需装设一个符合 GB/T 7588.1—2020《电梯制造与安装安全规范第 1 部分：乘客电梯和载货电梯》符合 5.12.1.6 规定的紧急电动运行开关装置。

2.7.4　控制柜的选型计算

驱动主机选型后，根据其电动机选择合适的控制柜。控制柜的选型中，最为关键的是如何选择合适的变频器。需要注意的是，决定变频器能否使用的主要依据不是变频器铭牌标明的容量或功率值，而是变频器的电流值。根据电动机额定电流选择合适的变频器输出电流，一般变频器的输出电流大于或等于电动机额定电流即可。见表2-6，选用默纳克NICE3000^{new}系列一体化控制器，选择NICE-L-C-4011型号，其输出电流为27 A，大于驱动主机的额定电流（26 A）。

表2-6　NICE3000^{new}系列一体化控制器技术参数

控制器型号	电源容量/（kV·A）	输入电流/A	输出电流/A	适配电动机/kW
三相380 V，范围380～440 V，50/60 Hz				
NICE-L-C-4002	4.0	6.5	5.1	2.2
NICE-L-C-4003	5.9	10.5	9.0	3.7
NICE-L-C-4005	8.9	14.8	13.0	5.5
NICE-L-C-4007	11.0	20.5	18.0	7.5
NICE-L-C-4011	17.0	29.0	27.0	11.0
NICE-L-C-4015	21.0	36.0	33.0	15.0
NICE-L-C-4018F	24.0	41.0	39.0	18.5
NICE-L-C-4022F	30.0	49.5	48.0	22.0
NICE-L-C-4030F	40.0	62.0	60.0	30.0
NICE-L-C-4037F	57.0	77.0	75.0	37.0
NICE-L-C-4045	69.0	93.0	91.0	45.0
NICE-L-C-4055	85.0	113.0	112.0	55.0
NICE-L-C-4075	114.0	157.5	150.0	75.0

1. 变频器的选型计算

TSG T7007—2022《电梯型式试验规则》第H5.2项设计计算书规定：“控制柜选型计算应当能确保电梯在110%额定载重量和额定速度下运行的能力。”因此，在保证变频器的输出电流大于或等于电动机额定电流时，也需要对其额定功率进行验算。此时变频器的额定功率P_1'应满足

$$P_1' \geqslant Qv(1.1-k)/(102\eta) \tag{2-8}$$

将前面选定的驱动主机参数代入式（2-8），可得$17.1 \geqslant 1\,000 \times 1.75 \times (1.1-0.45)/(102 \times 0.85)=13.12$，满足“电梯在110%额定载重量和额定速度下运行的能力”要求。

2. 制动电阻的选取

一体化控制器都配备了制动单元，NICE-L-C-4011型号控制器内置了制动单元，见

表2－7。

表2－7 制动单元参数配置

一体化控制器型号	适配电动机功率/kW	制动电阻最大值/Ω	制动电阻最小值/Ω	功率/W	制动单元
NICE－L－C－4011	11	55	43	3 500	内置

制动电阻的功率选取与很多因素有关，如电梯的额定载重量和速率、电梯实际运行制动频度、电梯的提升高度、制动电阻的过载系数和过载时间等。选配电阻时，尽量靠近最小阻值选取。

此处选取只考虑一般工作情况下的制动电阻功率，实际使用时，还需考虑制动电阻发热导致控制屏的温升情况（一般要求制动电阻安装处温度小于80 ℃）、电梯运行频率等综合因素。

3. 变压器计算

变压器为220 V/380 V输入，可以提供制动回路、安全门锁回路、门机及安全照明等。选定变压器时，其容量应大于各控制元器件的最大可能容量。

（1）变压器制动回路

制动回路电压为110 V AC，用电设备主要有接触器和抱闸线圈。其中抱闸接触器有3个，运行接触器有1个，其线圈吸持功率均为7 W；永磁同步曳引机封星接触器1个，其线圈吸持功率均为15 W。抱闸线圈的额定电压为110 V DC，额定电流为2.0 A（抱闸输入工作电压为110 V AC）。制动回路用电总功率 $W_1=(3+1)\times7+15+100\times2=263$（W），因此，可选择TBK－300（300 VA）型变压器。

（2）变压器安全门锁回路

安全门锁回路电压也为110 V AC，用电设备主要有安全接触器、轿门锁接触器和门锁接触器，其线圈的吸持功率为7 W。另外，为保护交流接触器线圈，所有的线圈均接入一个3 W大小的 *RC* 保护元件。安全门锁回路用电总功率 $W_2=3\times7+3\times3=30$（W），因此，可选择TBK－100（100 VA）型变压器。

（3）变压器门机控制

变频门机电动机的功率为 $W_2=80$ W，加上控制主板，可选择TBK－200（200 VA）变压器。

4. 开关电源的选型计算

开关电源主要为微机控制器、指令、呼梯指示灯和楼层位置显示板供电。微机控制器耗电容量为35 W；指令、呼梯指示灯采用发光二极管（24 V DC，0.1 A），考虑到所有的指示灯同时点亮的概率不大，按50%计算，指令、呼梯指示灯的总功率为 $(11\times3-2)\times24\times0.1\times0.5=37.2$（W）；楼层显示板（24 V DC，0.1 A）的总功率 $11\times24\times0.1=26.4$（W）。

综上所述，开关电源的最大耗电容量为 $W_5=98.6$ W，因此可选择GSM－H120D5＋24 V型开关电源。

5. 空气开关和接触器的选型

（1）空气开关和主接触器的选型

根据选用的变频器额定电流，乘以安全系数（一般选取1.2～1.4），再根据空气开关和接触器的规格选取。要求空气开关和接触器的额定电流大于 1.2 倍变频器额定电流。常见的空气开关和接触器的额定电流等级见表 2-8。

表 2-8 常见的空气开关和接触器电流等级

名称	电流等级/A									
空气开关（D）	20	32	50	63	80	100	125	160	250	400
交流接触器	5	10	20	40	60	100	150	250	400	600

本台电梯选用的 NICE-L-C-4011 控制器变频器的输出电流为 27 A，可选用 40 A 的空气开关和接触器。空气开关和接触器与变频器额定电流的比值（40/27 = 1.48）大于 1.2，符合要求。

（2）抱闸接触器的选型

根据抱闸控制器的额定电流，乘以安全系数（一般选取 1.2 ~ 1.4），再根据接触器的规格选取。要求接触器的额定电流大于 1.4 倍抱闸控制器额定电流，大于抱闸控制器最大电流。

本台电梯抱闸控制器额定电流为 3 A，最大电流为 5 A，根据接触器规格，选用额定电流为 6 A 的抱闸接触器，其与抱闸控制器额定电流的比值（6/3 = 2）大于 1.4，且大于抱闸接触器的最大电流，符合要求。

6. 断路器的选型

计算各支路的最大负载，根据各种断路器的规格选取。要求断路器的额定电流大于支路的 1.2 倍最大负载电流。

（1）变压器原边输入侧 K1 断路器

上述变压器除了提供制动回路、安全门锁回路、门机及安全照明用电外，还提供开关电源用电，因此，其用电总功率 $W = W_1 + W_2 + W_3 + W_4 + W_5 = 551.6$ W。

断路器额定电流取 1.2 倍 I_{max}，即 $1.2 \times 551.6 \div 380 = 1.74$（A）。

考虑到熔断丝的规格，因此 K1 选择 4 A 熔断丝。

（2）变压器副边输出侧 K2 断路器

制动回路抱闸线圈的额定电流为 2.0 A，选择 4 A 熔断丝或空气开关。

安全门锁回路和门机控制额定电流非常小，选择 1 A 熔断丝或空气开关。

照明回路的安全照明额定电流为 2.22 A（80/36），加之安全插座的用电设备，选择 4 A 熔断丝或空气开关。

（3）电源开关 K3 断路器

电源开关的最大耗电容量为 98.6 W，其最大电流为 4.11 A（98.6/24），选择 6 A 熔断丝或空气开关。

2.7.5 电源线的选型

根据 1.5 倍满载上升电流，按照电线安全载流量（电线安全载流量对照表见表 2-9），根据电线的规格选取。要求电线的安全载流量大于 1.5 倍满载上升电流。

选用 6 mm^2 的铝芯电源线，6 mm^2 的电源线的安全载流量与满载上升电流的比值

（42/27 = 1.56）大于 1.5，符合要求。

表 2－9　电线安全载流对照表

铝芯线规格/mm^2	安全载流量/A	铝芯线规格/mm^2	安全载流量/A
1	9	35	122.5
1.5	13.5	50	150
2.5	22.5	70	210
4	32	95	237.5
6	42	120	300
10	60	150	300
16	80	185	370
25	100		

根据电流的大小选择相应规格的电线电缆有以下估算口诀：

二点五下乘以九，往上减一顺号走。
三十五乘三点五，双双成组减点五。
条件有变加折算，高温九折铜升级。
穿管根数二三四，八七六折满载流。

本口诀对各种绝缘线的载流量并非直接给出，而是用“截面面积乘以一定的倍数”来表示，通过心算而得。由表 2－9 可得，倍数随截面面积的增大而减小。

“二点五下乘以九，往上减一顺号走”，说的是 2.5 mm^2 及以下的各种截面铝芯绝缘线，其载流量约为截面数的 9 倍。如 2.5 mm^2 导线，载流量为 2.5 ×9 =22.5（A）。从 4 mm^2 及以上导线的载流量和截面面积的倍数关系是顺着线号往上排，倍数逐次减 1，即 4 ×8、6 ×7、10 ×6、16 ×5、25 ×4。

“三十五乘三点五，双双成组减点五”，说的是 35 mm^2 的导线载流量为截面面积的 3.5 倍，即 35 ×3.5 =122.5（A）。从 50 mm^2 及以上的导线，其载流量与截面面积之间的倍数关系变为两两线号成一组，倍数依次减 0.5。即 50 mm^2、70 mm^2 导线的载流量为截面面积的 3 倍，95 mm^2、120 mm^2 导线载流量是其截面积的 2.5 倍，依此类推。

“条件有变加折算，高温九折铜升级”。上述口诀是铝芯绝缘线、明敷在环境温度 25 ℃ 的条件下而定的。若铝芯绝缘线明敷在环境温度长期高于 25 ℃ 的地区，导线载流量可按此口诀计算方法算出，然后再打九折即可；当使用的不是铝线而是铜芯绝缘线，它的载流量要比同规格铝线略大一些，可按上述口诀方法算出比铝线加大一个线号的载流量。如 16 mm^2 铜线的载流量，可按 25 mm^2 铝线计算。

“穿管根数二三四，八七六折满载流”，意思是在穿管敷设两根、三根、四根电线的情况下，其载流量分别是电工口诀计算载流量（单根敷设）的 80%、70%、60%。

项目3

电梯电气识图与电路原理分析

【知识目标】

1. 掌握电梯电气原理图的识图方法。
2. 掌握电气原理图中各元器件的分类与工作原理。
3. 掌握电梯驱动、电源、安全、输入/输出、开关门、显示与状态检测电路原理。
4. 掌握电梯启动和停止、开门和关门等逻辑和时序控制原理。

【技能目标】

1. 能进行电梯电路原理分析。
2. 能进行简单驱动、电源、安全、输入/输出、开关门控制原理图绘制。
3. 能根据电气原理图拼装控制柜。
4. 能根据电气原理图进行现场电气接线。
5. 能根据电气原理图讲清楚电梯运行的基本逻辑和时序。

【素质目标】

1. 领会进一步探索创新意识和实干精神。
2. 培养营造并搭建自主学习的氛围。
3. 制订自身在电梯行业的职业规划。

电梯的电气部分包括电力拖动系统和电气控制系统。

电力拖动系统就是给电梯提供源动力的系统，通俗地讲，就是将电能转化为机械能使电梯上下运行。电梯电力拖动系统是电梯电气部分的核心，主要由电动机、供电系统、速度反馈装置和调速装置等组成。轿厢的上下、启动、加速、匀速、减速、平层停车等动作，完全由拖动系统完成。拖动系统性能的优劣直接影响电梯的启/制动、加/减速度、平层精度和运行舒适感。

电气控制系统主要是指对电梯曳引机和门机的启动、运行方向、调速、停止进行控制，以及对按钮指令、显示、安全保护功能进行管理与操纵，是实现控制环节的方式和手段，主要由控制柜、各类监控元件、轿顶电气箱、轿内操纵箱、门机控制器、召唤与显示、照明与报警装置、各类电缆线等组成。控制系统集信号采集、信号输出及逻辑控制于一体，与电梯电力拖动系统一起实现了电梯控制的所有功能。电梯的电气控制系统决定着电梯的运行性能、自动化程度和安全可靠性。

电梯电力拖动系统和电气控制系统在电梯的设计和生产中起着至关重要的作用，必须对电梯的电气原理有深入的了解，才能完成相应电梯的电气设计、制造安装、现场调试和检验检测。

本章首先对电气识图的基础知识做了简单介绍，然后结合 GB/T 7588. 1—2020《电梯制造与安装安全规范第 1 部分：乘客电梯和载货电梯》等相关要求，对电梯电力拖动系统主回路、门机控制回路、电源回路、制动回路、安全与门锁回路、检修回路、轿厢和井道照明回路、轿厢紧急报警和应急照明回路、平层控制回路、内选外呼指令控制回路的识图和电气原理等内容进行较为详细的讲解。

任务 3.1　电气识图基础

电气图是用电气图形符号、文字符号及连接线，表示电气系统、设备电气工作原理及各电气元件的作用、相互联系及其连接关系的一种表示方式，是各类电气工程技术人员进行沟通、交流的共同语言。电气图形符号、文字符号及连接线被称为电气图的三要素。GB/T 4728. 1—2018《电气简图用图形符号》将电气图的类别划分为概略图、功能图、电路图、接线图、安装简图、网络图等。

一般电梯中常用的电气图包括两类：电路图和接线图。在电梯设计、制造、安装调试、修理、检验检测时，通过识图，可以了解各电气元件之间的相互关系及电路工作原理，为分析电气线路、排除电气电路系统故障提供可靠的保证。下面详细介绍电路图的识图知识。

3. 1. 1　电路图识图基本知识

在阅读电路图时，需要掌握以下七个方面的内容。

①电路图主要分为主电路、控制电路、辅助电路。主电路是设备的驱动电路，在控制电路的控制下，根据控制要求由电源向用电设备供电。控制电路主要是给控制器及控制器外围的电气元件如接触器、继电器等供电，由接触器和继电器的线圈以及各种电器的常开、常闭

触点组合构成控制逻辑，实现需要的控制功能。辅助电路是指设备中的信号、照明、保护电路。

②电路图中，各电气元件不画实际的外形图，而采用相关电气标准统一规定的图形符号和文字符号。

举例：

三相异步电动机的实际外形图：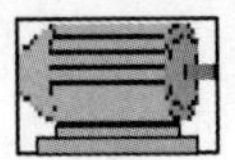

电路图中的图形符号：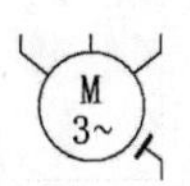

电路图中的文字符号：M

③在电路图中，同一电器的不同部件常常不画在一起，而是画在电路的不同地方。同一电器的不同部件都用相同的文字符号标明，如图 3－1 所示。例如，接触器的主触头通常画在主电路中，而吸引线圈和辅助触头则画在控制电路中，但它们都用文字符号 KM 表示。

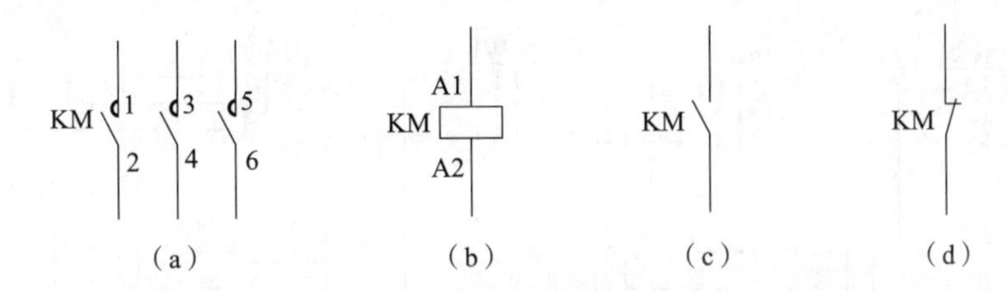

图 3－1　同一电器不同部件

（a）接触器 KM 主触点；（b）接触器 KM 线圈；（c）接触器 KM 常开辅助触点；（d）接触器 KM 常闭辅助触点

④同一种电器一般用相同的字母表示，如图 3－2 所示，但在字母的后边加上数字或其他字母下标以示区别，例如两个接触器分别用 KM_1、KM_2表示，或用 KM_S、KM_X表示。

⑤电路图中，设备、元件、器件的图形符号都是按“常态”画出的，如图 3－3 所示。所谓常态，即在没有通电或没有外界因素触发的情况下的原始状态位置。对于继电器和接触器，是线圈未通电、触点未动作时的位置；对于按钮、行程开关，是在没有外力作用时触点的位置；对于隔离开关和断电器，是在断开时的位置；对于热继电器，是常闭触点在未发生过载动作时的位置。

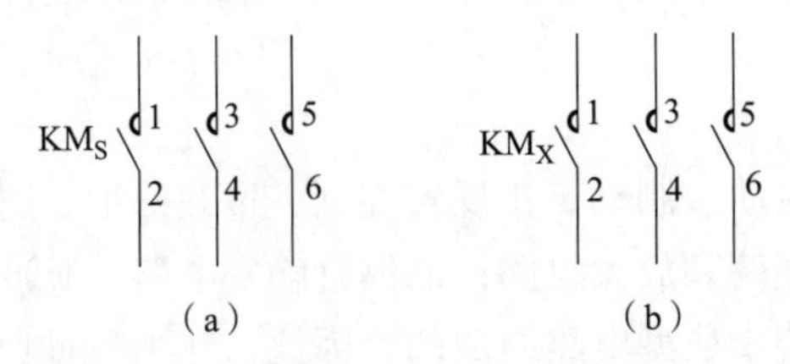

图 3－2　多个同一电器

（a）上行接触器主触点；（b）下行接触器主触点

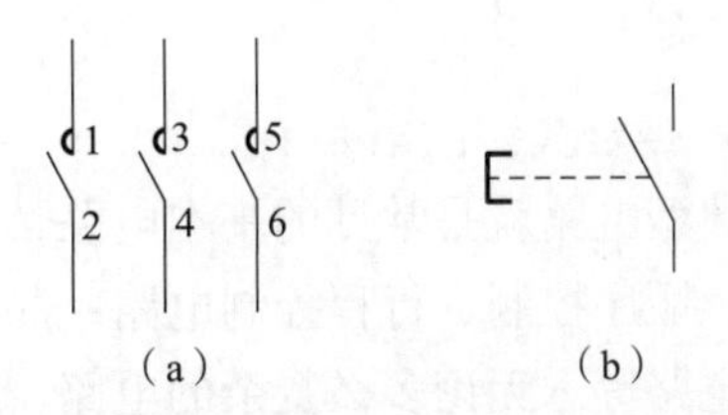

图 3－3　“常态”符号

（a）接触器线圈未通电时其主触点断开；（b）按钮未按下时其触点断开

⑥电路图中，无论是主电路、控制电路还是辅助电路，各电气元件一般按动作顺序从上到下、从左到右依次排列，可水平布置或者垂直布置。

⑦电路图中，有直接电联系的交叉导线连接点用黑圆点表示，无直接电联系的交叉导线连接点则不画黑圆点或用半圆弧过渡，如图 3 -4 所示。

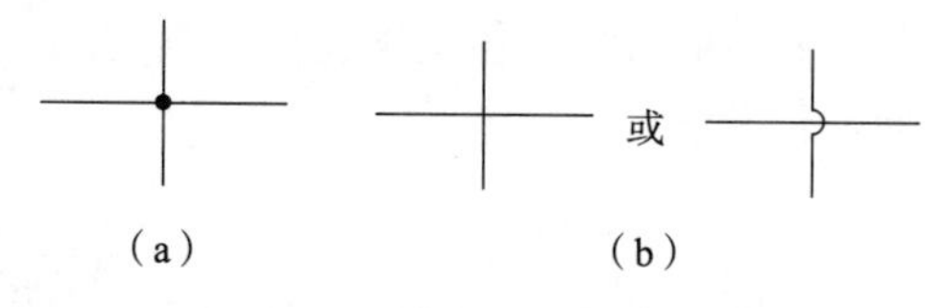

图 3 -4 电路图交叉导线
(a) 有直接电联系的交叉导线；
(b) 无直接电联系的交叉导线

3.1.2 识图的基本方法

1. 结合电工、电子技术基础识图

在实际生产的各个领域，所有的电路都是建立在电工、电子技术理论基础之上的。因此，要想迅速、准确地看懂电路图，必须具备一定的电工、电子技术知识。例如，三相笼形异步电动机的正转和反转控制，就是利用了电动机的旋转方向由三相电源的相序来决定的原理，用两个接触器进行切换，改变输入电动机的电源相序，从而改变电动机的旋转方向，如图 3 -5 所示。

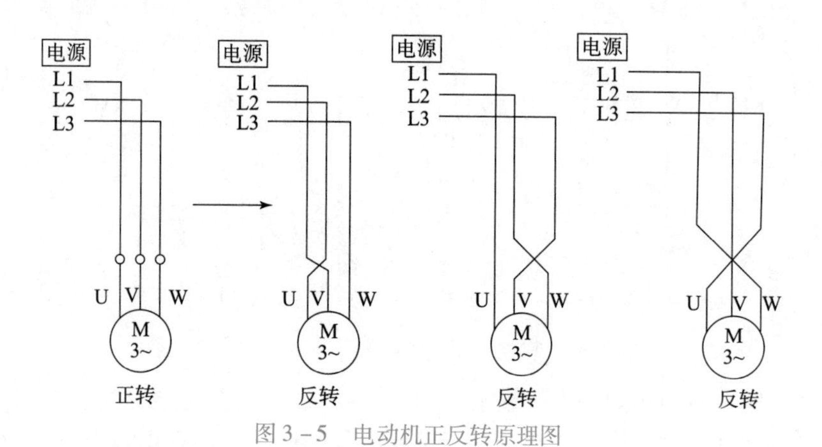

图 3 -5 电动机正反转原理图

2. 结合电气元件的结构和工作原理识图

在电路中有各种电气元件，如配电电路中的负荷开关、断路器、熔断器、互感器等；电力拖动电路中的各种继电器、接触器和各种控制开关等；电子电路中，常用的各种晶体二极管、晶体三极管、晶闸管、电容器、电感器和各种集成电路等。因此，在看电路图时，首先应了解这些电气元件的性能、结构、工作原理、相互控制关系及在整个电路中的地位和作用。

3. 结合典型的电路识图

典型电路就是常见的基本电路，如电动机的启动、制动、正反转控制、过载保护、时间控制、顺序控制、行程控制电路；晶体管整流、振荡和放大电路；晶体管触发电路；脉冲与数字电路等。无论多么复杂的电路，几乎都是由若干典型电路组成的。因此，熟悉各种典型电路，在看图时就能迅速地分清主次，抓住主要矛盾，从而看懂较复杂的电路图。

4. 结合有关图纸说明看图

图纸说明表述了该电路图的所有电气设备的名称及其数码代号，通过阅读说明，可以初步了解该图有哪些电气设备。然后通过电气设备的数码代号在电路图中找到该电气设备，再进一步找出相互连线、控制关系，就可以尽快地读懂该图，了解该电路的特点和构成。

三相异步电动机正反转控制

3.1.3　识图实例

下面以一幅三相异步电动机正反转控制电路图为例，如图 3－6 所示，对识图方法做简单介绍。

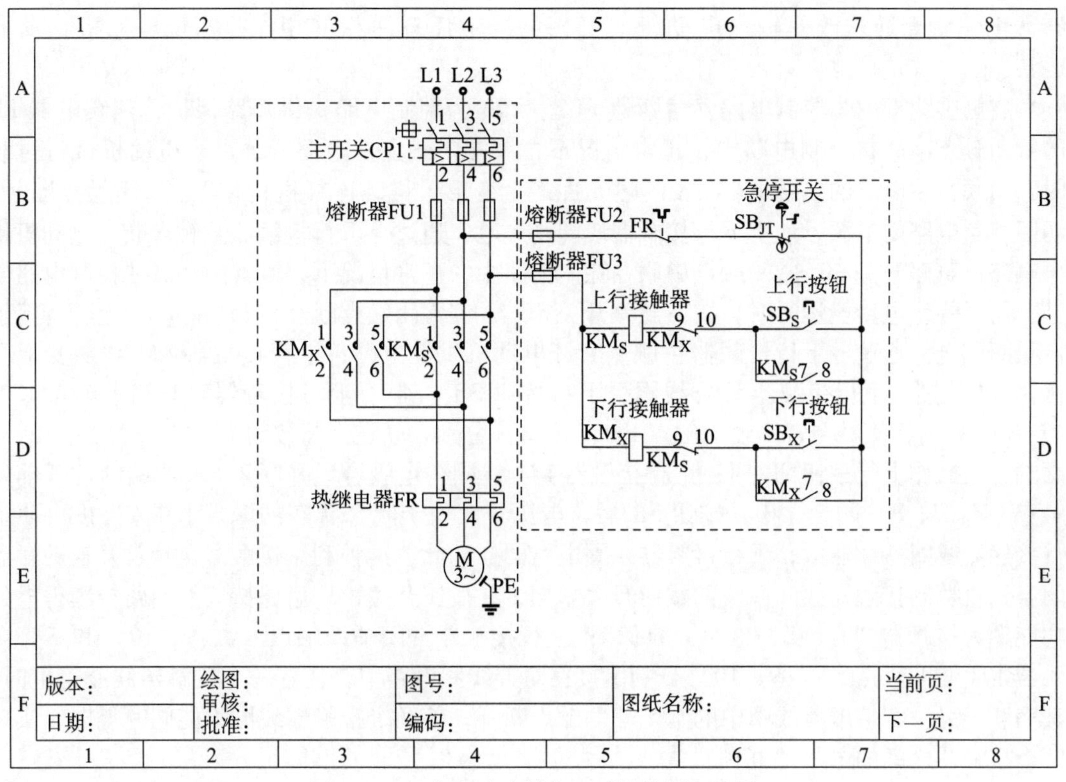

图 3－6　三相异步电动机正反转控制电路图

1. 电气图面

电气图面由图纸边界线、图框线、标题栏、会签栏等组成。

①图纸幅面：边框线围成的图面就是图纸的幅面。幅面尺寸分为五类：A0 ~ A4。

②标题栏是用于确定图样名称、图号、张次、更改和有关人员签名等内容的栏目，相当于图样的铭牌。标题栏的位置一般在图纸的右下方或下方。标题栏中的文字方向为看图方向。会签栏是供各相关专业的设计人员会审图样时签名和标注日期用的。

③图上位置的表示：在设计电路图时，往往需要确定元器件、连接线等图形符号在图上的位置。通常，电路元器件在电路图上位置的表示法有三种：图幅分区法、表格法和电路编号法。

图幅分区法是一种用行或列以及行列组合标记来表明图上位置的方法。如图 3－6 所示，在图的边框处，竖边方向用大写拉丁字母（例如 A，B，C，…）标记，横边方向用阿拉伯数字（例如1，2，3，…）标记。编号顺序从左上角开始，用元器件所在位置的横向字母及纵向数字标记表示。如图中熔断器 FU1 所在位置在 B4 区，上行接触器 KM_S线圈所在位置在 C5 区。

2. 电路分析

图中三相交流电源 L1、L2、L3 引入电路主开关 CP1，CP1 对整个电路进行电源的通断控制及过载、过流保护。

左侧虚线框内为主电路。熔断器 FU1 为主电路提供短路保护。热继电器 FR 的热元件（金属片）串联在主电路中，为电动机提供过载保护。上行接触器 KM_S主触点和下行接触器 KM_X主触点通过改变输入电动机的三相电源中任意两相的相序，实现电动机正反向运转。

右侧虚线框内为控制电路。熔断器 FU2、FU3 为控制电路提供短路保护；热继电器 FR 的常闭触点串联在控制电路中，正常情况下，该常闭触点使电路导通。当电动机运行过载时，串联在主电路的热继电器 FR 的热元件产生变形，推动连杆机构使 FR 常闭触点断开，切断控制电路的电源，使上下行接触器线圈均失电，通过上下行接触器主触点断开电动机供电电路；急停开关 SB_{JT}常闭触点串联在控制回路中，正常情况下，该常闭触点使控制电路导通，需要停止电动机运行时，按下急停开关 SB_{JT}，其常闭触点断开控制电路，使上下行接触器线圈失电，通过上下行接触器主触点断开电动机供电电路；上行接触器 KM_S线圈受上行按钮 SB_S控制，下行接触器 KM_X线圈受下行按钮 SB_X控制。上行接触器常开辅助触点 KM_S（7，8）和下行接触器常开辅助触点 KM_X(7，8）分别并联在上行按钮 SB_S和下行按钮 SB_X的两端，当操作上行按钮 SB_S时，上行接触器 KM_S线圈得电吸合，并联于 SB_S两端的常开辅助触点 KM_S(7，8）闭合，松开按钮 SB_S后，电源经已处于闭合状态的触点 KM_S(7，8）使上行接触器线圈持续通电，下行接触器线圈电路同样如此。这种利用接触器自身常开辅助触点闭合，将控制接触器线圈回路的按钮开关短接，在按钮开关松开后保持线圈回路持续得电的功能称为接触器“自锁”，也叫“自保”；上行接触器常闭辅助触点 KM_S(9，10）和下行接触器常闭辅助触点 KM_X(9，10）分别串接在对方线圈电路中，任意一个接触器线圈得电时，其串联于另一个接触器线圈中的常闭辅助触点断开，使两个接触器线圈不能同时得电，实现两个接触器之间的电气“互锁”。

电动机正转（上行）控制电路原理分析：合上主开关 CP1，手动操作上行按钮 SB_S，控制电源经熔断器 FU2、热继电器 FR 常闭触点、急停开关 SB_{JT}常闭触点、上行按钮 SB_S使上行接触器 KM_S线圈得电吸合，并通过上行接触器常开辅助触点 KM_S(7，8）实现电路“自锁”，松开按钮 SB_S后，接触器 KM_S线圈保持得电。上行接触器 KM_S得电吸合后，其位于主电路中的三组常开主触点闭合，三相电源经主回路熔断器 FU1、上行接触器 KM_S主触点、热继电器 FR 热元件使电动机得电，电动机开始上行。

电动机反转（下行）控制原理与上行时类似。该电路要使电动机由正转切换到反转或由反转切换到正转时，必须选按下停止开关，待电动机停止后再反向启动。

任务 3.2　电梯电力拖动系统及其主电路

变极调速原理 1

根据所采用电动机和调速控制方式的不同，常见的电梯电力拖动系统主要有四种，分别是交流变极调速拖动系统、交流调压调速拖动系统、交流变频变压调速拖动系统和直流调速拖动系统。下面分别对这四种调速拖动系统的工作原理及其主电路进行介绍。

变极调速原理 2

3.2.1　交流变极调速拖动系统

交流变极调速拖动系统，采用单速、双速或多速交流感应电动机作为动力，通过改变电动机的极对数实现变速（类似于汽车换挡），属于有级调速且只能限于有限的几挡速度，其速度控制属于开环控制，没有速度负反馈，适用于对速度要求不高且不需要平滑调速的场合。电梯用交流变极调速电动机主要有单速、双速两种，单速仅用于速度较低的杂物梯，双速主要用于早期运行速度不超过 1.0 m/s 的电梯，其控制系统简单、成本低、舒适感差，是20 世纪 80 年代之前的主流产品，目前已基本被淘汰。

1. 交流变极调速原理

变极调速就是通过改变接入供电电源的交流感应电动机定子绕组的磁极对数，以改变定子绕组旋转磁场的同步转速，最终达到调速的目的。

根据电动机学原理，三相异步电动机的转速公式为：

$$n = \frac{60f}{p}(1-s)$$

式中，n 为电动机实际转速（r/min）；f 为输入电动机三相电的频率（Hz）；p 为电动机的极对数（电动机极对数 = 电动机极数 ×1/2）；s 为转差率（一般为 0.02 ~0.06）。

同步转速的 $n_1 = \dfrac{60f}{p}$ 的概念：

同步转速，又称旋转磁场的转速，用 n_1 表示，其单位是 r/min。它的大小由交流电源的频率及磁场的磁极对数决定。因为有转差率存在，所以，三相鼠笼异步电动机的实际转速滞后于同步转速。

推导同步转速公式：

1. 以定子按星型接法 –1 绕组为例

对称三相绕组中通入三相对称交流电流后，在图 3 –7 中，“ ×”表示电流方向为垂直于纸面向里，“ •”表示电流方向为垂直于纸面向外。根据右手定则，大拇指方向为电流方向，四个手指握住定子绕组导线后，为形成的环形磁场方向。根据磁场磁力线方向由北极指向南极，图中定子腔体内部形成 1 个北极和 1 个南极，也就是 1 极对。随着时间的推移，这个 1 极对在定子腔体内部旋转，即为旋转磁场。电流经过一个周期即 1 Hz（如按工频 50 Hz 来换算，则 1 Hz 时间为 0.02 s），环形磁场 1 极对按顺时针方向旋转 1 圈。可以总结得出，如果三相电流继续加持 1 Hz，也就总时间为 1 个周期共 0.02 s，那么产生的这 1 极对将总共旋转 1 圈。

如果三相电流继续加持 2 Hz，也就总时间维持 2 个周期共 0.04 s（图 3 –8），那么产生的这 1 极对将总共旋转 2 圈。

若定子腔体内部绕组不是 1 绕组，将绕组翻倍至 2 绕组（图 3 –9）时，旋转磁场的转速又如何呢？

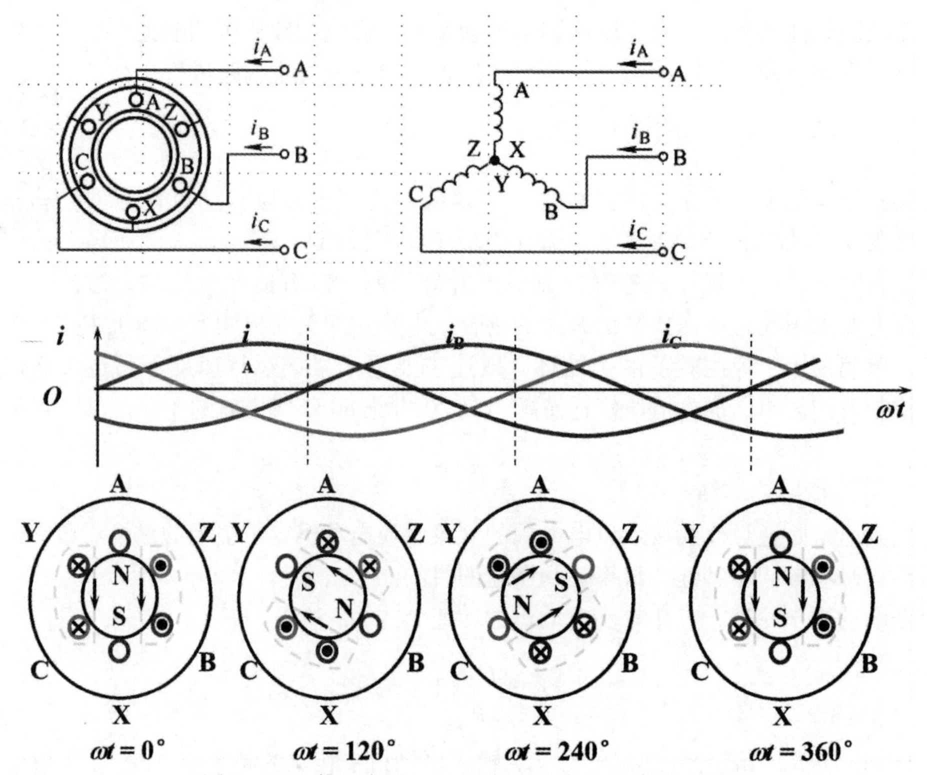

图 3-7　1 绕组定子 1 Hz 三相交流产生的旋转磁场

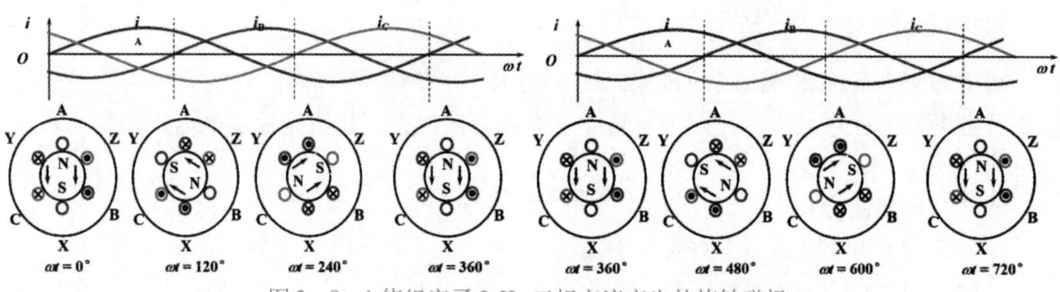

图 3-8　1 绕组定子 2 Hz 三相交流产生的旋转磁场

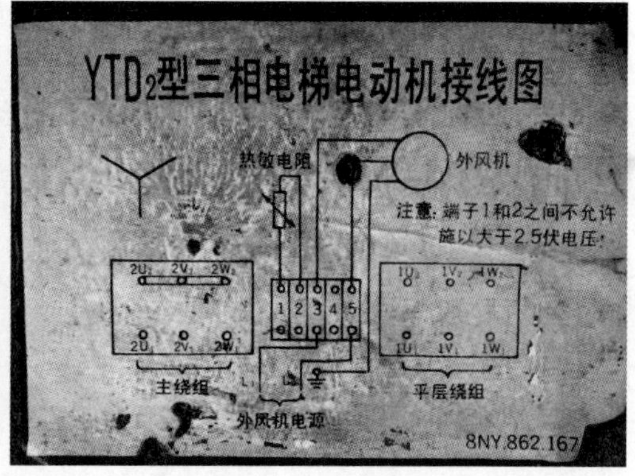

图 3-9　一台电动机内部有 2 副绕组

2. 以定子按星型接法 -2 绕组为例

对称三相绕组中通入三相对称交流电流后，在图 3 - 10 中，“ ×” 表示电流方向为垂直于纸面向里，“ •” 表示电流方向为垂直于纸面向外。根据右手定则，大拇指方向为电流方向，四个手指握住定子绕组导线后，为形成的环形磁场方向。根据磁场磁力线方向由北极指向南极，图中定子腔体内部形成 2 个北极和 2 个南极，也就是 2 极对。随着时间的推移，这个 2 极对在定子腔体内部旋转，即为旋转磁场。电流经过一个周期即 1 Hz（如按工频 50 Hz 来换算，则 1 Hz 时间为 0. 02 s），环形磁场 2 极对按顺时针方向旋转 0. 5 圈。综上所述，可以总结得出，如果三相电流继续加持 1 Hz，也就总时间为 1 个周期共 0. 02 s，那么产生的这 2 极对将总共旋转 0. 5 圈。

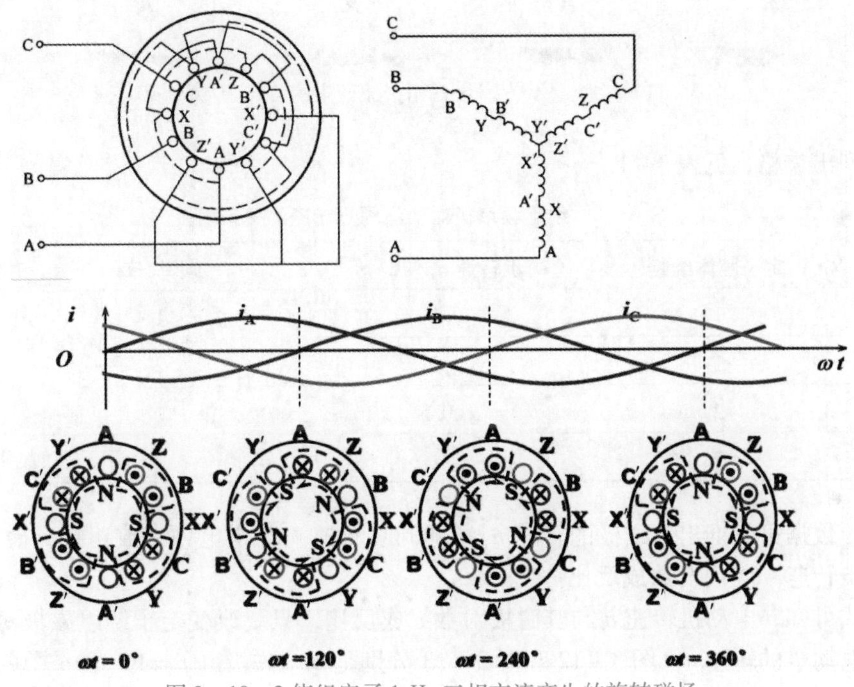

图 3 - 10　2 绕组定子 1 Hz 三相交流产生的旋转磁场

如果三相电流继续加持 2 Hz，也就总时间维持 2 个周期共 0. 04 s（图 3 - 11），那么产生的这 2 极对将总共旋转 1 圈。

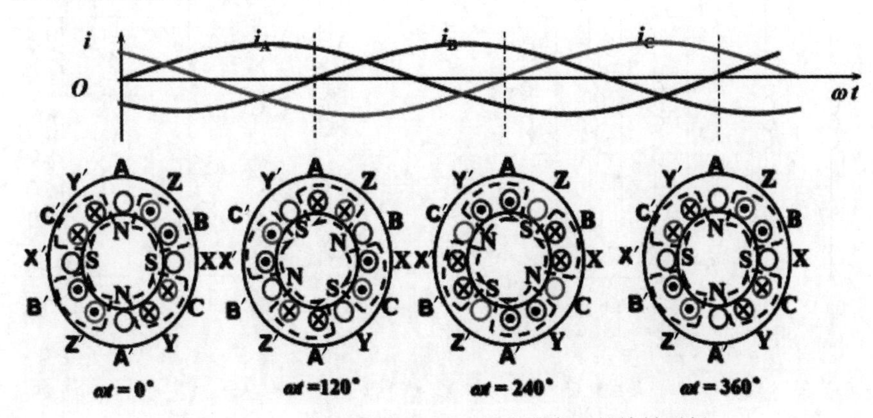

图 3 - 11　2 绕组定子 2 Hz 三相交流产生的旋转磁场

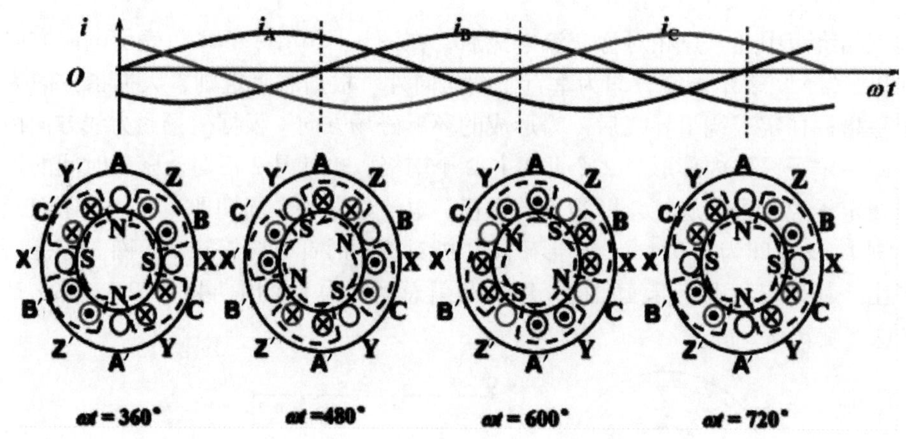

图3－11　2绕组定子2 Hz三相交流产生的旋转磁场（续）

由此列出表格，见表3－1。

表3－1　绕组频率极对数与同步转速的关系表

序号	定子腔体绕组	同步转速 $n_1/(\mathrm{r \cdot s^{-1}})$	频率/Hz	极对数
1	1	1	1	1
2	1	2	2	1
3	2	0.5	1	2
4	2	1	2	2

由表中数据可以推出，磁极的转速 n_1（即同步转速）与供电频率成正比，磁极的转速 n_1（即同步转速）与极对数成反比。

由上式可知，电动机转速 n 与其磁极对数 p 成反比，只要改变定子绕组磁极对数 p，就可以改变电动机的转速 n。图3－12和图3－13分别是2个磁极（$p=1$）和4个磁极（$p=2$）的电动机定子绕组结构图。

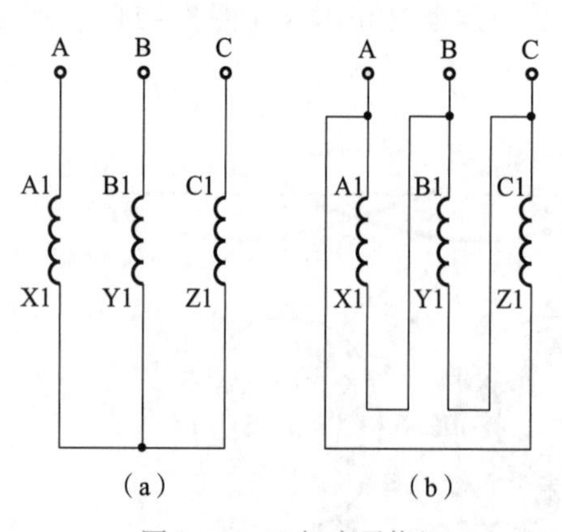

图3－12　2极定子绕组

（a）星形连接；（b）三角形连接

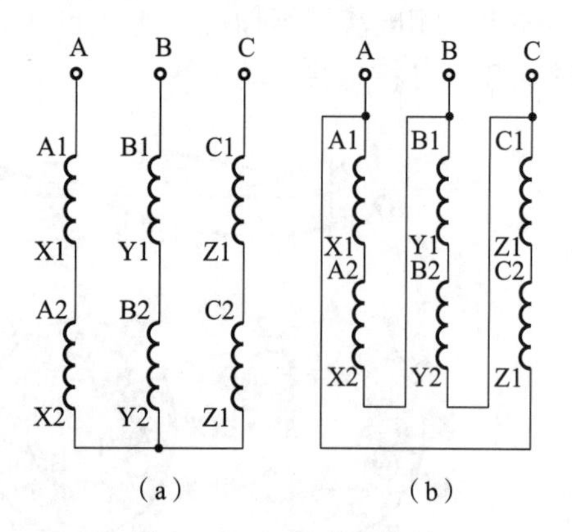

图3－13　4极定子绕组

（a）星形连接；（b）三角形连接

图 3－14 所示是采用变极调速的双速电动机机械特性曲线图，横坐标 M 表示转矩；曲线 1 和曲线 2 分别是慢速绕组和快速绕组机械特性曲线；M_f 是负载转矩；M_k 是快速绕组启动转矩；M_m 是慢速绕组启动转矩；纵坐标 n 表示转速。

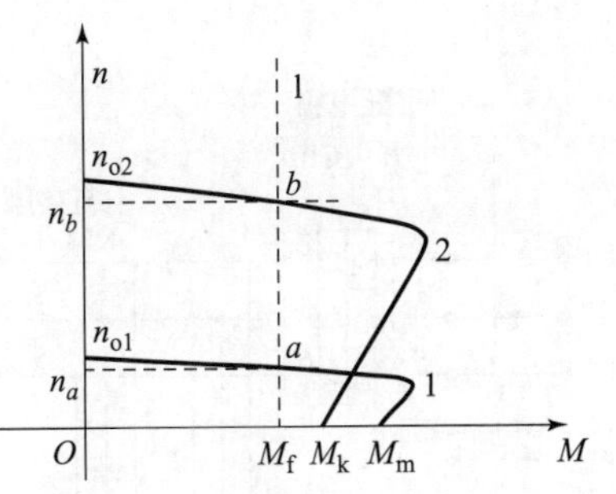

图 3－14　变极调速机械特性曲线图

当电源接通快速绕组时，电动机沿着机械特性曲线 2 运行，其同步转速为 n_{o2}，稳定运转速度为 n_b。当电源接通慢速绕组时，电动机沿着机械特性曲线 1 运行，其同步转速为 n_{o1}，稳定运转速度为 n_a。其中，$n_{o2} > n_{o1}$；$n_b > n_a$。

变极调速电梯多采用交流异步双速电动机，简称交流双速电梯。绕组磁极数一般为 4 极/16 极或 6 极/24 极，极数多的绕组是慢速绕组，用于检修运行、慢速平层和制动减速，极数少的绕组是高速绕组，用于启动和稳速运行。用变极方式调节转速时，由于磁极对数只能成对地改变，所以这种方法是有级调速，过多地增加定子绕组极对数，会显著地增大电动机的外形尺寸，因而其调速范围不大。

交流双速电梯的调速方式是切换与供电电路连接的定子绕组进行变极，这种方法比较简单，它是在电动机定子槽内嵌入两套定子绕组，它们各自独立，具有不同的极对数。当接入一个绕组时，电动机具有一种同步转速，当接入另一个绕组时，电动机则具有另一种同步转速，使用时，需要哪种转速，就将相应的绕组通过控制电路接入电源即可。但需要注意的是，控制电路应保证两套绕组不同时接入电源，也不能在一套绕组工作时将另一套绕组短路闭合，否则，将造成电动机的损坏。双绕组变极电动机由于两套绕组彼此独立，可以分别设计，选用不同截面的导线、各自独立的匝数、独立的节距等，因此具有两套绕组设计。但是由于这两套绕组都要嵌放在定子槽内，槽的空间就显得紧张了，往往槽要开得大一些，然而槽大了就会减小齿截面，又会影响磁通量，因此也要统筹考虑绕组和铁芯的合理参数，实现最佳配合。

2. 交流双速电梯驱动主回路原理分析

图 3－15 所示是采用 6 极/24 极双绕组电动机的交流双速电梯主回路电气原理图。图中 X_{K1}、X_{K2}、X_{K3}为三相定子快速绕组（$p=6$ 极）接线端子，同步转速为 1 000 r/min；X_{M1}、X_{M2}、X_{M3}为三相定子慢速绕组（$p=24$ 极）接线端子，同步转速为 250 r/min。

电梯接收到运行指令后，层轿门关门到位，制动器打开。上行时，上行接触器 KM_S与快车接触器 KM_K同时得电吸合；下行时，下行接触器 KM_X与快车接触器 KM_K同时吸合。

电梯上行工作原理：380 V AC 三相交流电源经机房配电箱主开关 CP1、上行接触器 KM_S主触点、电阻电抗器（X_K+R_K）、快车接触器 KM_K主触点、热继电器 FR_K使电动机快速绕组 X_{K1}、X_{K2}、X_{K3}得电，电动机通过高速极启动。串联在电路中的电抗器 X_K和电阻 R_K在电路中起降压限流作用，使电动机慢速启动。经短暂延时（约 1.5 s）后，位于控制回路中的继电器 KA_1线圈得电吸合，其三组常开触点闭合，短接电阻和电抗器，使电源全压作用于快速绕组，电动机全压运转，电梯快速运行。

电梯下行工作原理与上行的类似。

电梯上行平层停靠前减速原理：电梯快速上行到停靠层站之前，井道中楼层感应器发出

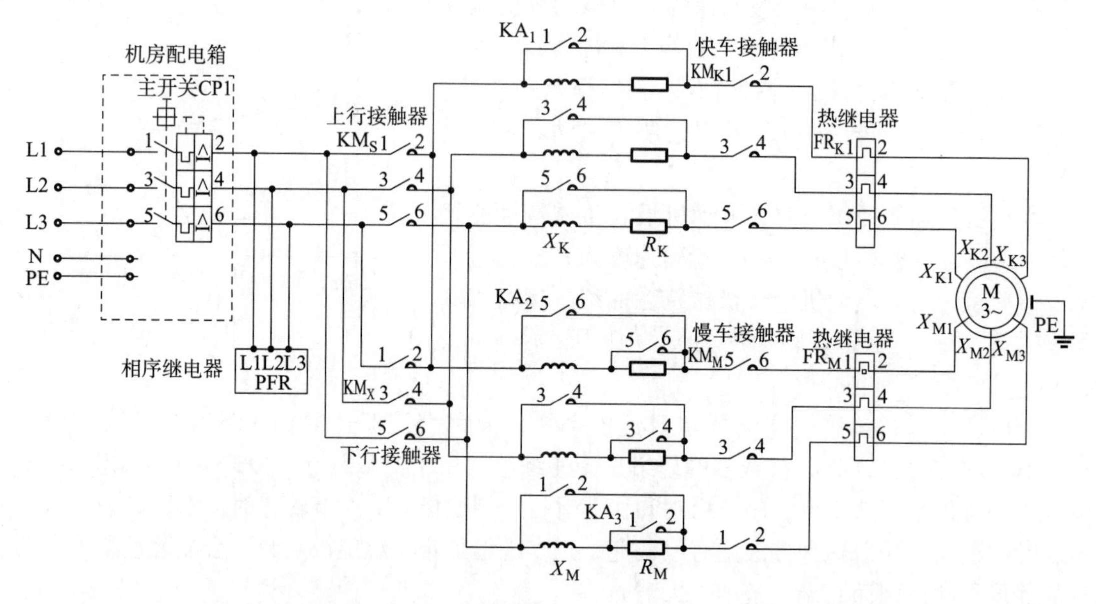

KA_1—快车回路短接继电器；X_K—快车回路降压限流电抗器；R_K—快车回路降压限流电阻；

KA_2—慢车回路短接继电器；X_M—慢车回路降压限流电抗器；R_M—慢车回路降压限流电阻。

图3-15　交流双速电梯主回路电气原理图

换速信号，换速控制电路使快车接触器 KM_K 失电释放，慢车接触器 KM_M 得电吸合，电动机动力电路切换至慢速绕组极，慢速绕组 X_{M1}、X_{M2}、X_{M3} 通过串联在其主回路中的电抗器 X_M 和电阻 R_M 使电动机转入再生发电制动状态降速运行。经短暂延时（0.5～1.0 s），位于控制回路中的继电器 KA_3 线圈得电吸合，其三组常开触点闭合，先短接电阻 R_M，用来降低制动减速过程的冲击，提高停车制动过程的舒适感，再经短暂延时（约1.0 s），控制回路中的继电器 KA_2 得电吸合，其三组常开触点闭合，短接电感器 X_M。至此，电动机低速极主回路电阻电抗器被全部短接，电梯持续减速至低速爬行阶段。当平层隔磁板插入平层感应器时，发出平层停车信号，平层控制电路使上行接触器 KM_S 和慢车接触器 KM_M 全部失电释放，制动器动作，电动机失电，电梯停止。

电梯下行平层停靠前减速原理与上行时的类似。

电梯检修上行工作原理：检修操作时，只控制慢速绕组 X_{M1}、X_{M2}、X_{M3} 工作，禁止快速绕组 X_{K1}、X_{K2}、X_{K3} 工作。操作检修装置上行按钮，门关闭后，制动器打开，上行接触器 KM_S 与慢车接触器 KM_M 同时得电吸合，电动机慢速绕组 X_{M1}、X_{M2}、X_{M3} 通过串联在其主回路中的电抗器 X_M 和电阻器 R_M 降压限流，使电动机慢速启动。经短暂延时（0.5～1.0 s），位于控制回路中的继电器 KA_3 得电吸合，其三组常开触点闭合，先短接电阻 R_M，使电动机缓慢加速，再经短暂延时（约1.0 s），位于控制回路中的继电器 KA_2 得电吸合，其三组常开触点闭合，短接电抗器 X_M，电梯加速至检修速度运行。撤销上行运行指令，上行接触器 KM_S 和慢车接触器 KM_M 全部失电释放，制动器动作，电梯停止。

检修下行工作原理与上行时的类似。

无论电动机是启动还是制动时，都需要在定子绕组中串接对应的电阻和电抗器。在快速绕组中串联电阻和电抗器，是为了在启动时减小启动电流以及降低对电网的影响，同时限制了启动时的加速度，避免产生冲击，以增强启动舒适感。在慢速绕组中串联电阻和电抗器，是为了减小减速时快速绕组切换到慢速绕组时的制动力，防止产生冲击。逐级切除短接电阻和电抗器也是为了调整速度，使加减速过程更加平稳，提高运行舒适感。

3. 交流双速电梯运行曲线

图3－15所示的交流双速电梯主回路中，以轿厢重载（轿厢侧重量大于对重侧重量）时上下运行为例，通过对其电动机机械特性曲线的分析来了解电梯的运行过程，其机械特性曲线如图3－16所示。

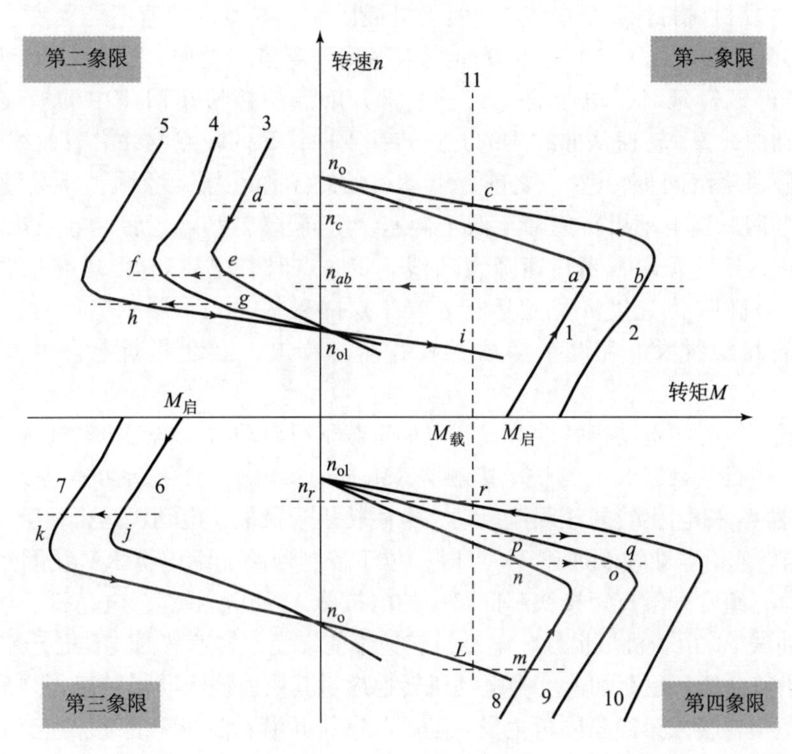

$M_启$—电动机启动转矩；$M_载$—负载转矩；n_o—快速绕组同步转速；n_{o1}—慢速绕组同步转速。

图3－16 电梯重载运行时电动机机械特性曲线图

电梯重载上行时，电动机工作在第一、二象限；电梯重载下行时，电动机工作在第三、四象限。图中虚直线11为轿厢重载时的负载恒转矩曲线。

电梯重载上行时的电动机特性曲线：电梯重载上行启动时，上行接触器KM_S与快车接触器KM_K同时得电吸合，电动机快速绕组X_{K1}、X_{K2}、X_{K3}串联电抗器X_K和电阻R_K降压限流启动，此时电磁转矩和负载转矩均为正值，电动机开始启动运行，工作在第一象限机械特性曲线1。由于启动转矩$M_启$大于负载转矩$M_载$，电动机转速沿着曲线1慢速上升，其转矩M随之增大，加速度也同时增大。当转速沿着曲线1加速至a点时，位于控制回路的继电器KA_1线圈在设定的短暂延时后得电吸合，其三组常开触点短接快车回路电抗器X_K和电阻R_K，电动机全压运行，其机械特性转到曲线2。由于机械惯性，电动机转速不能突变，转速从曲线1的a点转移到曲线2的b点，并沿曲线2加速到c点。此时，电磁转矩M与负载转矩$M_载$平衡，电动机便以c点速度n_c稳速运行，完成了启动过程。

当电梯上行到停靠层站之前，井道中楼层感应器发出换速信号，换速控制回路使快车接触器 KM_K 失电释放，慢车接触器 KM_M 得电吸合，电动机由快速绕组切换至慢速绕组，此时电动机转速超过慢速绕组旋转磁场同步转速，电磁转矩为负值，电动机转入再生发电制动状态，其机械特性由第一象限曲线 2 转到第二象限曲线 3。慢速绕组 X_{M1}、X_{M2}、X_{M3} 通过串联电抗器 X_M 和电阻 R_M，以降低制动电流的冲击。由于机械惯性，电动机转速不能突变，转速从曲线 2 的 c 点转移到曲线 3 的 d 点，并沿着曲线 3 缓慢降速到 e 点。为提高制动效率，位于控制回路的继电器 KA_3 线圈在设定的短暂延时后得电吸合，其三组常开触点短接慢车回路中的电阻 R_M，使机械特性转到曲线 4。由于机械惯性，电动机转速不能突变，转速从曲线 3 的 e 点转移到曲线 4 的 f 点，并沿着曲线 4 降速到 g 点。此时，位于控制回路的继电器 KA_2 线圈同样经短暂延时得电吸合，其三组常开触点短接快车回路中的短接电抗器 X_M，机械特性转到曲线 5。转速从曲线 4 的 g 点转移到曲线 5 的 h 点，并沿着曲线 5 缓慢降速，在转速降至慢速绕组同步转速 n_{o1} 之前，电动机始终工作在第二象限，将高速运转积蓄的能量回馈给电网。当电动机转速降至低于慢速绕组同步转速 n_{o1} 之后，电磁转矩变为正值，电动机再次进入第一象限，当转速降至曲线 5 的 i 点时，电磁转矩 M 与负载转矩 $M_{载}$ 再次平衡，电动机以 i 点速度 n_i 稳定运行。当平层隔磁板插入平层感应器时，发出平层停车信号，上行接触器 KM_S 和慢车接触器 KM_M 全部释放，制动器断电合闸，电梯实现低速停止。

电梯重载下行时的电动机特性曲线：电梯重载下行启动时，电动机转速为零，电动机首先电动运行，下行接触器 KM_X 与快车接触器 KM_K 同时得电吸合，电动机快速绕组 X_{K1}、X_{K2}、X_{K3} 串联电抗器 X_K 和电阻 R_K 降压限流启动，电磁转矩为负值，电动机运行在第三象限机械特性曲线 6。当转速沿着曲线 6 加速至 j 点时，位于控制回路的继电器 KA_1 线圈经短暂延时后得电吸合，其三组常开触点短接快车回路中的电抗器 X_K 和电阻 R_K，电动机全压运行，其机械特性转到曲线 7。由于机械惯性，电动机转速不能突变，转速从曲线 6 的 j 点转移到曲线 7 的 k 点，并沿着曲线 7 逐渐加速。当电动机转速超过其快速绕组同步转速 n_o 之后，电动机电磁转矩变为负值，转入第四象限再生发电运行状态，并沿着曲线 7 继续加速至 L 点，以 L 点速度 n_L 稳速运行。

当电梯下行到停靠层站之前，井道中楼层感应器发出换速信号，换速控制回路使快车接触器 KM_K 失电释放，慢车接触器 KM_M 得电吸合，电动机由快绕组切换至慢速绕组开始减速。由于机械惯性，电动机转速不能突变，速度由曲线 7 的 L 点转移到曲线 8 的 m 点，并沿着曲线 8 降速到 n 点。此时，位于控制回路中的继电器 KA3 线圈经短暂延时后得电吸合，其三组常开触点短接慢车回路中的电阻器 R_M，电动机机械特性转移到曲线 9 的 o 点，并沿着曲线 9 降速到 p 点。此时，位于控制回路中的继电器 KA_2 线圈经短暂延时后得电吸合，其三组常开触点短接慢车回路中的电阻 X_M，电动机转速由曲线 9 的 p 点转移到曲线 10 的 q 点，沿着曲线 10 降速到 r 点，并以 r 点速度 n_r 稳定运行。当平层隔磁板插入平层感应器时，发出平层停车信号，平层控制回路使下行接触器 KM_X 和慢车接触器 KM_M 全部释放，制动器断电抱闸，电梯实现低速停止。

交流双速电梯通过高速运行来保证电梯的运行效率，通过平层停靠前的低速运行来保证平层精度，通过逐级切除电阻和电抗来调整速度。中交流双速电梯的启/制动运行曲线如图 3－17 所示。

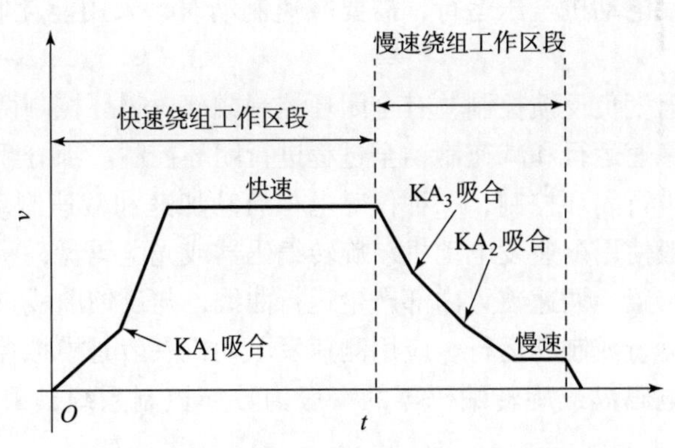

图3－17　双速电梯启/制动运行曲线

交流双速电梯的整个运行曲线不够理想，速度变化不是平滑而是有台阶的，在电梯启动和制动停车过程中，速度是有级变化的，加减速度及加减速度变化率较大，因此舒适感较差，且停层不够准确。

3.2.2　交流调压调速拖动系统（ACVV）

电梯交流调压调速拖动系统用可控硅晶闸管取代交流双速电梯中启/制动所用电阻和电抗器，对电动机定子绕组的输入电压进行控制，从而控制启/制动电流，并采用速度负反馈环节实现系统闭环控制，在运行过程中不断检测电梯运行速度与理想速度曲线的吻合度，运行舒适感较好，平层精度较高，性能优于交流双速电梯，适用于中速电梯，但能耗大，电动机发热较大，已被变频调速技术淘汰。

1. 交流调压调速原理

根据电动机学原理，三相异步电动机在电动机其他参数不变的情况下，电磁转矩与定子相电压的平方成正比，即 $M \propto U^2$；根据电磁转矩公式 $M = 9\,550 \times P/n$（P 为电动机功率，n 为电动机转速），在电动机轴上的负载转矩不变的情况下，电磁转矩与转速成反比，因此，通过改变电源电压有效值，就可以改变电动机的转速。

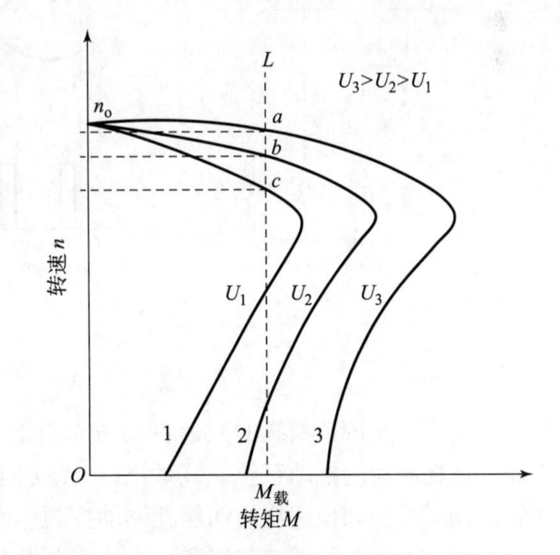

图3－18　交流异步电动机调压调速机械特性

图3－18所示为改变电源电压时电动机的机械特性曲线。图中虚线 L 为负载恒转矩特性曲线，曲线1、2、3分别为电源电压有效值为 U_1、U_2、U_3 时的电动机机械特性曲线。

当电源电压为 U_3 时，电动机稳定运行在曲线3的 a 点，电压降低至 U_2 时，电动机稳定运行在曲线2的 b 点，电压降低至 U_1 时，电动机稳定运行在曲线3的 c 点。

电梯交流调压调速拖动系统在恒定交流电源与曳引电动机之间接入可控硅晶闸管作为交流电压控制器，使用晶闸管控制电动机的启动电压，使电梯稳定加速，在满速运行时，用接触器将晶闸管短接，使电动机全压运行，需要减速制动时，采用能耗制动或涡流制动方式，降低电动机转速。

调速系统均加入速度负反馈控制，有全闭环控制或部分闭环控制两类。全闭环控制是指对电梯的启动加速、稳速运行和减速制动全过程进行闭环控制。部分闭环方式分为两种：一种仅对减速制动过程进行闭环控制，一种仅对电梯启动加速和减速制动过程进行闭环控制。闭环控制测速装置一般使用测速发电动机、旋转编码器或光电码盘，将电梯速度信号转换成电信号再反馈到调速装置，调速装置内部产生运行曲线，与反馈曲线进行比较，依据差值运算，控制电动机电动运行或制动运行。应用测速发电动机一般是模拟控制系统，采用运放作为主要元件。应用光电码盘或旋转编码器的一般为数字控制系统，采用微处理器作为中心元件。

图 3 – 19 所示为三相全波星形连接晶闸管调压电路。它采用三对彼此反并联的可控硅星形接法为电动机供电，在这种接线方式下，只有一个可控硅被触发是不能构成回路的。也就是说，当一相的正向可控硅被触发时，在另两相中至少得有一个反向的可控硅被触发才能将电源电压加到电动机绕组上。6 个可控硅的触发脉冲按顺序对应可控硅的门极，控制晶闸管的导通与闭合，触发顺序必须保证相序和相位的关系。触发控制角 α 越大，晶闸管的导通角 θ 越小，流过晶闸管的电流也越小，其波形的不连续程度增加，负载电压也就越低。

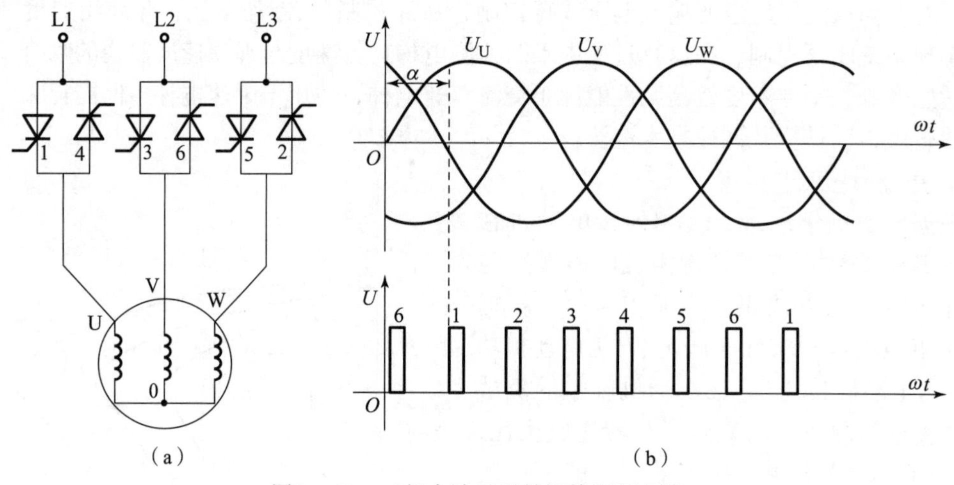

图 3 – 19　三相全波星形晶闸管调压电路

（a）三相调压电路（三相星形调压）；（b）晶闸管的触发脉冲和触发角

交流调压调速系统的减速制动方式有能耗制动、涡流制动和反接制动，电梯上常用调压 – 能耗制动的拖动系统。该系统以双绕组电动机作曳引电动机，通过可控硅实现对高速绕组的调压控制和低速绕组的能耗制动控制，通过接触器直接接通低速绕组做检修运行。检修运行时，电动机与调速装置脱离，不需要调节。调压 – 能耗制动拖动系统在运行中，或者由可控硅调压电路向电动机高速绕组提供交流电，或者由可控硅整流电路向电动机低速绕组提供直流励磁电流。在前一种情况下，电动机工作在电动状态，在后一种情况下，电动机工作在能耗制动状态。能耗制动时，可控硅断开高速绕组电路，并对慢速绕组中的两相绕组通直流电，在定子绕组内形成一个固定的磁场。当转子由于惯性而仍在旋转时，其导体切割磁力线，在转子中产生感应电动势和转子电流，这一感应电流产生的磁场与定子绕组磁场相互作用产生制动转矩，使转子减速。

图3－20所示为电梯调压调速系统原理框图。电梯启动后，调速器给定信号，输入单元对速度给定信号进行计算，测速元件（如测速发电动机）将电动机实时转速信号转变为电压信号 U_n，速度给定信号和测速反馈信号同时输入速度调速器的速度曲线给定和测速反馈信号处理单元。速度曲线给定和测速反馈信号处理单元中的速度曲线给定电路对输入的速度给定信号进行处理，并形成给定速度曲线输入PI调节器，作为电梯正常运行、速度计算运行的基准，测速反馈信号处理电路将测速元件输入的电压信号进行处理后，输入PI调节器。PI调节器将速度给定电路输入的理想速度曲线给定信号 $U_{n理}$ 与测速反馈电路输入信号 U_n 进行比较和调节，根据偏差信号 ΔU 分别控制电动触发器和制动触发器的触发脉冲，完成速度自动调节。

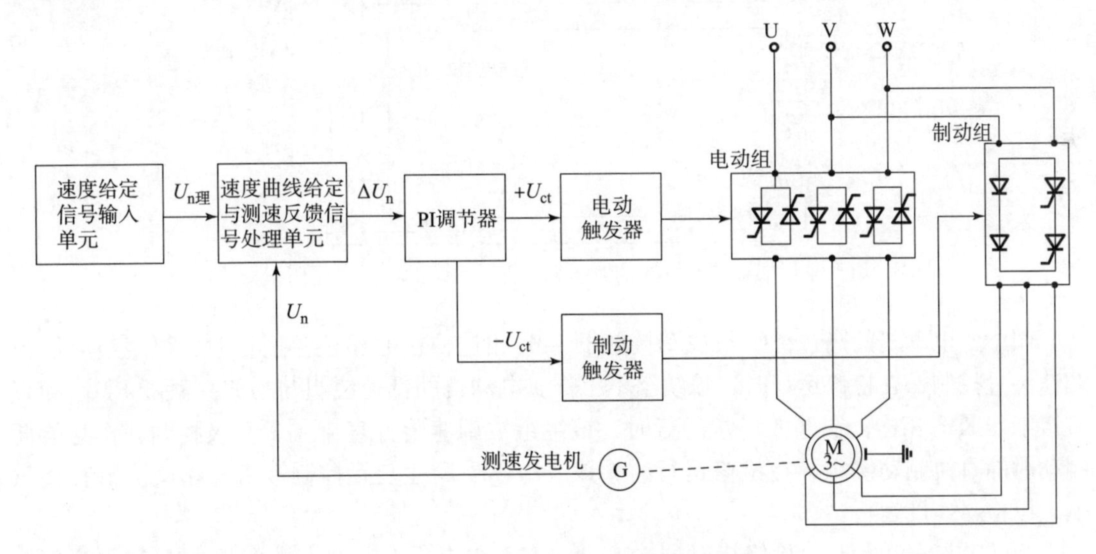

图3－20 电梯调压调速系统原理框图

当测速反馈的实际运行速度信号值低于给定速度信号值时，偏差信号 ΔU 为正值，PI调节器输出正值控制电压 $+U_{ct}$ 使电动触发器工作，通过改变电动机主回路三相调压电路正反向并联的晶闸管（简称电动组）触发控制角 α，控制电动机加速运行；反之，当电梯实际运行速度高于速度给定值时，偏差信号 ΔU 为负值，使PI调节器输出负值控制电压 $-U_{ct}$，将其倒相后，使制动触发器工作，通过改变电动机低速绕组的半控桥式可控整流电路晶闸管（简称制动组）触发控制角 α，控制电动机能耗制动，实现减速运行。若给定速度信号等于反馈速度信号，调节过程结束。在电梯运行过程中，速度调节器根据实际运行状况，控制电动触发器和制动触发器交替工作，根据控制信号不断调节交流U、V、W和直流+、－端的输出电压，通过交流旋转磁场和直流静止磁场的合成作用，使电动机转速按给定速度要求变化，以获得较好的运行性能。

2. 交流调压调速电梯驱动主回路原理分析

调压调速拖动系统由调速装置、双绕组电动机、测速发电动机、继电控制等环节组成。图3－21所示是采用能耗制动方式的调压调速拖动系统的电梯主电路结构原理图。

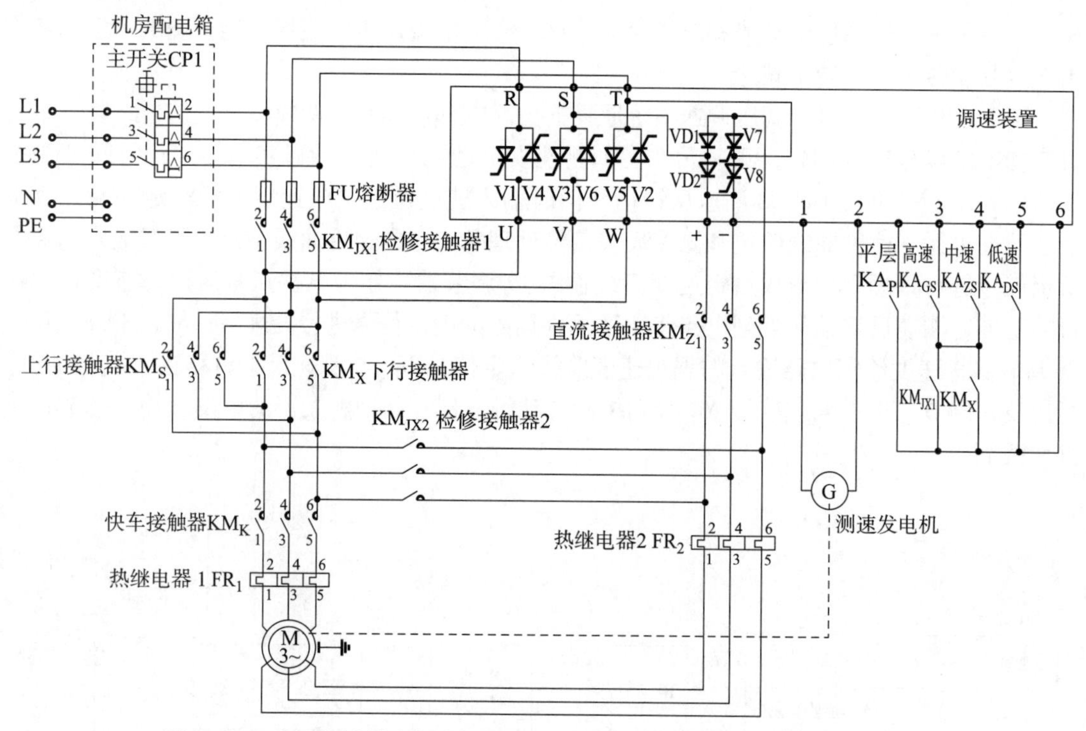

图 3－21　采用能耗制动方式的调压调速拖动系统的电梯主电路结构原理图

图中，电动机的高速绕组与快车接触器 KM_K 相连，在电梯正常运行时，该绕组电压被调速装置控制，在检修运行时，该绕组不工作。电动机的低速绕组与检修接触器 KM_{JX2} 和直流接触器 KM_Z 相连，在电梯正常运行时，该绕组被调速装置直流＋、－极控制，作为能耗制动时的直流制动绕组，在检修运行时，该绕组不受调速装置控制，由三相交流电直接供电，以检修速度运行。

当电梯检修运行时，检修接触器 KM_{JX1}、KM_{JX2} 得电吸合，快车接触器 KM_K 和直流接触器 KM_Z 失电释放，供电电源不使用调速装置的可控硅调压、励磁电路，直接经检修接触器 KM_{JX1} 和 KM_{JX2} 常开触点、上行接触器 KM_S 或下行接触器 KM_X 常开触点给低速绕组提供三相交流电，使电梯低速运行。

正常运行时，检修接触器 KM_{JX1}、KM_{JX2} 失电断开，直流接触器 KM_Z 得电吸合。控制线路判定当前运行速度状态，如当前状态应为高速运行，则运行继电器 KA_{GS}、KA_{DS} 得电吸合，如当前状态应为中速运行，则运行继电器接触器 KA_{GS}、KA_{DS} 得电吸合，调速装置根据控制信号选择相应的给定速度工作。由调速装置 R、S、T 端输入三相交流电经调速装置调节后，从电动组 U、V、W 端输出，经上行接触器 KM_S 或下行接触器 KM_X、快车接触器 KM_K 进入电动机高速绕组。由调速装置制动组＋、－端输出的直流电压，经直流接触器 KM_Z、热继电器 FR_2 进入电动机制动绕组（低速绕组）。与曳引电动机同轴（或经皮带轮传动）装有测速发电动机 G，G 将电动机转速信号转变为电压信号，经端子 1、2 送到调速控制装置，作为速度的反馈信号与给定速度信号进行对比，使调速装置根据控制信号不断调节 U、V、W 和＋、－端的输出电压，使电动机在高速绕组的交流旋转磁场和低速绕组的直流静止磁场的合成作用下，使电动机转速按给定转速变化，以实现预定速度曲线的闭环控制。

图3－21所示的调速装置中，制动组的可控硅V7、V8和二极管VD1、VD2构成单相半控全波整流电路，给低速绕组提供能耗制动时的励磁电流。闭环控制系统通过对可控硅V7、V8触发角的控制，使整流输出的直流电压得到变化，从而改变低速绕组励磁电流大小，也就调节了制动转矩的大小，使电梯按预定的减速曲线减速。在减速过程中，如果实际运行速度比预定速度慢了，就要减小制动转矩，也就是要减小低速绕组的励磁电流。如果励磁电流减到最小，实际转速仍比预定转速要慢，则封锁整流桥，使＋、－端输出电压为0，这时电动机被断电，电动机的转矩为零，电梯以惯性滑行。如果速度又高于预定速度了，则减小可控硅V7、V8触发角，使其导通，再次输出直流励磁电流，电动机又进入能耗制动状态。

特性曲线如图3－22所示，虚直线L为电梯重载（轿厢侧重量大于对重侧重量）时的负载恒转矩曲线。当电梯上行时，电动机处于电动状态，机械特性曲线位于第一象限。电动机通过连续调压调速，当电磁转矩与负载转矩$M_{载}$平衡时，稳定运行在第一象限的d点。减速时，调速装置断开快车绕组交流电路，同时接通慢车绕组直流电路，电动机进入能耗制动状态，工作在第二象限。当慢车绕组输入直流电I_1时，机械特性曲线转移到曲线3；当测速元件反馈的转子转速超过系统给定速度时，慢车绕组接通直流电I_2，制动曲线转移到曲线4，在同一转速时，制动转矩曲线4要大于曲线3，所以，只要调节直流电的大小，就可以改变制动转矩的大小，从而改变转速。当电动机转矩下降为0时，电动机转速也为0。

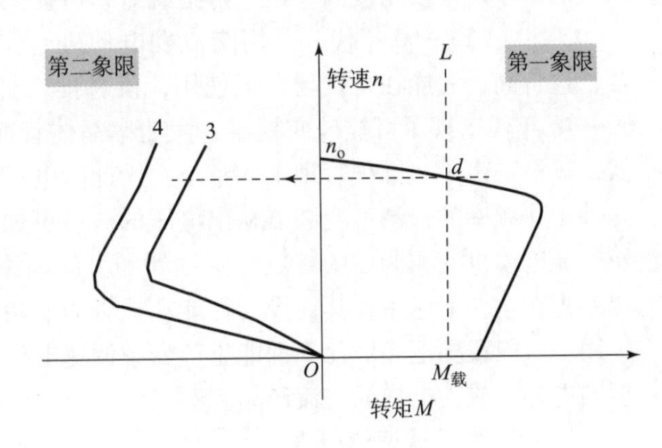

图3－22　能耗制动机械特性曲线

图3－23所示为采用能耗制动调压调速拖动系统的电梯重载上行或轻载下行时的速度曲线与工作状态图。

由于调压调速可以连续、平滑地进行，图中电梯启动加速和快速运行阶段可以由调压方式实现。减速停梯运行过程则必须采用调压、能耗交替动作的方法，通过它们的合成转矩控制使减速过程按给定速度曲线变化。

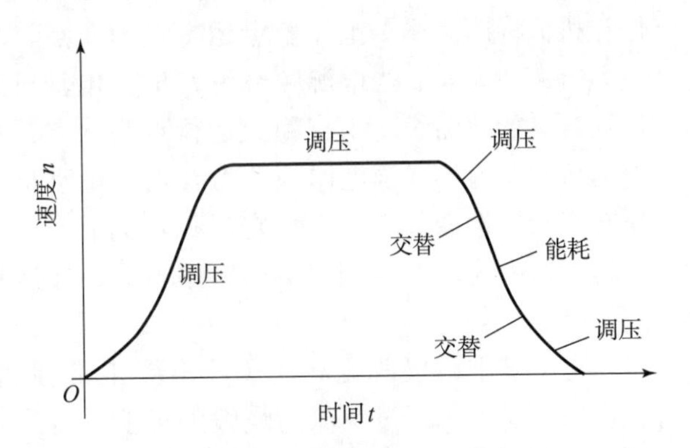

图3－23　速度曲线与工作状态图

在交流调速电梯中采用调压方法的目的就是实现电梯运行的速度曲线，获得良好的运行舒适感，提高平层精度。具体地讲，主要包含如下两个方面：一个是对电梯稳速运行时实行闭环控制，通过闭环调压，使电梯不论负载轻重、不论运行方向，均在额定梯速下运行。另一个是对电梯加速、减速过程实行闭环控制，通过调压或辅以其他制动手段，使电梯按预定的速度曲线加速或减速，从而获取加减速阶段的良好舒适感，并提高轿厢平层精度。

但这种拖动系统对电动机的制造要求很高，电动机在制动过程中始终处于不平稳状态，导致电动机运行噪声增大，同时电动机容易发生过热现象。

变频器原理 1

变频器原理 2

3.2.3　交流变频变压调速拖动系统（VVVF）

交流变频变压调速拖动系统，采用单速电动机作为动力，使用电力半导体元件对供电电源的频率和电压进行调节，实现对电动机速度的控制（属无级调速）。调速性能达到直流电动机的水平，平层精度高，运行舒适感好，可提供能量反馈装置，节能环保。

20 世纪 50—60 年代，采用交流发电动机组作为变频电源，这种机组变频方法设备复杂，造价高，只能在特殊场合下使用，没有推广价值。随着电力电子技术的发展，20 世纪 60—70 年代出现了可控硅变频器、大功率晶体管变频器。这些电子变频器体积小，价格较低，运行噪声小，维护管理工作量小。因此，电子变频器逐步进入实际应用领域。随着开关元件工作频率的提高，变频器输出电压的波形更加接近正弦波。由于矢量控制理论的提出，使交流电动机变频调速的转矩控制达到和直流调速相当的程度。80 年代初，由日本三菱公司率先在电梯上应用，其优异的性能和显著的节能效果，促成了变频控制在电梯领域的广泛应用。目前我国电梯厂几乎都能生产变频调速电梯，国产变频调速电梯正在逐步取代其他类型的电梯，成为电梯的主流产品。

1. 变频变压调速的原理

根据三相异步电动机的转速表达式 $n=60f(1-s)/p$ 可知，只要改变供电频率 f，就可以改变电动机的转速 n，从而实现电动机速度的控制。

图 3－24 所示为改变电源频率时电动机的机械特性曲线。图中 L 为负载恒转矩特性曲线，电源频率 $f_1>f_2>f_3$。当电源频率为 f_1 时，电动机工作在机械特性曲线 1 上，稳定运行点为 a 点，对应运行速度为 n_a；当电源频率为 f_2 时，电动机工作在自然特性曲线 2 上，稳定运行点为 b 点，对应运行速度为 n_b；当电源频率为 f_3 时，电动机工作在自然特性曲线 3 上，稳定运行点为 c 点，对应运行速度为 n_c。由图可见，频率越大，转速越高，$n_a>n_b>n_c$。

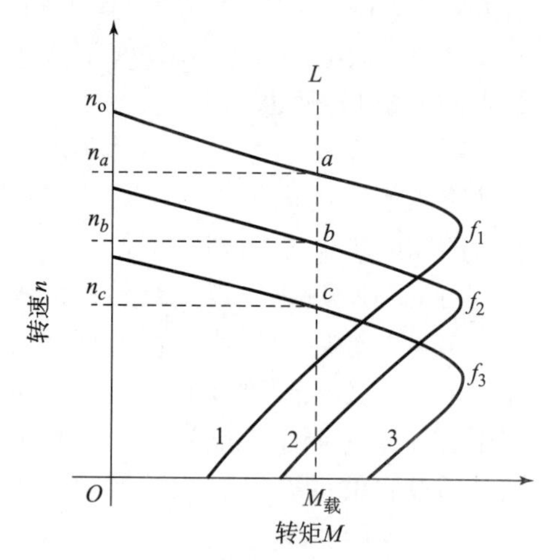

图 3－24　变频调速特性曲线

但事实上，仅改变频率 f 并不能正常调速，且会造成电动机因过电流而烧毁的可能，这是由异步电动机的特性决定的。

根据电动机学，异步电动机定子绕组每相感应电动势有效值为：

$$E=4.44fNK\Phi_m$$

式中，N 为定子每相绕组串联匝数；K 为基波绕组系数；Φ_m 为每极气隙磁通量；f 为频率。

由上式可见，当 E 为定值时，若 f 变化，则必然引起磁通 Φ_m 变化。当 f 增大时，Φ_m 变小，电动机铁芯就没有被充分利用；当 f 变小时，Φ_m 变大，会使铁芯饱和，从而使励磁电流过大，不仅使电动机效率降低，严重时会导致电动机绕组过热，甚至烧毁电动机。因此，变频调速的同时必须要保持 Φ_m 不变。为此，在改变 f 的同时，也必须改变 E，使 E/f = 常数。理论上认为 E 和 U 是近似相等的，这样就可近似地保持定子相电压 U 和频率 f 的比值为常数，这就是恒压频比控制方程式。

异步电动机的变频调速必须按照一定的规律同时改变其定子电压和频率，所以称为交流变频变压调速系统。但电网供电频率为固定值（50 Hz），因此需要频率变换装置来改变电动机供电频率，这个装置就是变频器。变频器是通过对电力半导体器件（如 IGBT 等）的通断来控制将电压和频率固定不变的工频交流电变换成电压或频率可变的交流电的电能控制装置。变频器主要分为交－交变频器和交－直－交变频器两类。交－交变频器为一次换能形式，没有明显的中间滤波环节，电网交流电直接变成可调频调压的交流电，又称为直接变频器。交－交变频效率高，但采用的电子元件数量较多，输出频率的变化范围小，功率因数较低。交－直－交变频首先把工频交流电经整流环节变换成直流电，经中间滤波环节后，再经过逆变电路转换为各种频率的交流电，最终实现电动机的调速运行，又称为间接变频器。

电梯上主要采用交－直－交变频装置，变频器将供电进行三相整流，通过电容器进行滤波，在直流母线上获得波形较好的直流电。按照三相电的供电原则，控制电力半导体元件有序地导通和关断，在输出侧得到频率经过改变的电压和电流供给电动机，输出电压为 380 ~ 650 V，输出工作频率为 0 ~ 50 Hz、0 ~ 60 Hz、0 ~ 400 Hz。电动机跟随频率的变化，改变运转速度，拖动电梯的运行。

图 3－25 所示为采用交－直－交变频器的变频变压调速电梯拖动系统原理框图。依靠 6 个二极管正电荷导通、负电荷截止的特性，将工频交流电整流成直流。最后由 6 个 IGBT 模块将直流电逆变成可控制大小和频率的交流电。中间由电容和电阻完成充放电环节。RB 为变频器外接制动电阻，变频器多余的电能以及电梯电动机在发电状态下的电能都由制动电阻消耗掉。如果不安装外接的制动电阻，那么也可以接入能源再生装置，将 RB 处的直流电能转变成交流电反馈到整个电网的前端，如图 3－26 所示。

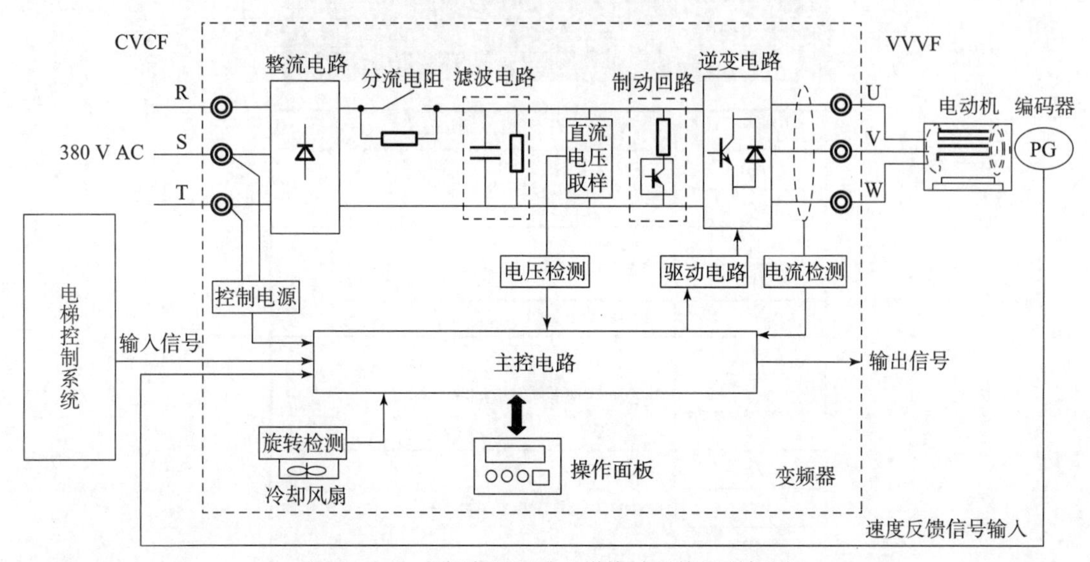

图 3－25　变频变压调速电梯拖动系统原理框图

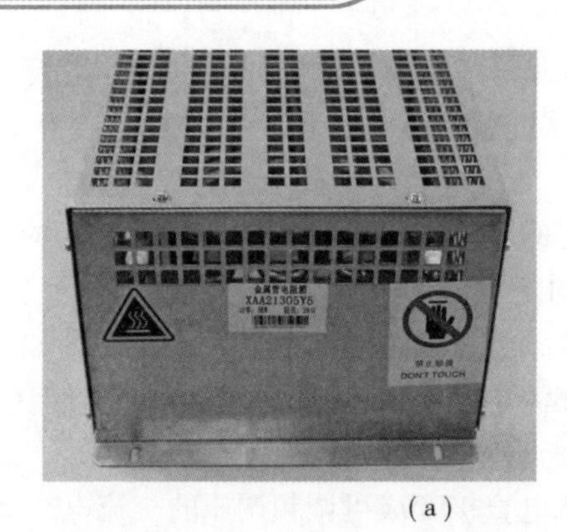

(a)

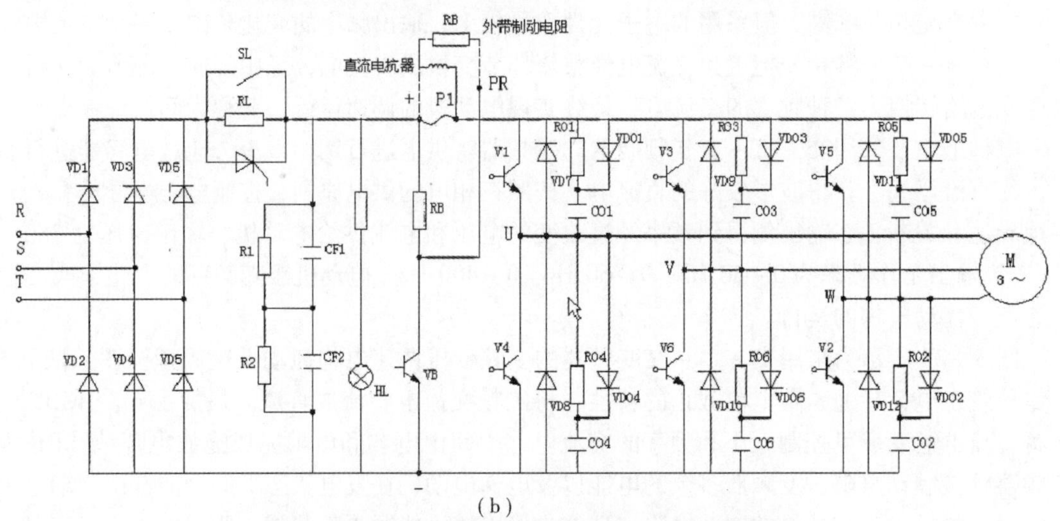

(b)

⊕1 ⊕2 B ⊖ R/L1 S/L2 T/L3 U/T1 V/T2 W/T3

端子标号	端子功能说明
⊕1	可外接直流电抗器，出厂已短接
⊕2	
⊕2	外部制动电阻连接
B	
⊖	直流母线负输出端子
R/L1	主回路交流电源输入，连接三相输入电源
S/L2	
T/L3	
U/T1	变频器输出，连接三相同/异步电机
V/T2	
W/T3	

(c)

图 3-26　变频器端子标号与端子功能说明

变频器主控电路是变频器的“大脑”和“指挥中心”，完成对主电路的控制，对变频器的输出电压和频率的调节提供控制信号。主控电路主要有频率和电压的“运算控制电路”、主电路的“电压、电流检测电路”及电动机的“速度测量电路”等。其中，“运算控制电路”一方面接收输入的检测信号，另一方面又输出控制信号至“驱动电路”，并由“驱动电路”驱动逆变电路来实现对电动机的调速控制。

电梯启动时，由电梯控制系统向变频器主控电路输入运行方向信号和速度指令，控制变频器根据方向信号输出相序，改变电动机运转方向，同时，根据速度指令调节电动机运转。启动时，使三相380 V AC工频电经变频器整流电路、滤波电路、逆变电路输出较低频率，并按照给定的速度曲线在一定时间将频率上升至额定频率，驱动电动机以额定转速运转。采用同步无齿轮曳引机时，称重装置提供力矩补偿模拟量信号输出到变频器，在电动机启动前对启动转矩进行矫正。由与电动机同轴的旋转编码器产生速度反馈信号，输出给变频器，构成闭环调速系统。在电动机需要减速时，降低输出频率，此时的转差使电动机处于发电状态，电动机发出的电反馈到变频器的直流母线，造成直流母线电压不断升高。当直流母线电压过高时，可能会损坏变频器内部电路的电容和IGBT模块，使变频器无法正常工作。变频器系统检测到直流母线电压高于设定值后，通过晶闸管电路接通制动回路，通过外接的制动电阻消耗掉多余能量，让电动机减速，跟随运行曲线运行。在电动机接近零速时，变频器输出直流制动电压，并维持设定时间，让电动机停止运转，随后制动器落闸，电梯停止。

2. 交流变频变压调速电梯驱动主回路原理分析

图3-27所示为一体化驱动控制变频变压调速电梯主回路结构原理图。

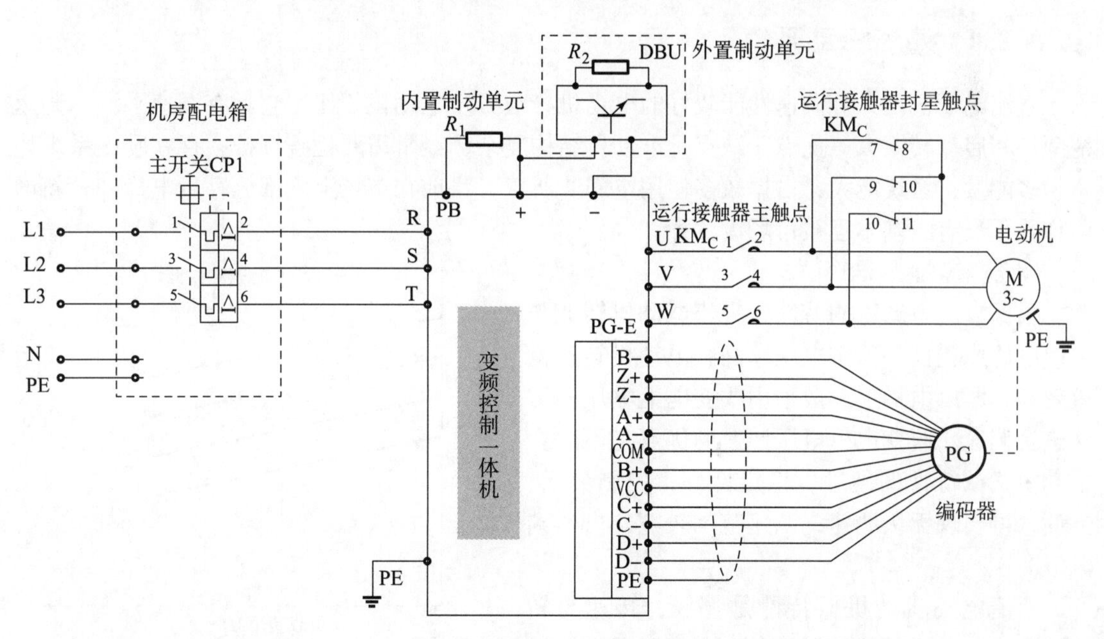

图3-27　一体化驱动控制变频变压调速电梯主回路结构原理图

如图3-27所示，三相交流380 V电源连接到变频器输入端子R、S、T，经变频器内部三相整流电路、滤波电路、逆变电路后，由输出端子U、V、W连接到运行接触器KM_C主触点，最后引入曳引电动机。电梯接收到运行指令，安全和门锁回路导通后，运行接触器 KM_C 得电吸合，其主触点闭合，同时抱闸接触器得电吸合，制动器打开，变频器输出低频交流电启动电动机运转。与电动机同轴的旋转编码器 PG 产生速度反馈信号，输出给变频器，构成闭环调速系统，使电梯以额定速度运行。当旋转编码器反馈的运行距离信号显示电梯靠近停靠层站时，电动机开始匀减速至爬行速度继续运行，触发平层感应器信号后，继续减速，门区感应器触发后，电动机零速停车，制动器抱闸，同时运行接触器断电释放。

制动回路由制动电阻和制动单元组成。当轿厢轻载上升或重载下降运行以及减速过程中，由于电动机的转速高于旋转磁场同步转速，电动机定子绕组的感应电势高于电压，电动机处于再生发电状态时，发出的电反馈给变频器，造成直流母线电压升高，变频器系统检测直流母线电压，当达到制动单元晶闸管设定的工作阈值电压时，晶闸管导通，接通制动电阻放电回路，消耗掉多余能量，让电动机减速，跟随运行曲线运行。当电压降低到某一数值时，则关断晶体管，停止放电。对于功率较小的电梯一体化控制驱动器，一般采用内置制动单元，只需要在（+）和（PB）端子上接入制动电阻 R_1。当功率较大时，一般采用外置制动单元，需要在（+）和（-）端子上外接制动单元后再接入制动电阻 R_2。

如图 3-27 所示，运行接触器 KM_C 有两组主触点，一组是作为主触点控制变频器输出，另一组自带延时功能实现封星。当同步曳引电梯在运行过程中突然停电、制动器因某些原因无法制停电梯、救援时松开抱闸使电梯溜梯时，运行接触器 KM_C 失电，其常开主触点断开，封星用常闭触点延时闭合，将电动机定子线圈三相绕组通过导线组成星形连接的闭合回路，将反馈的电能消耗掉，通过与机械转矩反向的电磁转矩减小溜梯速度，防止电梯失控。

3.2.4 直流拖动系统

直流电动机是一种调速性能较好的电动机，与异步电动机相比，它具有调速平滑、调速范围广和启动转矩大等优点。缺点是电动机结构复杂，经常需要检查维护；存在励磁系统耗费较多能量；系统庞大，占据较多使用空间。所以，目前在市场上除部分存量电梯外，新增电梯几乎没有，基本已被市场淘汰掉。

1. 直流调速原理

根据直流电动机的特性，直流电动机转速与电枢电压成正比，给定电压越高，电动机转速也就越高，所以电梯上一般采用改变电枢电压的方法进行调速。改变电枢电压调速的优点是不改变电动机机械特性的硬度，稳定性好；控制灵活、方便，可实现无级调速；调速范围较宽，可达到 6~10 倍。

直流电动机的机械特性是直线，转速与转矩、电流的关系是线性的，便于控制。图 3-28 所示为直流电动机改变电枢电压时的机械特性。

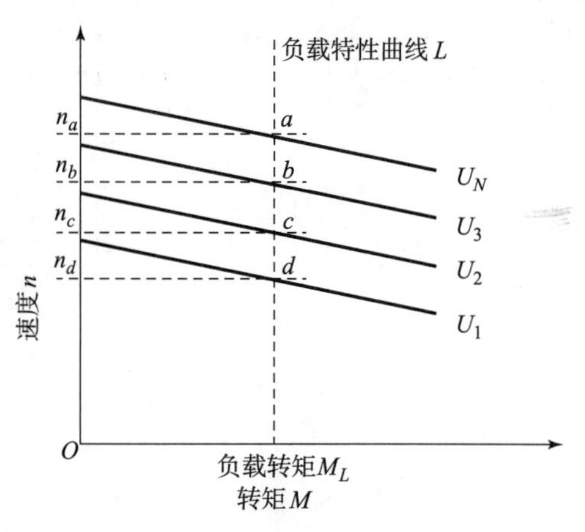

图 3-28　直流电动机改变电枢电压时的机械特性

图 3-28 中，在一定的负载转矩 M_L 下，直流电动机电枢外加不同电压可以得到不同的转

速。如在电压分别为 U_1、U_2、U_3、U_N 的情况下，可以分别得到稳定工作点 d、c、b 和 a，对应的转速为 n_d、n_c、n_b、n_a。其中，$U_1 < U_2 < U_3 < U_N$，$n_d < n_c < n_b < n_a$，即改变电枢电压可以达到调速的目的。

直流电梯的拖动系统有两种方式：一是由发电机组构成的可控硅励磁的发电机－电动机的拖动系统；二是可控硅直接供电的可控硅－电动机拖动系统。

可控硅励磁的发电机－电动机的拖动系统是通过调节发电机的励磁来改变发电机的输出电压（即电动机的端电压）进行调速的，所以称为可控硅励磁系统。早期直流电梯以交流电动机作为源动力，拖动直流发电机，控制直流发电机励磁。因电力半导体技术不成熟，交流电动机始终运转，直流发电机没有励磁，发电机输出电压为零。需要启动电动机时，励磁电压不断增加到设定值，发电机发出不断增高到额定值的电压，励磁电压不断增加到设定值，驱动直流电动机运转，达到额定速度。需要减速时，发电机励磁不断减小，电动机随之减速直至停止。这种系统由于笨重复杂、能耗高，早已停止生产和使用。

可控硅直接供电的可控硅－电动机拖动系统是用三相可控硅整流器，把交流变为可控直流，供给直流电动机的调速系统，省去了发电动机组，因此降低了造价，使结构更加紧凑。系统直接使用晶闸管调速的直流电动机，由控制电路依据电梯运行速度要求，逐渐减小晶闸管的导通角或脉宽宽度，增加输出电压，使直流电动机速度随之增加。需要减速时，增大控制电路晶闸管的导通角，减小输出电压，降低电动机转速，直到停止。

2. 可控硅供电的直流驱动系统主电路

图3－29所示为可控硅直接供电的直流调速电梯拖动系统结构原理图。

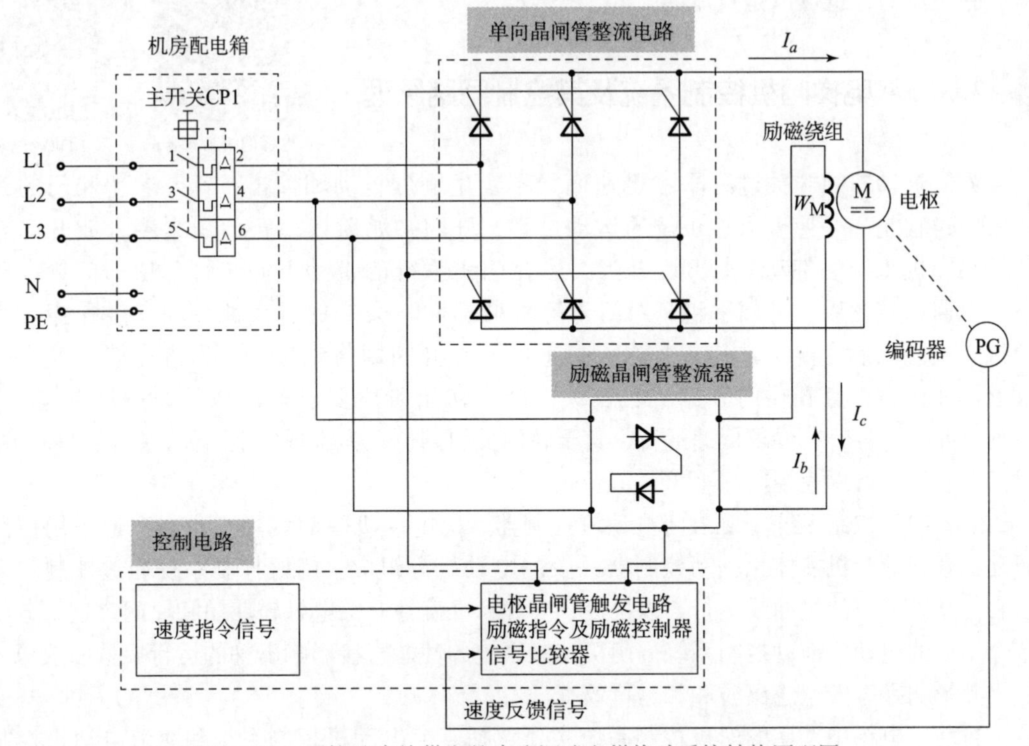

图3－29　可控硅直接供电的直流调速电梯拖动系统结构原理图

系统利用单向晶闸管整流电路，把三相交流电变成直流电为直流电动机的电枢供电，产生单方向的电枢电流 I_a。

为了使电动机能够改变运转方向，电动机的励磁绕组 W_M 由励磁晶闸管整流器内两个反并联的整流桥供电。当励磁控制器使正向励磁整流桥工作时，给励磁绕组 W_M 提供正向励磁电流 I_b，使电动机内产生正向磁通，电枢电流 I_a 在正向磁通的作用下，将产生正向转矩，驱动电梯正向运行。当励磁控制器使反向励磁整流桥工作时，给励磁绕组 W_M 提供反向励磁电流 I_c，使电动机内产生反向磁通，电枢电流 I_a 在反向磁通的作用下将产生反向转矩，驱动电梯反向运行。

控制电路对给定的速度信号与电动机编码器速度反馈信号、电流反馈信号进行比较运算后，通过改变晶闸管控制角来调节输入电枢的电压，使电梯跟随速度信号运行。

任务 3.3　电梯门机控制系统及其控制回路

电梯开关门机构是实现电梯自动开关门的装置，是电梯设备的重要组成部分。电梯平层停梯后，门机控制系统通过输入总线或控制端子接收电梯控制系统发出的开关门信号，驱动门电动机按照预先设定的运行曲线运行，通过减速机构和传动机构带动轿门运动，再由轿门通过联动机构带动厅门一起运动，完成开关门的过程。门机一般安装在轿厢顶部，根据开关门方式，门机可设在轿顶前沿、中央或旁侧。门电动机的控制箱也设置在轿厢顶部，电动机可以是交流的，也可以是直流的。

3.3.1　电梯门机控制系统及其控制回路原理

电梯门机基本要求　　门机调速功能

为使电梯门的开关过程平稳迅速而又不发生剧烈抖动和撞击，就要求轿厢门的开门和关门过程是一个速度可控可调的运动过程，开门初始阶段，轿门锁紧装置或开门限制装置在门机系统的带动下打开，开门刀也在门机系统的带动下同步打开层门门锁，此阶段要求速度较慢以求开门平稳，对门刀等机械部件不会造成过大冲击和产生噪声。当门锁钩完成脱离后，要求加速以提高开门效率，在开门即将到位时，为避免产生撞击，又要求低速运行，直到轿门开启到位；关门时，初始阶段要求速度较快，然后减速运行，在关门即将到位时，要求低速运行，直至轿门关闭到位。为实现以上功能，就需要控制系统对门电动机进行调速控制。

电梯门机控制系统主要由门电动机控制器、门电动机驱动装置（现在普遍采用控制与驱动二合一的门机一体化驱动控制器）及门电动机等组成。门机控制系统通过控制门电动机，使其沿给定门机曲线运行，以快速、安静、准确地开关电梯轿厢门和厅门，这部分就是一个小型的电动机拖动控制系统。门机控制系统的性能直接影响电梯的运行质量的故障率指标，并影响乘客安全进出轿厢和运行效率。

目前，电梯中常用的门机控制系统主要包括直流电动机控制系统和交流电动机控制系统。下面介绍几种典型的门机控制系统。

1. 直流门机控制回路原理分析

小型直流伺服电动机驱动门机时，通常采用改变电枢绕组电压进行调速的方式，调速方式简单，低速时发热较少。由于直流电动机调速易于实现，长期以来，直流门机控制系统曾被广泛应用，但其问题也很多，主要反映在体积大、安装调试困难、稳定性差、故障率高等方面，特别是在面对多样化的门刀、门宽和门的重量变化大的情况下，常常出现开关门噪声大、运行不平稳等问题，很难得出一套理想的运行曲线，无法达到令人满意的运行要求，逐渐被交流变频门机所取代。

图 3－30 所示为直流电阻门机的调速电阻。

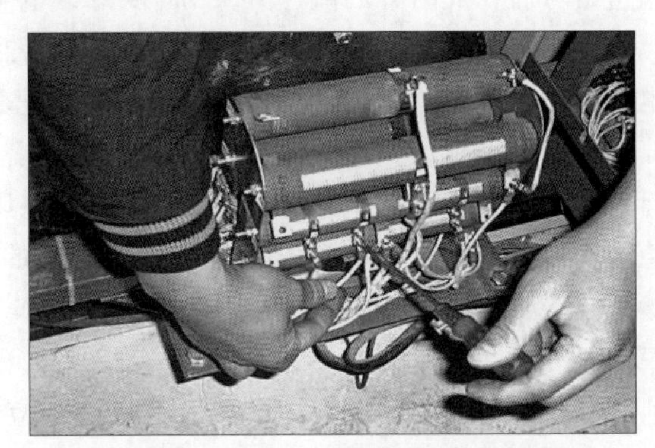

图 3－30 直流电阻门机的调速电阻

图 3－31 所示为某直流门机控制回路。继电器 KA_{KM} 是开门继电器，KA_{GM} 是关门继电器。电梯输出开门指令时，开门继电器 KA_{KM} 得电吸合；电梯输出关门指令时，关门继电器 KA_{GM} 得电吸合。

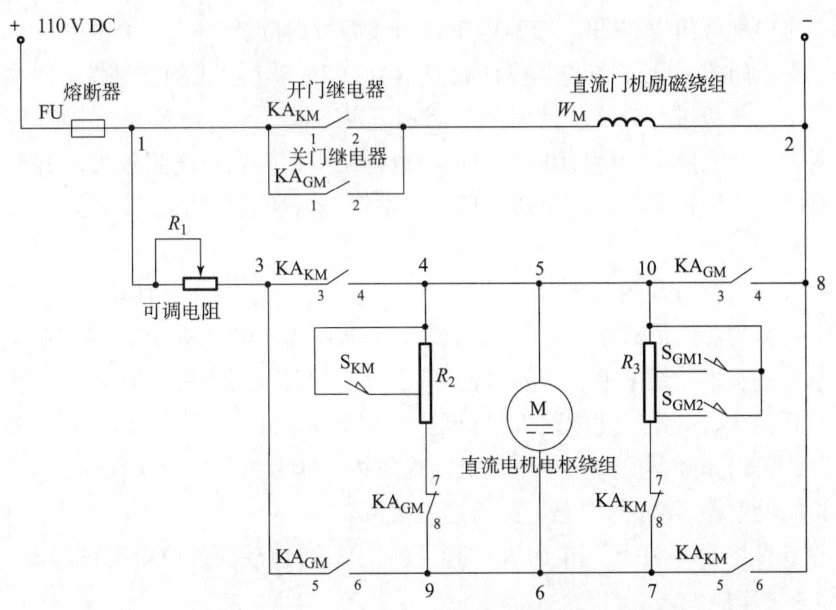

R_2—开门速度调速电阻；R_3—关门速度调速电阻；S_{KM}—开门减速开关；

S_{GM1}—关门一级减速开关；S_{GM2}—关门二级减速开关。

图 3－31 直流门机回路

电梯开门工作原理：开门时，开门继电器 KA_{KM}得电吸合，其常开辅助触点 KA_{KM}(1，2)闭合。110 V DC 直流电源由正极输出，经熔断器 FU 后，一路经支路 1－2 中的开门继电器常开辅助触点 KA_{KM}(1，2)，使直流门机励磁绕组 W_M得电并产生恒定磁场。另一路经可调电阻 R_1 后，经支路 3－4－5－6－7－8－2 中开门继电器常开辅助触点 KA_{KM}(3，4)、开门继电器常开辅助触点 KA_{KM}(5，6) 使直流电动机电枢绕组 M 得电，直流电动机向开门方向旋转。

此外，由电阻 R_2、关门继电器常闭辅助触点 KA_{GM}(7，8) 组成的支路 4－9 并联在电枢绕组两端，对电枢绕组进行分流，此时开门减速开关 S_{KM}断开，电阻 R_2 全部并联于电枢绕组两端，使支路 4－9 和 5－6 组成的电枢绕组回路的总电阻较大，由于电阻 R_1 与电枢绕组回路串联，根据串联电路分压原理，电枢绕组两端电压较大，转速较高，电动机全速运行，开门速度较快。

当门开至约门宽行程的 2/3 时，开门减速开关 S_{KM}动作，使电阻 R_2 被短接一部分，使电枢绕组回路的总阻值减小，电枢绕组两端电压降低，电动机 M 的转速随着端电压下降而降低，电动机慢速平稳开门。当门完全打开时，开门限位开关动作，切断开门继电器 KA_{KM}的电路，开门过程结束。

当开门继电器 KA_{KM}失电后，电动机电枢绕组 M 所具有的感应电动势将通过闭合回路 5－4－9－6 和 5－10－7－6 消耗在电阻 R_2 和 R_3 上，迫使电动机停止运转。

电梯关门工作原理：关门时，关门继电器 KA_{KG}得电吸合，其常开辅助触点 KA_{KG}(1，2)闭合。110 V DC 直流电源由正极输出，经熔断器 FU 后，一路经支路 1－2 中的关门继电器常开辅助触点 KA_{KG}(1，2)，使直流门机励磁绕组 W_M得电产生恒定磁场。另一路经可调电阻 R_1 后，经支路 3－9－6－5－10－8－2 中关门继电器常开触点 KA_{KG}(5，6)、KA_{KG}(3，4)使直流电动机电枢绕组 M 得电，直流电动机向关门方向旋转。

此外，由电阻 R_3、开门继电器常闭触点 KA_{KM}(7，8) 组成的支路 7－10 并联在电枢绕组两端，对电枢绕组进行分流，此时关门减速开关 S_{GM1}、S_{GM2}均断开，电阻 R_2 全部并联于电枢绕组两端，使支路 5－6 和 10－7 组成的电枢绕组回路的总电阻较大，由于电阻 R_1 与电枢绕组回路串联，根据串联电路分压原理，电枢绕组两端电压较大，转速较高，电动机全速运行，关门速度较快。

当门关至约门宽行程的 2/3 时，关门一级减速开关 S_{GM1}动作，使电阻 R_3 被短接一部分，使电枢绕组回路的总阻值减小，电枢绕组两端电压降低，电动机 M 的转速随着端电压下降而降低，电动机实现一级减速，开始慢速平稳关门。当门继续关闭至门宽行程约 4/5 时，关门二级减速开关 S_{GM2}动作，使电阻 R_3 被短接了大部分，电枢绕组的端电压继续下降，电动机转速更慢，关门速度再次降低，电动机实现二级减速。当门完全关闭时，关门限位开关动作，切断关门继电器 KA_{GM}的电路，关门过程结束。

通过调节支路 1－3 中可调电阻 R_1 的阻值大小，可以改变直流电动机的最大转速和最小转速。

图 3－32 所示为本门机控制系统开关门换速及运行曲线示意图。

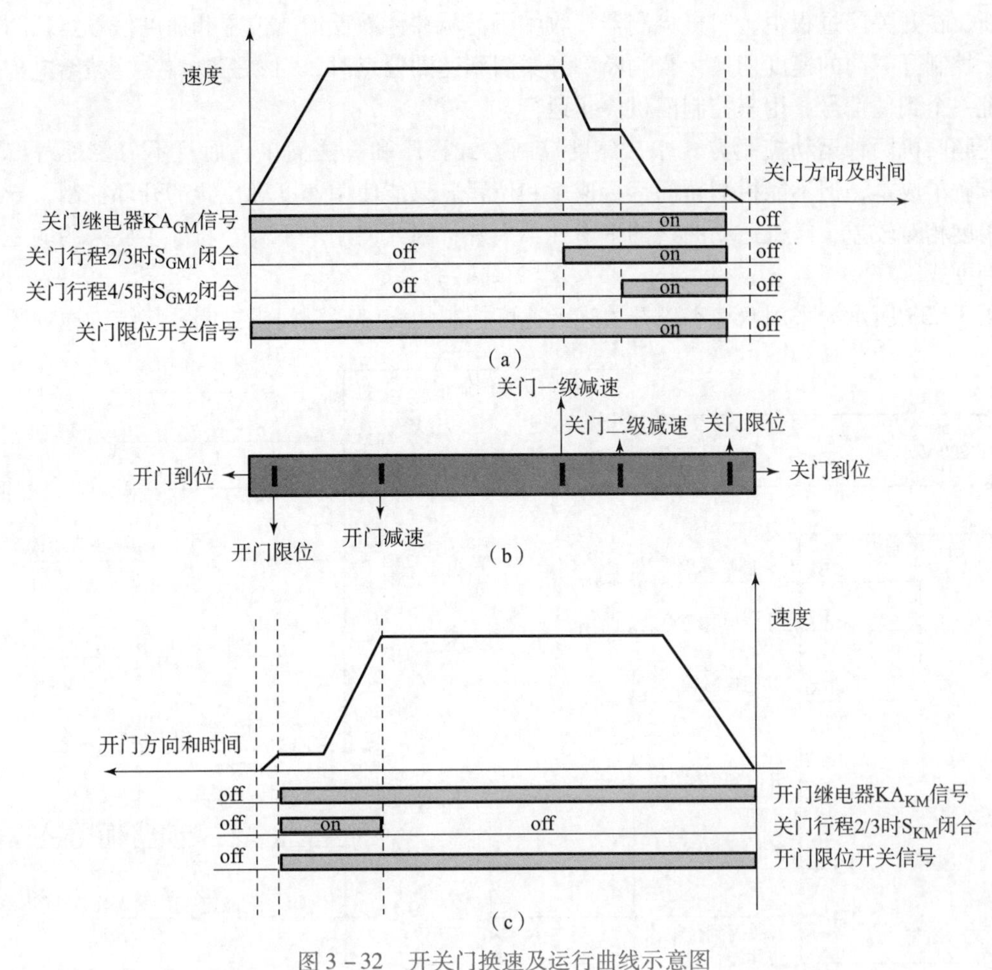

图3-32　开关门换速及运行曲线示意图

(a) 关门曲线示意图；(b) 开关门换速点示意图；(c) 开门曲线示意图

2. 交流变频门机控制系统原理分析

交流变频门机以交流电动机为动力，由门机专用变频器实现门机的正反转、加减速和力矩保持等功能。变频器采用三相脉宽调制技术，通过脉冲宽度调节来控制电动机，从而达到理想开关门运动曲线。电梯主控制系统根据内部电脑程序以及电梯的工作状态和当前运行情况，通过通信线向门机控制器发出开关门信号，门机控制器输出指令控制变频器驱动门机运行。当门运行到位时，通过继电器将到位信号输出到门机控制器，再通过通信线将信号传输给电梯控制系统。

变频门机的运动控制方式分为速度控制方式和距离控制方式。

使用速度控制方式的电动机，门机控制系统仅根据轿门上坎安装的行程开关（一般为双稳态开关）的动作信号实时反馈门机位置，控制开关门换速和到位的判断处理，属于开环控制方式。门机控制器接收到到位开关动作信号后，会反馈给电梯控制系统一个到位信号，用来控制门机停止运行。

使用距离控制方式时，电动机尾部安装有旋转编码器，轿门上坎不需要安装位置开关，门机控制系统根据实际行走的编码器脉冲计数来进行轿门运动方向、运行速度和开关门到位的判断。在开关门过程中，门机控制器接收编码器脉冲计数反馈的位置和速度信号实现闭环控制，控制开关门的速度切换，当判断到开关门到达到位点时，门机控制器会反馈给电梯控制系统一个到位信号，用来控制门机停止运行。

变频门机两种运动控制方式中，速度控制方式程序和算法简单，而且不需要配备编码器，节省了成本，但不能检测轿门运行速度和位置，只能使用速度和位置的开环控制，导致控制精度相对较差，门机运动曲线的平滑性不太好，因此使用率不高，目前主要采用的是距离控制方式。

图 3－33 所示为采用双稳态磁开关进行速度控制的交流变频门机控制系统结构原理图。

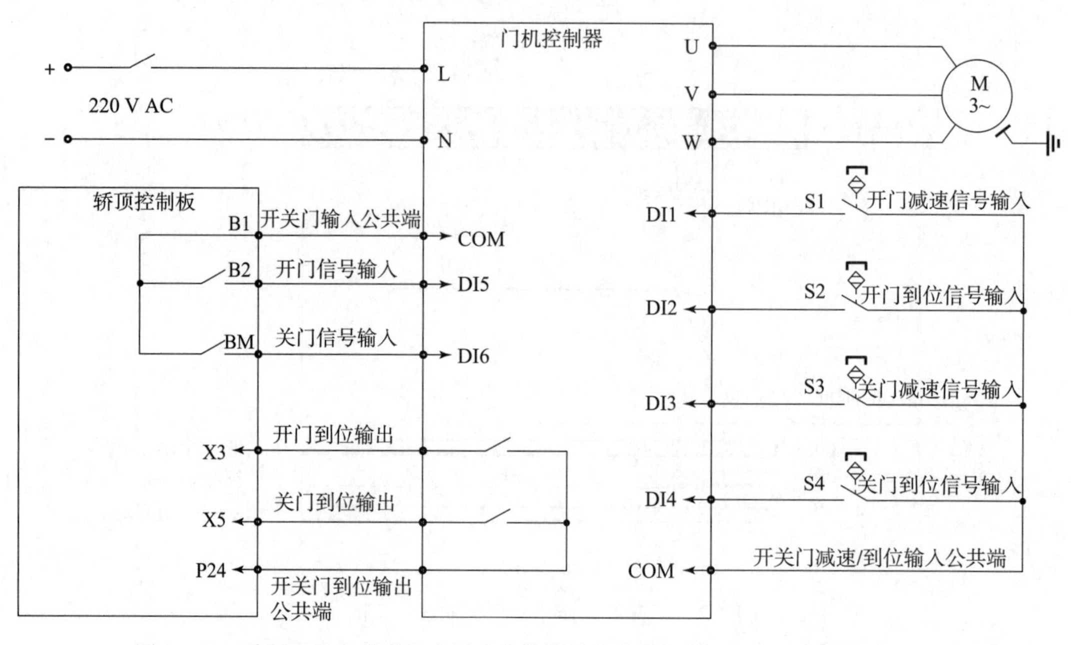

图 3－33　采用双稳态磁开关进行速度控制的交流变频门机控制系统结构原理图

图 3－33 中，电梯控制系统将开门指令信号通过通信线传输到轿顶控制板，轿顶控制板通过门机控制器端口 DI5 输入开门指令后，由门机控制器驱动门机执行开门动作。门机开始运行后，经过图 3－34（c）开门曲线图中的加速段 L1 和 L2 加速至高速稳定运行阶段 L3。当轿门打开至安装于门头上的双稳态减速磁开关 S1 动作时，图 3－33 中 S1 的常开触点闭合，门机控制器输入端口 DI1 输入高电平，减速信号有效，控制变频器降低开门速度，经减速段 L4 减速至爬行速度稳定运行。当轿门打开至开关到位信号开关 S2 动作时，门机控制器输入端口 DI2 输入高电平，开门到位信号有效，门机控制器通过轿顶控制板端口 X3 向控制系统输出开门到位信号。开门到位信号有效后，进入开门保持状态，完成开门过程。在开门保持状态时，门电动机输出保持力矩，保持力矩的作用是开门到位时抵消门的自闭力。

关门过程与开门过程类似，在此不再赘述。关门到位信号有效后，进入关门保持状态，完成关门过程。在关门保持状态时，门电动机输出保持力矩，保持力矩的作用是关门到位时加强门的自闭力。

图 3－34 所示为本门机控制系统的开关门换速及运行曲线示意图。

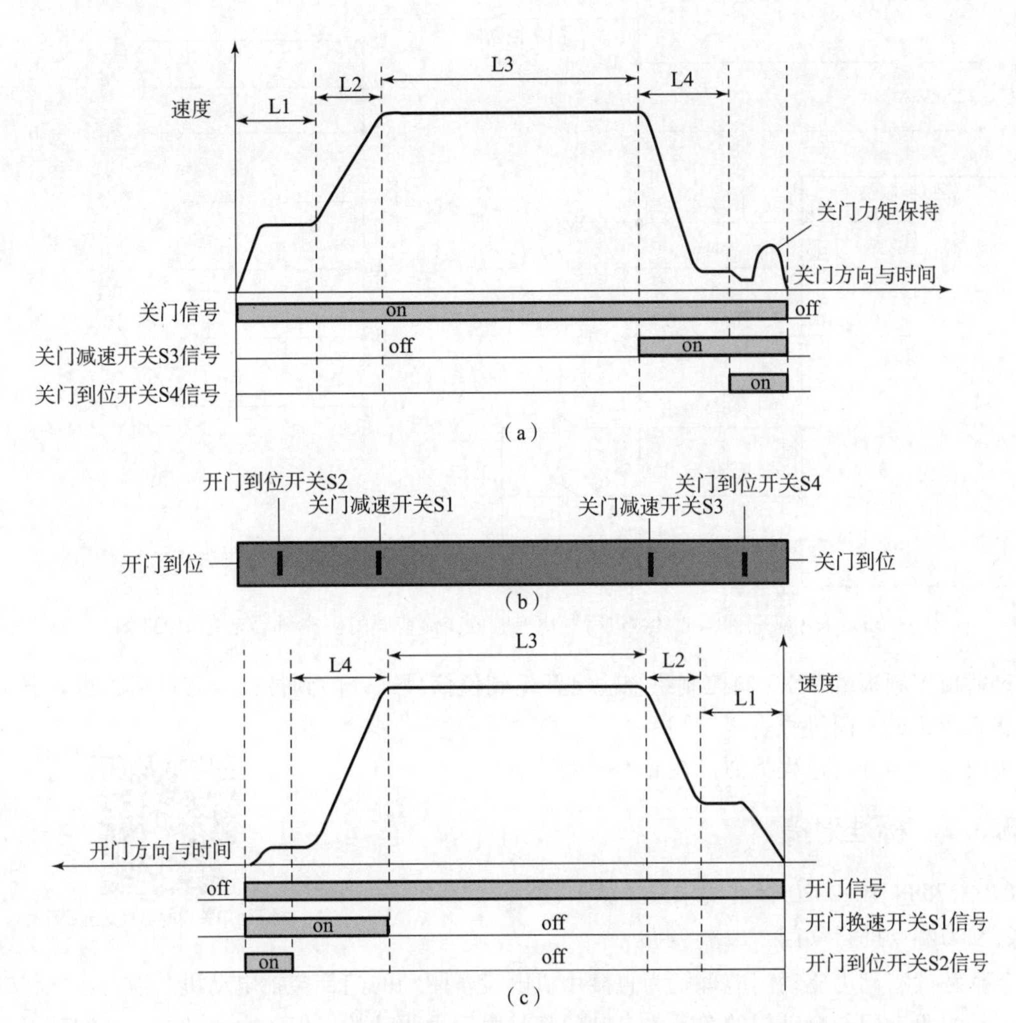

图 3－34　本门机控制系统的开关门换速及运行曲线示意图

(a) 关门曲线示意图；(b) 开关门换速开关安装示意图；(c) 开门曲线示意图

图 3－34 中，L1 的加速时间、过渡速度和过渡速度运行时间，以及 L2 的加速时间、L3 的运行速度、L4 的减速时间和爬行速度均由控制器参数设定，减速点和限位点由双稳态开关控制。

图 3－35 所示为采用编码器脉冲计数进行距离控制的交流变频门机（异步电动机）控制系统结构原理图。

在门机调试过程中，编码器的参数必须正确输入，同时，在门机手动调试模式中进行门宽自学习，自学习完成后，变频器会自动存储门宽信息。门机控制器通过编码器脉冲反馈，控制开关门减速和限位信号。

图 3－35 中，电梯控制系统将开门指令信号通过通信线传输到轿顶控制板，轿顶控制板通过门机控制器端口 DI5 输入开门指令后，由门机控制器驱动门机执行开门动作。编码器通过脉冲计数向门机控制器实时反馈开门位置，当检测到开门位置到达控制器设定的减速脉冲计数时，进入开门减速阶段。当轿门继续打开到行程末端设定的到位脉冲计数时，门机控制

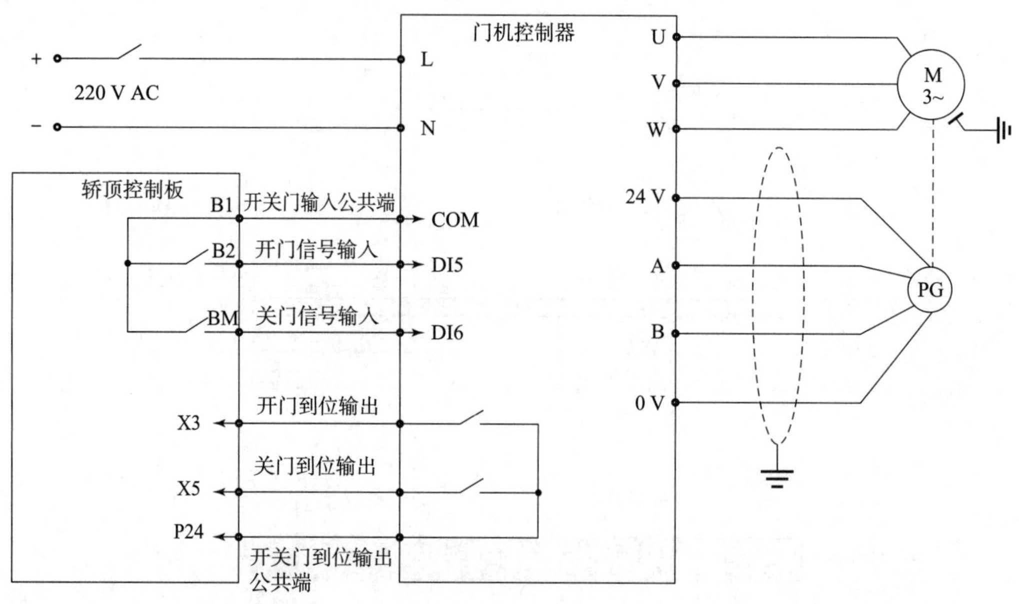

图 3－35　采用编码器脉冲计数进行距离控制的交流变频门机控制系统结构原理图

器通过轿顶控制板端口 X3 向控制系统输出开门到位信号，开门到位信号有效后，进入开门保持状态，完成开门过程。

关门过程与开门过程类似，在此不再赘述。

验证轿门关闭的电气安全装置

3.3.2　标准对接

GB/T 7588.1—2020 标准要求及条款解读：

①动力驱动的自动门。

条款解读：动力驱动门应理解为直接用机电设备驱动的门，包括电动机、液力或气传动装置。动力驱动门与自动门的关系为自动门都是由动力驱动的，但动力驱动的不一定都是自动门，也可以是手动门。比如关门时，需要人为连续揿压按钮操作才能关闭的门就属于动力驱动的手动门。

②在门关闭过程中，人员通过入口时，保护装置应自动使门重新开启。该保护装置的作用可在关门最后 20 mm 的间隙时被取消。并且：

- 该保护装置（如光幕）至少能覆盖从轿厢地坎上方 25～1 600 mm 的区域。
- 该保护装置应能检测出直径不小于 50 mm 的障碍物。
- 为了抵制关门时的持续阻碍，该保护装置可在预定的时间后失去作用。
- 在该保护装置故障或不起作用的情况下，如果电梯保持运行，则门的动能应限制在最大 4 J，并且在门关闭时，应总是伴随一个听觉信号。

条款解读：

根据 GB/T 7588.1—2020 第 5.3.6.2.2.1 b）条，因为在门关闭过程中，人员通过入口，保护装置应自动使门重新开启。所以，机械式的安全触板将不可以继续使用，而必须要采用非接触式的保护装置，包括感应式和光电式。当关闭中的门扇行进到最后 20 mm 的行程时，基本可以排除会撞击的风险，因此，可在关门最后 20 mm 的间隙时被取消。这里说的

“可”，笔者认为大部分控制系统厂家还是会按照只要有东西挡住，这个最后 20 mm 以内还是会重新开门的要求去设计生产。

针对“该保护装置（如光幕）至少能覆盖从轿厢地坎上方 25～1 600 mm 的区域”，笔者认为，国家标准给出的是最低要求，但是实际生产应用中，如果有两个人举着一根细长物体例如水管，则无法检测出，还是会存在风险隐患。另外，光幕可以透过玻璃，如果有两个人在抬透明玻璃，那么会存在安全风险隐患。当然，国家标准里面还设计了关门阻止力矩保护，用于在光幕等装置失效情况下的接触式阻挡的门保护装置。GB 7588.1—2020 第 5.3.6.2.2.1 c）条，阻止关门的力不应大于 150 N，该力的测量不应在关门开始的 1/3 行程内进行。关门受阻应启动重开门。如图 3－36 所示，SGS1 和 SGS2 为光幕触点，SGS3 为力矩保护开关，当力矩超过规定值 150 N 时，切断关门电路，重新开门。

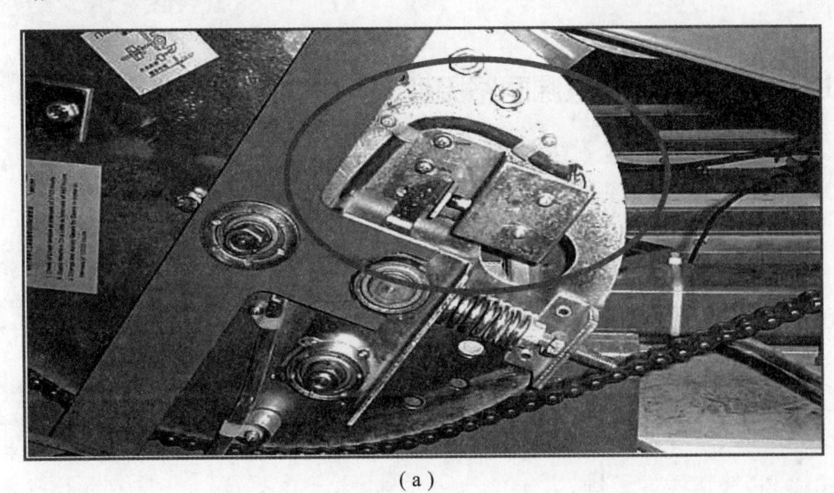

（a）

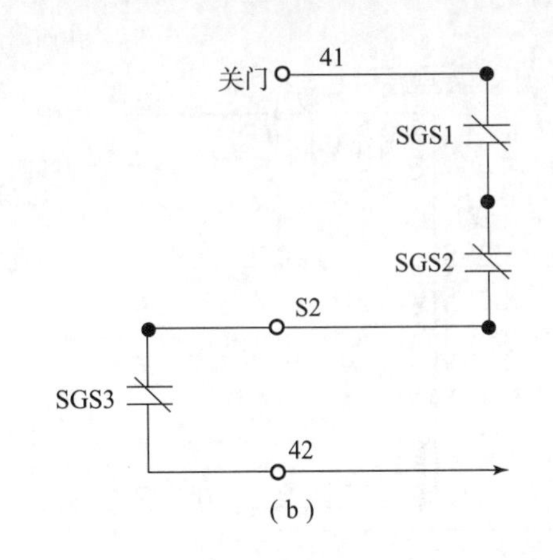

（b）

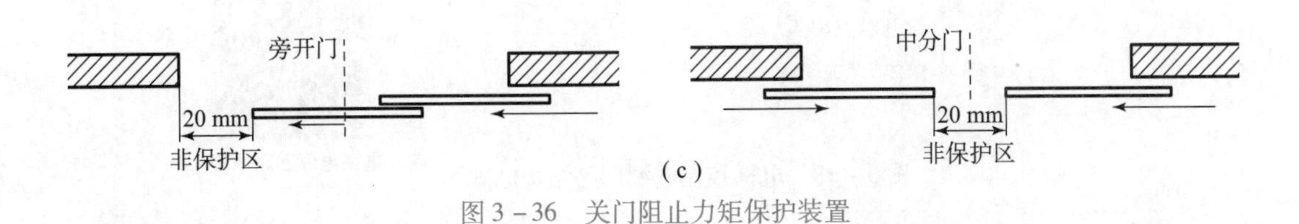

（c）

图 3－36　关门阻止力矩保护装置

任务 3.4　电梯控制系统电源回路

我国城镇配电系统仅提供交流 380 V/220 V 电源，而电梯控制系统中各元件要求的供电电压和功率各不相同，所以控制系统需配备相应的控制电源回路。控制电源回路的核心是控制变压器，控制变压器的作用是将外电网输入的电源电压经变压后，输出不同等级的控制电压，为安全回路、制动器、门机及光幕、楼层显示板等提供电源。同时，电梯控制变压器还具有“隔离”功能，初级和次级线圈之间独立分开，可以保证后级控制电源的安全性。

3.4.1　电梯控制系统电源回路原理分析

图 3－37 所示为电梯主电源实物图。图 3－38 所示为电梯控制电源回路结构原理图。

图 3－38 中的供电电源采用 TN－S 系统三相 380 V AC 供电。根据电梯相关标准要求，电源输入电压波动在额定电压值 ±7% 的范围内，即应在 AC 353.4 ~ 406.6 V 之间波动。五芯电缆线引入机房内电梯主电源开关箱后，三相相线 L1、L2、L3 分别接入主开关 CP1 的 1、3、5 端子，将中性线（N 线）和保护线（PE 线）分别接入开关箱内的 N 线和 PE 线接线端子排。

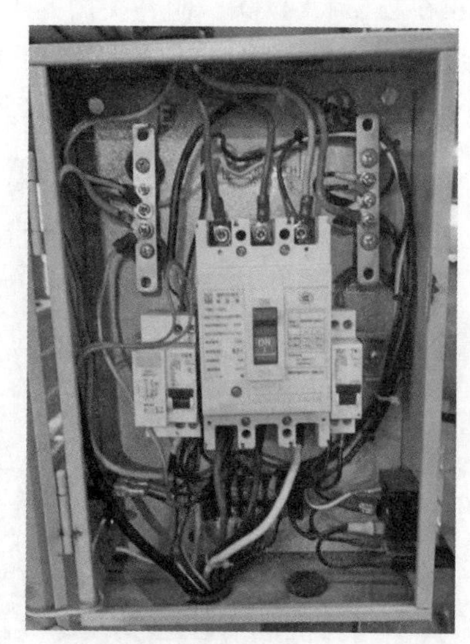

图 3－37　电梯控制主电源实物图

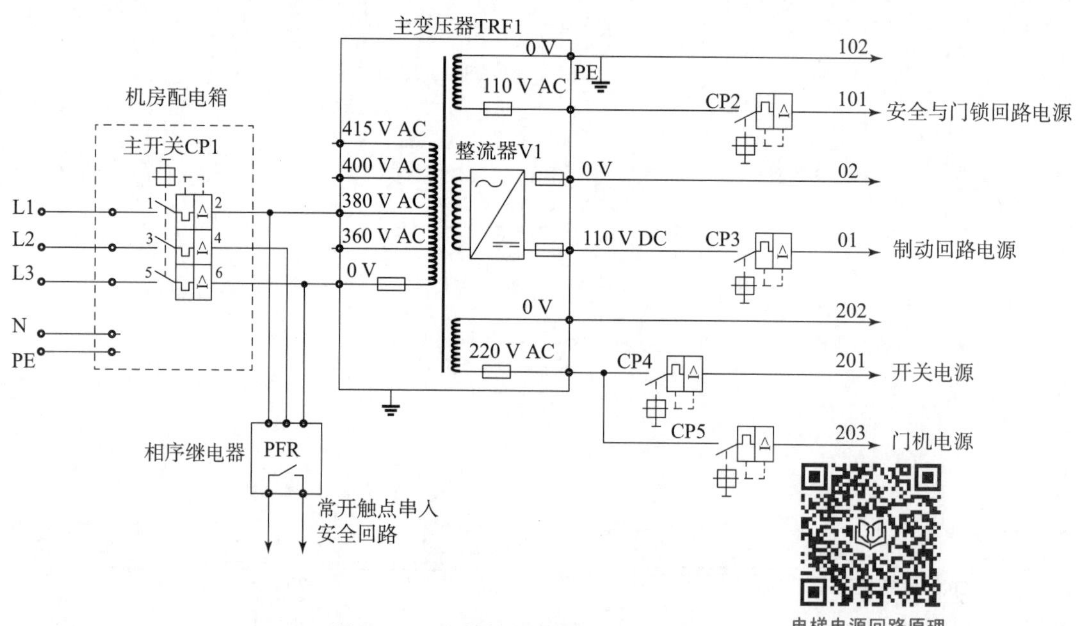

图 3－38　电梯控制电源回路结构原理图

从主开关 CP1 进线侧三相火线（L 线）中任意引出一根火线，和零线（N 线）组成 220 V AC 电源电路，分别为井道照明、轿厢照明电路提供电源。

主开关 CP1 后三相火线（L 线）引入相序继电器 PFR 的输入端子，对供电电源相序进行检测，其中的两相火线 L2、L3 接入单相控制变压器 TRF1 的初级接线端子，为变压器提供 380 V AC 输入电源。相序继电器 PFR 常开触点串联接入电梯安全回路，当检测到供电电源出现断相或错相时，其常开触点断开安全回路，电梯不能运行。

图 3－38 中变压器初级线圈分出 4 根抽头，不同的抽头对应不同的输入电压，分别是 415 V AC、400 V AC、380 V AC、360 V AC。电梯控制变压器初级线圈提供不同等级电压的抽头端子，是因为电梯在初期安装调试过程中，工地现场多采用临时性施工电源供电，其实际供电电压可能与 380 V AC 电压偏差较大，给变压器和用电设备带来危害。安装调试人员只需要根据现场供电电源的实际电压值，将输入电源线接到变压器初级对应的电压抽头端子，就可以保证输入不同的供电电压时，变压器均能正常工作，次级的输出电压值也能满足控制电路的需求。

初级单相 380 V AC 电源经变压器变压后，由次级分三路输出。第一路输出 110 V AC（线号 101、102）交流电，经保险丝和断路器 CP2 后，为安全门锁回路供电。第二路输出交流电经整流器 V1 整流后，输出 110 V DC 直流电（线号 01、02），如图 3－39 所示，经熔断器和断路器 CP3 为电梯制动控制回路供电。第三路输出 220 V AC 交流电，经保险丝后一分为二，其中一路（线号 201、202）经断路器 CP4 后，为开关电源提供输入电源，开关电源输出的 24 V DC 直流电将为轿顶板、轿厢板和通信提供电源；另一路（线号 203、202）经断路器 CP5 后，为门机和光幕提供电源。变压器每条输出电路均设置有熔断器和空气开关为电路提供限流保护，熔断器、空气开关的容量必须与电路的设计相匹配。

图 3－39　变压器

3.4.2　标准对接

GB/T 7588.1—2020 和 TSG T7001—2023 要求及条款解读：

①GB/T 7588.1—2020 第 5.10.1.3.2 条，对于控制电路和安全电路，导体之间或导体对地之间的直流电压平均值和交流电压有效值均不应大于 250 V。

条款解读：从安全技术方面考虑，通常将电气设备分为高压和低压两种，凡对地电压在 250 V 以上者，为高压；对地电压在 250 V 以下者，为低压。由于高压对人员的人身安全威胁较大，因此规定，在控制电路和安全电路中不得使用高压，而应采用电压在 250 V（直流平均值或交流有效值）以下的低压电源。

②TSG T7001—2023 第 A1.2.3.3 条，供电电源自进入其空间起，中性导体（N，零线）与保护线（PE，地线）始终分开。

条款解读：本标准中所指零线和接地线的称呼源于苏联，我国电力行业于 20 世纪 90 年代开始广泛引用或等效采用 ICE 标准，国家标准 GB 16895.3《建筑物电气装置　第 5 部分：电气设备的选择和安装》中，将零线称为中性导体，接地线称为保护导体。

为防止人员间接触电，电梯所有电气设备及线管、线槽的外露可导电部分应当与保护线（PE 线）可靠连接进行接地保护。接地保护的目的是在电气设备发生绝缘破损和导体搭壳等接地故障，使正常工作时不带电的电气设备外漏可导电部分带电时，故障电流通过接地线与变压器中性点形成故障回路，在故障回路电流达到一定值时，串联在回路中的保护装置动作，切断故障电流，防止发生人员触电事故。

供电电源自进入机房或者机器设备间起，中性线（N 线）与保护线（PE 线）应当始终分开。我国城镇供电系统接地形式普遍采用 TN 系统，当 TN 系统的中性线（N 线）与保护线（PE 线）采用合二为一的保护接地中性导体时（PEN 线），这种保护接地形式称为 TN－C 系统（图 3－40）。TN－C 接地系统中由于电气设备的金属外壳接到 PEN 线上，当 PEN 线前端导线断裂时，三相不平衡电路、电梯单相工作电流都会在与 PEN 线连接的电气设备金属外壳上产生电压降，造成所有电气设备金属外壳上出现危险的对地电压，因此，电梯不允许采用 TN－C 接地系统。

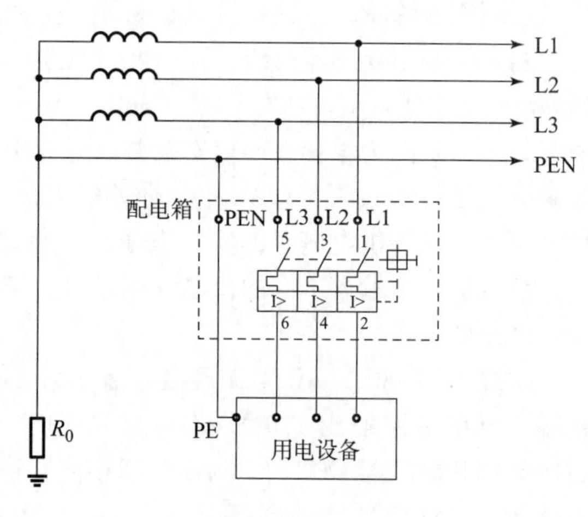

图 3－40　TN－C 系统

要实现中性线和保护线始终分开，就必须同时设置中性线（N 线）和保护线（PE 线），因此，电梯供电系统必须采用 TN－S 或 TN－C－S 接地系统。TN－S 系统如图 3－41 所示，字母 S 代表整个电网的中性线（N 线），与保护线（PE 线）完全分开，设备外壳与 PE 线相连，N 线用于单相用电设备，在设备没有接地故障的情况下，保护线（PE 线）上没有电流通过。

TN－C－S 系统是 TN－C 和 TN－S 系统的混合体（图 3－42）。这种系统中供电电源的接地类型采用 TN－C 系统，在供电电缆进入机房后，在总开关箱处将保护中性线 PEN 线一分为二，一条是中性线（N 线），用于单相用电设备，一条是保护线（PE 线），连接所有电气设备的外露可导电部分。

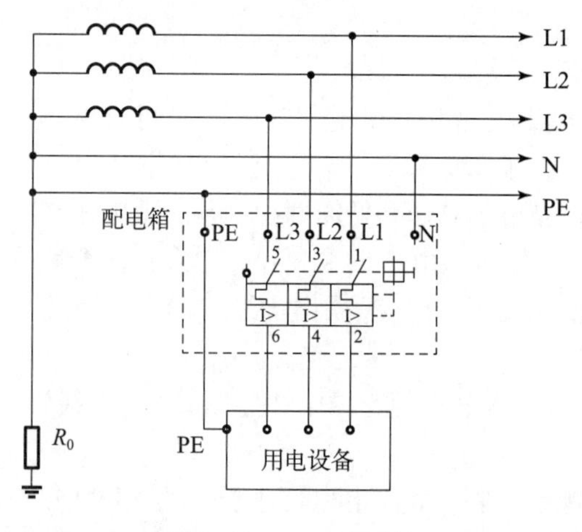

图 3－41　TN－S 系统

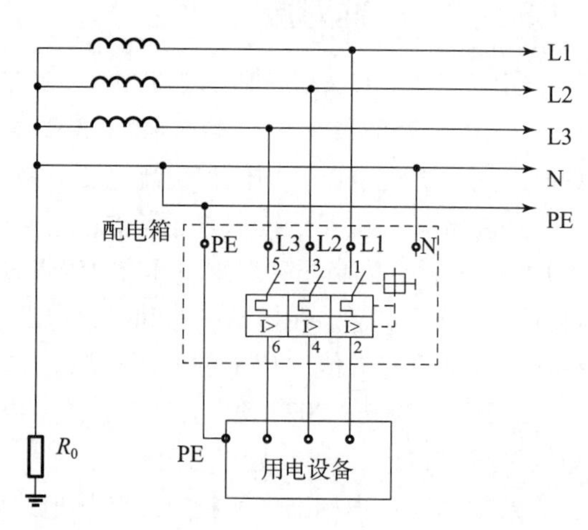

图 3－42　TN－C－S 系统

③GB/T 7588. 1—2020 第 5. 10. 5. 1 条，每部电梯都应单独设置能切断该电梯所有供电电路的主开关。主开关不应切断下列供电电路：

- 轿厢照明和通风；
- 轿顶电源插座；
- 机器空间和滑轮间照明；
- 机器空间、滑轮间和底坑电源插座；
- 井道照明。

主开关应：

- 具有机房时，设置在机房内。或
- 没有机房时，如果控制柜未设置在井道内，则设置在控制柜内。或
- 没有机房时，如果控制柜设置在井道内，则设置在紧急和测试操作屏上。如果紧急操作屏和测试操作屏是分开的，则设置在紧急操作屏上。

条款解读：电梯应设置主开关，当电梯发生紧急情况时，能够迅速、方便地切断电梯电源。这个开关应能切断电梯正常使用中可能出现的最大电流，通常情况下这个最大电流出现在电梯满载上行加速时。电梯电源设备的主开关宜采用低压断路器，其额定电流应根据持续负荷电流和电动机的启动电流来确定。主开关切断电梯动力电源和控制电源后，如果有乘客被困轿厢，为了保证被困乘客的安全，同时为乘客提供报警服务，主开关不允许切断照明、通风和报警装置的电路。为了保证人员能够在井道及其空间和轿顶正常工作，主开关也不应切断这些位置的照明电路和电源插座的供电。

④GB/T 7588. 1—2020 第 5. 10. 7. 1 条，轿厢、井道、机器空间、滑轮间与紧急和测试操作屏的照明电源应独立于驱动主机电源，可通过另外的电路或通过与主开关供电侧的驱动主机供电电路相连，而获得照明电源。

条款解读：电梯电源主开关断开时，不允许切断照明、通风和报警装置的电路。因此，这些照明电源可引自另一条与主开关无关的电路，也可以从主开关的进线侧取得。

任务 3. 5　电梯制动回路

电梯上必须配备可靠的制动系统，制动器作为电梯安全保障的重要组成部分，与电梯的安全运行息息相关。当电梯动力电源或控制电路电源失电时，制动器应能自动动作，将电梯制停。用来控制制动器打开与闭合的电路称为制动回路，也称抱闸回路。

3. 5. 1　电梯制动回路原理分析

1. 继电器控制交流双速电梯制动回路

图 3 - 43 所示为某交流双速电梯制动控制回路电气原理图。

其中，图 3 - 43（a）为电梯运行控制和抱闸接触器防粘连保护电气原理图，图 3 - 43（b）为抱闸线圈控制回路。

图 3 - 43（a）的电路分为两个部分，左侧虚线框内是电梯运行控制电路（省略部分电路）；右侧虚线框内是抱闸接触器防粘连保护电路。220 V AC 电源由 L 极经安全回路继电器

触点 KA_A(5，6) 为整个电路供电。

电源经左侧虚线框内的运行控制电路、门锁继电器 KA_{MS}常开触点到达电源负极。电梯在正常情况下停梯待命时，安全和门锁回路导通，安全继电器 KA_A和门锁继电器 KA_{MS}得电吸合，其常开触点闭合。电梯接收到运行指令后，通过运行控制电路使方向接触器 KM_S或 KM_X中任何一个得电吸合时，快慢车接触器 KM_K与 KM_M中必有一个得电吸合，电动机通电。同时，图 3－43（b）中 110 V DC 抱闸电路电源经方向接触器 KM_S或 KM_X的常开触点（两触点仅有一个闭合）、快慢车接触器 KM_K或 KM_M的常开触点（两触点仅有一个闭合）、安全回路继电器常开触点 KA_A(3，4) 导通，使抱闸线圈通电，抱闸打开，电梯开始启动运行。

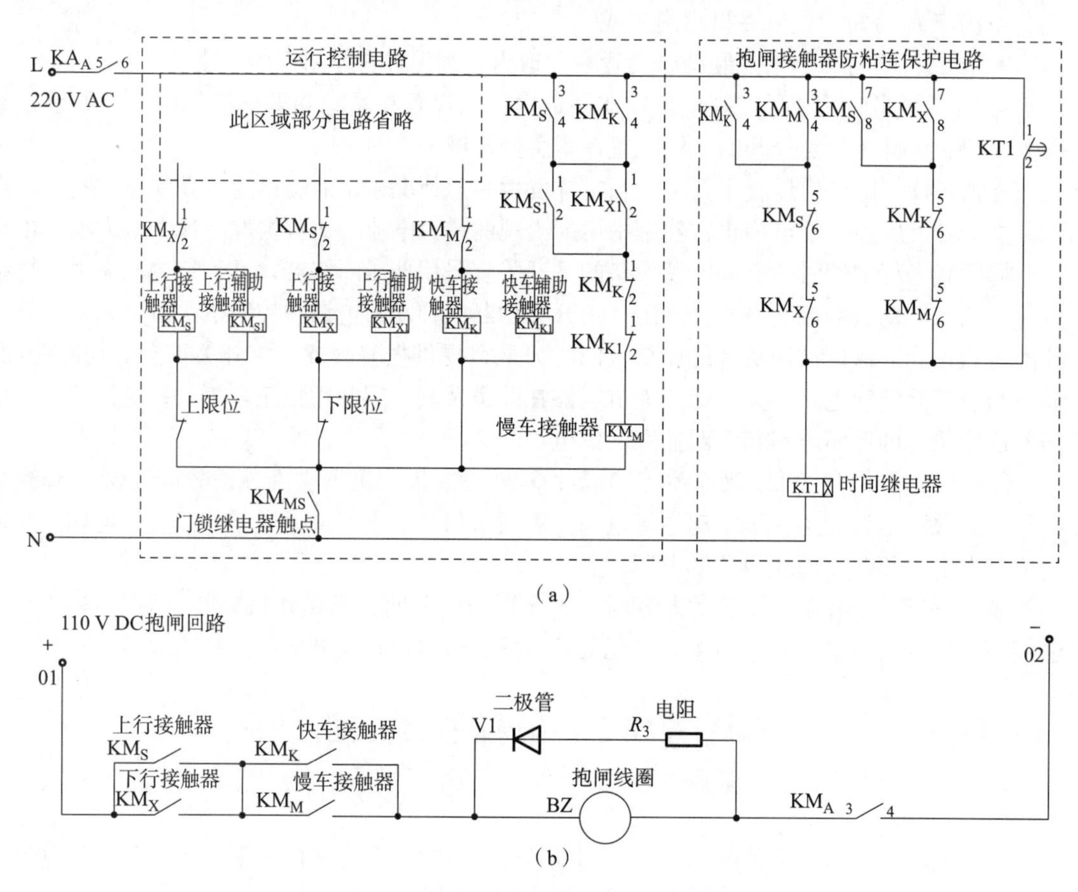

图 3－43　交流双速电梯制动控制回路电气原理图

（a）电梯运行控制和抱闸接触器防粘连保护电气原理图；（b）抱闸线圈控制回路

抱闸回路两个独立电气装置分析：图 3－43（b）抱闸回路中，采用任意一个方向接触器（KM_S或 KM_X）与任意一个快慢接触器（KM_K或 KM_M）共同控制抱闸线圈电源的通断，两个接触器相互独立，不存在主次或联动关系。

抱闸接触器防粘连保护功能分析：图 3－43（a）中右侧虚线框内是抱闸接触器防粘连保护电路。在电梯停止时，方向接触器 KM_S和 KM_X失电，快慢车接触器 KM_K与 KM_M也同时失电，4 个接触器的常开触点断开，使时间继电器 KT1 线圈无法得电。在电梯运行时，方向接触器 KM_S或 KM_X中有一个吸合时，快慢车接触器 KM_K或 KM_M中必有一个吸合，控制时间继电器 KT1 线圈回路的各条分支电路中，始终有触点断开使延时继电器 KT1 无法得电。当电梯运行停止后，方向接触器（KM_S和 KM_X）或快慢接触器（KM_K和 KM_M）中有任何一个接触器触点发生粘连现象时，该电路将使电梯停止，防止电梯继续运行可能导致的危险。

现举例说明其保护原理：假设电梯处于上行慢速平层运行过程中，上行接触器 KM_S和慢速接触器 KM_M得电吸合，下行接触器 KM_X和快速接触器 KM_K失电释放，图 3－43（a）右侧虚线框内上行接触器常闭触点 KM_S(5，6）和慢速接触器常闭触点 KM_M(5，6）断开，延时继电器线圈 KT1 不能得电。当电梯停止后，上行接触器 $KM_{S正常}$失电释放，其常开触点正常断开，假设此时慢速接触器 KM_M线圈虽然失电，但其触点发生粘连故障，使其常开辅助触点 KM_M(3，4）无法断开而继续保持闭合。L 极电流经发生粘连的慢速接触器常开触点 KM_M(3，4)、上行接触器常闭触点 KM_S(5，6)、下行接触器常闭触点 KM_X(5，6）使延时继电器线圈 KT1 得电，其常开触点 KT1(1，2）延时 0.5 s 左右闭合并实现电路自锁。延时继电器 KT1 有常闭触点串联在安全回路中，切断安全与门锁回路，使电梯不能再运行，实现了电梯制动接触器防粘连保护功能。同理，当接触器 KM_S、KM_X、KM_K发生触点粘连时，也会通过以上方式进行保护。

抱闸线圈续流回路分析：图 3－43（b）所示的抱闸回路中，抱闸线圈 BZ 是电感元件，在它的两端并联了由反向二极管 V1 和电阻 R_3 组成的放电续流回路。当抱闸电路通电时，110 V DC 直流电由正极流向负极，续流回路中反接的二极管 V1 截止，使正向电流无法通过，对电路没有影响。当抱闸电源被切断瞬间，抱闸线圈 BZ 产生的感应电流通过电阻 R_3、二极管 V1 正向继续流动而不至于突变为零，从而抑制了线路中接触器触点两端的瞬时反冲电压，保护了接触器触点。续流回路中电阻 R_3 的规格必须通过计算选取，阻值过大，会造成放电时间过短，失去续流效果；阻值过小，会造成放电时间过长，使制动响应时间过长，制动器的制动响应时间不应大于 0.5 s。

2. 微机控制电梯制动回路

电梯制动控制回路的设计除满足基本功能要求外，还要考虑制动器启动电压和维持电压存在的差异。根据物理学原理，克服制动弹簧的压力使制动器打开所需的瞬时电磁力矩，比制动器打开后保持其打开状态所需的电磁力矩要大得多。因此，设计抱闸控制回路时，可考虑在抱闸线圈刚通电时，全电压加在抱闸线圈的两端，使线圈产生的电磁力矩最大，待抱闸打开后，再通过分压电路给线圈降压，电磁力矩减小，维持制动器的打开状态，俗称“全压启动，半压维持”，也称“抱闸强激控制”，这种设计可以降低抱闸线圈的功耗和发热，降低抱闸释放时的噪声，延长使用寿命。

图 3－44 所示为设计有抱闸强激功能的制动控制回路结构原理图。

其中，图 3－44（a）为电梯运行和抱闸接触器控制、抱闸强激控制和接触器防粘连检测功能结构原理图；图 3－44（b）为制动器线圈控制回路。

制动器工作原理：图 3－44（a）中，110 V AC 安全与门锁回路电源 L 极由 101 号线输出，经安全与门锁串联电路后，由 132 号线经运行接触器 KM_C 和抱闸接触器 KM_B 分别接入主控板输出端口 Y1、Y2。安全与门锁回路电源 N 极由 102 号线接入主控板公共端口 XCOM、M1 和 M2。运行接触器 KM_C 线圈两端并联由电阻 R_1 和电容 C_1 组成的续流回路，抱闸接触器 KM_B 线圈两端并联由电阻 R_2 和电容 C_2 组成的续流回路，同时还并联抱闸强激接触器 KT。

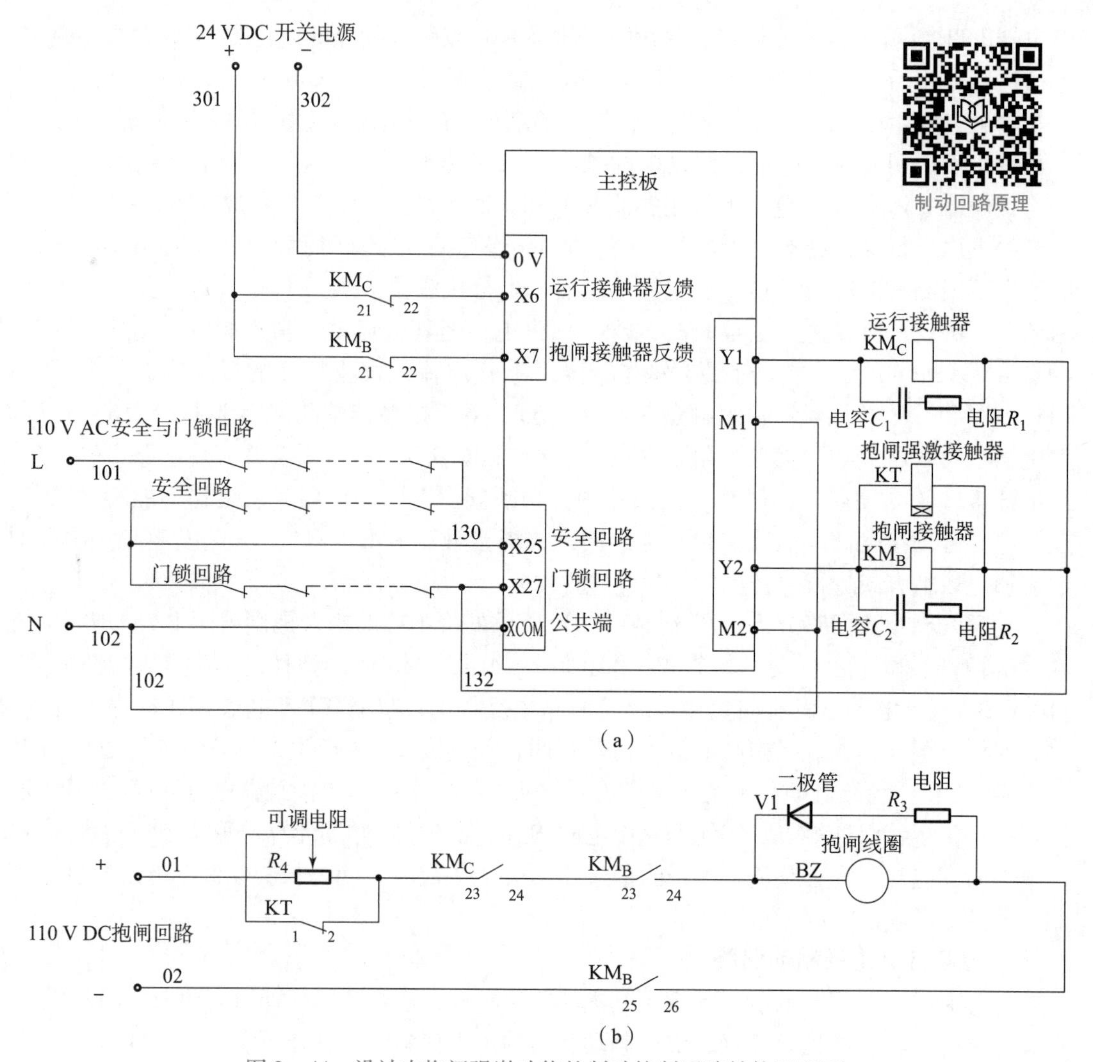

图 3－44　设计有抱闸强激功能的制动控制回路结构原理图

（a）电梯运行和抱闸接触器控制、抱闸强激控制和接触器防粘连结构原理图；（b）制动器线圈控制回路

电梯启动时，图 3－44（a）中主控板输出运行指令，分别使输出端子 Y1 与 M1、Y2 与 M2 之间的内部电路导通。当安全与门锁回路导通后，110 V AC 电源 L 极经安全与门锁回路、主控板端口 Y1 与 M1 之间内部电路后，经 102 号线回到电源 N 极，使运行接触器 KM_C 得电吸合，运行接触器串联于图 3－44（b）中的常开触点 KM_C(23，24）闭合。同时，电源经主控板端口 Y2 与 M2 之间的内部电路后，经 102 号线回到电源负极，使抱闸接触器 KM_B 得电吸合，抱闸接触器串联于图 3－44（b）中的常开触点 KM_B(23，24)、KM_B(25，26）闭合，使抱闸线圈 BZ 得电，电梯开闸运行。

抱闸强激功能分析：图 3－44（a）中运行接触器 KM_C 和抱闸接触器 KM_B 得电吸合的同时，与抱闸接触器 KM_B 线圈并联的抱闸强激通电延时接触器 KT 线圈得电。图 3－44（b）中的 110 V DC 抱闸回路电源由正极 01 号线经抱闸强激接触器常闭触点 KT(1，2）短接滑动电阻器 R_4 后，经运行接触器常开触点 KM_C(23，24)、抱闸接触器常开触点 KM_B(23，24)、抱闸接触器常开触点 KM_B(25，26）后由 02 号线回到电源负极，使抱闸回路导通，抱闸线圈 BZ 得电，制动器得到 110 V DC 启动电压打开抱闸。抱闸强激通电延时接触器 KT 经短暂延时后动作，断开其常闭触点 KT(1，2)，使滑动变阻器 R_4 串入抱闸回路进行分压，流经抱闸线圈 BZ 的电压降低，一般为开闸电压的 60% 左右，抱闸线圈在该维持电压下保持抱闸的打开状态。通过对滑动变阻器 R_4 的阻值调节，可调节抱闸线圈维持电压的大小。

抱闸回路两个独立电气装置分析：图 3－44（b）抱闸回路由运行接触器 KM_C 和抱闸接触器 KM_B 共同控制，两个接触器相互独立，不存在主次或联动关系。

抱闸接触器防粘连保护分析：图 3－44（a）中，24 V DC 开关电源正极由线号 301 输出，经运行接触器辅助常闭触点 KM_C(21，22）后接入主控板检测端口 X6，构成运行接触器输出反馈电路，经抱闸接触器辅助常闭触点 KM_B(21，22）接入主控板检测端口 X7，构成抱闸接触器输出反馈电路。电梯停止时，主控板同时检测两条反馈电路是否全部导通，如果检测到任何一条电路不导通，说明该接触器发生触点粘连，按标准要求，电梯最迟到下一次运行方向改变时，主控板报出反馈异常故障，防止电梯再次运行。

抱闸线圈的续流回路将在图 3－47 中详细介绍，此处不再赘述。

3.5.2　标准对接

GB/T 7588.1—2020 第 5.9.2.2.1.1 条，电梯应设置制动系统，在出现下列情况时能自动动作：

①动力电源失电；

②控制电路电源失电。

条款解读：本条款强调电梯上必须配备制动系统。制动系统制停电梯不是依靠电梯的外部电源供电达到目的，相反，当动力电源和控制电路电源失电时，制动器应能自动动作，将电梯制停。这就要求制动回路电源应取自动力电源回路，同时要求控制制动回路的电气装置（接触器）的控制电源取自控制电路。制动系统是电梯正常安全运行的最关键安全部件之一，制动系统失效是造成电梯发生剪切和挤压伤害的主要因素。

GB/T 7588.1—2020 第 5.9.2.2.2.3 条，除 5.9.2.2.2.7 允许的情况外，制动器应在持续通电下保持松开状态。第 5.9.2.2.2.7 条，应能采用持续手动操作的方法（图 3－45）打开驱动主机制动器。该操作可通过机械（如杠杆）或由自动充电的紧急电源供电的电气装置进行。

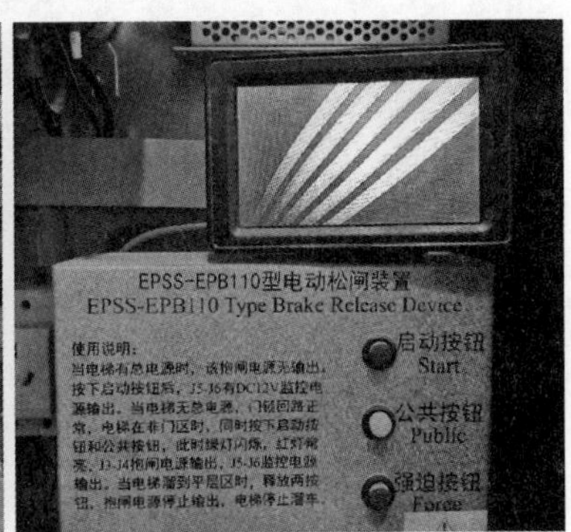

图 3－45　持续手动操作的方法

条款解读：制动器的工作要求是，在通电时保持松开状态，在断电时保持制动状态。

GB/T 7588.1—2020 第5.9.2.2.2.3 a）条，电气安全装置按5.11.2.4的规定切断制动器电流时，应通过以下方式之一：

满足第5.10.3.1条要求的两个独立的机电装置，不论这些装置与用来切断电梯驱动主机电流的装置是否为一体。

当电梯停止时，如果其中一个机电装置没有断开制动回路，应防止电梯再运行。即使该监测功能发生固定故障，也应具有同样结果。

条款解读：图3-46中切断抱闸线圈的可以是KM_C的23-24触点，还可以是KM_B的23-24触点，也可以是KM_B 25-26触点。然而，这3组触点中，KM_C的23-24触点和KM_B 23-24触点可以算相互独立，KM_C的23-24触点和KM_B 25-26触点可以算相互独立。KM_B 23-24触点和KM_B 25-26触点不能算相互独立，它们是同一个接触器上的不同触点而已。

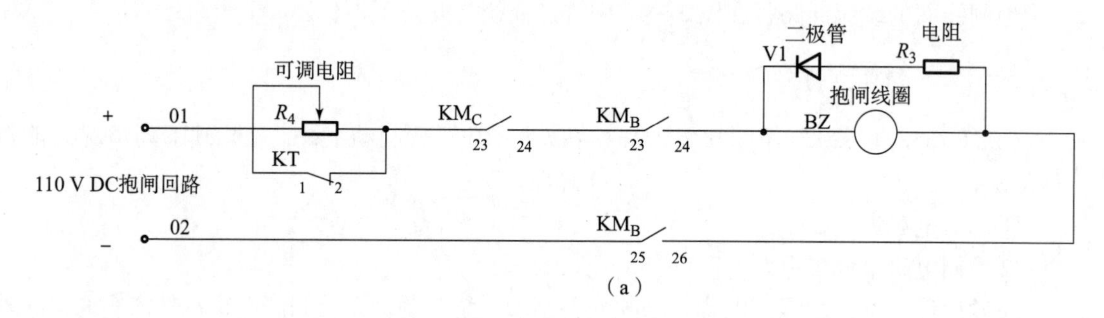

(a)

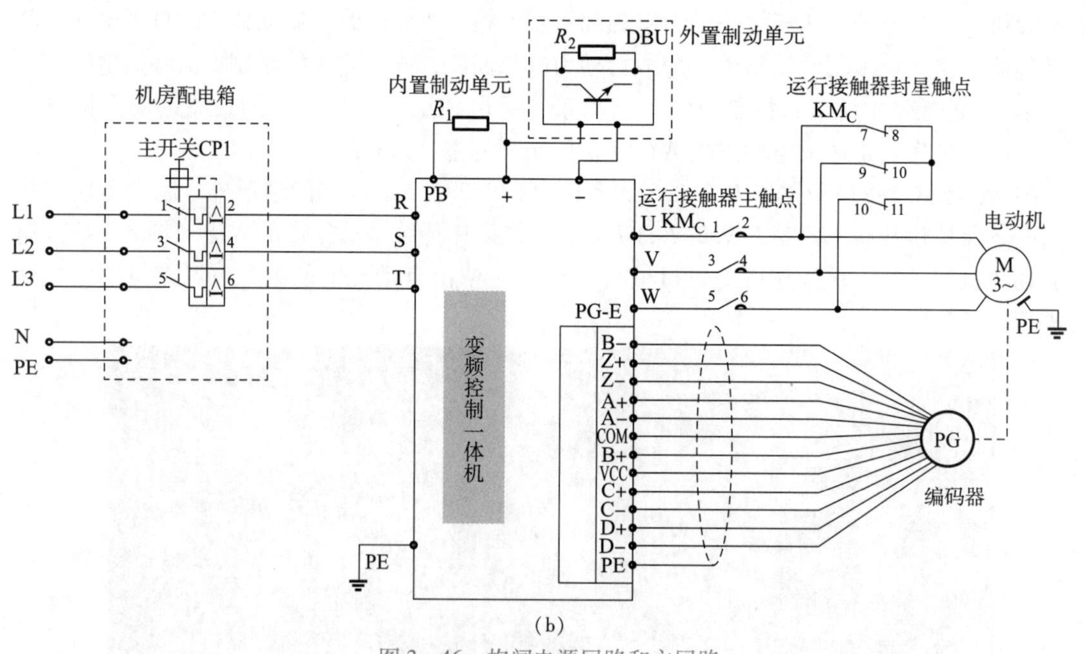

(b)

图3-46 抱闸电源回路和主回路

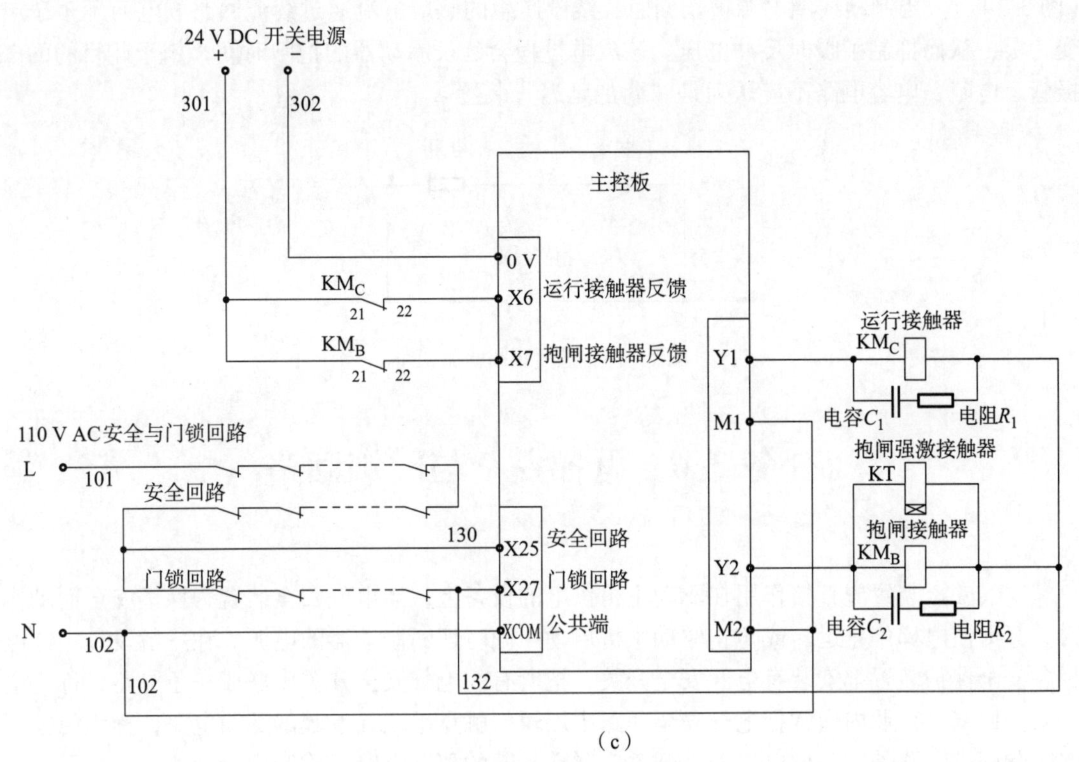

（c）

图 3－46　抱闸电源回路和主回路（续）

KM_C不仅切断了抱闸线圈的电流，还可切断电动机电流。

KM_C的常闭点 21－22 和 KM_B的常闭点 21－22 作为接触器元器件的自监测触点，当电梯停止时，如果这 2 组触点的任何一组未从断开恢复到接通状态，那么控制系统就监控到接触器故障了，控制系统此刻即进入故障保护状态。

“如果其中一个接触器的主触点未打开，最迟到下一次运行方向改变时，应防止电梯再运行”就是我们平时所说的接触器防粘连保护。当其中一个接触器的主触点发生粘连时，由于两个接触器相互独立，另一个接触器仍能正常工作，电梯也能正常运行。但此时制动器的安全状态已失去冗余，如果另一个接触器触点也发生了粘连，会出现制动器电路无法自动切断的严重故障，因此，电梯控制系统应建立一种监控功能，当发现第一个接触器触点粘连时，应将电梯停止或防止再次运行。

GB/T 7588. 1—2020 第 5. 9. 2. 2. 2. 3 c）条，断开制动器的释放电路后，制动器应无附加延迟地有效制动。注：用于减少电火花的无源电子元件（例如，二极管、电容器、可变电阻）不认为是延迟装置。

条款解读：制动器电源被切断时，应迅速抱闸制停电梯，电梯的制停不能被附加因素延迟。这里所指“附加延迟”包括机械方面，也包括电气方面。

由于制动器线圈是电感元件，当制动器电源断开时，会产生很高的感应电动势，该电动势会影响线圈匝间绝缘，同时，会在线路中接触器断开的触点间引起高电压，产生“电弧放电”，对触点产生严重损伤。为避免此情况，通常采用在交流抱闸线圈两端并联由电阻和电容组成的续流回路，在直流抱闸线圈两端并联由反向二极管和电阻组成的续流电路

（图 3－47）。当制动线圈电源被切断时，线圈产生的感应电流通过续流回路放电而不至于突变为零，从而抑制了瞬时反冲电压。该放电过程会延长制动器的抱闸时间，用于此目的的二极管、电阻、电容电路不应认为是“附加延迟”装置。

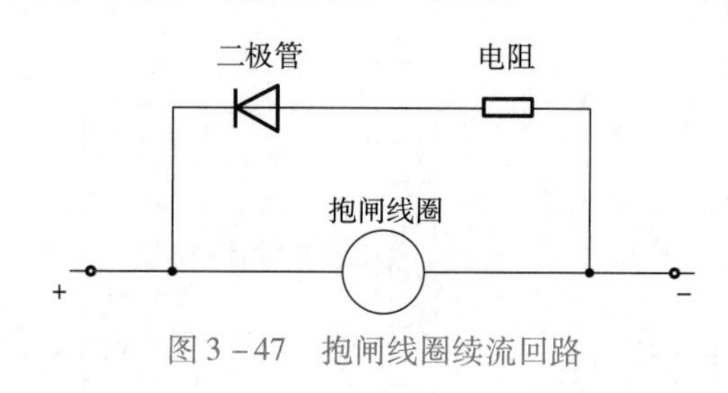

图 3－47　抱闸线圈续流回路

任务 3.6　电梯安全与门锁回路

电气安全装置应直接作用在驱动主机供电的设备上，当电气安全装置为保证安全而动作时，立即使电梯停止运转或防止驱动主机启动，同时切断制动器的电源。在一般设计中，电梯各安全保护装置都安装有电气安全开关，把所有的电气安全开关串联成一条电路，称为电气安全回路。行业内通常把电气安全回路中层轿门触点串联在一起的那段电路，称为门锁回路。除门锁回路外，其他电气安全开关串联在一起的那段电路，称为安全回路。

安全与门锁回路的设计，必须保证回路中所有电气安全装置全部导通时，主接触器和抱闸接触器才能得电吸合，电梯才能运行，因此，安全与门锁回路中的电气安全装置应能直接切断主接触器线圈供电。由于输电功率等原因，也可以通过安全与门锁回路中的电气安全装置先切断继电接触器的线圈供电，再由继电接触器的触点来切断主接触器的线圈供电。

3.6.1　电梯安全与门锁回路原理分析

下面分别介绍继电器控制电梯和微机控制电梯安全与门锁回路的控制原理。

①图 3－48 所示为某继电器控制交流双速电梯的安全与门锁回路图。

图 3－48 中，安全与门锁回路并不直接切断主接触器，而是先切断两个中间继电接触器 KA1 和 KA2 的线圈，再由 KA1 和 KA2 的触点切断主接触器和抱闸接触器的线圈供电。安全与门锁回路中增加了监测用继电接触器 KA3，KA3 的主要作用是对 KA1 和 KA2 的触点动断情况进行监控，防止因安全继电接触器机械卡阻或触点粘连而带来的危险。

控制柜主变压器输出侧提供的 110 V AC 电源由 L 极（线号 101）输出后一分为二，一路是安全与门锁回路，两个安全回路继电接触器 KA1 和 KA2 线圈先并联后，再串接在回路尾端，继电接触器常开辅助触点 KA1(1，2) 和 KA2(1，2) 串接在回路首端。另一路是对继电接触器 KA1 和 KA2 触点动断情况的监控回路，两个继电接触器常开辅助触点 KA1(3，4) 和 KA2(3，4) 串联在监测继电接触器 KA3 线圈前端，监测继电接触器常开辅助触点 KA3(1，2) 并联在位于安全与门锁回路首端的继电接触器常开触点 KA1(1，2) 和 KA2(1，2) 的两端。安全与门锁回路继电接触器常开辅助触点 KA1(5，6)、KA2(5，6)，

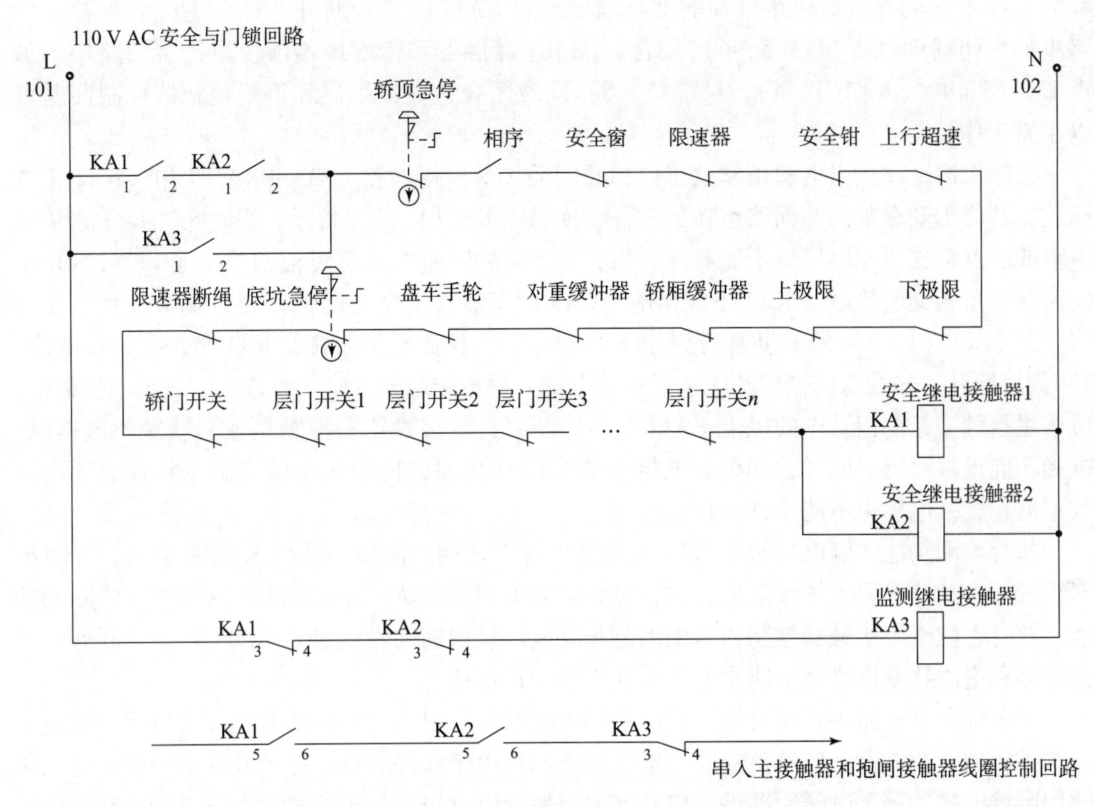

图 3-48　继电器控制电梯的安全与门锁回路

以及监测继电接触器常闭辅助触点 KA3(3，4) 均串联在主接触器和抱闸接触器线圈控制回路。

电气安全装置动作保护原理：当安全与门锁回路的任何一个电气安全开关动作时，继电接触器 KA1 和 KA2 均失电释放，其常开辅助触点 KA1(5，6) 和 KA2(5，6) 断开，切断电梯主接触器和抱闸接触器的控制电源，电梯停止运行。

安全与门锁回路继电接触器故障保护原理分析：

图 3-48 中安全与门锁回路电气安全开关并不直接切断主接触器，而是先切断两个中间继电接触器 KA1 和 KA2 的线圈，再由 KA1 和 KA2 的常开辅助触点切断主接触器和抱闸接触器的线圈供电。为防止中间继电接触器 KA1、KA2 动作时发生机械卡阻或触点粘连而给电梯带来危险，增加了监测用继电接触器 KA3 对 KA1 和 KA2 的触点动断情况进行监控。

正常工作原理：电梯正常状态停梯开门后，继电接触器 KA1 和 KA2 失电释放，两接触器位于监测回路中的常闭辅助触点 KA1(3，4)、KA2(3，4) 同时闭合，监测继电接触器 KA3 得电吸合，其常开辅助触点 KA3(1，2) 闭合，短接位于安全与门锁回路首端的触点 KA1(1，2)、KA2(1，2)。电梯接收到运行指令时，层轿门闭合，电源经监测继电接触器常开触点 KA3(1，2)、安全回路与门锁电路恢复正常，使继电接触器 KA1 和 KA2 得电吸合，位于安全与门锁回路首端的常开辅助触点 KA1(1，2)、KA2(1，2) 闭合，实现电路自锁，位于主接触器线圈控制回路中的常开辅助触点 KA1(3，4)、KA2(3，4) 闭合。同时，监测回路中常闭触点 KA1(3，4)、KA2(3，4) 断开，使监测继电接触器 KA3 失电释放，位于安全与门锁回路首端的常开辅助触点 KA1(1，2) 断开，位于主接触器控制回路中的常闭辅助触点 KA3(5，6) 闭合。位于主接触器和抱闸接触器线圈控制回路中的触点 KA1(3，4)、KA2(3，4)、KA3(5，6) 同时闭合，主接触器和抱闸接触器控制回路可以正常工作。

故障保护原理：当电梯正常状态停梯开门后，继电接触器 KA1 和 KA2 失电，KA2 正常释放，其位于安全与门锁回路首端的常开辅助触点 KA2(1，2) 断开。假设此时 KA1 因机械卡阻或触点粘连等原因导致不能释放，则其位于监测回路中的常闭辅助触点 KA1(3，4) 不能闭合，监测继电接触器 KA3 不能得电，KA3 用于短接安全与门锁回路首端常开触点 KA1(1，2)、KA2(1，2) 的辅助常开触点 KA3(1，2) 不能闭合，触点 KA1(3，4)、KA3(1，2) 同时断开，安全与门锁回路无法导通。至此，继电接触器 KA1、KA2、KA3 均不能得电，位于主接触器控制回路中的触点 KA1(5，6) 断开，主接触器和抱闸接触器线圈不能得电，电梯不能正常运行。同样，如果继电接触器 KA2 失电时，因机械卡阻或触点粘连等原因导致不能释放，电梯也不能正常运行。

执行监测功能的继电接触器 KA3 也可能出现上述相同故障，如果 KA3 失电后，因机械卡阻或触点粘连等原因导致不能释放，将失去对 KA1 和 KA2 的触点动断情况进行监测的功能，此时，位于主接触器控制回路中的监测继电接触器辅助常闭触点 KA1(5，6) 断开，主接触器和抱闸接触器线圈不能得电，电梯不能正常运行。

在电气安全回路中，尽可能不要使用继电接触器，因为安全回路是电梯安全保护系统中非常重要的一个方面，应尽可能防止电气安全回路由于部件故障而导致其保护失效。如果必须用到继电接触器等电子元器件，应对其安全性，以及当其处于故障状态时可能导致电气安全回路的保护作用失效进行充分的评价和验证。

②图 3－49 所示为微机控制电梯的安全与门锁回路控制原理图。

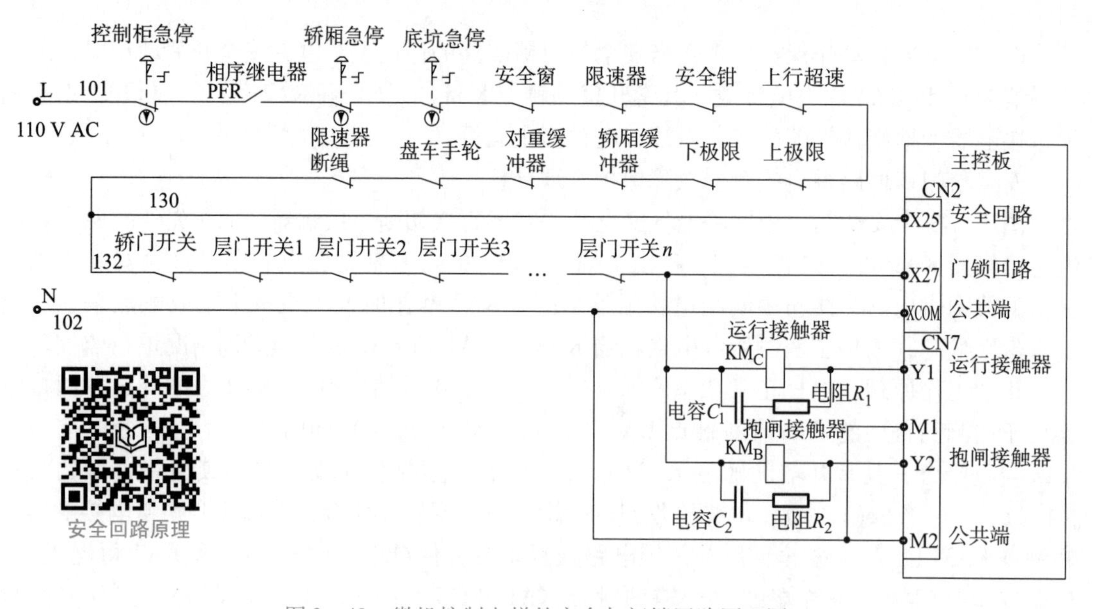

图 3－49　微机控制电梯的安全与门锁回路原理图

本安全与门锁回路不经过中间继电接触器，而是直接通过电气安全装置安全触点的通断控制电梯运行接触器和抱闸接触器线圈。

图3-49中，110 V AC安全与门锁回路电源L极由101号线输出，经安全开关的串联电路后，一路经130号线接入主控板安全回路反馈信号检测端口X25，一路由132号线经门锁电气开关串联电路后，接入主控板反馈信号检测端口X27，同时，电源由132号线经运行接触器KM_C和抱闸接触器KM_B分别接入主控板输出端口Y1、Y2。安全与门锁回路电源N极由102号线接入主控板公共端口XCOM、M1和M2。当安全回路导通时，X25端口输入高电平，主控板安全反馈信号有效；当门锁回路导通时，X27端口输入高电平，主控板门锁反馈信号有效。运行接触器KM_C线圈并联由电阻R_1和电容C_1组成的续流回路，抱闸接触器KM_B线圈并联由电阻R_2和电容C_2组成的续流回路。

电气安全装置动作保护原理：电梯启动时，图3-49中主控板输出运行指令，使输出端口Y1与M1、Y2与M2之间的内部电路导通。

当安全与门锁回路导通后，110 V AC电源由L极（线号101）经安全与门锁回路、运行接触器KM_C线圈、主控板端口Y1与M1之间的内部电路后，经102号线回到电源N极，运行接触器KM_C得电吸合。同时，供电电源经抱闸接触器KM_B线圈、主控板端口Y2与M2之间的内部电路后，经102号线回到电源N极，抱闸接触器KM_B得电吸合。此时，电梯驱动主回路和抱闸回路通电，电梯得以运行。当安全回路（或门锁回路）中任何一个安全开关断开时，都会断开运行接触器KM_C和抱闸接触器KM_B线圈的供电电路，使接触器KM_C和KM_B失电释放，切断驱动主回路和抱闸回路的电源，电梯不能运行。

当安全回路断开时，主控板安全回路信号检测端口X25高电平信号输入无效，控制程序输出安全回路故障信息；当门锁回路断开时，主控板门锁回路信号检测端口X27高电平信号输入无效，控制程序输出门锁回路故障信息。

3.6.2　标准对接

GB/T 7588.1—2020标准要求及条款解读：

GB/T 7588.1—2020第5.11.2.1.1条，当附录A给出的电气安全装置中的某一个动作时，应按5.11.2.4的规定防止驱动主机启动，或使其立即停止运转。

条款解读：GB/T 7588.1—2020附录A列出了电梯要求使用的电气安全装置（表3-2），这些电气安全装置中任何一个动作时，都应防止电梯驱动主机启动或立即使其停止旋转，制动器电源也应被切断。

表3-2　标准中的附录A

条款号	所检查的装置
5.2.1.5.1 a)	底坑停止装置
5.2.1.5.2 c)	滑轮间停止装置
5.2.2.4	检查底坑梯子的存放位置
5.2.3.3	检查通道门、安全门和检修门的关闭位置
5.2.5.3.1 e)	检查轿门的锁紧状况

续表

条款号	所检查的装置
5.2.6.4.3.1 b)	检查机械装置的非工作位置
5.2.6.4.3.3 e)	检查检修门的锁紧位置
5.2.6.4.4.1 d)	检查所有进入底坑的门的打开状态
5.2.6.4.4.1 e)	检查机械装置的非工作位置
5.2.6.4.4.1 0)	检查机械装置的工作位置
5.2.6.4.5.4 a)	检查工作平台的收回位置
5.2.6.4.5.5 b)	检查可移动止停装置的收回位置
5.2.6.4.5.5 e)	检查可移动止停装置的伸展位置
5.3.9.1	检查层门锁紧装置的锁紧位置
5.3.9.4.1	检查层门的关闭位置
5.3.11.2	检查无锁门扇的关闭位置
5.3.13.2	检查轿门的关闭位置
5.4.6.3.2	检查轿厢安全窗和轿厢安全门的锁紧状况
5.4.8 b)	轿顶停止装置
5.5.3 c) 2)	检在轿厢或对重的提升
5.5.5.3 a)	检查钢丝绳或链条的异常相对伸长（使用两根钢丝绳或链条时）
5.5.5.3 b)	检查强制式和液压电梯的钢丝绳或链条的松弛
5.5.6.1 e)	检查防跳装置的动作
5.5.6.2 f)	检查补偿绳的张紧
5.6.2.1.5	检查轿厢安全钳的动作
5.6.2.2.1.6 a)	检查超速
5.6.2.2.1.6 b)	检查限速器的复位
5.6.2.2.1.6 e)	检查限速器绳的张紧
5.6.2.2.3 e)	检查安全绳的断裂或松弛
5.6.2.2.4.2 h)	检查触发杠杆的收回位置
5.6.59	检查棘爪装置的收回位置
5.6.5.10	采用具有耗能型缓冲装置的棘爪装置的电梯，检在缓冲器恢复至其正常伸出位置
5.6.6.5	检查轿厢上行超速保护装置
5.6.7.7	检测门开启情况下轿厢的意外移动
5.6.7.8	检查门开启情况下轿厢意外移动保护装置的动作
5.8.2.2.4	检查级冲器恢复至其正常伸长位置
5.9.2.3.1 a) 3)	检查可拆卸手动机械装置（盘车手轮）的位置

续表

条款号	所检查的装置
5.10.5.2	采用接触器的主开关的控制
5.12.1.3	检在减行程缓冲器的减速状况
5.12.1.4 a)	检查平层．再平层和预备操作
5.12.1.5.1.2 a)	检修运行开关
5.12.1.5.2.3 b)	检查与检修运行配合使用的按钮
5.12.1.6.1	紧急电动运行开关
5.12.1.8.2	层门和轿门触点旁路装置
5.12.1.11.1 d)	检修运行停止装置
5.12.1.11.1 e)	电梯驱动主机上的停止装置
5.12.1.11.1 f)	测试和紧急操作面板上的停止装置
5.12.2.2.3	检查轿厢位置传递装置的张紧（极限开关）
5.12.2.2.4	检查液压缸柱塞位置传递装置的张紧（极限开关）
5.12.2.3.1 b)	极限开关

GB/T 7588.1—2020 第5.11.2.1.1条，电气安全装置包括：

a）一个或几个满足5.11.2.2规定的安全触点。或

b）满足5.11.2.3要求的安全电路，包括下列一项或几项：

1）一个或几个满足5.11.2.2规定的安全触点；

2）不满足5.11.2.2要求的触点；

3）符合GB/T 7588.2—2020中5.15要求的元件；

4）符合5.11.2.6要求的电梯安全相关的可编程电子系统。

条款解读：

安全触点：安全触点的动作应依靠断路装置的肯定断开，甚至两触点熔接在一起也应断开。安全触点应设计成尽可能降低因其组成元件失效而引起短路的风险。安全触点其实就是要求触点为常闭动断触点，而且在有效行程内动触点与操动力所施加的操动器部件之间无弹性件（例如弹簧），使所有触点分断元件处于断开位置。并且需要根据GB/T 14084.5第K.5.2.7条，每一直接断开操作的触头元件应外部标有不易磨灭且易于辨认的标志符号⊖，如图3－50所示。

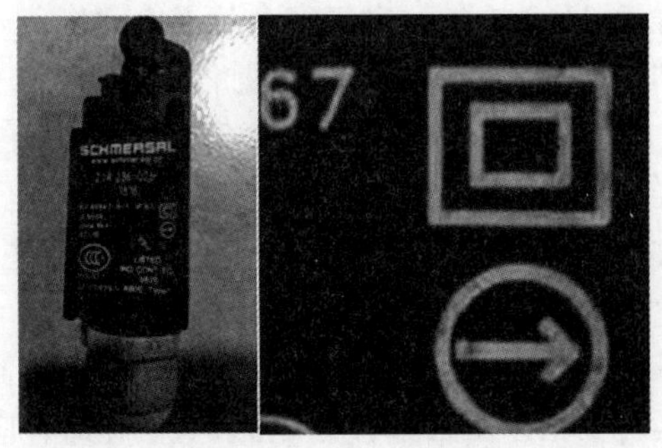

图3－50　安全触点标识

安全电路：安全电路的故障分析应考虑完整的安全电路的故障，包括传感器、信号传输路径、电源、安全逻辑和安全输出。

5.11.2.3.4 含有电子元件的安全电路是安全部件，应按照 GB/T 7588.2—2020 中 5.6 的要求来验证。

5.11.2.3.5 含有电子元件的安全电路上应设置标牌，并标明：a）安全部件的制造单位名称；b）型式试验证书编号；c）电气安全装置的型号。

条款解读：满足电气安全装置要求的电路，包含触点和（或）电子元件。含有电子元件的安全电路需由型式试验中心完成型式试验。如图 3－51 所示。

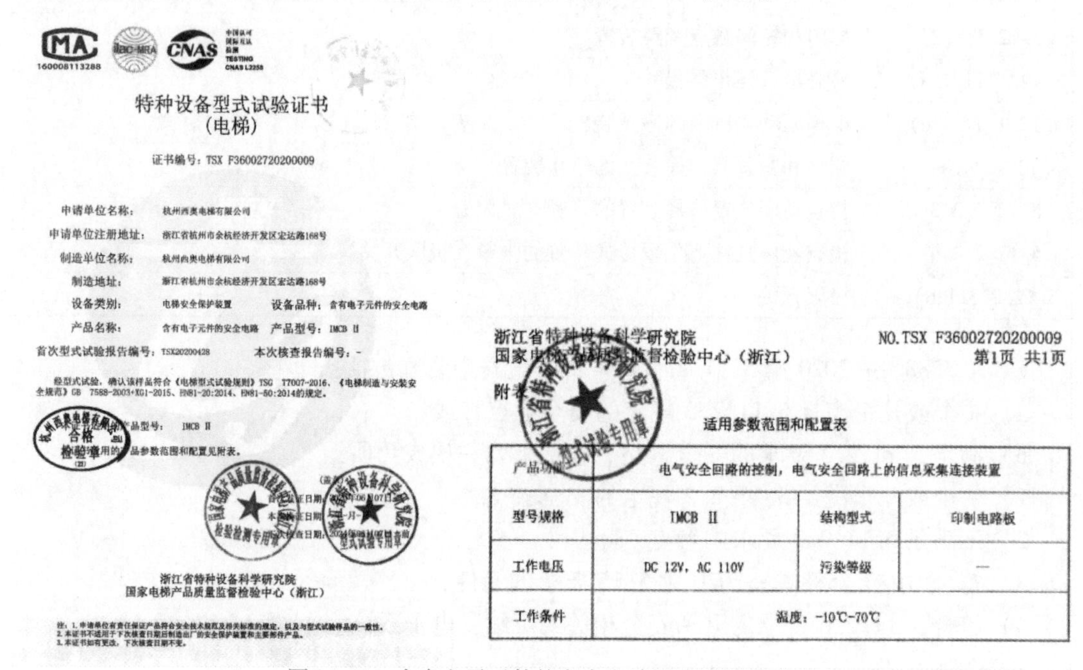

特种设备型式试验证书
（电梯）

证书编号：TSX F36002720200009

申请单位名称：杭州西奥电梯有限公司
申请单位注册地址：浙江省杭州市余杭经济开发区宏达路168号
制造单位名称：杭州西奥电梯有限公司
制造地址：浙江省杭州市余杭经济开发区宏达路168号
设备类别：电梯安全保护装置　设备品种：含有电子元件的安全电路
产品名称：含有电子元件的安全电路　产品型号：IMCB II
首次型式试验报告编号：TSX20200428　本次核查报告编号：-

经型式试验，确认该样品符合《电梯型式试验规则》TSG T7007-2016、《电梯制造与安装安全规范》GB 7588-2003+XG1-2015、EN81-20:2014、EN81-50:2014的规定。

本证书适用产品型号：IMCB II
适用的产品参数范围和配置见附表。

浙江省特种设备科学研究院
国家电梯产品质量监督检验中心（浙江）

注：1. 申请单位有责任保证产品符合安全技术规范及相关标准的规定，以及与型式试验样品的一致性。
2. 本证书不适用于下次核查日期后制造出厂的安全保护装置和主要部件产品。
3. 本证书如有更改，下次核查日期不变。

浙江省特种设备科学研究院　NO.TSX F36002720200009
国家电梯产品质量监督检验中心（浙江）　第1页 共1页

附表

适用参数范围和配置表

产品功能	电气安全回路的控制，电气安全回路上的信息采集连接装置		
型号规格	IMCB II	结构型式	印制电路板
工作电压	DC 12V，AC 110V	污染等级	—
工作条件	温度：-10℃-70℃		

图 3－51　含有电子元件的安全电路型式试验证书

电梯安全相关的可编程电子系统（PESSRAL）：用于图 3－52 所示安全应用的，基于可编程电子装置的控制、保护、监测的系统，包括系统中所有单元（例如，电源、传感器和其他输入装置、数据总线和其他通信路径，以及执行装置和其他输出装置）。电梯安全相关的可编程电子系统（PESSRAL）需由型式试验中心完成型式试验。

GB/T 7588.1—2020 第 5.11.2.4 条，电气安全装置的动作：

电气安全装置动作时，应立即使驱动主机停止，并防止驱动主机启动。按照 5.9.2.2.2.3 a）、5.9.2.5 和 5.9.3.4 的要求，电气安全装置应直接作用在控制驱动主机供电的设备上。如果使用符合 5.10.3.1.3 的继电器或接触器式继电器控制驱动主机的供电设备，应按 5.9.2.2.2.3 a）、5.9.2.5 和 5.9.3.4.4 的要求，对这些继电器或接触器式继电器进行监测。

条款解读：电气安全装置的作用是防止电梯发生危险故障，它们的动作说明电梯可能处于不安全状态。为保证电梯运行安全，在任何电气安全装置动作时，应能立即停止电梯运行，既要使驱动主机断电，制动器电源也应被切断。本条款要求电气安全装置应直接对驱动主机的

特种设备型式试验证书
(电梯)

证书编号：TSX F36002220190018

申请单位名称：苏州汇川技术有限公司
申请单位住所：江苏省苏州市吴中区越溪友翔路 16 号
制造单位名称：苏州汇川技术有限公司
制造单位住所：江苏省苏州市吴中区越溪友翔路 16 号
设 备 类 别：电梯安全保护装置
设 备 品 种：可编程电子安全相关系统
产 品 名 称：电梯可编程电子安全相关系统(PESSRAL)
产 品 型 号：MCTC-SCB-A4
型式试验报告编号：ETC19F360018(3)、ETC21F360YZ065、ETC22F360BC007

经型式试验，确认该样机(样品)符合《电梯型式试验规则》(TSG T7007-2022)、GB/T 7588.1-2020、GB/T 7588.2-2020、ISO 8100-1：2019、ISO 8100-[illegible]、EN 81-20:2014(EN 81-20:2020)和 EN 81-50:2014(EN 81-50:2020)、GB/T 20[illegible]-2017、GB28526-2012、GB/T35850.1-2018、IEC61508:2010、IEC62061:20[illegible]5、ISO22201:2017 的规定。

本证书适用的产品型号：MCTC-SCB-A4、MCTC-SCB-D4、MCTC-SCB-A5、MCTC-SCB-D5

本证书适用的产品参数范围和配置见附表。

(检专用章)
发证日期：2019 年 11 月 20 日
本次换证日期：2022 年 09 月 27 日
下次检查日期：[illegible]年 11 月 20 日前

上海交通大学电梯检测中心

注：1. 申请单位有责任保证产品符合安全技术规范及相关标准的规定，以及与型式试验样机(样品)质量安全性能的一致性。
2. 本证书不适用于下次检查日期后制造出厂的产品。
3. 本证书如有更改，证书有效期仍从发证日期起计算。

第 1 页 共 5 页

证书编号：TSX F36002220190018

附表：

适用参数范围和配置表

主参数	硬件型号及版本	MCTC-SCB-A4/D4 Ver.A01 版 MCTC-SCB-A5/D5 Ver.A00 版		
	软件型号及版本	ST-MCTC-SCB-A4/A5(D4/D5): V01.00-F00.00-L00.00 版 GD-MCTC-SCB-A4/A5(D4/D5): V01.00-F00.00-L00.00 版		
	可编程电子器件类型	MCU		
	可编程电子器件型号	STM32F103C8 或 GD32E103C8 或 APM32F103C8T6		
	工作条件	-20℃~+65℃，湿度小于 95%RH，无水珠凝结		
	工作电压	DC24V		
	污染等级	3		
系统说明	平层开关 2 个，MCTC-SCB-A4 或 MCTC-SCB-D4 或 MCTC-SCB-A5 或 MCTC-SCB-D5 印刷电路板 1 块			
轿厢意外移动保护装置检测子系统	检测元件安装位置	轿顶、控制柜及井道	检测到意外移动时轿厢离开层站的距离	≤150mm
	工作环境	普通室内	响应时间	印制电路板：≤15ms
	制停子系统型式	1.作用于轿厢或者对重上的制停部件 2.作用于悬挂绳或者补偿绳系统上的制停部件 3.作用于曳引轮或者只有两个支撑的曳引轮轴上的制停部件		
安全功能				安全完整性等级
	检测门开启情况下轿厢的意外移动			SIL2
	检查平层、再平层和预备操作			SIL2
非安全功能				
1	门回路检测（包括检查轿门关闭位置的电气安全装置和检查层门锁紧装置的锁紧位置的电气安全装置）			
主要部件清单：输入子系统				

图 3－52　可编程电子安全相关系统型式试验证书

供电设备起作用，这里的供电设备，既可以是主电源，也可以是向电梯驱动主机供电的变频器、发电机等。采用继电接触器控制时，可视为直接作用于电梯驱动主机的供电设备上。

14.1.1.3　如果电路接地或接触金属构件而造成接地，该电路中的电气安全装置应：

①使电梯驱动主机立即停止运转。

②在第一次正常停止运转后，防止电梯驱动主机再启动。

要恢复电梯运行，只能通过手动复位。

条款解读：电路接地或接触金属构件而接地，可能造成局部电路通过电流，损害电气设备。

如果包括电气安全装置的电路没有设计接地保护，当电路发生接地故障时，若电路电源为悬浮的隔离电源，当电路中出现两处及以上接触金属构件的接地故障时，两个接地点之间的电气安全开关将失去功效。如图 3－53 所示，安全与门锁回路的 A 点接触金属构件而接地时，回路中各安全开关有效；当 A 点和 B 点同时接地时，则回路中 A 点和 B 点之间所有电气安全开关均被短接而失效，电路中熔断器不会动作。

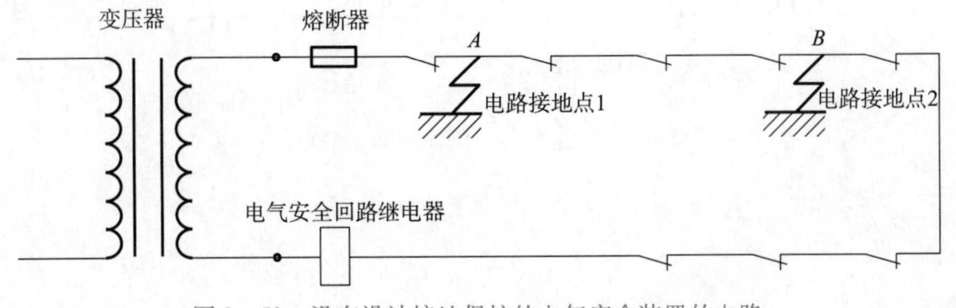

图 3－53　没有设计接地保护的电气安全装置的电路

若电气安全装置电路的电源变压器二次侧（0 V）接地，正极电源先接到电路继电接触器线圈，然后串联所有安全开关。当继电接触器后面的电路发生接地故障时，接地点之后的电气安全开关将全部失效。如图 3－54 所示，*C* 点为电源变压器二次侧（0 V）接地点，安全与门锁回路的 *D* 点因接触金属构件而接地时，熔断器不会动作，则回路中 *C* 点之后的安全开关均被短接而失效。

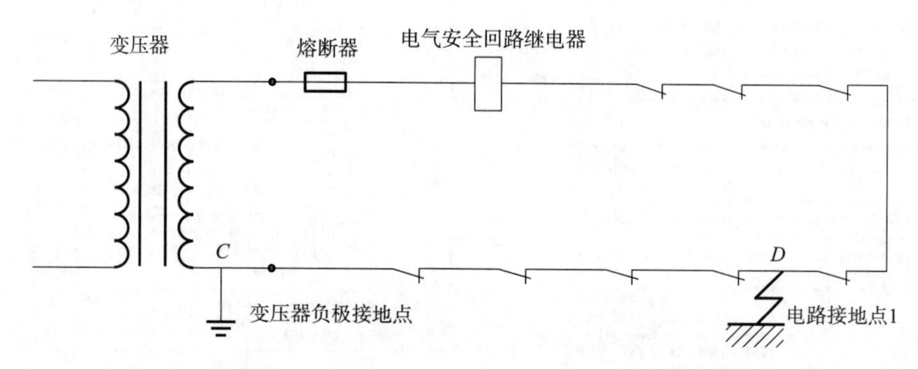

图 3－54　电源变压器二次侧（0 V）接地的电气安全装置电路

电梯系统的电路必须要有接地保护，当电路发生接地故障时，应能使电梯立即停止运行。如果能够确定接地故障不会立即使电梯系统出现危险故障，则可以在第一次正常停止运转后，防止电梯驱动主机再启动。

电梯安全与门锁回路发生接地故障时，应能使电梯立即停止运行。安全与门锁回路的接地保护可以通过以下方式实现：将变压器二次侧安全与门锁电路电源负极接地，将限流装置熔断器或空气开关接到电源正极端，电路中继电接触器接到电源负极端，安全开关接到限流装置和继电接触器之间，便可以实现电路的接地保护。如图 3－55 所示，当安全与门锁回路的 *F* 点因接触金属构件而接地时，*F* 点与变压器负极接地点 *E* 点之间的漏电电路短接继电器线圈，熔断器过电流保护，门锁与安全回路断开，电梯不能运行。

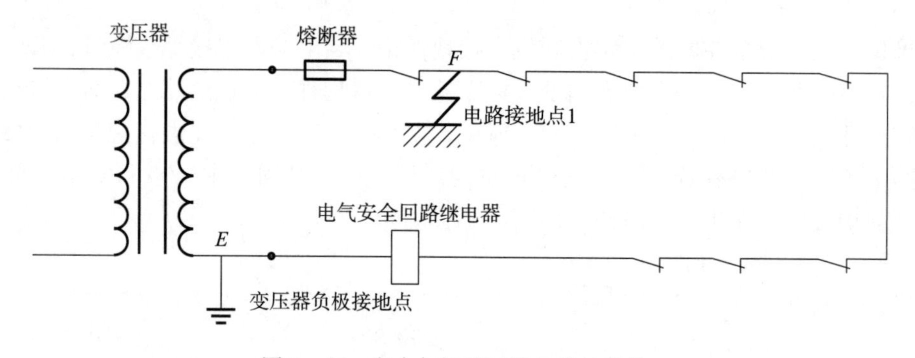

图 3－55　安全与门锁回路的接地保护

任务 3.7　电梯检修和紧急电动运行控制回路

根据标准规定，电梯应在轿顶上设置检修控制装置。许多电梯为检修操作方便，除轿顶之外，还常常在机房控制柜、轿厢等位置设置检修开关。紧急电动运行开关通常设置在机房控制柜内或无机房电梯的紧急操作屏内。

3.7.1　电梯检修和紧急电动运行控制回路原理分析

检修电路

①图 3－56 所示为继电器控制交流双速电梯检修控制回路原理图。

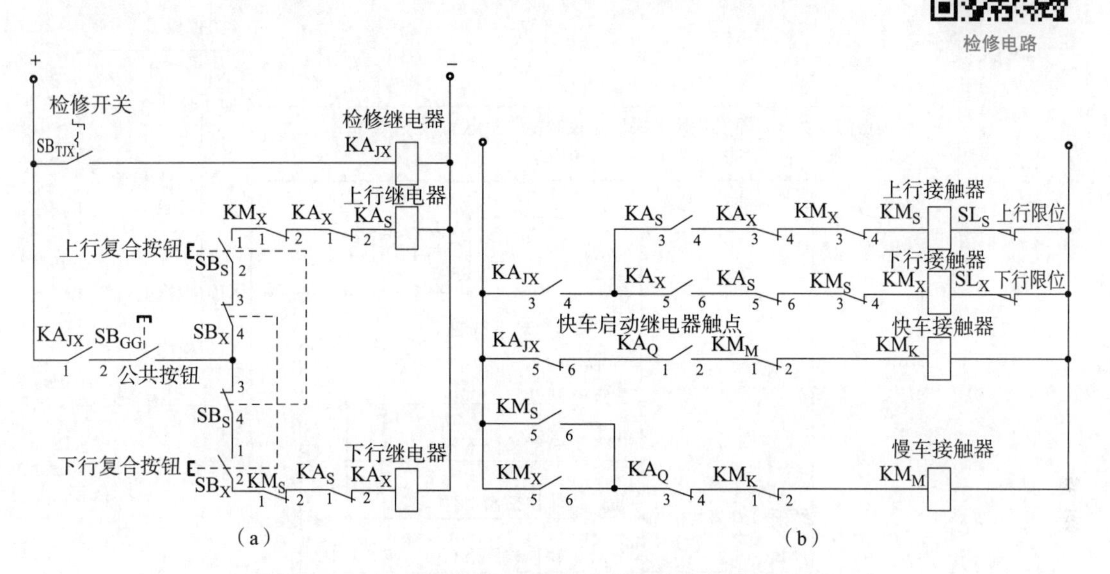

图 3－56　继电器控制交流双速电梯检修控制回路原理图
（a）轿顶检修回路；（b）检修运行控制回路

需要检修运行时，操作图 3－56（a）中检修开关 SB_{TJX}，检修继电器 KA_{JX}得电吸合，其常开辅助触点 KA_{JX}(1，2）闭合，接通检修控制电路。同时，其位于图 3－56（b）中的常闭辅助触点 KA_{JX}(5，6）断开快车接触器 KM_K线圈电路，使电梯进入检修控制状态。

上行时，按图 3－56（a）中检修上行复合按钮 SB_S和公共按钮 SB_{GG}，电源经检修继电器常开触点 KA_{JX}(1，2)、运行公共按钮 SB_{GG}、下行复合按钮常闭触点 SB_X(3，4)、上行复合按钮常开触点 SB_S(1，2)、下行接触器常闭触点 KMx(1，2)、下行方向继电器常闭触点 KA_X(1，2)，使上行方向继电器 KA_S线圈得电吸合。上行复合按钮常闭触点 SB_S(3，4）串联在检修下行方向控制电路，下行复合按钮常闭触点 SB_X(3，4）串联在检修上行控制电路，实现上下行方向电路的互锁。

同时，图 3－56（b）中，检修继电器常开触点 KA_{JX}(3，4）闭合，电源经检修继电器常开触点 KA_{JX}(3，4)、上行方向继电器常开触点 KA_S(3，4)、下行方向继电器常闭触点

KA_X(3，4)、下行接触器常闭触点 KM_X(3，4)、上行接触器 KM_S线圈、上行限位 SL_S常闭触点、门锁继电器常开触点 KA_{MS}形成通路，使上行接触器 KM_S线圈得电。上行接触器常开触点 KM_S(5，6) 闭合，电源经快车启动继电器常闭触点 KA_Q(3，4)、快车接触器常闭触点 KM_K(1，2)、慢车接触器 KM_M线圈、门锁继电器常开触点 KA_{MS}形成通路，慢车接触器 KM_M得电吸合，电梯以慢速（检修速度）上行。

检修下行的控制原理与上行的相似，不再赘述。

图 3－56（b）中 SL_S和 SL_X分别为上、下限位开关，当电梯在检修状态下运行超越上、下限位开关时，相应的限位开关动作，从而切断上、下行接触器电源使电梯停止。

②图 3－57 所示为微机控制电梯检修与紧急电动运行控制回路原理图。

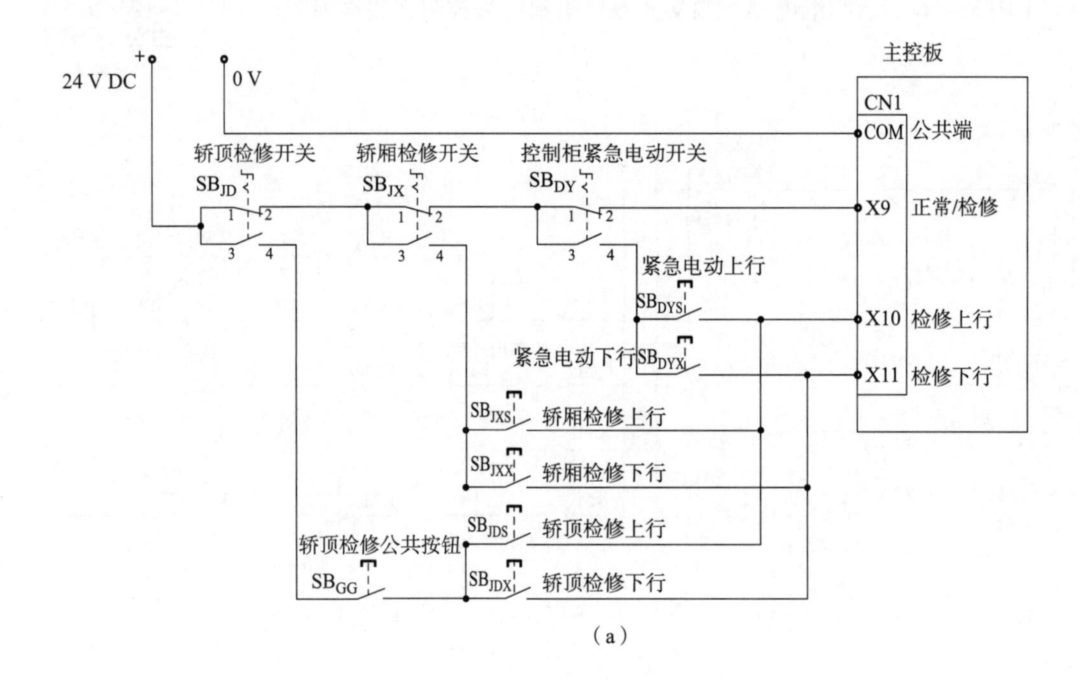

（a）

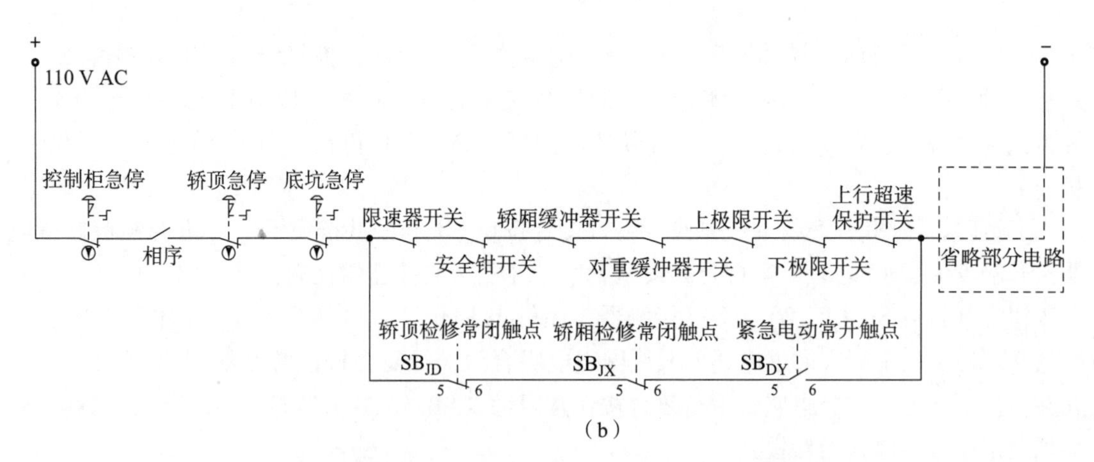

（b）

图 3－57　微机控制电梯检修与紧急电动运行控制回路原理图

（a）检修与紧急电动运行开关控制回路；（b）安全与门锁回路

轿顶检修控制工作原理：图 3－57（a）中，检修与紧急电动运行开关控制回路由 24 V DC 开关电源供电。操作轿顶检修开关 SB_{JD} 切换至“检修”位置，SB_{JD}(1，2）触点断开，SB_{JD}(3，4）触点闭合。SB_{JD}(1，2）触点断开主控板端口 X9 的高电平输入，主控板检修运行信号有效，电梯退出正常运行。同时，SB_{JD}(3，4）触点闭合，接通检修运行控制电路。需要检修上行时，同时按下轿顶检修公共按钮 SB_{GG} 和轿顶检修上行按钮 SB_{JDS}，主控板端口 X10 输入高电平，上行指令信号有效，电梯以检修速度上行；需要检修下行时，同时按下轿顶检修公共按钮 SB_{GG} 和下行按钮 SB_{JDX}，主控板端口 X11 输入高电平，下行指令信号有效，电梯以检修速度下行。

轿厢检修控制工作原理：图 3－57（a）中，轿顶检修开关 SB_{JD} 位于“正常”位置（SB_{JD} 的 1、2 触点闭合），将轿厢检修开关 SB_{JX} 切换至“检修”位置（SB_{JX} 的 1、2 触点断开，3、4 触点闭合），SB_{JX}(1，2）触点断开主控板端口 X9 的高电平输入，主控板检修运行信号有效，电梯退出正常运行，同时，SB_{JX}(3，4）触点闭合，接通检修运行控制电路。需要检修上行时，按下轿厢检修上行按钮 SB_{JXS}，主控板端口 X10 输入高电平，上行指令信号有效，电梯以检修速度上行；需要检修下行时，按下轿厢下行按钮 SB_{JXX}，主控板端口 X11 输入高电平，下行指令信号有效，电梯以检修速度下行。

控制柜紧急电动运行控制工作原理：图 3－57（a）中轿顶检修开关 SB_{JD} 和轿厢检修开关 SB_{JX} 均置于“正常”位置（1、2 触点闭合）时，可以通过控制柜紧急电动运行开关控制电梯运行。将控制柜紧急电动运行开关 SB_{DY} 切换至“紧急电动运行”位置（SB_{DY} 的 1、2 触点断开），断开主控板端口 X9 的高电平输入，主控板检修运行信号有效，电梯退出正常运行。同时，SB_{DY}(3，4）触点闭合，接通检修运行控制电路。需要紧急电动上行时，按下紧急电动上行按钮 SB_{DYS}，主控板端口 X10 输入高电平，上行指令信号有效，电梯以检修速度上行；需要紧急电动下行时，按下紧急电动下行按钮 SB_{DYX}，主控板端口 X11 输入高电平，下行指令信号有效，电梯以检修速度下行。

紧急电动运行状态时，图 3－57（b）的安全与门锁回路中，紧急电动运行开关常开触点 SB_{DY}(5，6）闭合，与轿顶检修开关常闭触点 SB_{JD}(5，6）、轿厢检修开关常闭触点 SB_{JX}(5，6）串联组成的旁接电路短接了安全回路中的限速器开关、安全钳开关、缓冲器开关、极限开关和上行超速保护开关。

检修运行控制和紧急电动运行控制之间的逻辑关系是将轿顶检修开关 SB_{JD} 或轿厢检修开关 SB_{JX} 切换至“检修”位置时，会断开紧急电动运行开关的控制电路，因此，检修运行功能优先于紧急电动运行功能。

3.7.2　标准对接

GB/T 7588.1—2020 第 5.12.1.5.1.1 条，为便于检查和维护，应在下列位置永久设置易于操作的检修运行控制装置：a）轿顶上；b）底坑内；c）轿厢内：如果检修门开启时需要从轿厢内移动轿厢；d）平台上：如果需要从平台上移动轿厢，应能够在平台上使用符合规定的检修运行控制装置，当可移动止停装置处于伸展位置时，轿厢的电动运行应只能通过该检修运行控制装置进行。

条款解读：以新时达系统配置了轿顶和底坑检修装置为例，如图 3－58 所示。

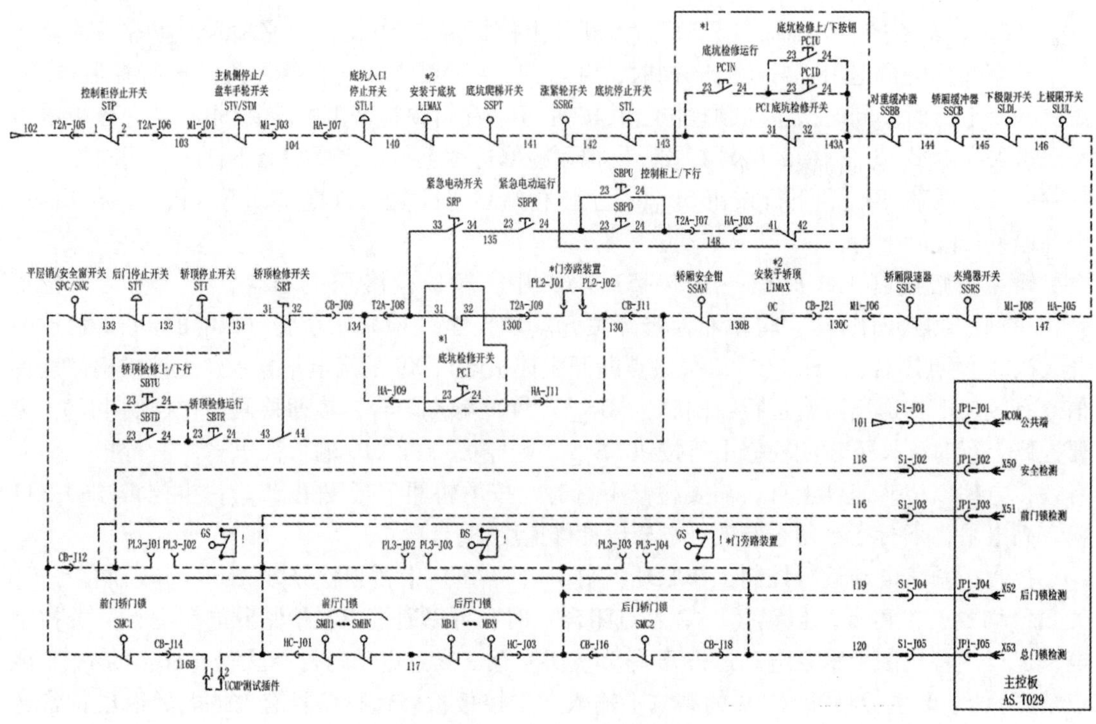

图 3－58　安全回路原理图

第 5. 12. 1. 5. 1. 2 条，检修控制装置及标识解释（图 3－59）应包括：

a）满足 5. 11. 2 要求的开关（检修运行开关）。该开关应是双稳态的，并应防止意外操作。

b）“上”和“下”方向按钮，清楚地标明运行方向，以防止误操作。

c）“运行”按钮，以防止误操作。

d）满足 5. 12. 1. 11 要求的停止装置

条款解读：防止误操作是要求防止检修开关被误操作后复位至正常状态。根据检修开关要求，需为旋转式的，所以它比较容易被操作人员不经意间的举动造成误复位。因此，检修开关需要有一个物理空间或者机械防护圈来降低检修开关被误复位的可能。急停开关也是同样的道理，急停开关分为 2 种类型：旋转复位类型，需要先旋转急停开关，然后自动复位，总共有 2 个步骤；拉拔复位类型，只有拉出来 1 个步骤即完成了复位。所以，拉拔复位类型开关也需要有一个物理空间或者机械防护圈来降低急停被误复位可能。

第 5. 12. 1. 5. 2. 1 条，检修运行开关：

检修运行开关处于检修位置时，应同时满足下列条件：

a）使正常运行控制失效。

b）使紧急电动运行控制（5. 12. 1. 6）失效。

c）不能进行平层和再平层（5. 12. 1. 4）。

d）防止动力驱动的门的任何自动运行。门的动力驱动关闭操作应依靠：

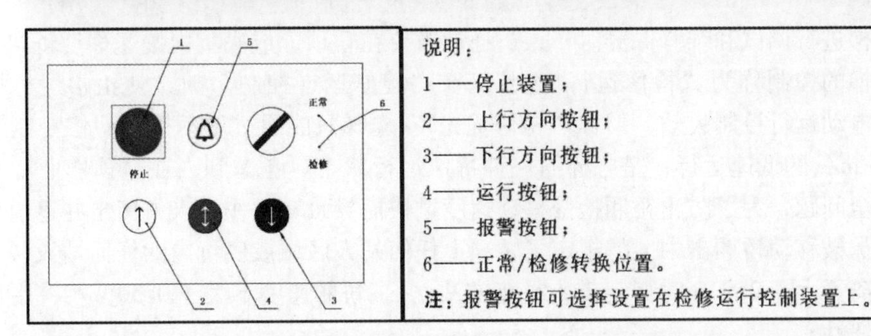

控制	按钮颜色	符号颜色	引用标准	符号
上行	白	黑	GB/T 5465.2—2008 第 3 章中的图形符号 5022	↑
下行	黑	白	GB/T 5465.2—2008 第 3 章中的图形符号 5022	↓
运行	蓝	白	GB/T 5465.2—2008 第 3 章中的图形符号 5023	↕

图 3 – 59　检修控制装置及标识解释

1）操作运行方向按钮；或

2）轿顶上控制门机的能防止意外操作的附加开关。

e）轿厢速度不大于 0. 63 m/s。

f）轿顶上任何站人区域（见 5. 2. 5. 7. 3）或底坑内的任何站人区域上方的净垂直距离不大于 2. 0 m 时，轿厢速度不大于 0. 30 m/s。

g）不能超越轿厢正常行程的限制，即不能超过电梯正常运行的停止位置。

h）电梯运行仍依靠安全装置。

i）如果多个检修运行控制装置切换到“检修”状态，操作任一检修运行控制装置，均应不能使轿厢运行，除非同时操作所有切换到“检修”状态的检修运行控制装置上的相同按钮。

j）在5.2.6.4.3.4所述的情况下，轿厢内的检修运行开关应使5.2.6.4.3.3 e）规定的电气安全装置

条款解读：

①当图3－59中的底坑检修开关PCI31－32或者轿顶检修开关SRT31－32中任何一个开关动作时，都能切断安全回路102的电压AC 110 V，主板上安全检测、前门锁检测、后门锁检测、总门锁检测都会丢失AC 110 V。底坑检修开关动作，此时需要通过底坑检修运行PCIN和底坑检修上/下按钮PCIU/PCID一起按下后，才能接通安全回路。轿顶检修开关动作后，轿顶检修开关SRT43－44接通，此时需要通过轿顶检修上/下行按钮SBTU/SBTD和轿顶检修运行SBTR一起按下后，才能接通安全回路。

②当图3－59中的底坑检修开关PCI41－42动作时，切断了紧急电动运行的短接回路，可以视为使得紧急电动运行控制失效。当图中的轿顶检修开关31－32动作时，切断了安全回路，紧急电动短接回路不论是否短接成功，电梯都无法运行，也可以视为使得紧急电动运行控制失效。

③当电梯进行调试和维修保养时，人员通常需要在轿顶上或底坑内慢速移动轿厢，这种状态下对电梯的控制称为“检修运行控制”。在“检修运行控制”时，使正常运行控制失效，使紧急电动运行控制失效，俗称“检修优先”。电梯只能通过手动操作检修控制装置以不大于0.63 m/s的低速运行，是电梯的一种特殊运行状态。考虑到人在轿顶作业和人在底坑作业的安全问题，为了防止轿厢检修移动速度过快而导致轿顶作业人员撞击井道顶部或者底坑作业人员被移动轿厢击中，特规定了轿顶上任何站人区域或底坑内的任何站人区域上方的净垂直距离不大于2.0 m时（足够人员正常站立），轿厢速度不大于0.30 m/s，用于降低轿厢移动的惯性。

④轿顶和底坑同时检修运行：当图中的底坑检修开关动作PCI31－32断开、轿顶检修开关SRT31－32断开以及SRT43－44接通时，只有同时操作底坑检修运行PCIN、底坑检修上/下按钮PCIU/PCID、轿顶检修上/下行按钮SBTU/SBTD、轿顶检修运行SBTR一起按下，才能接通安全回路，但是这并不能实现标准中所说的“除非同时操作所有切换到检修状态的检修运行控制装置上的相同按钮”。这里需要阅读检修信号回路图。图3－60中为机房紧急电动运行、轿顶检修运行、底坑检修运行的信号，三者之间都是以通信的方式实现信号传输的。图3－60中如果轿顶控制板检修/自动信号HX11处于检修状态，底坑控制板检修/自动信号PX0处于检修状态，那么轿顶控制板检修上行信号端口HX12和底坑控制板检修上行信号PX1必须同时起效（也就是轿顶和底坑一起按检修上行按钮）电梯才能检修向上运行。同理，检修下行也是如此，这里不再赘述。

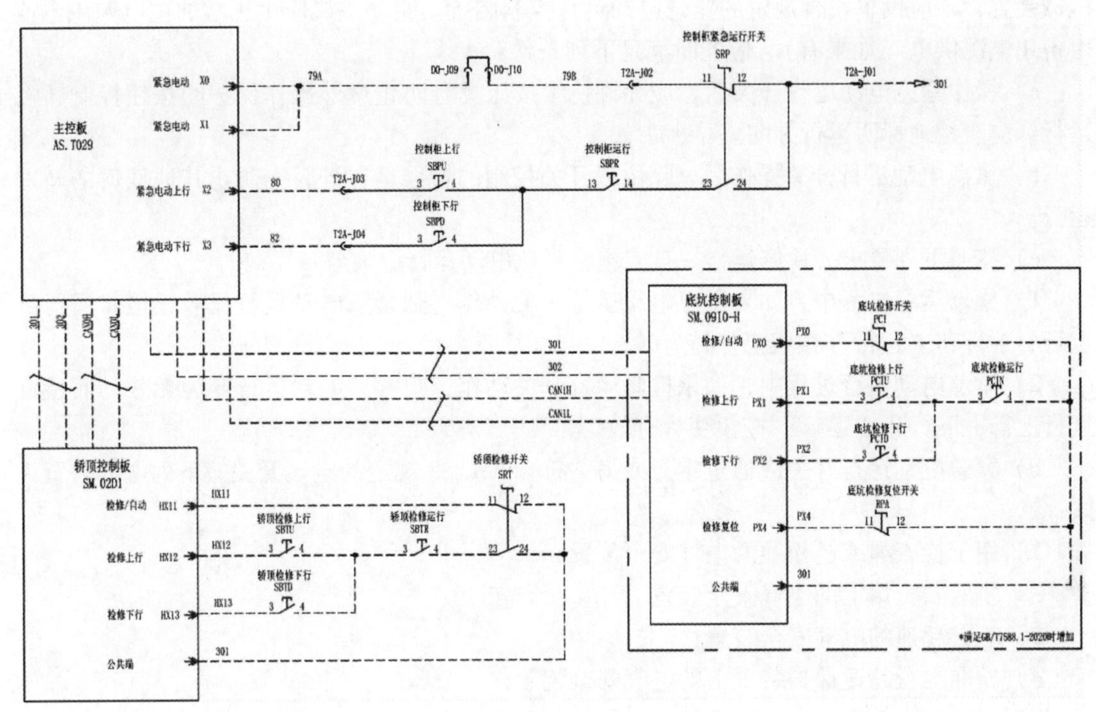

图3－60　检修控制信号回路

电梯的正常运行状态和检修运行状态是由一种控制装置进行切换的，这种控制装置一般称为检修操作箱(图3－61)。检修操作箱应安装在轿顶上靠近入口且易于接近的位置，操作箱上设有检修运行切换开关、控制上行运行的自动复位的按钮、符合电气安全装置要求的停止装置及电源插座和照明等。检修运行切换开关必须是双稳态，且带有防止误操作的防护装置。所谓双稳态，是指这种开关有两个稳定的状态，如果没有外界操作，这种开关可以稳定保持在一种状态下。检修运行切换开关的两种状态分别是“正常运行”和“检修运行”。

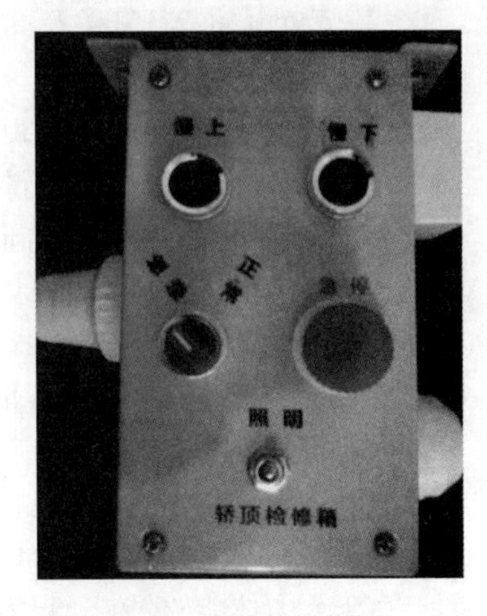

图3－61　检修操作箱

不应设置两个以上的检修装置。

若设置两个检修控制装置，则它们之间的互锁系统应保证：

1）如果仅其中一个检修控制装置被置于“检修”位置，通过按压该检修控制装置上的按钮能使电梯运行。

2）如果两个检修控制装置均被置于“检修”位置：

Ⅰ）在两者中任一个检修控制装置上操作均不能使电梯运行；

Ⅱ）同时按压两个检修控制装置上相同功能的按钮才能使电梯运行。

5. 9. 2. 3. 3 紧急电动运行控制

如果向上移动载有额定载重量的轿厢所需的手动操作力大于400 N，或者未设置规定的机械装置，则应设置符合规定的紧急电动运行控制装置。驱动主机应由正常的主电源供电或由备用电源供电（如果有）。应同时满足下列条件：

a）操作紧急电动运行开关后，应允许持续按压具有防止意外操作保护的按钮控制轿厢运行。应清楚地标明运行方向。

b）紧急电动运行开关操作后，除由该开关控制的轿厢运行外，应防止其他任何的轿厢运行。

c）按照下列要求，检修运行一旦实施，紧急电动运行应失效：

1）检修运行过程中，如果紧急电动运行开关动作，则紧急电动运行无效，检修运行的上行、下行和“运行”按钮仍保持有效；

2）紧急电动运行过程中，如果检修运行开关动作，则紧急电动运行变为无效，而检修运行上行、下行和“运行”按钮变为有效。

d）紧急电动运行开关应通过本身或另一符合5.11.2规定的电气开关使下列电气装置失效：

1）用于检查绳或链松弛的电气安全装置；

2）轿厢安全钳上的电气安全装置；

3）检查超速的电气安全装置；

4）轿厢上行超速保护装置上的电气安全装置；

5）缓冲器上的电气安全装置；

6）极限开关。

e）紧急电动运行开关及其操纵按钮应设置在易于直接或通过显示装置［5.2.6.6.2 c）］观察驱动主机的位置。

f）轿厢速度不应大于0.30 m/s。

5.12.1.6.2 紧急电动运行控制装置应至少具有IPXXD（见GB/T 4208）的防护等级。

旋转控制开关应采取措施来防止其固定部件旋转，单独依靠摩擦力应认为是不足够的。

紧急电动运行控制与检修运行控制存在许多相似之处，比如，其切换开关也必须采用安全触点型开关，控制轿厢运行依靠持续撳压自动复位的按钮。但是运行速度更小，不论电梯在什么位置，速度都不大于0.3 m/s。进入紧急电动运行时，应取消任何正常运行控制，使紧急电动运行控制优先于正常的运行控制。但两者之间的差异也非常明显。首先必须明确，紧急电动运行功能并不是每台电梯必备的，只有在提升装有额定载重量的轿厢所需力大400 N时，由于人力体能的限制，已不能再依靠人力持续完成上述操作时，则必须配备紧急电动运行开关，依靠电动移动轿厢。目前常用于无齿轮曳引机上，因为无齿轮曳引机没有减速省力的减速箱，所以电动机轴伸出端的曳引轮直接带着轿厢和对重的重量。图3－62（a）为无齿轮曳引机手动紧急操作，图3－62（b）为有齿轮曳引机手动紧急操作。

电梯故障停梯很多时候都是由部分电气安全装置动作引起的，此时如果轿厢内有乘客被困，就需要将轿厢移动到临近层站将乘客救援出轿厢。在人力操作不能完成移动轿厢的操作而需要电动移动轿厢时，如果不将动作的电气安全装置短接，则无法使驱动主机运转并移动轿厢。因此，标准规定，紧急电动运行开关应使下列电气安全装置失效：松绳/链检查装置上的电气安全装置、限速器上的电气安全装置、安全钳上的电气安全装置、轿厢上行超速保

（a）

（b）

图 3－62　手动紧急操作装置

护装置上的电气安全装置、缓冲器上的电气安全装置、上下极限开关。但应注意，紧急电动运行状态下，仅允许将上述电气安全装置旁路，而不允许扩大被旁路的电气安全装置的种类和数量。

紧急电动运行开关，也应该有防止误操作的保护措施，目的主要防止人员不经意间的行为触碰到该开关而引起紧急电动运行开关从“紧急电动状态”被误操作复位回“正常状态”。图 3－63 所示为两种紧急电动运行开关的防误操作保护措施。图 3－63（a）为紧急电动运行开关外面安装了防护圈，图 3－63（b）紧急电动被安装在一个凹槽内以防被误操作。

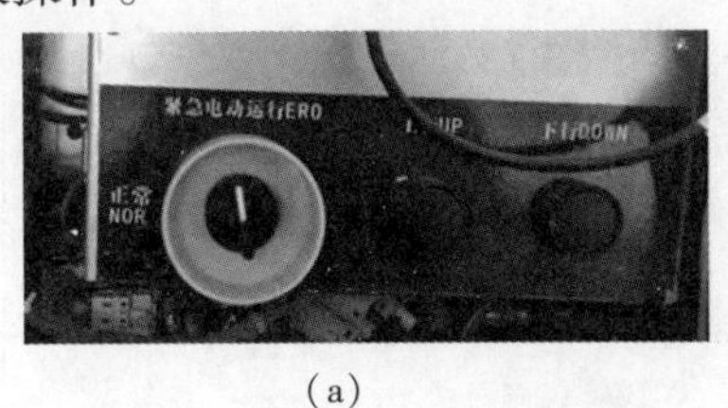

（a）

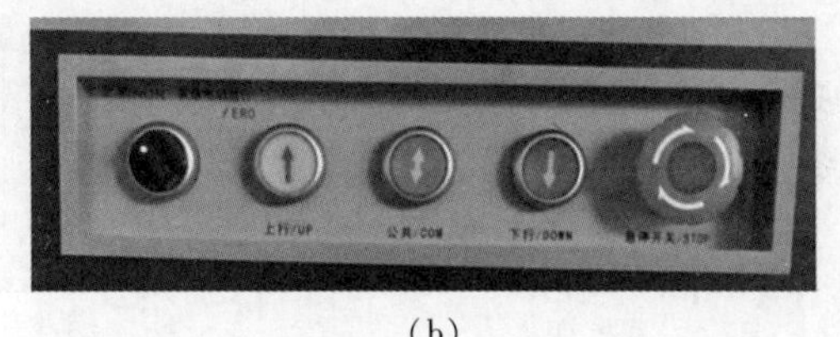

（b）

图 3－63　紧急电动运行开关防止误操作保护措施

任务 3.8　轿厢和井道照明回路

电梯轿厢照明和轿厢风扇用于有人乘坐电梯时轿厢内的照明和空气流通；井道照明、轿顶照明和底坑照明分别用于维修人员进入轿顶和底坑维修时的照明；轿顶插座和底坑插座分别用于维修人员进入轿顶和底坑使用维修设备时取电。

3.8.1　轿厢和井道照明回路原理分析

轿厢和井道照明回路包含了轿厢照明、轿厢风扇、井道照明、轿顶照明、底坑照明、轿顶插座、底坑插座 7 个部分。轿厢照明能够提供的照度是在轿厢控制盘和轿厢地板上的照度宜不小于 50 lx。轿厢常见的照明设备是普通白炽灯、日光灯、卤素灯、LED 灯等，如果采用白炽灯，则至少要两只以上灯泡并联使用，这是因为白炽灯的寿命较短，而且在启动瞬间灯丝的电阻很小，启动瞬间通过的电流值是正常时电流值的8倍，最容易造成灯丝熔断。

井道照明应保证即使在所有的门关闭时，在轿顶面以上和底坑地面以上1 m处的照度均至少为50 lx。井道照明灯应这样设置：距井道最高点和最低点0.5 m以内各装设一盏灯，再设中间灯。

按标准要求，照明回路可直接采用外电网单相220 V AC电源，或者采用经安全隔离变压器变压后的安全电压电源。

图3－64所示为整体采用220 V AC电源的照明回路电气原理图。

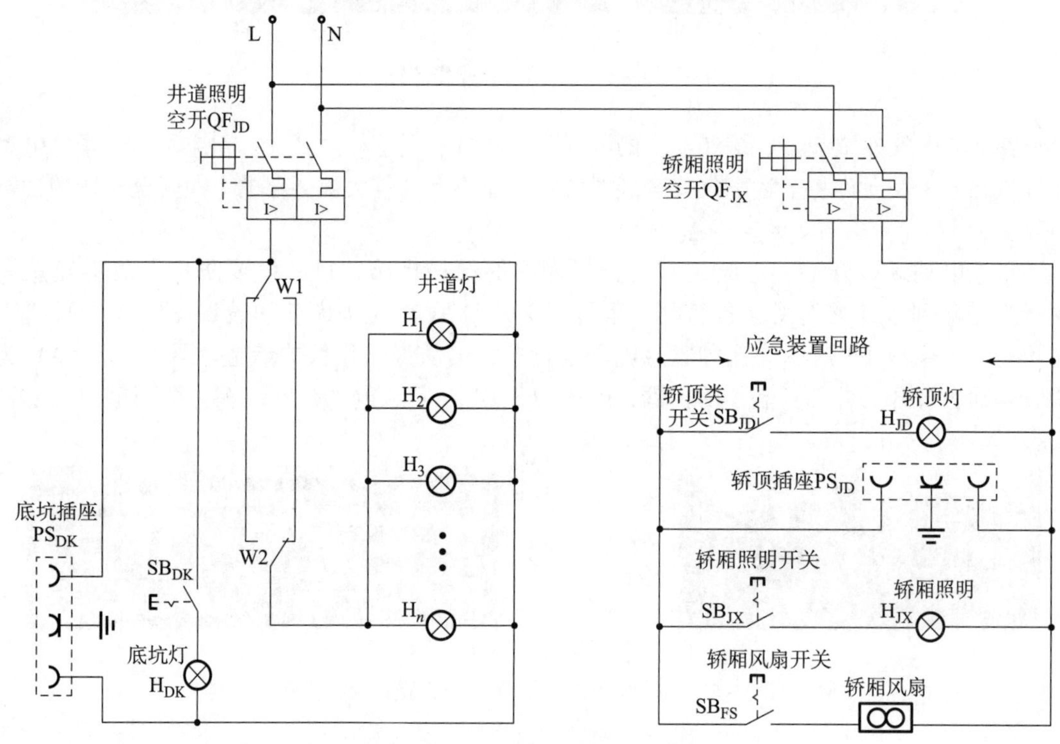

W1—机房内井道照明开关；W2—底坑内井道照明开关；SB_{DK}—底坑照明灯开关。

图3－64　220 V AC电源的照明回路电气原理图

220 V AC电源从电梯电源主开关进线端L、N引出后，分别接入井道照明回路主开关QF_{JD}和轿厢照明回路主开关QF_{JX}，实现两条电路的通断控制和短路保护。

井道照明回路分析：电源在QF_{JD}输出端分出多条相互并联的供电支路。第一条支路通过双联双控开关W1和W2为井道照明灯供电，W1安装在机房，W2安装在底坑，可以实现无论是在机房还是在底坑，都可以单独控制井道照明灯的点亮和熄灭；第二条支路是底坑照明灯H_{DK}及其控制开关SB_{DK}的供电电路；第三条支路是底坑三孔插座PS_{DK}的供电电路，其电路通断仅受井道照明主开关QF_{JD}的控制。

轿厢照明回路分析：电源在QF_{JX}输出端同样分出多条相互并联的供电支路。第一条支路为应急装置（对讲、警铃、应急灯）回路供电；第二条支路为轿顶三孔插座PS_{JD}供电，其电路通断仅受轿厢照明主开关 QF_{JX} 的控制；第三条支路是轿厢照明灯 H_{JX} 及其控制开关 SB_{JX} 的供电电路；第四条支路是轿厢风扇及其控制开关 SB_{FS} 的供电电路。

图 3－65 所示为部分电路采用安全电压的照明回路电气原理图。

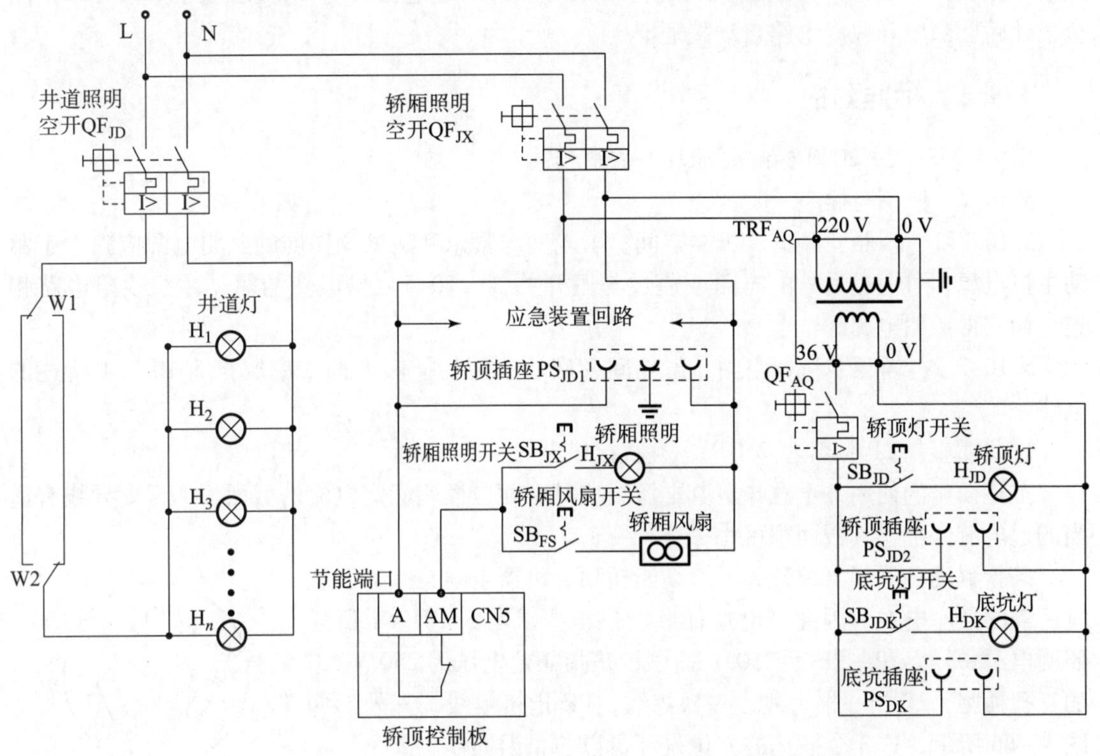

TRF_{AQ}—36 V AC 安全变压器；QF_{AQ}—安全电压电路空气开关。

图 3－65　轿厢照明回路控制原理图

220 V AC 电源从电梯电源主开关进线端 L、N 引出后，分别接入井道照明回路主开关 QF_{JD} 和轿厢照明回路主开关 QF_{JX}，实现两条电路的通断控制和短路保护。

井道照明回路主开关 QF_{JD} 仅控制井道灯电路。

轿厢照明回路主开关 QF_{JX} 的输出端，电路一分为二，第一路经隔离变压器 TRF_{AQ} 变压后，输出 36 V AC 安全电压，分别为轿顶照明灯 H_{JD}、轿顶插座 PS_{JD2}、底坑照明灯 H_{DK} 及底坑插座 PS_{DK} 提供电源，轿顶照明灯 H_{JD} 由开关 SB_{JD} 控制，底坑照明灯 H_{DK} 由开关 SB_{DK} 控制。

第二路输出 220 V AC 电源后，分出 3 条并联支路，支路 1 为应急装置（紧急报警、警铃、对讲）控制回路；支路 2 为轿顶三孔插座 PS_{JD1} 供电；支路 3 为轿厢照明和轿厢风扇控制电路，该电路电源经轿顶控制板节能端口（A、AM）为轿厢照明灯 H_{JX} 和轿厢风扇供电。轿厢照明灯 H_{JX} 由轿厢照明开关 SB_{JX} 控制，轿厢风扇由开关 SB_{FS} 控制。

轿厢照明和风扇的节能功能：轿厢照明和风扇的节能功能，即自动断电功能，该功能使电梯长时间停驶时，自动切断轿厢照明和风扇电源，节省电力，延长电器的使用寿命。图 3－44 中通过轿顶控制板内部时间继电器电路实现节能控制，当电梯处于自动运行状态并有运行指令时，时间继电器不得电，其常闭触点（A、AM）闭合，轿厢照明和风扇的电源电路接通。当控制主板无运行指令时，时间继电器得电并开始计时，在计时到达预定时间之前，如果电梯接收到召唤指令，则计时复位，照明和风扇继续开启。如果在计时到达预定的时间后电梯仍无召唤指令，使其常闭触点（A、AM）断开轿厢照明和风扇的电源，轿厢照明和风扇停止工作。当电梯再次接收到运行指令时，时间继电器失电，常闭触点（A、AM）闭合，使轿厢照明和风扇电路自动接通。

3.8.2 标准对接

GB/T 7588.1—2020 标准要求及条款解读：

5.10.7 照明与插座

5.10.7.1 轿厢、井道、机器空间、滑轮间与紧急和测试操作屏的照明电源应独立于驱动主机电源，可通过另外的电路或通过与主开关（5.10.5）供电侧的驱动主机供电电路相连，而获得照明电源。

5.10.7.2 轿顶、机器空间、滑轮间及底坑所需的插座电源，应取自 5.10.7.1 所述的电路。

这些插座是 2P + PE 型 250 V，且直接供电。

上述插座的使用并不意味着其电源线应具有相应插座额定电流的截面积，只要导线有适当的过电流保护，其截面积可小一些。

条款解读：电梯电源开关不应切断轿顶、机器空间、井道、底坑所需的插座电源，因此，上述插座的供电要求与 5.10.7.1 所述照明电源一样。2P + PE 型 250 V 插座，是指额定电压为 250 V AC 的三孔插座，2P 指一根火线、一根零线，PE 指接地线，其外形如图 3 - 66 所示，这 3 个插孔的方位设计可以防止误操作。

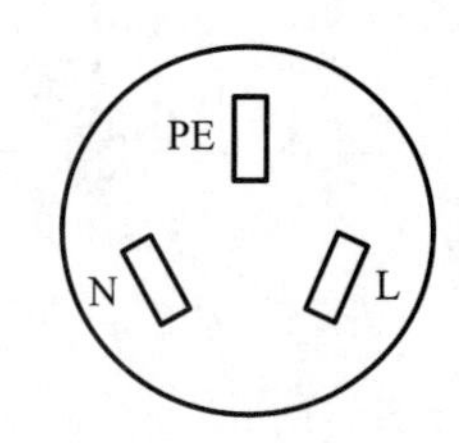

图 3 - 66 2P + PE 型插座

5.10.8 照明和插座电源的控制

5.10.8.1 应具有控制轿厢照明和插座电路电源的开关。如果机房中有几部电梯的驱动主机，则每部电梯均应有一个开关。该开关应邻近相应的主开关。

条款解读：轿厢照明和插座电路电源应由一个开关控制，该开关应设置在电梯电源主开关旁边。如果机房中有多台电梯，每台电梯均应在主开关旁设置独立的控制轿厢照明和插座电路电源的开关，确保每台电梯单独控制。

5.10.8.2 未在井道内的机器空间，应在其入口处设置照明开关，也见 5.2.1.4.2。

井道照明开关（或等效装置）应分别设置在底坑和主开关附近，以便这两个地方均能控制井道照明。

如果轿顶上设置了附加的灯（如 5.2.1.4.1），应连接到轿厢照明电路，并通过轿顶上的开关控制。开关应在易于接近的位置，距检查或维护人员的入口处不超过 1 m。

条款解读：机器空间照明和井道照明都不受电梯电源主开关控制，在机器空间内，在靠近入口处的合适高度，应设置照明的开关。对于井道照明开关，为了使用方便，要求在主开关旁和底坑中分别装设。本条款所指“以便这两个地方均能控制井道照明”应理解为，在正常情况下，无论井道照明处于点亮或熄灭状态，也无论机器空间或底坑中的井道照明开关处于何种状态，只要改变其中任何一处开关的状态，都可以控制井道照明的点亮或熄灭。附加灯的开关距检查或维护人员的入口处不超过 1 m，目的是较为方便地在厅门能处就能操作到。

5.10.8.3　每个 5.10.8.1 和 5.10.8.2 规定的开关所控制的电路均应具有各自的过流保护装置。

条款解读：机房照明电路、井道照明电路以及轿厢照明与插座电源控制电路均应具有各自的短路保护，通常采用空气开关或熔断器实现保护功能。

任务 3.9　紧急报警装置和轿厢应急照明回路

3.9.1　紧急报警装置和轿厢应急照明回路分析

图 3－67 所示为紧急报警装置和轿厢应急照明回路接线原理图。

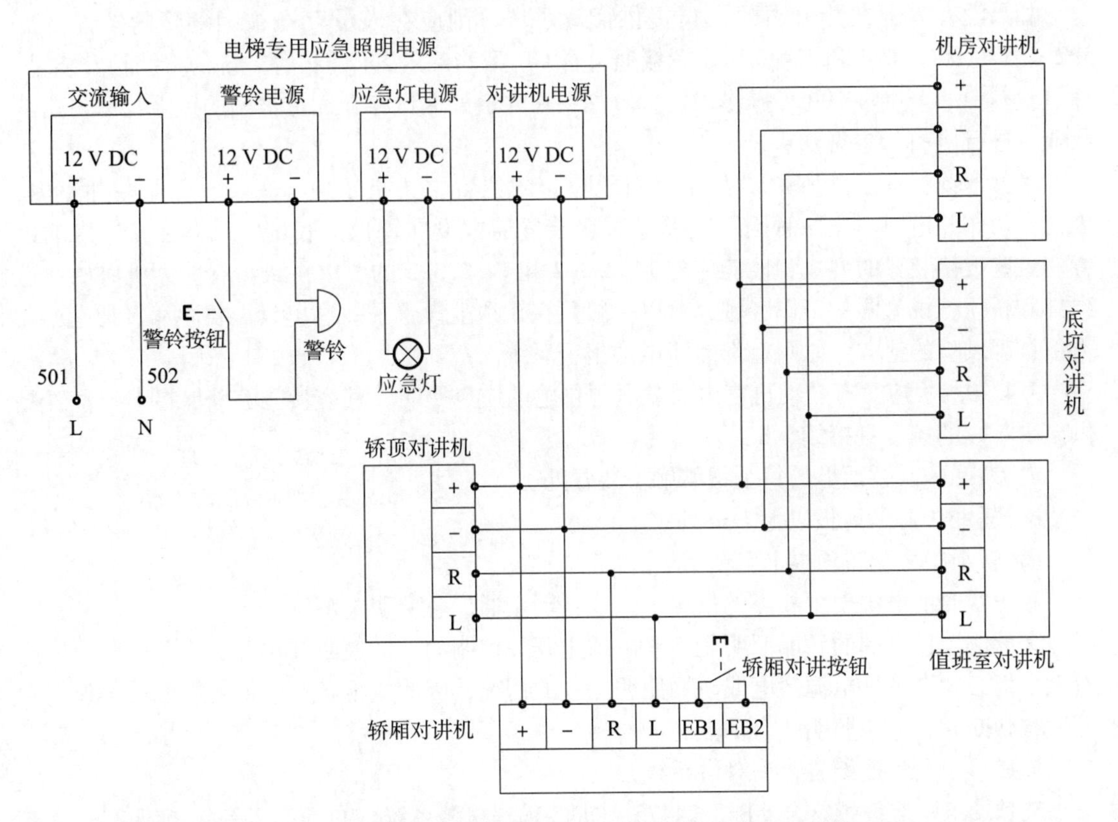

图 3－67　紧急报警装置和轿厢应急照明回路接线原理图

由轿厢照明电路提供的 220 V AC 交流电经线号 501、502 为安装于轿顶的电梯专用自动再充电应急电源供电。

当轿厢照明电路正常供电时，输入的 220 V AC 交流电经电梯专用应急照明电源内部 AC/DC 开关电源整流调压后，分别为警铃电路、应急灯电源、对讲系统电路提供 12 V DC 的直流电并为备用蓄电池充电。

安装于井道中的警铃由位于轿厢操作面板上自动复位的警铃按钮控制，人为按下警铃按钮时，警铃会发出警示音响信号。

对讲机电源为机房对讲装置、轿厢对讲装置、底坑对讲装置、轿顶对讲装置和监控室监控主机提供工作电源，5 处对讲装置的通信接口 R、L 通过通信信号线连接起来，实现“五方对讲”功能。在轿厢操作面板上有轿厢对讲装置的启动按钮，人为按下对讲按钮后，可与其他四方对讲机实现双向通话。

应急灯电路在轿厢照明正常点亮时，处于截止状态。当轿厢照明电路断开，导致 220 V AC 电源输入中断时，应急电源内部电路自动切换至蓄电池供电，输出 12 V DC 直流电为警铃、应急照明灯和对讲系统供电，此时，应急照明灯电路自动导通，应急照明灯点亮。

3.9.2　标准对接

GB/T 7588.1—2020 标准要求及条款解读：

5.2.1.6　紧急解困

如果没有为困在井道内的人员提供撤离手段，则应在人员存在被困危险的地方（见 5.2.1.5.1、5.2.6.4 和 5.4.7）设置接通符合 GB/T 24475 要求的报警系统的报警触发装置，并且从其中一个避险空间可操作该装置。如果在井道外区域存在人员被困的风险，需与建筑物业主进行协商［参见 0.4.2 e)］。

条款解读：本条款所指“存在被困危险”的位置主要指轿顶、底坑、机器在井道内，因此，用作井道中“紧急解困”的紧急报警装置通常设在轿顶、底坑、机器在井道内的地方。这些报警装置的型式和性能应与 14.2.3.2 和 14.2.3.3 的要求一致。有些无机房的井道顶部和轿顶可视为同一工作区域，所以一般只在轿顶上设置了。这里只需要注意，凡是存在人员被困风险的地方，原则上都需要增加报警系统。

5.4.10.4　应具有自动再充电紧急电源供电的应急照明，其容量能够确保在下列位置提供至少 5 lx 的照度且持续 1 h：

a）轿厢内及轿顶上的每个报警触发装置处；

b）轿厢中心，地板以上 1 m 处；

c）轿顶中心，轿顶以上 1 m 处。

在正常照明电源发生故障的情况下，应自动接通应急照明电源。

条款解读：电梯的轿厢照明是不受电梯主开关控制的，即使断开主开关，轿厢照明依然有效。但必须考虑外电源停电或轿厢照明失效的情况，因此应配备紧急照明电源，确保正常照明被切断时，应急照明能自动点亮。

5.12.3　紧急报警装置和对讲系统

5.12.3.1　应设置符合 GB/T 24475 要求的远程报警系统（见 5.2.1.6），确保有一个双向对讲系统与救援服务持续联系。

5.12.3.2　如果电梯行程大于 30 m 或轿厢内与进行紧急操作处之间无法直接对话，则在轿厢内和进行紧急操作处应设置 5.4.10.4 所述的紧急电源供电的对讲系统（图 3－68）或类似装置。

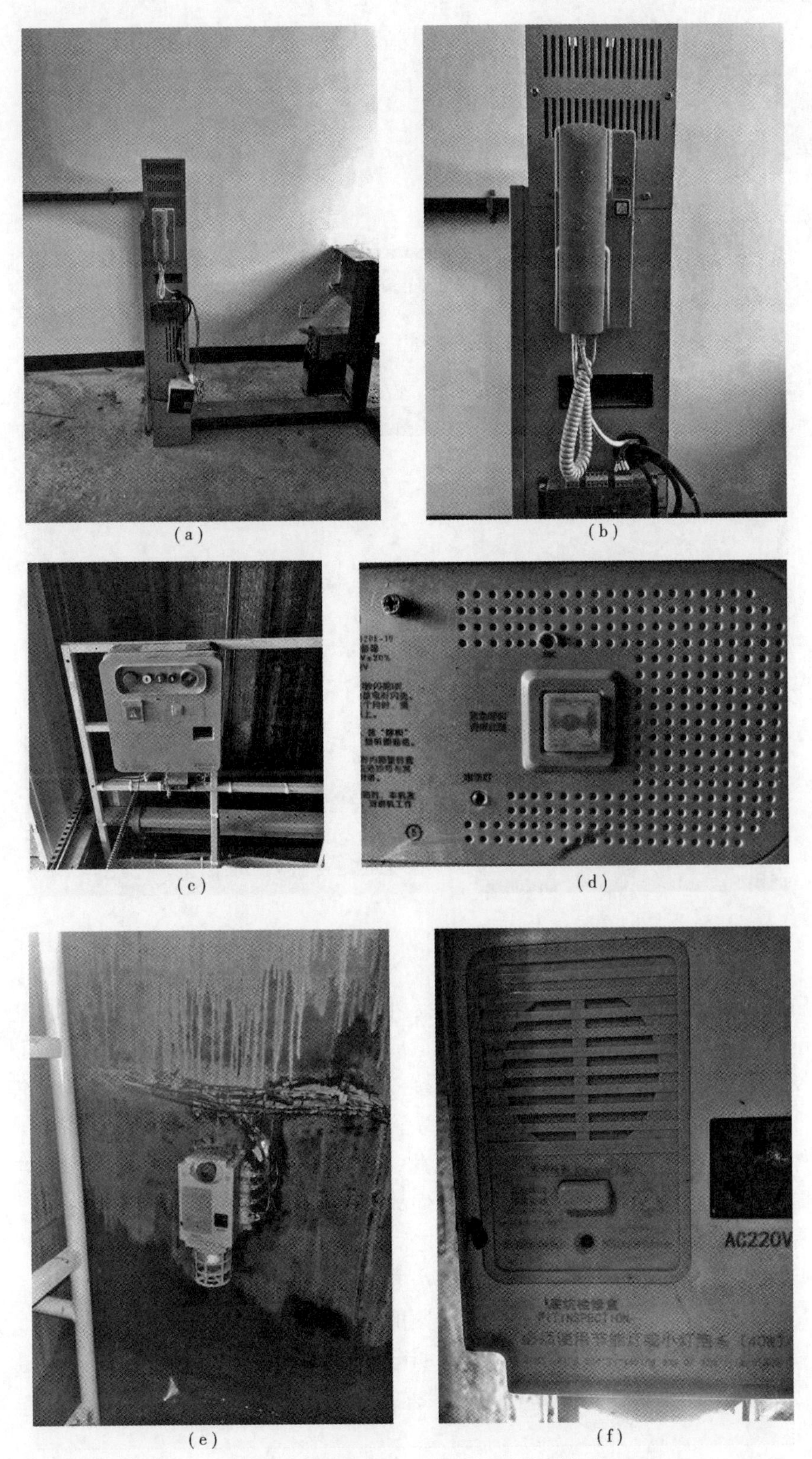

图 3－68　紧急电源供电的对讲系统

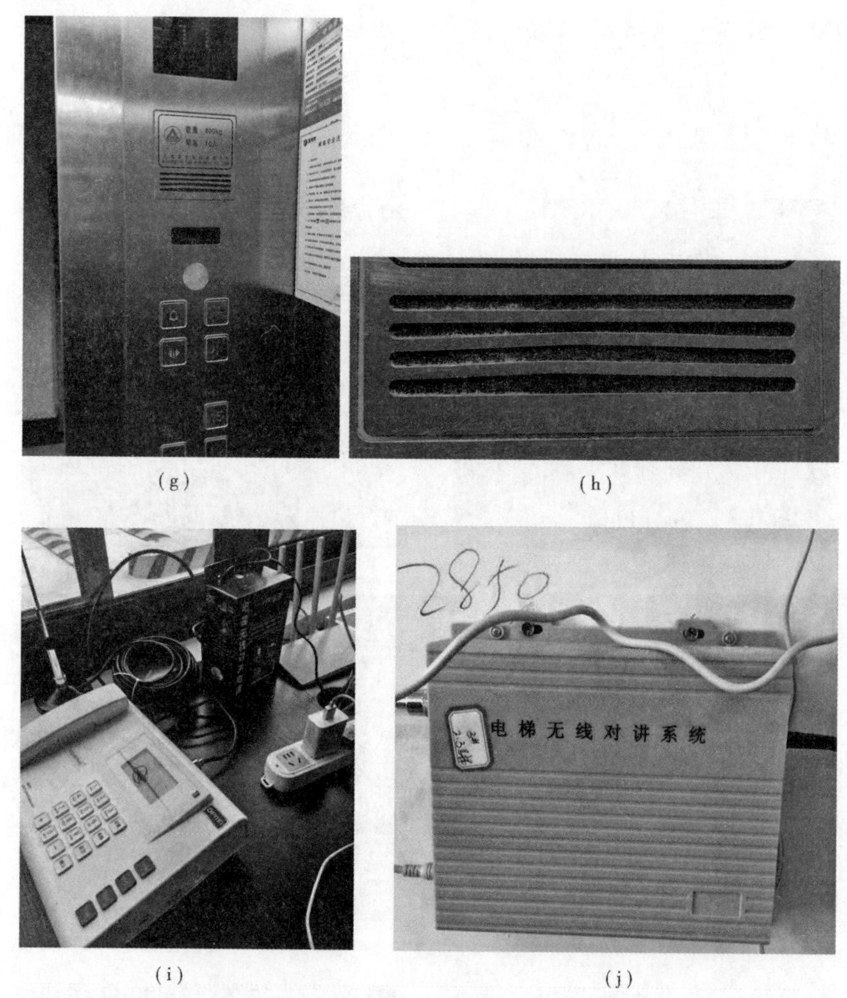

(g) (h)

(i) (j)

图3－68 紧急电源供电的对讲系统（续）

条款解读：在运行过程中，有可能因为意外原因而导致突然停止运行，例如电梯供电中断，或者电梯自身故障等。当电梯发生故障造成轿厢内乘客被困时，轿厢内应提供紧急报警装置，以便乘客向外求援。紧急报警装置应接入有专职人员值守的管理室内，并能实现轿内人员与值守人员的双向通话对讲。紧急报警装置的供电应保证在发生紧急情况时，不应由于建筑物的停电而造成报警装置无法使用，因此，应由满足5.4.10.4要求的自动再充电的紧急照明电源或等效电源供电，在正常电源发生故障时，应自动接通上述电源。

当电梯行程大于30 m时，轿厢和机房之间距离最远时无法通过喊话的方式进行联系，为保证维修保养人员的安全，应在轿厢和机房之间设置对应的对讲系统。

为满足标准中对电梯紧急报警和紧急解困的要求，各电梯品牌通常都会在机房、轿顶、轿厢、底坑和监控室之间配备由专用应急照明电源供电的对讲装置，可以实现以上五方之间的通话，俗称“五方对讲”。“五方对讲”装置结构示意图如图3－69所示。

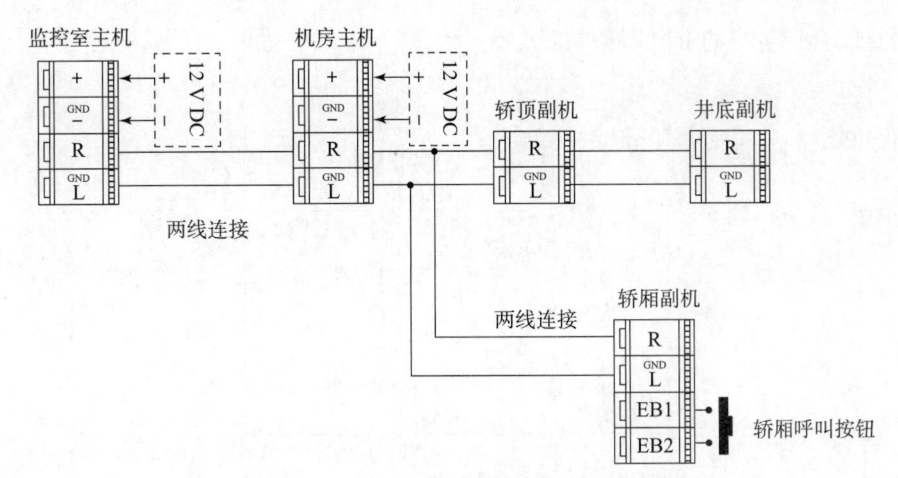

图 3－69　五方对讲装置结构示意图

任务 3.10　电梯平层、提前开门和再平层控制回路设计

电梯平层是指电梯轿厢正常运行到目标层站时，在平层区域内缓慢运行并停梯开门，使轿厢地坎与层门地坎上表面达到同一个平面的运动过程。在这一过程中，控制系统需要适时而准确地发出平层停梯信号，从而使电梯轿厢平稳、准确地停靠在目的层站，并满足平层精度的要求。

电梯运行控制中，通常由井道位置信号开关来识别轿厢位置，实现楼层准确停靠及运行安全保障。实现电梯平层控制的井道位置信号开关称为平层感应器，也称平层开关，常用干簧管感应器、双稳态磁开关、光电开关、接近开关、霍尔开关等。

电梯平层装置一般使用 2 ~4 个平层信号，即可以安装 2 ~4 个平层感应器。当电梯不具备提前开门和再平层功能时，一般使用 2 ~3 个平层感应器，当电梯具备提前开门和再平层功能时，一般使用 4 个平层感应器。仅使用两个平层感应器的，分别是上平层检测信号和下平层检测信号；使用 3 ~4 个平层感应器的，上、下两个分别是上、下平层检测信号，剩下的为门区检测信号。

3.10.1　电梯自动平层、提前开门和再平层控制回路原理分析

1. 继电器平层控制电路

早期继电器控制的电梯，主要通过平层感应器开关与继电器触点组成的逻辑电路实现电梯的自动平层控制。图 3－70 所示为某交流双速电梯利用三个干簧管感应器和隔磁板组成的平层装置控制回路。

图 3－70 中，三个感应器从上到下依次为上平层感应器 GSP、门区感应器 G_{MQ}、下平层感应器 G_{XP}。三个平层感应器常开触点分别控制三个继电器，即上平层继电器 KA_{SP}、门区继电器 KA_{MQ}、下平层继电器 KA_{XP}。当电梯不在平层区时，装于井道中的楼层隔磁板未插入感应器中，三个感应器常开触点断开，对应的三个继电器释放；当隔磁板插入感应器时，感应

器常开触点闭合，对应的继电器得电吸合。

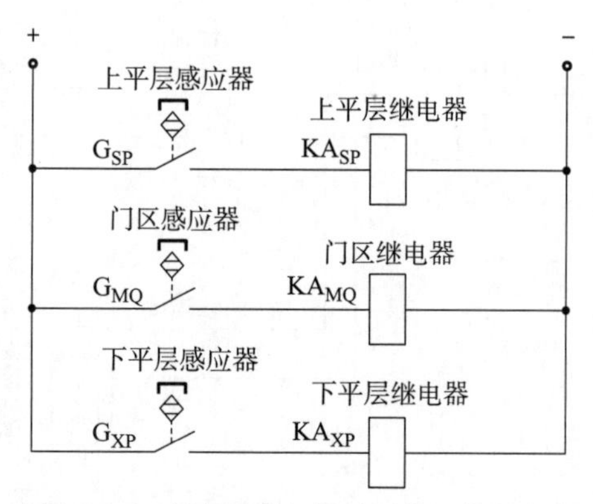

图3－70　交流双速电梯平层装置控制回路

轿厢下行时，隔磁板先插入下平层感应器 G_{XP}，再依次插入门区感应器 G_{MQ} 和上平层感应器 G_{SP}；轿厢上行时，隔磁板先插入上平层感应器 G_{SP}，再依次插入门区感应器 G_{MQ} 和下平层感应器 G_{XP}。当隔磁板同时插入三个感应器时，三个平层继电器均得电吸合，表明电梯轿厢已到达平层位置，电梯平层结束，通过平层控制回路使电梯立即停止。

图3－71所示为该交流双速电梯自动平层控制电路。

现对该平层控制电路工作原理进行分析。

图3－71中检修继电器 KA_{JX} 受轿顶检修开关控制，可以实现电梯正常/检修两种运行状态的切换。当轿顶检修开关置于正常状态时，KA_{JX} 断电释放；当轿顶检修开关置于检修状态时，KA_{JX} 得电吸合。电梯的平层控制功能只有当电梯处于正常运行状态时才有效。

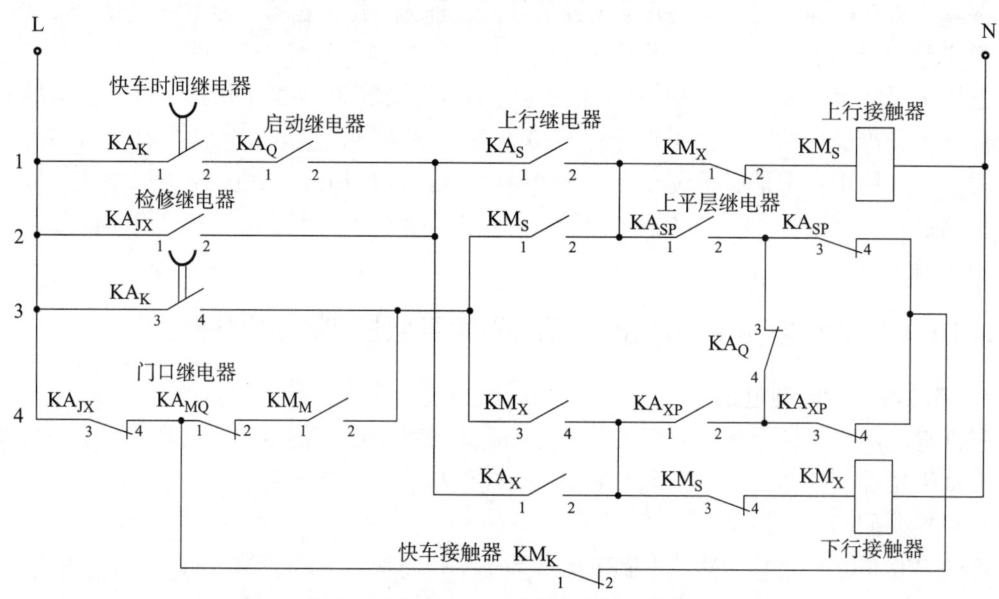

图3－71　交流双速电梯平层控制电路

（1）自动平层功能

电梯快车上行过程中，快车接触器 KM_K得电吸合的同时，图3－71中快车时间继电器 KA_K、启动继电器 KA_Q、上行方向继电器 KA_S均得电吸合。供电电源由支路1经快车时间继电器触点 KA_K（1，2）、快车启动继电器触点 KA_Q（1，2）、上行继电器触点 KA_S（1，2）、下行接触器常闭触点 KM_X（1，2），使上行方向接触器 KM_S保持得电吸合。

电梯到达目的层站前接通换速控制电路，使快车接触器 KM_K失电释放，同时使慢车接触器 KM_M得电吸电，电梯减速运行。快车接触器 KM_K失电的同时，快车启动继电器 KA_Q、快车时间继电器 KA_K均失电释放，KA_Q位于支路1的常开触点 KA_Q（1，2）断开，切断支路1的后续电路。慢车接触器 KM_M得电吸合后，其位于支路4中的常开触点 KM_M（1，2）闭合，电源由支路4经检修继电器常闭触点 KA_{JX}（3，4）、门区继电器常闭触点 KA_{MQ}（1，2）、慢车接触器触点 KM_M（1，2）、上行接触器触点 KM_S（1，2）、下行接触器触点 KM_X（1，2），使上行接触器 KM_S继续保持得电吸合，电梯继续保持上行。

支路1的启动继电器触点 KA_Q（1，2）断开上行接触器 KM_S的供电与支路4的慢车接触器触点 KM_M（1，2）闭合接通上行接触器 KM_S的供电之间在进行切换时存在时间差。为解决这一问题，该电路设计了辅助支路3，由位于支路3的快车时间继电器延时断开触点 KA_K（3，4）及后续电路，在支路1断电时，短暂维持上行接触器 KM_S线圈得电，保证了快车接触器 KM_K释放到慢车接触器 KM_M吸合的过渡过程中使上行接触器 KM_S保持吸合状态。

当安装于井道中的楼层隔磁板插入上平层感应器 G_{SP}时，上平层继电器 KA_{SP}得电吸合，电源由支路4经触点 KA_{JX}（3，4）后一分为二，一路由门区继电器常闭触点 KA_{MQ}（1，2）为上行接触器 KM_S供电的同时，另一路经快车继电器常闭触点 KM_K（1，2）、下平层继电器常闭触点 KA_{XP}（3，4）、启动继电器常闭触点 KA_Q（3，4）、上平层继电器常开触点 KA_{SP}（1，2）、下行接触器常闭触点 KM_X（1，2）为上行接触器 KM_S供电。

当隔磁板插入门区感应器 G_{MQ}时，门区继电器 KA_{MQ}通电吸合，其位于支路4中的常闭触点 KA_{MQ}（1，2）断开，使支路4经 KA_{MQ}（1，2）为上行接触器 KM_S供电的电路断开，仅剩支路4经快车继电器常闭触点 KM_K（1，2）的另一条电路继续为上行接触器 KM_S供电。

当隔磁板插入下平层感应器 G_{XP}时，下平层继电器 KA_{XP}得电吸合，其常闭触点 KA_{XP}（3，4）断开，使上行接触器 KM_S失电释放，电梯主电路和抱闸电路被切断，电梯停止运行，平层结束。

（2）越程反向平层功能

本平层控制电路还具有轿厢平层越程后反向平层功能。假设电梯在上行平层过程中因各种原因导致超出了平层位置，使上平层感应器 G_{SP}脱离了隔磁板，上平层继电器 KA_{SP}失电释放。此时下平层感应器 G_{XP}继续有效，下平层继电器 KA_{XP}保持得电吸合，电源由支路4经快车继电器常闭触点 KM_K（1，2）、上平层继电器常开触点 KA_{SP}（3，4）、启动继电器常闭触点 KA_Q（3，4）、下平层继电器常开触点 KA_{XP}（1，2）、上行接触器触点 KM_S（3，4），使下行接触器 KM_X得电吸合，电梯便慢速反向平层运行，直至三个平层感应器全部插入隔磁板时，电梯停止运行。

2. 微机控制提前开门和再平层电路

采用微机控制的电梯，其平层感应器的检测信号直接由井道电缆输送给控制器的主控板，电梯根据电动机侧编码器的速度及距离反馈，结合井道中的平层感应器和平层插板的位置信息进行运行，通过主板给出的信号控制变频器发出平层降速以及停止的指令，实现轿厢平层的精准控制。

图 3－72 所示为某品牌电梯实现平层功能及提前开门与再平层功能时的平层感应器配置和接线方案。

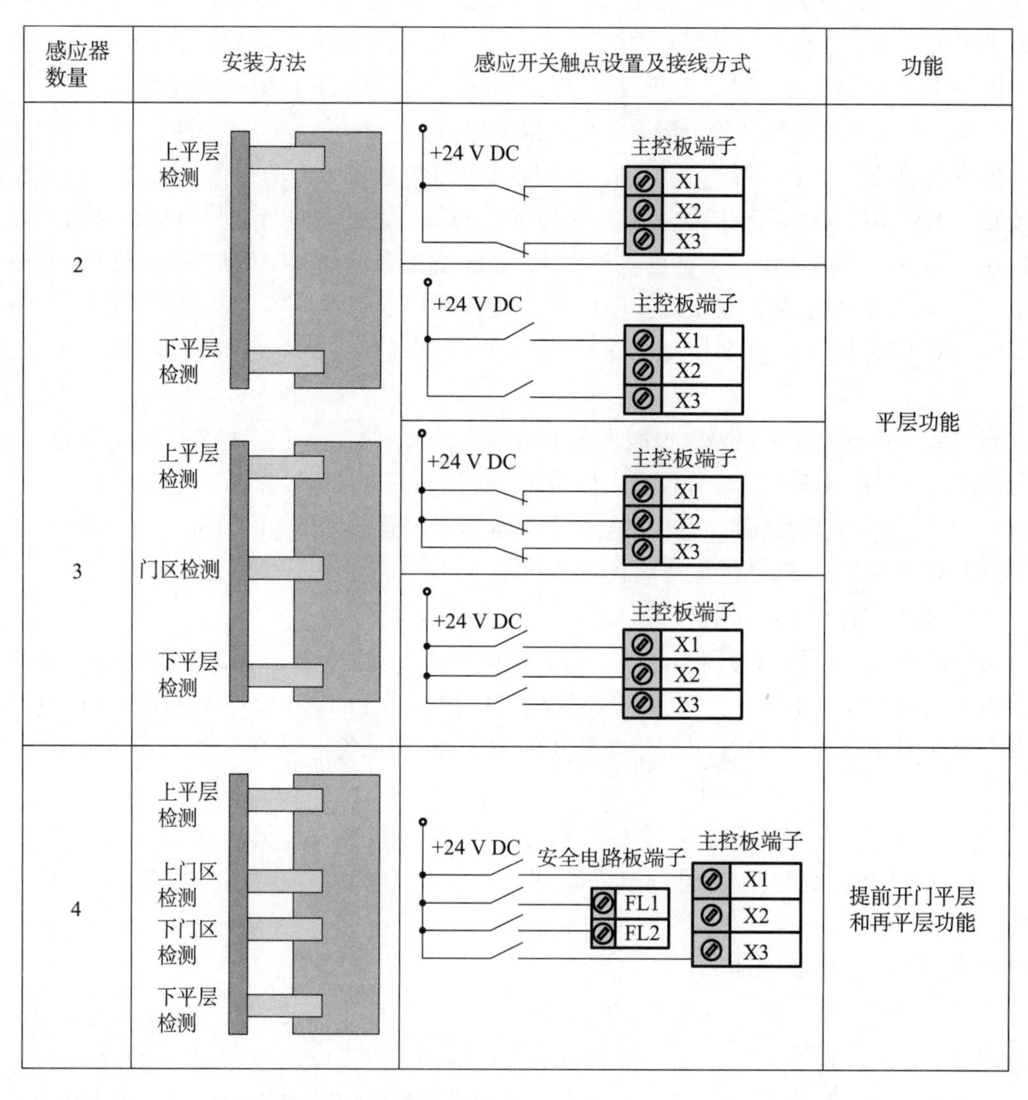

图 3－72　电梯实现平层功能及提前开门与再平层功能时的平层感应器配置和接线方案

具备提前开门和再平层功能的电梯，一般使用4个平层信号，分别为上下平层感应器和上下门区感应器。图3－73所示为一种实现提前开门和再平层控制功能的平层装置安装示意图，图3－74所示为其对应的控制原理图。

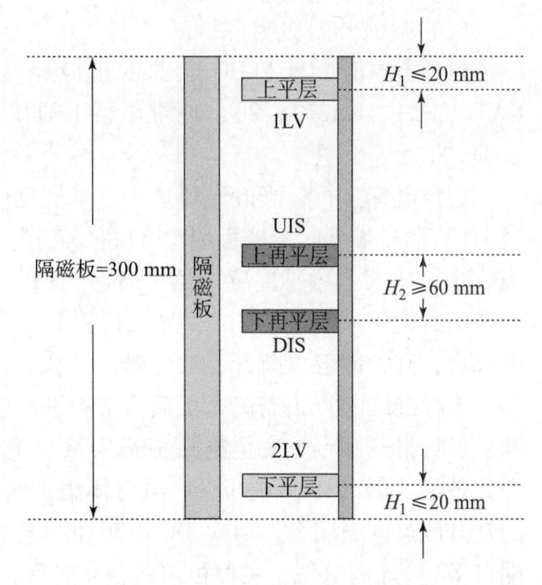

图3－73　平层装置安装示意图

根据安装示意图，该梯轿顶安装有4个“常开型”光电平层感应器。平层区域为上下平层感应器中心线之间的垂直距离，即280 mm。图3－74中，上平层感应器1LV常开触点和下平层感应器2LV常开触点分别接入主控板电平信号输入端口X1和X3，上门区感应器UIS常开触点和下门区感应器DIS常开触点分别接入提前开门/开门再平层功能安全电路板电平输入端口FL1和FL2。安全电路板使用4个继电器，分别是KA1、KA2、KA3、KA4。在继电器KA1、KA2、KA3、KA4的线圈两端分别并联反向二极管D1、D2、D3、D4，为电感线圈断电瞬间产生的高压反向电动势提供续流回路。发光二极管D5～D8，在电路中用作电路状态指示灯，当电路导通时，发光二极管点亮；当电路断开时，发光二极管熄灭。

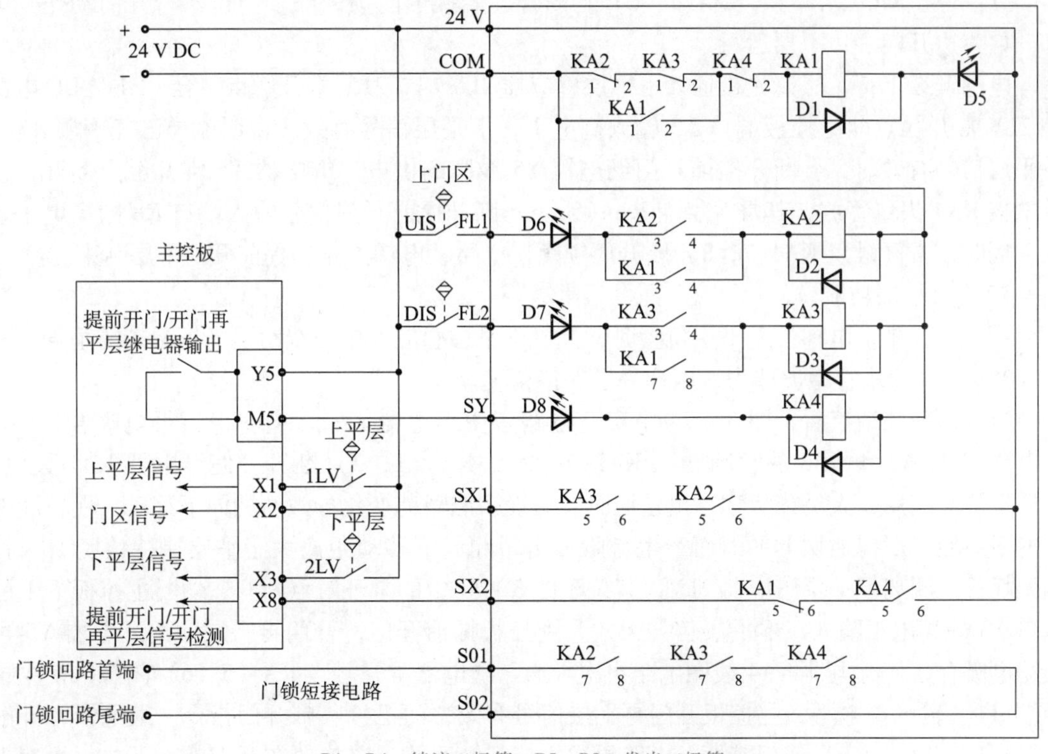

D1～D4—续流二极管；D5～D8—发光二极管。

图3－74　提前开门/开门再平层控制回路

（1）提前开门功能

电梯上电时，24 V DC 电源由正极经发光二极管 D5、继电器常闭触点 KA4(1，2)、KA3(1，2)、KA2(1，2)，使继电器 KA1 得电吸合，并通过其常开触点 KA1(1，2) 实现自锁。

假设电梯上行，当遮光板插入上平层感应器 1LV 时，1LV 常开触点闭合，24 V DC 电源经 1 LV 常开触点向主控板端口 X1 输入高电平，主控板接收到上平层信号。电梯继续上行，当遮光板插入上再平层感应器 UIS 时，UIS 常开触点闭合，24 V DC 电源经 UIS 常开触点、安全电路板输入端口 FL1、发光二极管 D6、继电器常开触点 KA1(3，4)，使继电器 KA2 得电吸合，其常闭触点断开，常开触点闭合。

电梯继续上行，当遮光板插入下再平层感应器 DIS 时，DIS 常开触点闭合，24 V DC 电源经 DIS 常开触点、安全电路板输入端口 FL2、发光二极管 D7、继电器常开触点 KA1(7，8)，使继电器 KA3 得电吸合，其常闭触点断开，常开触点闭合。此时，继电器 KA2 和 KA3 的常开触点同时闭合，24 V DC 电源经继电器常开触点 KA2(5，6)、KA3(5，6) 向主控板端口 X2 输入高电平，主控板门区信号有效，通过内部电路触发提前开门/再平层继电器 Y5 动作，其常开触点闭合，使主控板端口 Y5、M5 之间内部电路导通，24 V DC 电源经主控板端口 Y5 与 M5 之间内部电路使继电器 KA4 得电吸合。继电器 KA2、KA3、KA4 同时得电，串联在继电器 KA1 线圈前端的常闭触点 KA4(1，2) 断开，使 KA1 失电释放。24 V DC 电源经继电器常开触点 KA4(5，6)、常闭触点 KA1(5，6) 向主控板端口 X8 输入高电平，使主控板提前开门信号有效，门机接收到开门指令。同时，门锁短接电路中继电器常开触点 KA2(7，8)、KA3(7，8)、KA4(7，8) 均闭合，短接了门锁回路。门机执行开门动作，电梯开始一边开门一边平层运行。

电梯继续上行，当遮光板插入下平层感应器 2LV 时，2LV 常开触点闭合，24 V DC 电源经 2LV 常开触点向主控板端口 X3 输入高电平，下平层信号有效，说明电梯已经平层到位。下平层信号有效时，会断开提前开门继电器 Y5 线圈的供电，继电器 Y5 常开触点断开，使继电器 KA4 失电释放，其常开触点 KA4(5，6) 断开提前开门信号输入端口 X8 的高电平输入，同时，常开触点 KA4(7，8) 断开门锁短接电路，电梯停止，提前开门平层结束。

（2）再平层功能

图 3－73 中，电梯位于平层位置时，上、下平层感应器中心线距隔光板两端的垂直距离 $H_1 \leqslant 20$ mm，此垂直距离即为该电梯平层保持精度。

当电梯平层结束后，图 3－74 中安全电路板中继电器 KA2、KA3 保持得电吸合，KA4 失电释放，KA2 和 KA3 的常闭触点 KA2(1，2)、KA3(1，2) 断开，使继电器 KA1 失电。电梯平层开门后，人员或货物进出轿厢时，假设轿厢载荷变化导致轿厢向下移动，使轿厢地坎上平面低于厅门地坎上平面而产生台阶。当轿厢向下移动距离大于平层保持精度 H_1 时，隔光板首先脱离下平层感应器 2LV，其位于图 3－74 中的常开触点断开，切断主控板下平层端口 X3 的高电平输入，下平层信号无效，主控板提前开门，开门再平层输出继电器 Y5 再次得电吸合，使继电器 KA4 线圈电路再次导通。继电器常开触点 KA4(5，6) 闭合，使主控板端口 X8 输入高电平，主控板开门再平层信号有效，门机接收到开门指令。继电器常开触点 KA4(7，8) 闭合，使门锁短接电路再次短接门锁回路，电梯便在开门状态下执行慢速上行平层功能。当轿厢上行至遮光板再次插入下平层感应器 2LV 时，下平层检测信号有效，使提前开门输出继电器 Y5 线圈失电，其常开触点断开，继电器 KA4 失电释放，其常开触点 KA4(5，6）断开提前开门信号输入端口 X8 的高电平输入，同时，常开触点 KA4(7，8）断开门锁短接电路，电梯停止，提前开门平层结束。

3.10.2　标准要求

GB 7588—2003 标准要求及条款解读：

7.7.2.2　在下列区域内，允许开门运行：

5.12.1.4　门未关闭和未锁紧情况下的平层、再平层和预备操作控制

在下列情况下，允许层门和轿门未关闭和未锁紧时，进行轿厢的平层和再平层运行与预备操作：

a）通过符合 5.11.2 规定的电气安全装置，限制在开锁区域内（见 5.3.8.1）运行。在预备操作期间，轿厢应保持在距层站 20 mm 的范围内（见 5.12.1.1.4 和 5.4.2.2.1）。

b）平层运行期间，只有在已给出停站信号之后才能使门电气安全装置不起作用。

c）平层速度不大于 0.8 m/s。对于手动控制层门的电梯，应检查：

1）对于由电源频率决定最高转速的驱动主机，仅用于低速运行的控制电路已通电；

2）对于其他驱动主机，到达开锁区域的瞬时速度不大于 0.8 m/s。

d）再平层速度不大于 0.3 m/s。

条款解读：部分高层高速电梯为了节省乘客等待电梯开门的时间，提高运行效率，在电梯进入开锁区域内，在平层过程中采用一边慢速运行一边开启轿门、层门的控制方法，往往可以节省 2～5 s 的候梯时间，俗称“提前开门”。另外，在电梯平层停靠以后，由于乘客出入或装卸货物的原因，轿厢侧的总重量发生变化，可能造成绳头弹簧、轿底橡胶等弹性部件的压缩量变化，同时，曳引钢丝绳伸长量也发生变化，这些变化的累积可能导致轿厢产生向上或向下的位移，使轿厢地坎与层门地坎上表面出现高低差，产生台阶，给人员进出或装卸货物造成不便。当位移距离超出规定值后，电梯控制系统使电梯抱闸打开，在开门情况下再次执行平层运行动作，使平层精度再次满足要求，称为“再平层”。

5.12.1.1.4　轿厢的平层准确度应为 ±10 mm。如果平层保持精度超过 ±20 mm（例如在装卸载期间），则应校正至 ±10 mm。

条款解读：为了保证轿厢在停靠期间人员进出轿厢的安全，需要对轿厢地坎与层站地坎上平面之间的垂直距离进行限制，如图 3－75 所示。

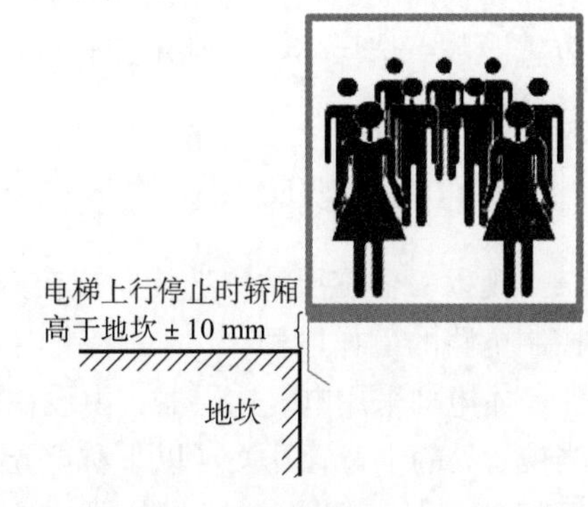

图 3－75　轿厢平层精度和平层保持精度示意图

平层准确度是指轿厢到站停靠后，轿厢地坎上平面与层门地坎上平面之间垂直方向的偏差值。平层保持精度指电梯装卸过程中轿厢地坎和层站地坎间铅锤方向的最大差值。本条款有三层含义：①平层时，轿厢地坎上平面与层门地坎上平面之间垂直方向的偏差值应在 ±10 mm 以内；②电梯装卸过程中，轿厢地坎上平面与层门地坎上平面之间垂直方向的最大偏差值应在 ±20 mm 以内。电梯平层停靠以后，由于乘客出入或装卸货物的原因，轿厢侧的总重量发生变化，可

能造成绳头弹簧、轿底橡胶等弹性部件的压缩量变化，同时，曳引钢丝绳伸长量也发生变化，这些变化的累积可能导致轿厢产生向上或向下的位移，由此引起的平层保持精度最大偏差值应在 ±20 mm 以内；③如果装卸载的时候不能保证平层保持精度在 ±20 mm 以内，应具备校正功能，使校正后的高度差恢复到 ±10 mm 以内。这里所说的校正功能，就是指“再平层”功能。所以，只要是在轿厢装卸载期间，平层保持精度可能超过 ±20 mm 时，则必须有再平层功能。

由于门锁触点是串联在电气安全回路中的，要实现开门运行，必须要将验证层、轿门的锁紧和闭合的电气安全装置旁接或桥接。

为避免在开门运行时对乘客产生挤压、剪切的危险，轿厢只能在开锁区进行提前开门或再平层运行。为满足这一要求，必须有一个安全触点或安全电路构成的电气安全装置对电梯的提前开门和再平层运行进行保护，而且要求这个电气安全装置串联在门锁回路的桥接或旁接电路中，一旦该电气安全装置动作，将直接切断门锁回路的桥接或旁接电路，断开制动器和驱动主机电源，使电梯停止运行。平层运行和再平层运行速度不能超过标准规定的最大值。

任务 3.11　电梯内选外呼指令运行控制回路

集选控制电梯，需要把轿厢内选层信号和各层站厅外召唤信号集合起来，自动决定上、下运行方向，顺序应答。控制电路将内选外呼信号进行登记，并在完成指令要求后将其消除，其功能是通过按钮和选层器产生的控制信号实现的。

选层器也叫楼层选择器，分为机械式选层器、电气式选层器、数字选层器等。早期电梯多采用机械式选层器，这种选层器以机械传动模拟轿厢运动状态，按缩小比例准确反映轿厢在井道中的运动位置，并通过电气触头的动作信号实现控制功能的装置。这种机械选层器对机械部件制造精度要求较高，加工和调整比较困难，选层器机械制造上的误差就可能导致电梯运行的很大误差，目前已被淘汰。电气选层器，也称继电器式选层器，一般采用安装在轿顶的双稳态磁性开关配合安装在导轨支架上对应每个层站适当位置处的永久磁铁，或采用安装在轿顶的隔磁板配合安装在导轨支架上对应每个层站适当位置处的磁感应开关来检测轿厢位置。数字选层器就是利用旋转编码器得到的脉冲数来计算楼层的位置，在目前变频电梯中最常见。

3.11.1　继电器逻辑控制内选外呼指令运行控制回路原理分析

现以一台三层站集选控制交流双速电梯为例来说明继电器逻辑控制的内选外呼指令运行控制电路的工作原理。

本电梯采用电气选层器，由设在轿厢顶上的隔磁板和安装于电梯井道内对应于每个层站适当位置处的干簧管开关（以下称楼层感应器）组成。当轿厢运行时，隔磁板与楼层感应器之间相对运动，产生反映轿厢位置的脉冲信号，通过此脉冲信号控制相应的继电器逻辑电路。

1. 轿内指令信号的登记、消除控制线路

轿内指令线路应具有以下功能：当乘客在轿厢内按下某个楼层按钮，只要电梯不在该层

站，按钮灯会点亮，内选指令会被登记，当电梯运行到被登记层站时，按钮灯熄灭，该指令信号被消除。要实现以上功能，在轿厢内轿门一侧装有操作屏，在操作屏上对应每个层站都设有一个自动复位的按钮，称为轿内指令按钮，每个轿内指令按钮控制一个对应的按钮指示灯和指令信号继电器，同时，每一个层站还设置有由选层器干簧感应器控制的层站继电器。

图3－76所示为轿内指令的登记线路；图3－77所示为轿内指令按钮指示灯控制线路；图3－78所示为楼层感应器控制的层站继电器线路。

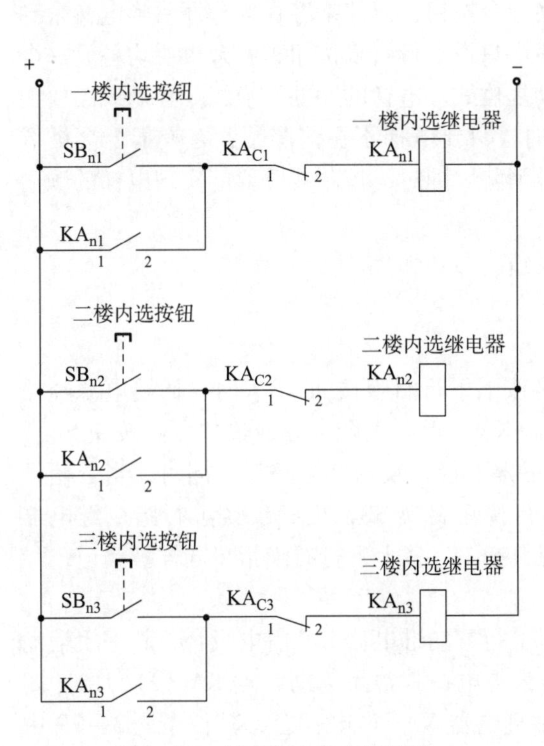

图3－76　轿内指令的登记线路

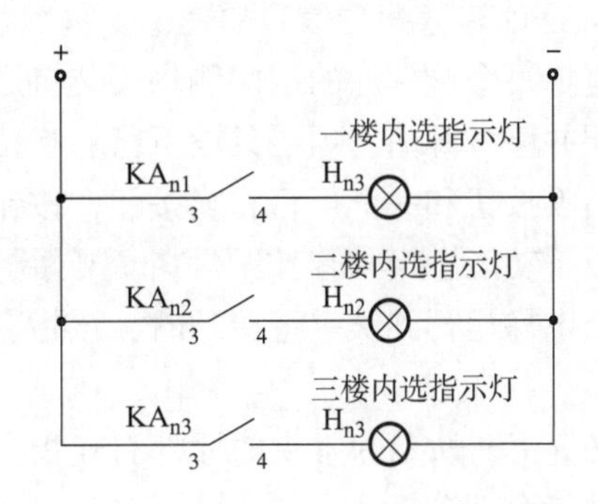

图3－77　轿内指令按钮指示灯控制线路

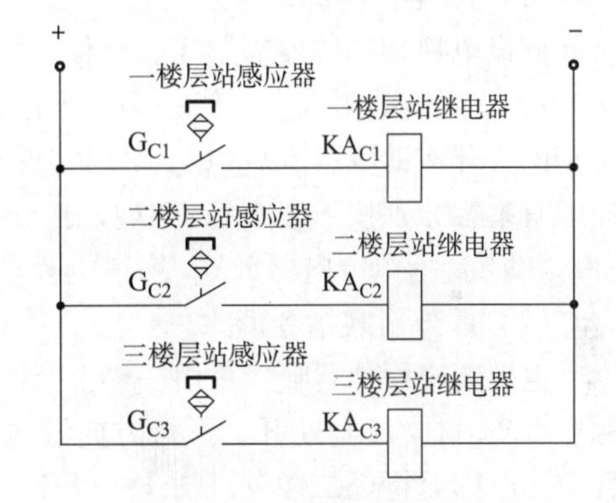

图3－78　层站继电器线路

图3－79中，在井道中，每个层站导轨架的适当位置安装有干簧感应器G_C，用于获取对应的楼层信号，当电梯到达某一层站时，安装于轿厢的隔磁板插入对应层站感应器时，该感应器常开触点闭合，使层站继电器KA_C得电吸合，当电梯离开该层站时，干簧感应器G_C常闭触点断开，层站继电器KA_C失电释放。

功能原理分析：

（1）轿内指令登记

假设乘客在一楼进入轿厢准备前往三楼，此时，因轿厢不在三楼，三楼楼层感应器SS_{C3}常开触点断开，三楼层站继电器KA_{C3}未通电。乘客在轿厢内按图3－76中三楼内选按钮SB_{n3}，电源经按钮SB_{n3}、三楼层站继电器常闭辅助触点KA_{C3}（1，2），使三楼内选指令继电器KA_{n3}得电吸合，并通过其常开辅助触点KA_{n3}（1，2）实现自锁，完成轿内指令登记。同时，图3－77中，三楼内选继电器常开辅助触点KA_{n3}（3，4）闭合，使三楼内选按钮指示灯H_{n3}点亮。

（2）轿内指令消除

轿内指令被登记后，层轿门关门到位，电梯上行，当上行至三楼时，图 3－78 中楼层干簧感应器 G_{C3} 因隔磁板插入而使其常开触点闭合，三楼层站继电器 KA_{C3} 得电，KA_{C3} 位于图 3－76 中的常闭辅助触点 KA_{C3}（1，2）断开，三楼轿内指令继电器 KA_{n3} 断电释放，取消自锁，轿内指令信号消除。同时，图 3－77 中，三楼内选继电器常开辅助触点 KA_{n3}（3，4）断开，使三楼内选按钮指示灯 H_{n3} 熄灭。

2. 厅外召唤指令信号的登记、消除控制线路

电梯每个候梯厅的层门侧均安装有厅外召唤指令按钮，以使乘客在候梯厅召唤电梯来到该楼层并停靠开门。顶层只设下行召唤按钮，底层只设上行召唤按钮，其余楼层均各设一个上行召唤按钮和一个下行召唤按钮，按钮为自动复位式。电梯的厅外召唤指令控制线路要能实现以下功能：当乘客按下厅外召唤指令按钮时，只要电梯不在该层站，召唤指令会被登记；当电梯运行到被登记层站时，该指令信号被消除。同时，控制线路要能实现电梯的顺向截停。

图 3－79 所示为常见的厅外召唤指令控制线路。

功能原理分析：

（1）厅外召唤指令登记

假设电梯在一楼停靠，当三楼候梯厅有乘客按下下行召唤按钮 SB_{3LX} 时，回路电源经按钮 SB_{3LX}、限流电阻 R_{3LX}，使三楼下行指令继电器 KA_{3LX} 得电吸合，并通过并联在按钮 SB_{3LX} 两端的常开辅助触点 KA_{3LX}（1，2）实现自锁，三楼下行召唤指令被登记。同时，当二楼候梯厅有乘客分别按下了上行召唤按钮 SB_{2LS} 和下行按钮召唤 SB_{2LX} 时，二楼上行指令继电器 KA_{2LS} 和下行指令继电器 KA_{2LX} 均得电吸合并实现自锁，二楼上下行召唤指令同样被登记。

（2）厅外召唤指令消除

电梯响应厅外召唤指令由一楼上行时，主机上行方向继电器 KA_S 得电吸合，其常闭辅助触点 KA_S（11，12）断开；下行方向继电器 KA_X 未得电，其常闭辅助触点 KA_X（11，12）闭合。当电梯上行至二楼时，图 3－79 中二楼层站继电器 KA_{C2} 得电吸合，其位于图 3－79 中的常开辅助触点 KA_{C2}（3，4）闭合，由二楼层站继电器常开辅助触点 KA_{C2}（3，4）、下行方向继电器常闭辅助触点 KA_X（11，12）、直驶继电器常闭辅助触点 KA_Z（1，2）构成的并联二楼上行指令继电器 KA_{2LS} 的线圈两端的旁接电路导通，短接了继电器 KA_{2LS} 的线圈，使继电器 KA_{2LS} 失电释放，从而消除了二楼厅外上行召唤指令。

（3）顺向截梯

厅外召唤顺向截梯功能使电梯运行时，只响应与电梯现有运行方向同向的厅外召唤指令，但会保留反向召唤指令，反向召唤指令会在电梯转向运行后再一一响应。

当图 3－78 中电梯响应二楼厅外上行召唤指令和三楼厅外下行召唤指令运行至二楼时，二楼层站继电器 KA_{C2} 得电吸合，通过其位于图 3－79 中常开辅助触点 KA_{C2}（3，4）的闭合消除了二楼上行召唤指令。此时，三楼的厅外下行召唤指令使上行方向继电器 KA_S 电路继续保持得电，使二楼下行召唤指令不被响应。上行方向继电器常闭辅助触点 KA_S（11，12）保持断开，由二楼层站继电器常开触点 KA_{C2}（5，6）、上行方向继电器常闭辅助触点 KA_S（11，12）、直驶继电器常闭辅助触点 KA_Z（1，2）构成的并联在二楼下行指令继电器 KA_{2LX} 的线圈两端的旁接电路无法接通，继电器 KA_{2LX} 继续保持得电吸合，二楼下行召唤指令不被响应，但被持续保留。电梯继续上行至三楼平层停靠后，电梯上行方向继电器KA_S失电释放，控制系统响应二楼下行召唤指令使下行方向继电器KA_X得电吸合，电梯开始向下行。当电梯下行至二楼时，图3－78中二楼层站继电器KA_{C2}得电吸合，其位于图3－79中的常开辅助触点KA_{C2}(5，6)闭合，由二楼层站继电器常开辅助触点KA_{C2}(5，6)、上行方向继电器常闭辅助触点KA_S(11，12)、直驶继电器常闭辅助触点KA_Z(1，2)构成的并联于二楼下行指令继电器KA_{2LX}线圈两端的旁接电路导通，短接了继电器KA_{2LX}的线圈，使继电器KA_{2LX}失电释放，消除了二楼下行召唤指令，完成顺向截梯。

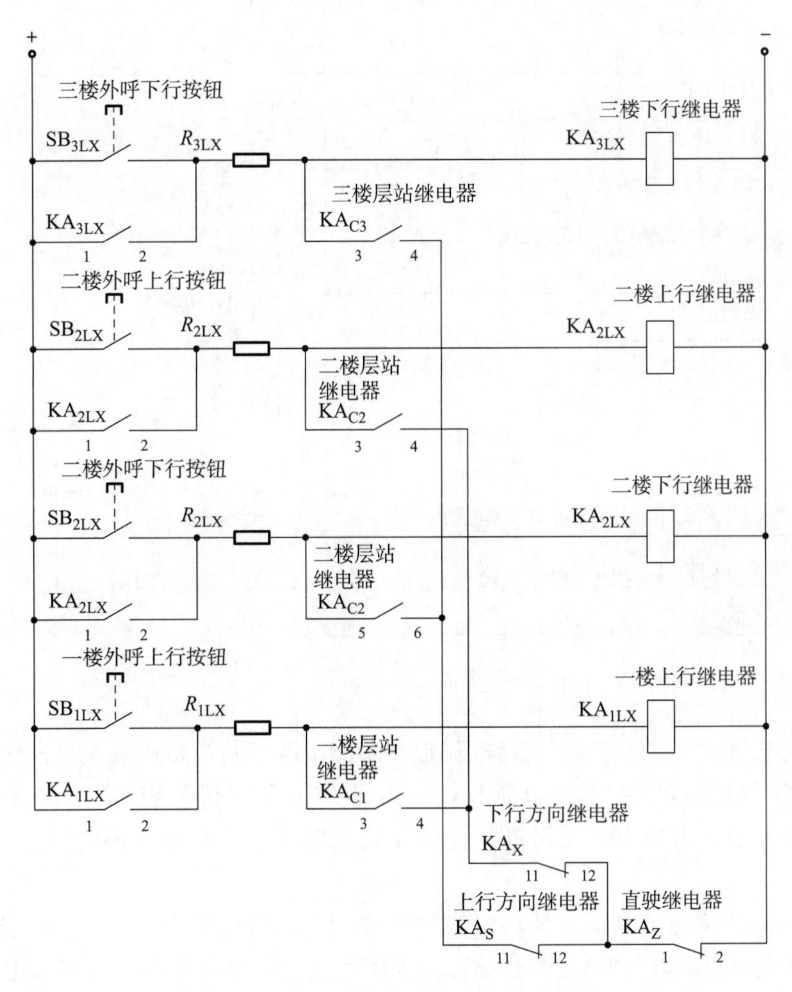

图3－79　厅外召唤指令控制线路

3. 电梯选向、选层及停层换速控制线路

电梯内外召唤指令被登记之后，电梯应根据轿厢当前所在位置和轿内指令所选定的楼层，以及厅外召唤指令所在楼层自动选择运行方向，简称选向。同时，自动正确地选择待停靠层站，简称选层。电梯运行至目的层站附近时，其停层换速控制线路使电梯由快速运行切换至慢速运行，为平层停梯做准备。除此以外，集选控制电梯还应具有最远反向截梯、反向截梯时轿内指令优先、无方向返平层等功能。

图3－80所示为常见的内外召唤指令选向、选层及停层换速控制线路。

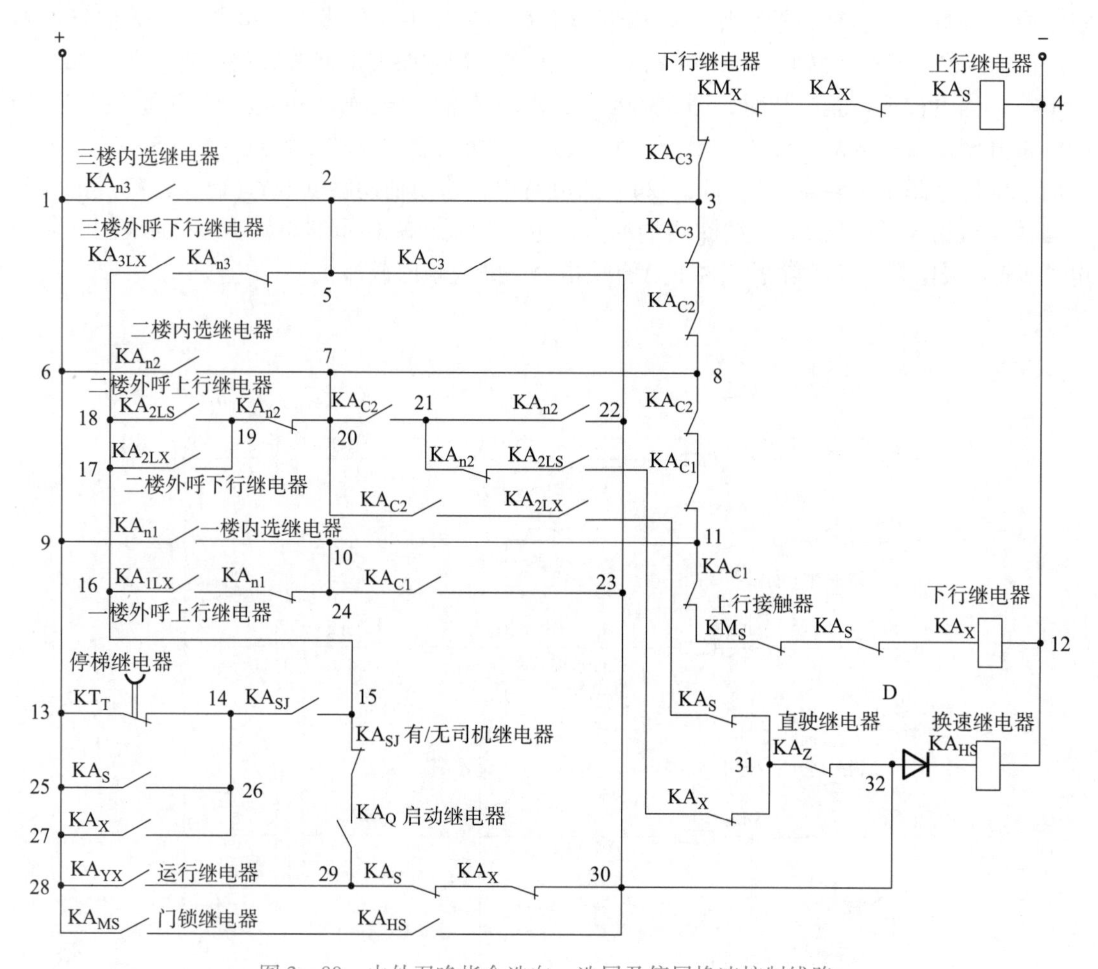

图3－80　内外召唤指令选向、选层及停层换速控制线路

集选控制电梯通常具有“有/无司机”控制功能，本控制线路通过人员操作轿内操作箱的“有/无司机”转换开关控制继电器 KA_{SJ}，实现“有/无司机”控制模式的转换。当继电器 KA_{SJ}得电吸合时，电梯为“无司机”控制模式；当继电器 KA_{SJ}未得电时，为“有司机”控制模式。

继电器 KA_{HS}为换速继电器，其功能为当电梯响应内外召唤指令运行到达选定层站时，通过换速控制电路使继电器 KA_{HS}得电吸合，继而通过控制电路切断交流双速电动机快速绕组的供电电路，接通慢速绕组的供电电路，从而控制电梯在平层前的减速运行。只有换速继电器 KA_{HS}得电吸合，电梯才能由高速运行转换到低速爬行，平层控制电路才能接通并实现电梯平层停梯。

（1）“无司机”控制模式功能原理分析

①轿内指令选向和选层控制。

当乘客在轿厢内按下内选楼层按钮时，内选指令被登记，对应的内选指令继电器 KA_n得电吸合，电梯便可实现选向运行和选层停靠。选向运行，是指确定电梯运行方向。选层停靠，是指确定需要停靠的楼层。

选向：假设电梯停靠在二楼时，有乘客在轿内先按下三楼内选按钮，则图3－80中支路1－2－3－4导通，电源经三楼内选继电器KA_{n3}常开辅助触点、三楼层站继电器KA_{C3}常闭辅助触点、下行接触器KM_X常闭辅助触点、下行方向继电器KA_X常闭辅助触点使上行方向继电器KA_S得电吸合。此时，如果有其他轿内乘客接着按下一楼内选按钮，由于此时上行方向继电器KA_S已经得电吸合，其常闭辅助触点串接在支路11－12的下行方向继电器KA_X供电电路中，使下行方向继电器KA_X的线圈不能得电，一楼内选指令被登记但不被响应，电梯优先响应内选三楼指令上行，实现了轿内指令的选向运行。只有电梯到达三楼后，三楼层站继电器KA_{C3}得电吸合，其串联在支路3－4中的常闭辅助触点断开上行方向继电器KA_S的线圈供电，图3－80中支路9－10－11－12导通，电源经一楼内选继电器KA_{n1}常开辅助触点、一楼层站继电器KA_{C1}辅助常闭触点、上行接触器KM_M常闭辅助触点、上行方向继电器KA_S常闭辅助触点使下行方向继电器KA_X得电吸合，电梯才响应一楼内选指令下行。

选层：假设电梯停靠在一楼，二楼无内选外呼指令，有乘客按下轿厢三楼内选按钮，则图中支路1－2－3－4导通，电源经三楼内选继电器KA_{n3}常开辅助触点、三楼层站继电器KA_{C3}常闭辅助触点、下行接触器KM_X常闭辅助触点、下行方向继电器KA_X常闭辅助触点使上行方向继电器KA_S得电吸合，电梯上行。当电梯到达二楼时，因二楼无内选外呼指令，二楼内选继电器KA_{n2}、二楼厅外召唤指令继电器KA_{2LX}和KA_{2LS}均未得电吸合，二楼换速控制电路6－7－20－31－32、18－19－20－31－32、17－19－20－31－32均不能导通，换速继电器KA_{HS}不能得电，电梯在二楼不会换速停靠。当电梯上行至三楼时，三楼换速控制电路1－2－5－22－23－30－32导通，电源经三楼内选继电器KA_{n3}常开辅助触点、三楼层站继电器KA_{C3}常闭辅助触点使换速继电器KA_{HS}得电吸合，交流双速电动机主驱动电路由电动机快速绕组切换至慢速绕组，电梯开始平层前的减速运行，并通过平层装置完成平层动作，实现轿内指令的选层停靠。

②厅外召唤指令选向和选层控制。

当电梯置于无司机模式时，“有/无司机”继电器KA_{SJ}得电吸合，其位于支路14－15的常开辅助触点闭合；当电梯运行时，停梯时间继电器KT_T得电，其位于支路13－14的常闭辅助触点瞬时断开；当电梯停止时，停梯时间继电器KT_T失电，其位于支路13－14的常闭辅助触点延时闭合。

选向：当三楼候梯厅有乘客先按下外选下行按钮时，三楼外呼下行继电器KA_{3LX}得电吸合，支路13－14－15－16－17－18－5－2－3－4导通，使上行方向继电器KA_S得电吸合，KA_S通过位于支路25－26－14的常开触点闭合，短接了支路13－14中的停梯时间继电器KT_T常闭触点。此时，如果一楼候梯厅有其他乘客按下上行召唤按钮，由于上行方向继电器KA_S常闭触点串接在下行方向继电器KA_X电路中，且此时KA_S常闭触点断开，下行方向继电器KA_X不能得电，电梯优先响应三楼厅外召唤指令上行，实现选向运行。

选层：假设电梯停靠在一楼，二楼无内外召唤指令，有乘客在三楼候梯厅按下召唤按钮，三楼外呼下行继电器KA_{3LX}吸合，支路13－14－15－16－17－18－5－2－3－4导通，使上行方向继电器KA_S得电吸合，KA_S通过位于支路25－26－14的常开辅助触点闭合，短接了支路13－14中的停梯时间继电器KT_T常闭触点，实现自锁。当电梯到达二楼时，因二楼无内选外呼指令，二楼内选继电器KA_{n2}、二楼外呼继电器KA_{2LX}和KA_{2LS}均未得电吸合，二楼换速控制电路6－7－20－31－32、18－19－20－31－32、17－19－20－31－32均不能导通，换速继电器 KA_{HS}不能得电，电梯在二楼不会换速并停靠。当电梯上行至三楼时，三楼换速控制电路25－26－15－16－17－18－5－22－23－30－32导通，使换速继电器 KA_{HS}得电吸合，交流双速电动机主驱动电路由电动机快速绕组切换至慢速绕组，电梯开始平层前的减速运行，并通过平层装置完成平层动作，实现厅外召唤指令的选层停靠。

③最远反向呼梯信号优先。

与电梯运行方向相同的厅外召唤信号称为顺向截梯信号，与电梯运行方向相反的厅外召唤信号称为反向截梯信号。当有多个楼层的反向截梯信号被登记时，为保证最远楼层的乘客乘用电梯，往往要求电梯优先响应最远楼层的反向呼梯信号。

设电梯在一楼停靠，二楼和三楼候梯厅分别有乘客按下外呼下行按钮，则二楼、三楼外呼下行指令继电器 KA_{2LX}和 KA_{3LX}均得电吸合，两处下行召唤指令被登记。支路13－14－15－16－17－19－20－7－8－3－4和13－14－15－16－17－18－5－2－3－4同时导通，使上行方向继电器 KA_S得电吸合，KA_S通过位于支路25－26－14的常开辅助触点闭合，短接了支路13－14中的停梯时间继电器 KT_T常闭触点，实现自锁，电梯上行，此时的二楼外呼下行指令 KA_{2LX}为反向截梯信号，三楼外呼下行指令 KA_{3LX}为最远反向呼梯信号。

当电梯到达二楼时，二楼层站继电器 KA_{C2}得电吸合，其位于支路8－3中的常闭辅助触点断开，断开为上行方向继电器 KA_S供电的一条支路13－14－15－16－17－19－20－7－8－3－4，但另一条支路13－14－15－16－17－18－5－2－3－4保持导通，使上行方向继电器 KA_S持续得电。换速继电器 KA_{HS}的控制电路中，位于支路20－31－32的上行方向继电器 KA_S常闭触点保持断开，使换速继电器 KA_{HS}无法得电，电梯在二楼不会换速停靠。

电梯继续上行至三楼，三楼层站继电器 KA_{C3}得电吸合，其位于支路3－4的常闭辅助触点断开，使上行方向继电器 KA_S失电释放，其位于支路29－30中的常闭辅助触点闭合。同时，因电梯运行时运行继电器 KA_{YX}得电吸合，其位于支路28－29的常开辅助触点闭合，电源经运行继电器 KA_{YX}常开辅助触点、上行方向继电器 KA_S常闭辅助触点、下行方向继电器 KA_X常闭辅助触点使支路28－29－30－32导通，换速继电器 KA_{HS}得电吸合，发出换速信号，使电梯由高速运行切换至慢速爬行，再通过平层控制电路使电梯在三楼平层停靠。可见，三层外呼下行指令信号 KA_{3LX}作为最远的反向呼梯信号被优先响应。此后，电梯再响应二楼外呼下行指令信号 KA_{2LX}向下运行，此时的 KA_{2LX}信号为顺向截梯信号。

④反向截梯时轿内指令优先。

设电梯在一楼停靠，有乘客在二楼候梯厅按下外呼下行按钮，反向截梯信号 KA_{2LX}被登记。电梯上行到二楼时，二楼层站继电器 KA_{C2}得电吸合，其位于支路8－3－4中的常闭辅助触点断开，使上行方向继电器 KA_S失电释放，换速继电器 KA_{HS}得电吸合，电梯换速停靠并开门。此时，停梯时间继电器 KT_T断电释放，其位于支路13－14中的延时常闭辅助触点延时数秒后闭合，同时，电梯启动继电器 KA_Q断电释放，其位于支路15－19中的常开辅助触点断开。因此，在停梯时间继电器 KT_T位于支路13－14中的常闭辅助触点延时闭合前，全部楼层外呼召唤指令选向运行电路均不起作用，外呼指令信号暂时不会被响应。

而轿厢内选指令则不受影响，可通过按下各层内选按钮，完成选向功能实现内选指令信号的及时响应。如按下三楼内选按钮 KA_{n3}，使支路1－2－3－4导通，下行继电器 KA_x得电吸合，电梯可以上行；按下一楼内选按钮 KA_{n1}，使支路9－10－11－8－3－4导通，上行继电器 KA_S得电吸合，电梯可以下行。二楼进入轿厢的乘客就可以利用停梯时间继电器 KT_T的常闭触点延时闭合的数秒时间，操作轿厢内选指令按钮实现轿内指令优先运行。

⑤无方向换速平层功能。

无方向换速平层是指当电梯在运行过程中，因人为或故障等原因造成内呼外选指令全部消除时，电梯可立即接通换速电路并在就近层站平层停靠。

当电梯内呼外选指令信号均消除时，上下行方向继电器 KA_S、KA_X 均失电释放，电梯失去运行方向信号。此时，KA_S、KA_X 的常闭辅助触点闭合，支路 28－29－30－32 导通，电源经运行继电器 KA_{YX} 常开辅助触点、下行继电器 KA_S 常开辅助触点、上行继电器 KA_X 常闭辅助触点，使换速继电器 KA_{HS} 得电吸合，发出换速信号，使电梯由高速运行切换为慢速运行，并在就近层站平层停靠。

（2）“有司机”控制模式功能原理分析

①选向控制。

电梯在自动行动状态（无司机控制）时，内选继电器 KA_{n1}、KA_{n2}、KA_{n3} 分别响应各楼层内选指令信号，当内选继电器得电吸合时，图 3－80 中 KA_{n1}、KA_{n2}、KA_{n3} 的常开辅助触点闭合，控制电源可分别经过支路 9－10－11、6－7－8、1－2－3 及后续电路使方向继电器 KA_S 或 KA_X 得电吸合，实现选向运行。外呼指令继电器 KA_{1LS}、KA_{2LS}、KA_{2LX}、KA_{3LX} 分别响应各楼层外呼指令信号，当外呼指令继电器得电吸合时，图 3－51 中 KA_{1LS}、KA_{2LS}、KA_{2LX}、KA_{3LX} 的常开触点闭合，控制电源分别经过支路 16－24－10－11、18－19－20－7－8、17－19－20－7－8、18－5－2－3 及后续电路使方向继电器 KA_S 或 KA_X 得电吸合，实现选向运行。

在“有司机”控制模式下，将“有/无司机”转换开关切换到“有司机”状态，使继电器 KA_{SJ} 失电释放，其位于支路 14－15 的常开辅助触点断开。同时，在电梯停靠时，运行继电器 KA_{YX} 和启动继电器 KA_Q 均失电释放，运行继电器 KA_{YX} 位于支路 28－29 中的常开辅助触点及启动继电器 KA_Q 位于支路 15－29 中的常开辅助触点断开。各层站外呼指令虽然可以登记，但其指令信号无法通过上述支路使方向继电器 KA_S、KA_X 得电吸合，因此无法实现电梯的选向运行，电梯只能由轿厢内操作人员通过轿内指令按钮实现电梯选向运行。

②厅外召唤指令顺向截梯。

在“有司机”控制模式下，电梯只能由轿内指令选定运行方向，厅外召唤指令信号虽然不参与选向，但可以实现顺向截梯。图 3－80 中，假设电梯在一楼停靠，有乘客在二楼候梯厅同时按下厅外上、下行召唤按钮，二楼外呼继电器 KA_{2LS}、KA_{2LX} 分别得电吸合，外呼上、下行指令被登记，但因厅外召唤信号不能控制电梯选向，此时电梯并不运行。当轿内操作人员按下三楼内选按钮时，三楼内选继电器 KA_{n3} 吸合，电源由支路 1－2－3－4 使上行方向继电器 KA_S 得电吸合，电梯上行，运行继电器 KA_{YX} 和启动继电器 KA_Q 同时得电吸合。电梯到达二楼时，二楼层站继电器 KA_{C2} 得电吸合，电源由支路 28－29－15－16－17－18－19－20－21－31－32 使换速继电器 KA_{HS} 得电吸合，发出换速信号，实现了上行方向顺向截梯。而二楼外呼下行指令信号 KA_{2LX} 控制换速继电器 KA_{HS} 的电路中，位于支路 20－32－33 中的上行继电器 KA_S 常闭辅助触点处于断开状态，使二楼外呼下行召唤指令信号 KA_{2LX} 不被响应，但指令信号持续被登记。电梯到达三楼平层停靠后，当轿内人员按下一楼内选按钮后，再次选定运行方向，电梯下行，经过二楼时，原已登记的二楼外呼下行指令信号 KA_{2LX} 使支路 28－29－15－16－17－19－20－31－32 导通，换速继电器 KA_{HS} 得电吸合，电梯在二楼换速平层，再次实现下行方向顺向截梯。

③直驶功能。

在“有司机”控制模式下，当轿内操作人员不希望电梯运行过程中被厅外召唤指令信号顺向截梯，而只响应轿内指令时，可按下轿内操作屏的“直驶”按钮，直驶继电器 KA_Z 得电吸合，位于换速继电器 KA_{HS} 控制电路的支路 31－32 中的 KA_Z 常闭触点断开，而所有外呼召唤指令信号均需通过支路 31－32 才能使换速继电器 KA_{HS} 得电而实现换速平层，所以，电梯不响应外呼召唤指令。而轿内指令信号均可通过支路 23－30－32 使 KA_{HS} 电路接通，让电梯在轿内选定楼层换速停靠，由此实现了“有司机”控制模式下的直驶功能。

3.11.2 微机控制内外召唤控制系统原理分析

采用微机控制的电梯，其内外召唤控制系统主要由电梯主控制板、轿内指令控制板和显示板、厅外召唤显示控制板、轿顶控制板等组成，其系统结构如图 3－81 所示。

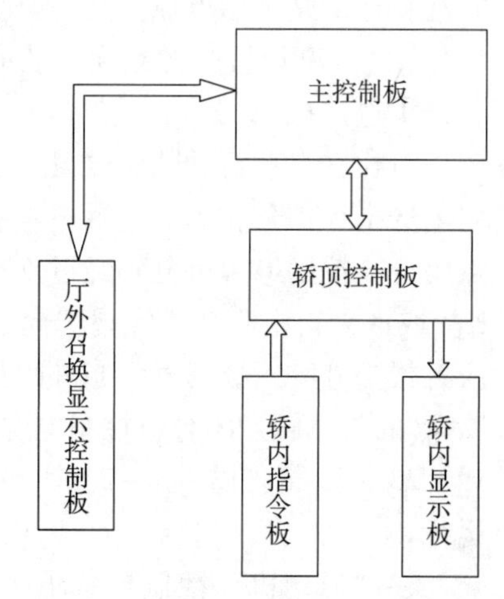

图 3－81 微机控制内外召唤控制系统结构

轿顶控制板是电梯轿厢的控制板，能与主控制板和轿内指令显示板进行通信，是一体化控制器中信号采集和控制信号输出的中转站。轿内指令板与轿内板配套，主要功能是按钮指令登记和消除、按钮指示灯输出。轿内显示板用于显示电梯所在楼层、运行方向等信息。厅外召唤显示控制板是电梯一体化控制器和用户进行交互的重要接口之一，在厅外接收用户召唤及显示电梯所在楼层、运行方向等信息。

主控制板微机控制程序负责对内外召唤指令的登记与取消、层楼信号的取得与指示、运行方向的选择、选层的判定等逻辑信号进行分析、判断和处理，应答乘客要求。

图 3－82 所示为微机控制电梯三层站内外召唤控制系统结构原理图。

轿内指令板包含 24 个输入接口、22 个输出接口，其中包括 16 个层楼按钮接口，以及其他 8 个功能信号接口。图 3－60 中 JP1～JP3 接口分别控制一至三 3 楼指令按钮输入及指示灯输出，JP4～JP16 无效，JP17～JP24 接口依次控制开门、关门、延时关门、直驶、司机、换向、独立运行和消防员运行的功能输入按钮。在指令板的上、下端各有一个采用 9PIN 器件的连接接口，其中上端 CN2 接口与轿顶板 CN7 接口相连，实现通信；下端 CN1 接口为指令板级连接口，当电梯层站大于 16 层时，使用级连方式，将第一级指令板下端 CN1 接口与下级指令板 CN2 接口进行串联连接。

轿顶控制板 CN2 端子与主控制板 CN3 端子相连，实现 Canbus 通信，是一体化控制器中信号采集和控制信号输出的中转站。

厅外召唤显示控制板 CN1 端子与主控制板 CN3 端子相连，实现 Modbus 通信，接收用户厅外召唤信号以及显示电梯所在楼层、运行方向等相关信息。图 3－61 中外呼显示控制板每个层站一个，一楼显示控制板设有 JP3 上行召唤按钮、JP2 消防功能开关和 JP1 钥匙开关；二楼显示控制板分别设有 JP3 上行和 JP4 下行召唤按钮；顶楼（三楼）仅设 JP4 下行召唤按钮。

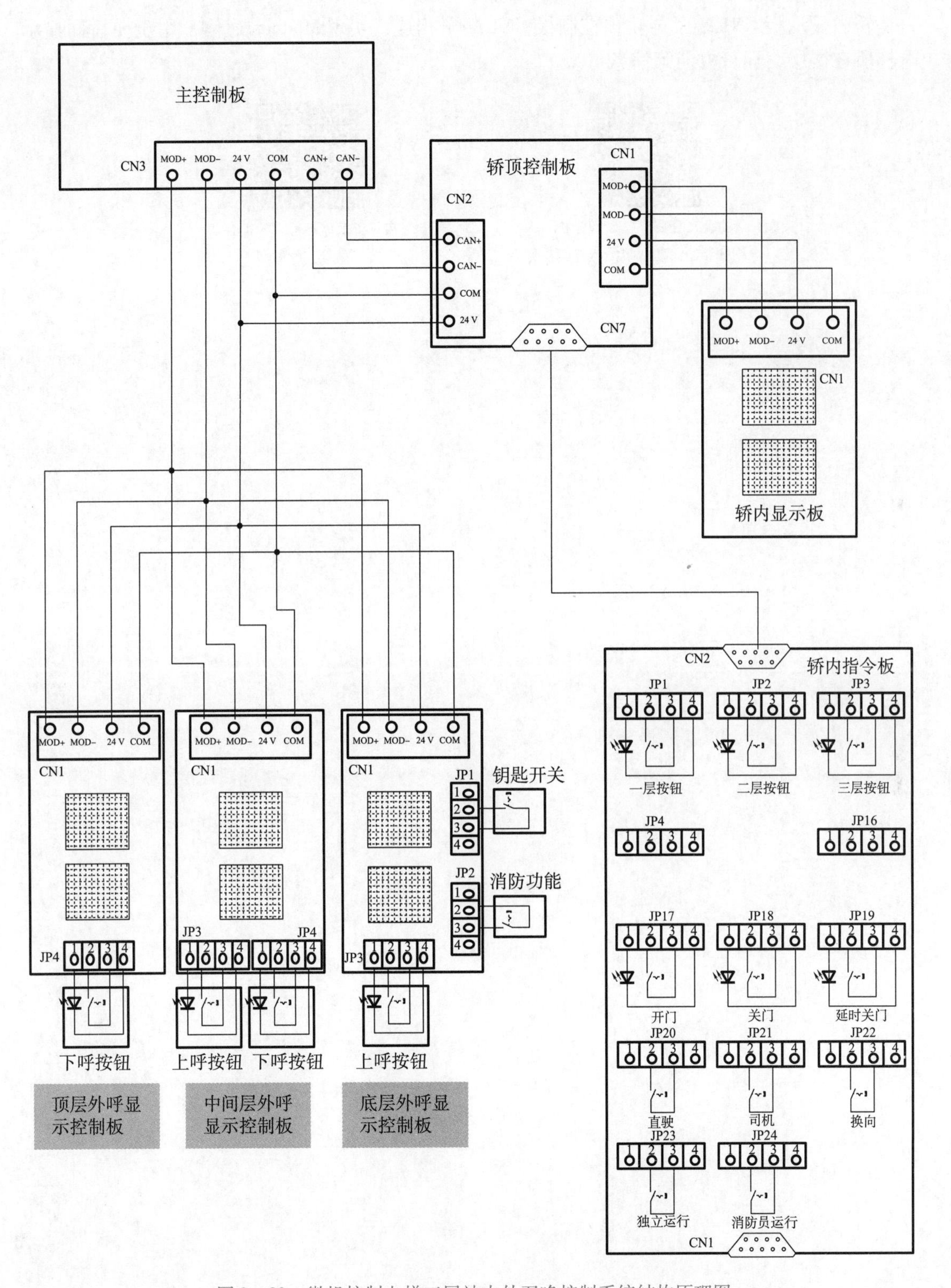

图3－82 微机控制电梯三层站内外召唤控制系统结构原理图

轿内显示板 CN1 端子与轿顶控制板 CN1 端子相连，实现 Modbus 通信，用于在轿厢显示电梯所在楼层、运行方向等信息。

主驱动回路工作原理分析
（电梯安装维修职业技能鉴定实操题）

电梯安装维修职业技能鉴定
中级实操题库

项目4 PLC和微机在电梯控制系统中的应用

【知识目标】

1. 了解常用电梯的功能、工作状态及进行控制要求。
2. 熟悉PLC控制系统的结构，掌握电梯PLC控制的编程方法。
3. 了解微机在电梯控制系统中的应用。

【技能目标】

1. 掌握轿厢位置信息的处理方法，判定和指示电梯当前的位置。
2. 掌握内指令信息和外召唤信息的处理方法，判定和指示电梯当前的工作状态，实现顺向“截停”、反向“记忆”功能。
3. 掌握电梯开关门信息的处理方法，手动和自动控制电梯开关门。

【素质目标】

1. 培养电梯行业的“三新技术”不断深化科技创新引领未来的行业思路。
2. 领会创新驱动发展战略、高水平科技自立自强的强国战略。

无论何种电梯，无论其运行速度有多快，自动化程度有多高，所要达到的目标都是相同的，即要求电梯的控制系统能根据轿厢内指令信号和各层厅外召唤信号进行逻辑判断，决定响应哪一个召唤信号，自动确定电梯的运行方向，并按程序要求完成预定的控制目标。PLC

和微机具有很强的逻辑处理能力，把它们应用在电梯运行控制中，能够发挥其优势，实现电梯的智能化控制。目前，国产电梯不但广泛采用 PLC 智能控制，而且正在向微机智能控制方向发展。

不管使用何种控制手段，仅就电梯的控制方法而言，由于这种控制属于随机控制，各种输入信号之间、输出信号之间以及输入信号和输出信号之间相互关联，逻辑关系处理起来非常复杂，给控制系统的编程带来很大困难。从某种意义上说，编程水平的高低决定了电梯运行状态的好坏，因此，在电梯控制中，编程技术成为控制电梯运行的关键技术。

PLC 的编程工作主要是针对各种信号进行逻辑判断和处理。如何学好针对电梯的 PLC 控制方法，重点在于将整个控制系统分成若干个控制环节，并充分利用 PLC 内部的资源和指令系统，对这些控制环节进行 PLC 编程。电梯的主要控制环节包括指层显示环节、呼梯信号登记环节、呼梯信号综合环节、呼梯信号优先级比较排队环节、呼梯信号选中环节、判断电梯运行方向环节、电梯顺向截停环节和电梯换向控制环节等。其中，呼梯信号优先级比较排队环节是编程的重点，判断电梯运行方向环节是编程的难点。学好了本项目知识，对于分析电梯的 PLC 控制程序、完成旧电梯的技术升级和改造、在用电梯的功能发展都非常有帮助。

电梯的微机智能控制系统一般由专业的电梯生产厂商自主研制开发，其技术性、专用性及保密性都较强。由于涉及知识产权问题，所以不同生产厂商开发的微机控制板基本不通用，甚至同一生产厂商开发的微机控制板也可能不通用，因此，针对电梯微机控制这部分知识，只对微机在电梯控制系统中的应用做简单介绍。

任务 4.1　电梯运行过程分析

电梯运行过程

电梯是一种向上、向下运行的交通工具，它根据轿厢内乘客的指令信号和各个楼层厅外召唤信号的要求进行选层定向、关门、启动加速、匀速运行、到达目的层站再减速制动至停止、开门放客。电梯的用途不同，控制形式不同，它们的运行过程略有差异。下面介绍几种电梯的运行工艺过程，以便了解各种电梯的运行概况并分析电梯的电气控制系统工作原理。

4.1.1　载货电梯的运行过程

载货电梯为装卸货物用的电梯，由专职司机操作。载货电梯的运行过程如下：

①接通电梯的总电源、控制电源、照明电源。

②打开基站的厅门和轿厢门。

③司机进入轿厢内，闭合轿厢内操作箱上与运行相关的开关，并打开轿内照明。

④装载货物。

⑤货物装好后，司机通过操作箱上的手柄开关或按钮关闭电梯的轿门和厅门。

⑥扳动操作箱上的手柄开关或按货物要送达的楼层（目的层站）的指令按钮。

⑦电梯启动并分级加速，直至匀速运行。

⑧电梯接近目的层站时，松开手柄开关或井道内换速开关，从而自动分级减速制动。

⑨自动平层、停车。

⑩开启电梯的轿门和厅门，把货物移出轿厢。

⑪装载货物，重复上述过程。

⑫如果该层没有货物可装，司机将根据其他楼层的厅外召唤信号，操纵电梯去该召唤的楼层。

⑬如果各层运送货物相当繁忙，各层均有召唤信号，司机按顺序完成各个楼层的召唤任务。

4.1.2 客梯或客货两用梯的运行过程

交流客梯或客货两用梯的运行工艺过程与载货电梯的基本相同。交流客梯或客货两用梯可分为有司机信号控制和有/无司机集选或下集选控制两种类型。

1. 有司机信号控制电梯的运行过程

信号控制的电梯是一种有司机操纵的电梯，它的运行过程如下：

①接通电梯的总电源、控制电源、照明电源。

②打开基站的厅门和轿厢门。

③司机进入轿厢内，闭合轿厢内的操作箱中与运行有关的开关，并打开轿内照明。

④根据轿厢内来客要去的楼层，或在轿厢内无乘客时根据某个楼层的厅外召唤信号，司机选择操作箱上相应的一个或几个楼层数的指令按钮。

⑤控制系统根据司机的选择自动确定电梯的运行方向。

⑥司机按启动开车按钮。

⑦电梯自动关门。

⑧电梯自动启动，分级加速至匀速运行。

⑨电梯在接近目的楼层时，井道内换速开关自动发出减速信号。

⑩电梯自动分级减速制动。

⑪到达目的层站，电梯自动平层停车。

⑫自动开门，让乘客出入电梯轿厢。

⑬司机再次按启动开车按钮，重复⑦~⑩的步骤。如果此时轿厢内无乘客，也没有其他楼层的厅外召唤信号，司机没有选定的指令信号，那么，电梯无运行方向；如果此后某个楼层有厅外召唤信号，则重复④~⑩的过程。

2. 有/无司机集选控制电梯的运行过程

有/无司机集选控制的电梯的运行过程与信号控制的电梯运行过程基本相同。它们的主要区别是：信号控制的电梯是由专职司机操纵电梯的运行；而有/无司机控制的集选控制电梯可以由专职司机操作，还可以由进入轿厢内的乘客自己操作，还可以由某个或某几个楼层的厅外召唤信号把电梯召来，而且在运行应答完最后一个（即最远一个）召唤信号后，电梯自动换向。楼层厅外召唤信号只有在电梯门关闭后才起作用，也就是说，电梯轿厢内的指令信号优先于厅外召唤信号。无司机集选控制电梯的运行过程比有司机的信号控制的电梯多了一个无司机状态时的运行过程，它的运行过程相对复杂一些。

无司机时，电梯的运行过程如下：正常情况下，电梯无人使用时总是关着门停于底层（基站）或某层。当其他层出现厅外召唤信号时，电梯自动启动运行，其后的过程与有司机信号控制时的一样。但在某一方向运行过程中，在未到达目的楼层前出现与电梯运行方向一致的厅外召唤信号时，电梯也可以应答停车，把某层厅外乘客捎走，即顺向截车。电梯到达目的层站，停车开门，经一定延时（一般为6～8 s）后自动关门。当电梯停靠楼层有乘客需要乘梯时，只要按下该层厅外任何一个方向的召唤按钮，就能使没关闭的电梯门自动打开，乘客进入轿厢内即可自行操作电梯运行。如果乘客进入轿厢内没有在操纵箱上选择目的层站指令按钮，经6～8 s延时后，电梯自动关门，待门完全关闭后，电梯就有可能被其他层的召唤信号自动定向运行，而这一运行方向很可能与进入轿厢乘客所去的方向相反，因此，进入轿厢内的乘客应在电梯门自动关闭之前按下要去楼层的指令按钮。

4.1.3 电梯的控制功能

不论是哪种用途的电梯，通常都具有以下基本功能：

①轿内指令功能：由司机或乘客在轿内控制电梯的运行方向和到达任一层站。

②厅外呼梯功能：由使用人员在厅外呼唤电梯前往该层执行运送任务。

③减速平层功能：电梯到达目的层站前的某一位置时，能自动地使电梯开始减速并使电梯停止。

④选层、定向功能：当电梯接收到若干个轿内、厅外指令时，能根据电梯目前的状态选择最合理的运行方向及停靠层站。

⑤指示功能：能在各层厅站及轿内指示电梯当前所处位置，能在某按钮信号被响应时，消去其记忆。

⑥保护功能：当电梯出现异常情况，如超速、断绳、越限、运行中开门过载等现象时，控制电梯停车或不能开动。

⑦检修功能：电梯应设置检修开关、检修主令元件，便于检修人员在机房、轿顶或轿内独立控制电梯，使电梯以检修方式运行。

除上述基本功能外，不同类型电梯的逻辑控制系统还有一些特殊功能，如直驶、消防、顺向截梯等。下面介绍几种电梯的控制功能。

1. 轿内按钮控制电梯

轿内按钮控制电梯是一种有司机操纵的电梯。该电梯具有自动开关门功能，当电梯到达预定停靠的层站时，提前自动地把其运行速度切换到慢速，自动平层停车并自动开门。每层楼设置厅外召唤装置，供乘客在厅外呼叫电梯，乘客按下召唤按钮时，控制系统记忆召唤信息，并由厅外召唤装置用指示灯指示召唤信息已被控制系统记忆。轿厢内设置按钮操纵箱，乘客在某层按下按钮呼叫电梯时，操纵盘上通过指示灯提示召唤人员所在的楼层及电梯前往的运行方向。另外，在厅外有指示电梯运行方向和所在位置的指示装置。召唤被实现后，控制系统自动消除轿内外的召唤指示及要求前往方向的指示。

司机开梯时，只需按动轿内操纵箱上与预定停靠层楼对应的指令按钮，电梯便能自动关门、启动、加速、匀速运行，到达预定停靠层站时，提前自动地把其运行速度切换到慢速，自动平层停靠开门。

2. 轿内外按钮控制电梯

轿内外按钮控制电梯是种无司机操纵的电梯。该电梯具有自动开关门功能，当电梯到达预定停靠的层站时，提前自动地把其运行速度切换到慢速。自动平层停梯，并自动开门。每层楼设置厅外召唤装置，乘客点按按钮时，控制系统记忆召唤信息，并由厅外召唤装置用指示灯指示召唤信息已被控制系统记忆。如果电梯在本层，点按召唤按钮电梯自动开门；如果不在本层，则电梯自行启动运行，到达本层站时提前自动地把其运行速度切换到慢速，平层时自动停靠开门。轿厢内设置按钮操纵箱，乘客在某层按下按钮呼叫电梯时，操纵盘上通过指示灯提示召唤人员所在的楼层及电梯前往的运行方向。另外，在厅外有指示电梯运行方向和所在位置的指示装置。召唤被实现后，控制系统自动消除轿内外的召唤指示及要求前往方向的指示。

电梯到达召唤人员所在的层站后，停靠开门，乘客进入轿厢后点按一下操纵箱上与预定停靠层楼对应的指令按钮，电梯自动关门、启动、加速、匀速运行，到达预定的停靠层站时，提前自动把其运行速度切换到慢速，平层时自动停靠开门。乘客离开轿厢若干秒后，电梯自动关门，门关好后，就地等待新的指令任务。

3. 轿外按钮控制电梯

轿外按钮控制电梯也是一种无司机操纵的电梯。这种电梯的开、关门是手动控制的。各个层站的厅外设置有操纵箱，使用人员通过该操纵箱呼叫电梯或送走电梯。使用人员通过操纵箱召唤和送走电梯时，如果电梯不在本层站，只需要点按操纵箱上对应的本层楼的指令按钮，电梯立即启动并向本层站驶来，到达本层后自动平层停靠。如果电梯在本层站，只需点按操纵箱上预定停靠层站对应的指令按钮，电梯便启动，驶向预定停靠的层站，到达后，自动平层停靠。此外，电梯运行到两端端站平层时，控制系统会强迫电梯停靠。

4. 信号控制电梯

信号控制电梯也是一种有司机操纵的电梯。这种电梯具有自动开关门功能，当电梯到达预定停靠的层站时，提前自动地把其运行速度切换到慢速，自动平层停车，自动开门。每层楼设置厅外召唤装置，供乘客在厅外呼叫电梯，乘客按下召唤按钮时，控制系统记忆召唤信息，并由厅外召唤装置用指示灯指示召唤信息已被控制系统记忆。轿厢内设置按钮操纵箱，乘客在某层按下按钮呼叫电梯时，操纵盘上通过指示灯提示召唤人员所在的楼层及电梯前往的运行方向。另外，在厅外有指示电梯运行方向和所在位置的指示装置。召唤被实现后，控制系统自动消除轿内外的召唤指示及要求前往方向的指示。

司机在开梯时，可以按照乘客到达不同目的层站的要求登记多个指令，然后，点按操纵箱的启动或关门启动按钮启动电梯，在预定停靠层站自动平层停靠、自动开门。乘客出轿厢后，司机仍点按启动或关门启动按钮启动电梯，直到完成运行方向的最后一个内、外指令任务为止。如果此时相反方向有内、外指令信号，则电梯自动转换方向，司机点按启动或关门启动按钮，电梯启动运行。在电梯运行前方出现相同方向的召唤信号（即顺向召唤）时，电梯会到达有顺向召唤指令的层站，提前将运行速度切换到慢速，自动平层停靠、开门。在特殊情况下，司机可通过操作操纵箱的直驶按钮，使电梯直接行驶到预定层站，在直驶期间，不响应任何外召唤指令。

5. 集选控制电梯

集选控制电梯一般具有有/无司机操纵方式。这种电梯与信号控制电梯一样，具有自动开、关门功能。当电梯到达预定停靠的层站时，提前自动地把其运行速度切换到慢速，自动平层停靠，自动开门。每层楼设置厅外召唤装置，供乘客在厅外召唤电梯，乘客按下召唤按钮时，控制系统记忆召唤信息，并由厅外召唤装置用指示灯指示召唤信息已被控制系统记忆。轿厢内设置按钮操纵箱，乘客在某层按下按钮召唤电梯时，操纵盘上通过指示灯提示召唤人员所在的楼层及电梯前往的运行方向。另外，在厅外有指示电梯运行方向和所在位置的指示装置。召唤被实现后，控制系统自动消除轿内、外的召唤指示及要求前往方向的指示。

在有司机状态下，司机控制电梯的原理与信号控制电梯的相同。

在无司机状态下，除了具有轿内外按钮控制电梯的功能外，还增加了轿内多指令登记和厅外召唤信号参与自动定向及顺向召唤指令信号截梯等功能。

另外，集选电梯还有检修和消防运行功能。

集选控制电梯是目前应用最为广泛的控制方式。它把轿内指令与厅外召唤等信号集中进行综合分析处理，然后确定电梯的运行方向和目的层站，从而控制电梯高效地为乘客服务。

下集选电梯是集选电梯的一种，这种电梯只在下行时具有集选功能，即除最低层和基站外，电梯仅将其他层站的下方向呼梯信号综合起来进行应答。如果来客从较低的层站前往较高的层站，必须乘电梯至底层或基站后，再乘电梯到要去的高层站，这种电梯多用于高层住宅。

任务 4.2　集选电梯功能与工作状态分析

电梯的并联－群控－集选区别

4.2.1　集选电梯的功能

集选电梯的功能包括基本功能和可选功能，它们能反映出电梯的自动化程度。

1. 基本功能

①自动定向功能。电梯按照先入为主的原则，自动确定运行方向。

②顺向截梯，反向记忆功能。顺向截梯指的是某层乘客呼梯方向与电梯运行方向一致时，电梯在该层停车载上乘客后继续同向运行。反向记忆指的是某层乘客呼梯方向与电梯运行方向不一致时，电梯在该层不停车，应答完同向信号后，再应答反向信号。

③最远反方向截停功能。应答最远反方向乘客用梯需要的功能。

④自动换向功能。当电梯完成全部顺向指令后，能自动换向，应答反方向的呼梯信号。

⑤自动开关门功能。电梯到站平层停车后，能自动开门和延时关门。

⑥本层呼梯开门功能。当电梯没有运行信号时，本层呼梯，电梯开门。

⑦锁梯功能。一般在基站的呼梯盒上设有锁梯开关，当使用者想关闭电梯时，不论电梯在哪一层，电梯接到锁梯信号后，就自动返回基站，自动开关门一次，延时后切断显示、内选及外呼功能，最后切断电源。

⑧司机功能。在轿厢操纵箱内，具有司机操作运行与自动运行的转换开关，当电梯司机将该开关转换到司机位置时，电梯转入司机运行状态。司机操作运行状态时，电梯自动开门，按开关按钮关门。门没有关到位时不能松开，否则，门会自动开启。此时电梯接到外呼信号时，蜂鸣器响，内选指示灯闪烁，以提示司机有呼梯请求。

⑨直驶功能。在司机操作运行状态下，按住操纵盘上的直驶按钮和关门按钮，当门关好后，电梯开始运行，此时电梯不会应答外呼指令，而是执行内选指令，直接到所内选楼层停

车，即在司机操作运行状态下，电梯直驶到所选层楼，此运行期间，外呼不截停。

⑩安全触板和光电保护双重功能。安全触板和光电保护两种方式都可以实现防门夹人的功能。当轿厢关门时，触板和光电装置检测到电梯门口有人或物体时，轿厢门反向开启。

⑪检修功能。检修运行应取消轿厢自动运行和门的自动操作。多个检修运行装置中，应保证轿顶优先，即轿顶优先于轿厢，轿厢优先于机房。检修运行只能在电梯有效行程范围内，且各安全装置应起作用。检修运行是点动运行，检修运行速度不大于0.63 m/s。

验证轿顶优先功能的方法是：轿顶的检修开关旋至检修位置时，轿厢和机房的检修开关盒内的各按钮不起作用；只有将轿顶的检修开关旋至正常位置时，轿厢和机房的检修开关盒内的各按钮才起作用。

2. 可选功能

随着社会的进步和科技的发展，电梯生产厂家为了满足不同用户和不同使用场合的要求，常在各种标准电梯性能的基础上，提供部分可选功能，如消防功能、防捣乱功能、独立服务功能、停电应急功能、轿内指令误登记消除功能等。

①消防功能。

a. 当在用电梯的控制系统收到消防信号时处于上行时，立即就近停靠，但不开门，返回基站停靠开门；处于下行时，直驶至基站停靠开门；处于基站以外停靠开门的电梯立即关门，返回基站停靠开门；处于基站关门待命的电梯立即开门。

b. 返回基站或在基站开门后，电梯处于消防工作状态。在消防工作状态下，外召唤指令信号失效，电梯的关门启动运行和准备前往层站由消防员控制操作。

②防捣乱功能。对于有称重功能的电梯，借助称重装置检测结果与轿内登记的层楼主令信号数值的关系调节信号，当二者严重失调时，自动消除轿内登记的主令信号，防止电梯无效运行。

③独立服务功能。电梯管理人员或电梯司机通过操作操纵箱下方暗盒内的开关或按钮，实现特殊专用运行服务。

④停电应急功能。运行中的电梯遇到突然停电事故时，通过增设的停电应急救援装置和电梯的称重装置结合，就近至相邻的层楼平层停靠开门，放出乘用电梯的人员，防止因停电造成电梯关人情况的发生。

⑤轿内指令误登记消除功能。电梯生产厂商通过改变电梯运行管理微机的程序设计，实现乘员重复按下误登记的指令按钮，即可消除误登记的内指令信号。

目前，电梯生产厂商为用户提供的可选功能越来越多，用户可以根据需要与厂商协商解决，一般情况下厂商都能尽力满足用户需求。

4.2.2 集选电梯的工作状态

集选电梯有三种工作状态，即有司机工作状态、无司机工作状态和检修工作状态。

1. 有司机工作状态

将司机/自动选择开关拨到司机操控位置，电梯便进入有司机工作状态。在这个工作状态下，司机根据乘客所需到达的层楼逐一按下相应的指令按钮，然后再按下启动按钮，电梯便能自动关门，并启动、加速和满速运行。在运行过程中，按预先登记的指令信号逐步自动停靠并自动开门。在这个过程中，司机只需操作启动按钮，电梯便能自动换向，执行另一个方向的预先登记指令信号。在电梯的运行过程中，召唤信号能实现顺向截梯。

2. 无司机工作状态

将司机/自动选择开关拨到自动操控位置，电梯便进入无司机自动工作状态。在这个工作状态下，乘客只需按下指令按钮或召唤按钮，电梯在到达预定停站时间后，便自动关门并启动、加速和满速运行。在这个过程中，按预先登记的指令信号和顺向召唤信号逐步自动停靠并自动开门。待完成全部指令信号和顺向召唤信号后，电梯自动换向应答反向召唤信号。当无指令信号和召唤信号时，电梯便自动关门，门关好后就地等待。

3. 检修工作状态

将检修运行选择开关拨到检修位置，电梯便进入检修工作状态，在这个工作状态下，检修人员可按轿厢操纵箱上的启动按钮或轿顶检修箱上的启动按钮，点动控制电梯上、下慢速运行，这样可以方便、安全地检修电梯。

任务 4.3　基于 PLC 的电梯控制程序设计

PLC 四层电梯模型仿真控制

由于电梯在运行过程中各种输入信号是随机出现的，即信号的出现具有不确定性，同时信号需要自锁保持、互锁保护、优先级排队及数据比较等，因此信号之间就存在复杂的逻辑关系，在电梯运行过程中，PLC 的工作主要是针对各种信号进行逻辑判断和处理。这里介绍一种 PLC 的编程方法，以四层站电梯、三菱 FX3G 机型为例介绍一下主程序的设计过程。

4.3.1　四层电梯的控制要求

电梯系统虚拟仿真软件演示视频

电梯采用单轿厢全集选控制方式，即登记所有厅门和轿厢召唤，上行时顺向应答轿厢和厅门外召唤，直至最高层自动反向应答下行召唤和轿厢召唤。具体控制要求如下所述。

①电梯正常状态下，完全自动响应层站召唤和轿厢内指令。

②PLC 控制系统初始化后，轿厢自动停在一楼。

③电梯运行过程中，若有呼梯信号且信号对应的楼层高于当前的楼层，则电梯处于上升状态，反之，则下降。

④电梯运行过程中只响应顺向呼梯信号，对反向呼梯信号只做记忆。

⑤当电梯运行到“最高”目标层后，若没有高于当前楼层的呼梯信号，则电梯自动下降至一楼层站。

⑥电梯在运行过程中具有指层显示、状态指示、极限位置保护等功能。

⑦电梯具有超载、门光电等保护功能。

4.3.2　PLC 控制系统结构

四层电梯完整程序

电梯采用三菱 FX3G 系列 PLC 控制的系统框图如图 4－1 所示。

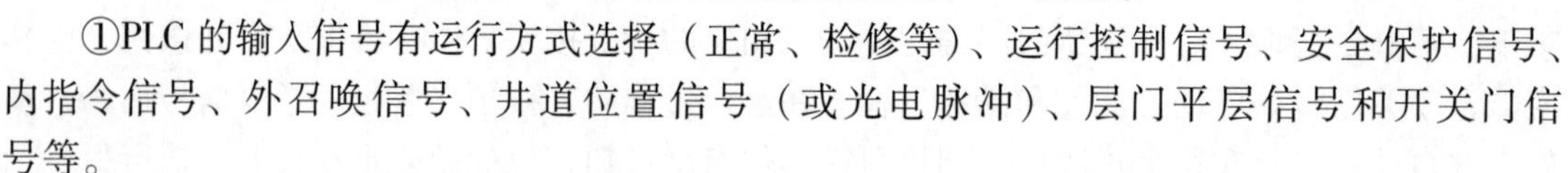

①PLC 的输入信号有运行方式选择（正常、检修等）、运行控制信号、安全保护信号、内指令信号、外召唤信号、井道位置信号（或光电脉冲）、层门平层信号和开关门信号等。

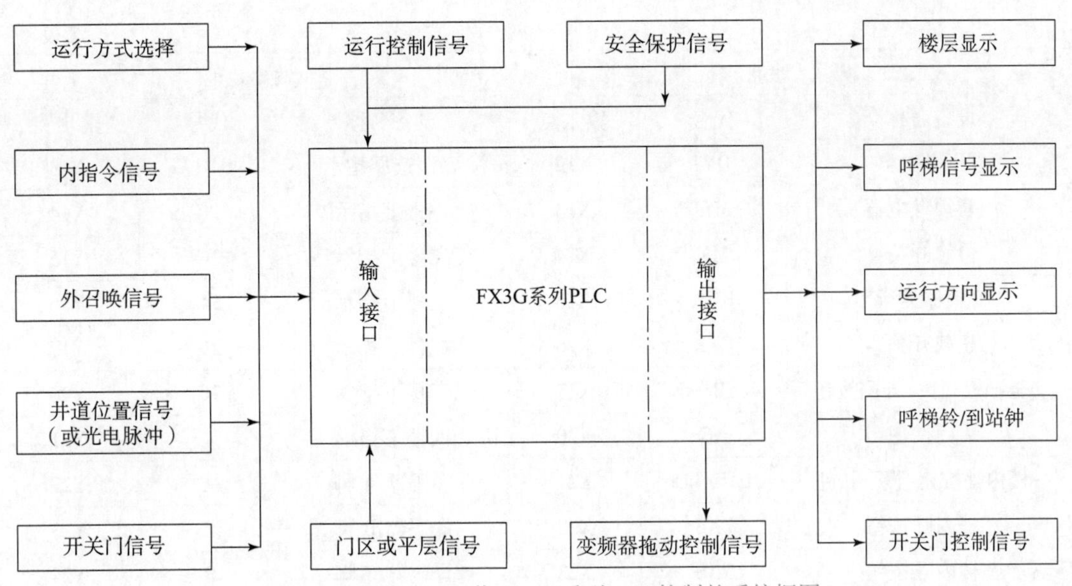

图4-1　电梯采用三菱FX3G系列PLC控制的系统框图

②PLC的输出信号有变频器拖动控制信号、开关门控制信号、呼梯信号显示、运行方向显示、楼层显示和到站钟等。

③PLC的作用是对输入的信号进行运算，以实现召唤信号登记、轿厢位置判断、选层定向、顺向停车、反向最远截停及信号消除等功能，并控制电梯启动加速、减速平层和自动开关门等过程。

④编程方面的设计主要包括指层显示环节、呼梯信号登记环节、呼梯信号综合环节、呼梯信号优先级比较排队环节、呼梯信号选中环节、判断电梯运行方向环节、电梯顺向截停环节及电梯换向控制环节等。

⑤PLC的输入/输出地址分配见表4-1，PLC控制系统的电气原理图如图4-2所示。

表4-1　PLC的输入/输出地址分配

输入地址			输出地址		
设备名称	代号	输入点	设备名称	代号	输出点
编码器A相	BMQA	X0	转换继电器	QC1	Y0
编码器B相	BMQB	X1	开门继电器	KMJ	Y2
一楼减速开关	1PG	X2	关门继电器	GMJ	Y3
二楼减速开关	2PG	X3	高速运行	RH	Y4
三楼减速开关	3PG	X4	低速运行	RL	Y5
四楼减速开关	4PG	X5	正转启动	STF	Y6
上强返减速开关	GU	X6	反转启动	STR	Y7
下强返减速开关	GD	X7	一楼选层指示	1R	Y10
上限位开关	SW	X10	二楼选层指示	2R	Y11
下限位开关	XW	X11	三楼选层指示	3R	Y12

续表

输入地址			输出地址		
设备名称	代号	输入点	设备名称	代号	输出点
电压继电器	DYJ	X12	四楼选层指示	4R	Y13
门联锁继电器	MSJ	X13	一楼上指示	1G	Y14
检修开关	MK	X14	二楼上指示	2G	Y15
变频器运行	RUN	X15	三楼上指示	3G	Y16
超载开关	CZK	X16	二楼下指示	2C	Y17
安全触板开关/开门按钮	KAB/AK	X17	三楼下指示	3C	Y20
关门按钮	AG	X20	四楼下指示	4C	Y21
一楼内呼按钮/慢下按钮	1AS/TD	X21	译码器 A 脚	A	Y22
二楼内呼按钮	2AS	X22	译码器 B 脚	B	Y23
三楼内呼按钮	3AS	X23	译码器 C 脚	B	Y24
四楼内呼按钮/慢上按钮	4AS	X24	上行指示	UP	Y25
一楼上呼按钮	1SA	X25	下行指示	DOWN	Y26
二楼上呼按钮	2SA	X26	超载指示	CZD	Y27
三楼上呼按钮	3SA	X27			
二楼下呼按钮	2XA	X30			
三楼下呼按钮	3XA	X31			
四楼下呼按钮	4XA	X32			
关门到位	PGM	X33			
开门到位	PKM	X34			
门感应开关	EDP	X35			
双稳态开关	PU	X36			
锁梯开关	PKS	X37			

4.3.3 电梯正常与检修运行状态的选择

FX3G、FX3U、FX3UC 编程手册

1. PLC 程序的设计思想

由于电梯在日常运行中需要进行检修和维护，所以针对电梯运行状态的选择设计了正常与检修两种模式。当选择检修状态后，主机 X14（MK 检修状态）信号导通，开始执行检修状态时的程序；当选择正常状态后，主机 X14 信号断开，开始执行正常状态时的程序。

2. PLC 程序设计接线图

正常与检修信号接线图如图 4－3 所示。

3. PLC 编程梯形图

正常与检修选择程序如图 4－4 所示。

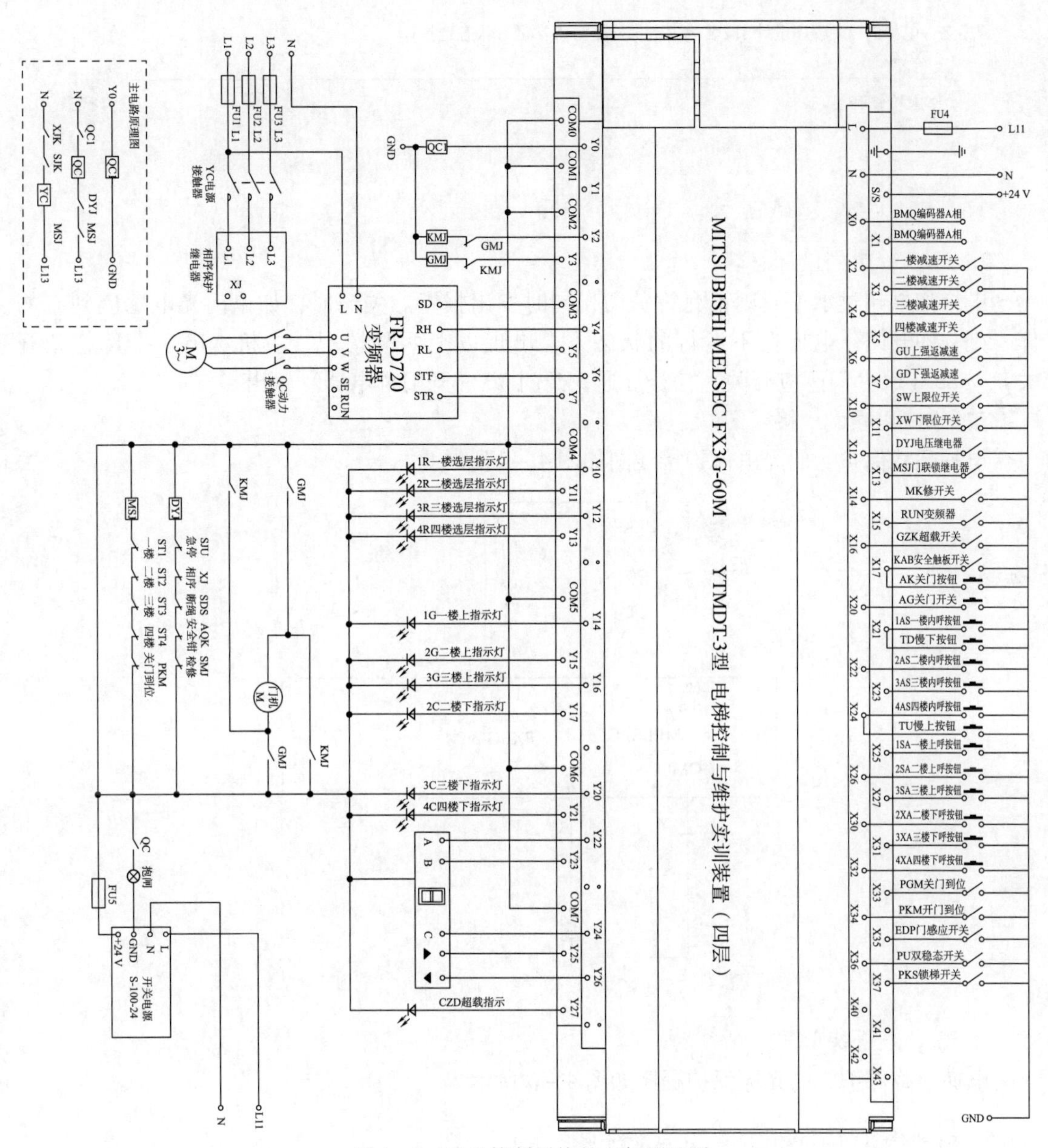

图4－2　PLC控制系统的电气原理图

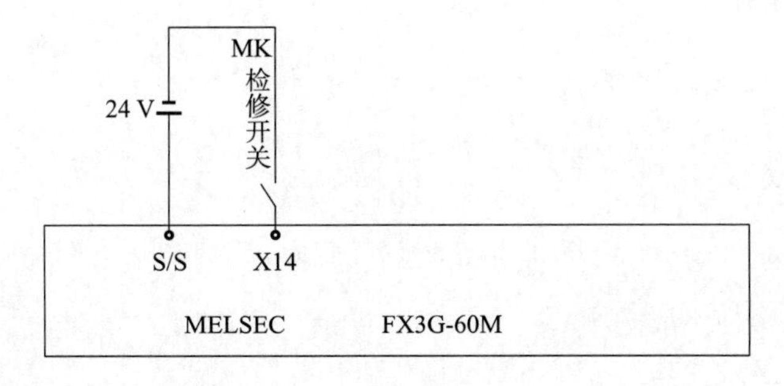

图4－3　正常与检修信号接线图

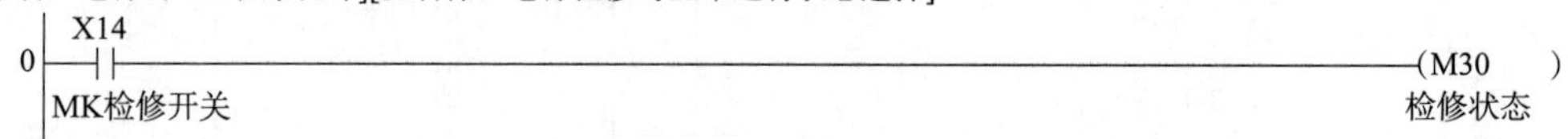

图4－4 正常与检修选择程序

4.3.4 电梯超载保护、门光电保护

1. PLC 程序的设计思想

电梯如果超过承重，则不允许关门，同时发出报警。关门时，如果门光电感应到有物体，则立即开门。电梯在不运行的状态下，出现以上两种情况，主机 X16（CZK 超载开关）、X35（EDP 门感应开关）信号导通，开门 Y3（开门继电器）输出。

2. PLC 程序设计接线图

电梯超载保护、门光电保护接线图如图4－5所示。

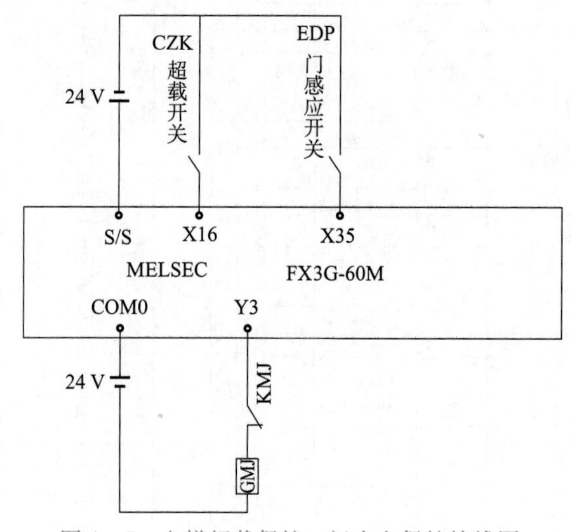

图4－5 电梯超载保护、门光电保护接线图

3. PLC 编程梯形图

电梯超载保护、门光电保护程序如图4－6所示。

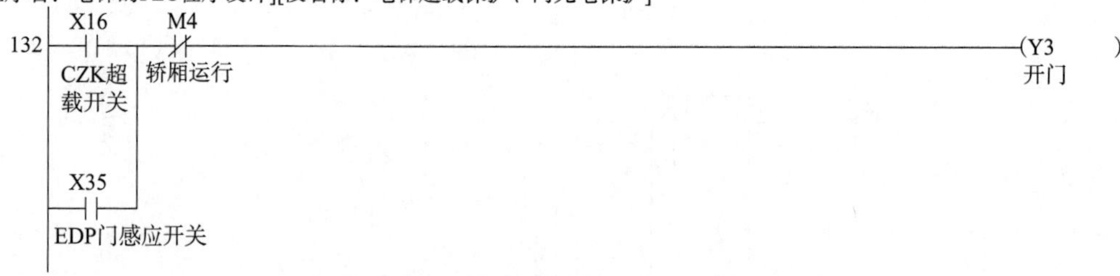

图4－6 电梯超载保护、门光电保护程序

4.3.5 电梯极限位保护

1. PLC 程序的设计思想

当电梯运行时，若由于强迫减速开关失灵，或者其他原因造成轿厢超越楼面一定距离，

上行时走到上限位开关位置时，主机X10（上限位开关）信号导通，断开Y6（变频器上行正转信号）；下行时走到下限位开关位置时，主机X11（下限位开关）信号导通，断开Y7（变频器下行反转信号）。

2. PLC 程序设计接线图

电梯极限位保护接线图如图4-7所示。

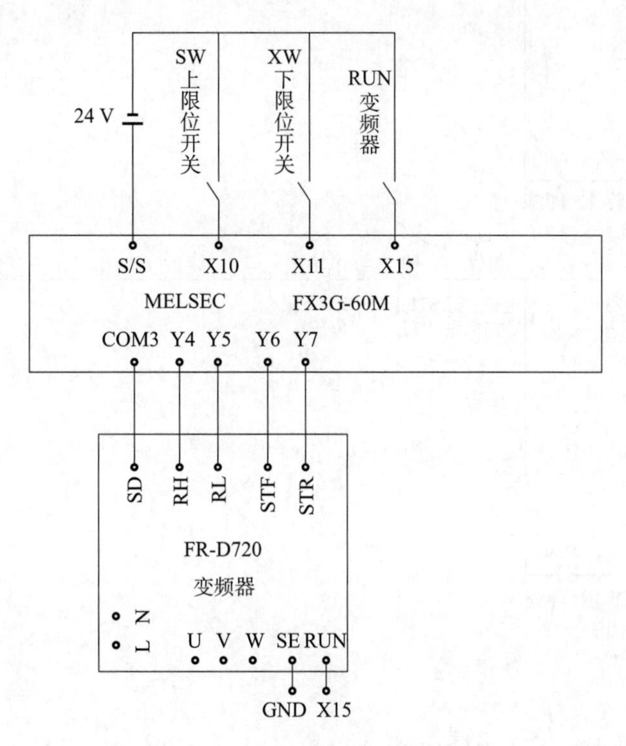

图4-7　电梯极限位保护接线图

3. PLC 编程梯形图

电梯极限位保护程序如图4-8所示。

4.3.6　电梯运行中楼层、上下行数码显示

1. PLC 程序的设计思想

①楼层显示环节程序。当X2（一楼减速开关）导通时，传送（MOV）指令把1送到当前位置通道D20里存放；当X3（二楼减速开关）导通时，传送（MOV）指令把2送到当前位置通道D20里存放；当X4（三楼减速开关）导通时，传送（MOV）指令把3送到当前位置通道D20里存放；当X5（四楼减速开关）导通时，传送（MOV）指令把4送到当前位置通道D20里存放。当D20数等于1时，使中间继电器M500导通；当D20数等于2时，使中间继电器M501导通；当D20数等于3时，使中间继电器M502导通；当D20数等于4时，使中间继电器M503导通。

②楼层显示。通过芯片8421码显示。译码器A脚导通，数码管显示1；译码器B脚导通，数码管显示2；译码器C脚导通，数码管显示4；译码器A、B脚导通，数码管显示3。

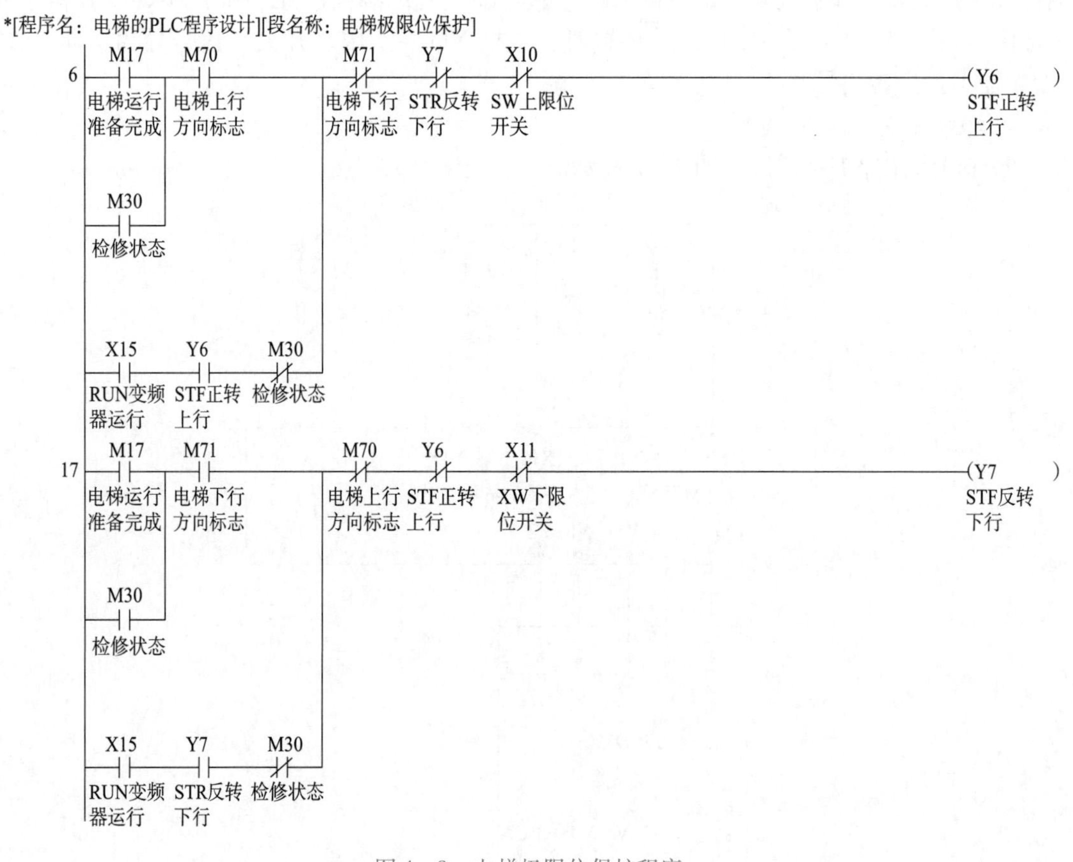

图4－8　电梯极限位保护程序

所以，当 M500 导通时，Y22（译码器 A）导通，楼层显示 1；当 M501 导通时，Y23（译码器 B）导通，楼层显示 2；当 M502 导通时，Y22（译码器 A）、Y23（译码器 B）同时导通，楼层显示 3；当 M503 导通时，Y24（译码器 C）导通，楼层显示 4。

③上下行数码显示。先判断当前运行方向，当电梯向上运行时，电梯上行标志 M70 导通；当电梯向下运行时，电梯下行标志 M71 导通；M70 导通，Y25（数码管上）导通，上行数码箭头点亮；M71 导通，Y26（数码管下）导通，下行数码箭头点亮。

2. PLC 程序设计接线图

楼层、上下行数码显示接线图如图 4－9 所示。

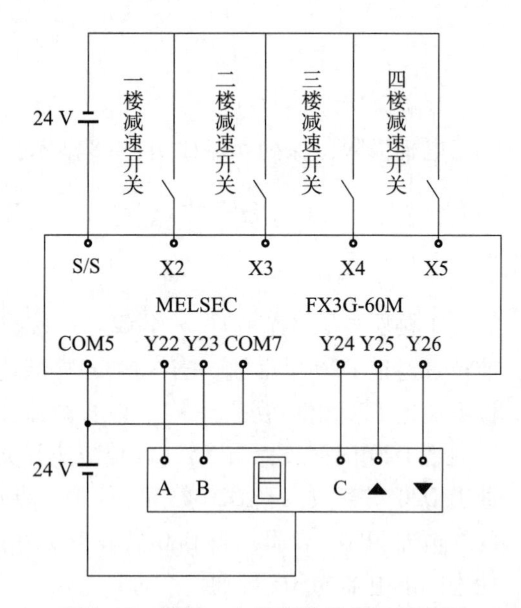

图4－9　楼层、上下行数码显示接线图

3. PLC 编程梯形图

楼层、上下行数码显示程序如图 4－10 所示。

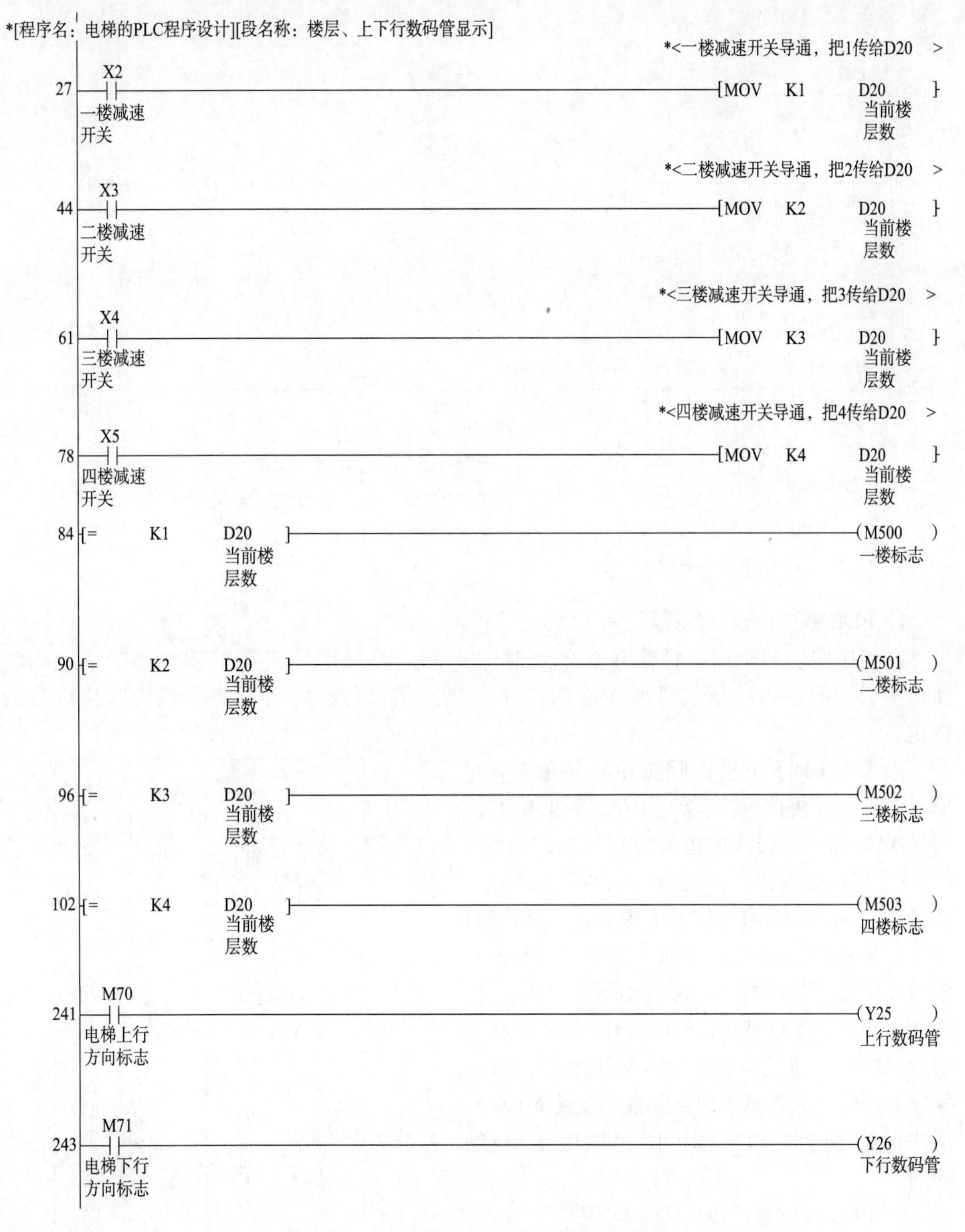

图 4－10　楼层、上下行数码显示程序

图4－10　楼层、上下行数码显示程序（续）

4.3.7　内呼梯信号的处理

1. PLC 程序的设计思想

在程序中，每个内呼梯信号都分别对应一个“启－保－停”电路，用于登记内呼梯信号，只有在内呼梯信号所对应的动作被执行了以后，才可以解除该内呼梯信号的登记。

当 X21（1AS 一楼内呼按钮）导通时，电梯只要不在一楼位置，就使 M100 导通并保持，同时 Y10（1R 一楼选层指示灯）导通；当 X22（2AS 二楼内呼按钮）导通时，电梯只要不在二楼位置，就使 M101 导通并保持，同时 Y11（2R 二楼选层指示灯）导通；当 X23（3AS 三楼内呼按钮）导通时，电梯只要不在三楼位置，就使 M102 导通并保持，同时 Y12（3R 三楼选层指示灯）导通；当 X24（4AS 四楼内呼按钮）导通时，电梯只要不在四楼位置，就使 M103 导通并保持，同时 Y13（4R 四楼选层指示灯）导通。

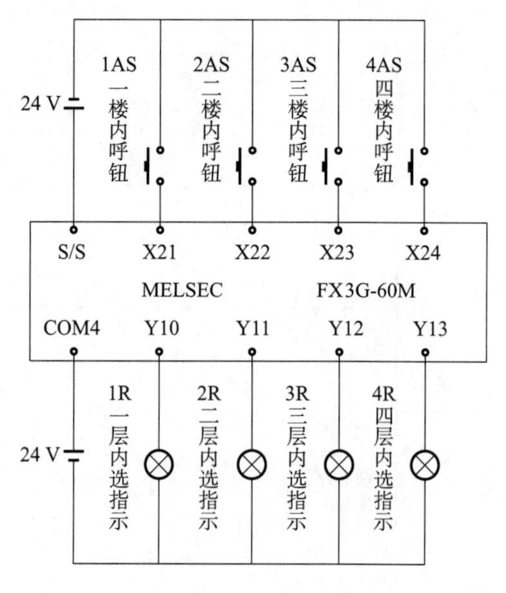

图4－11　内呼信号接线图

2. PLC 程序设计接线图

内呼信号接线图如图4－11所示。

3. PLC 编程梯形图

内呼信号处理程序梯形图如图 4－12 所示。

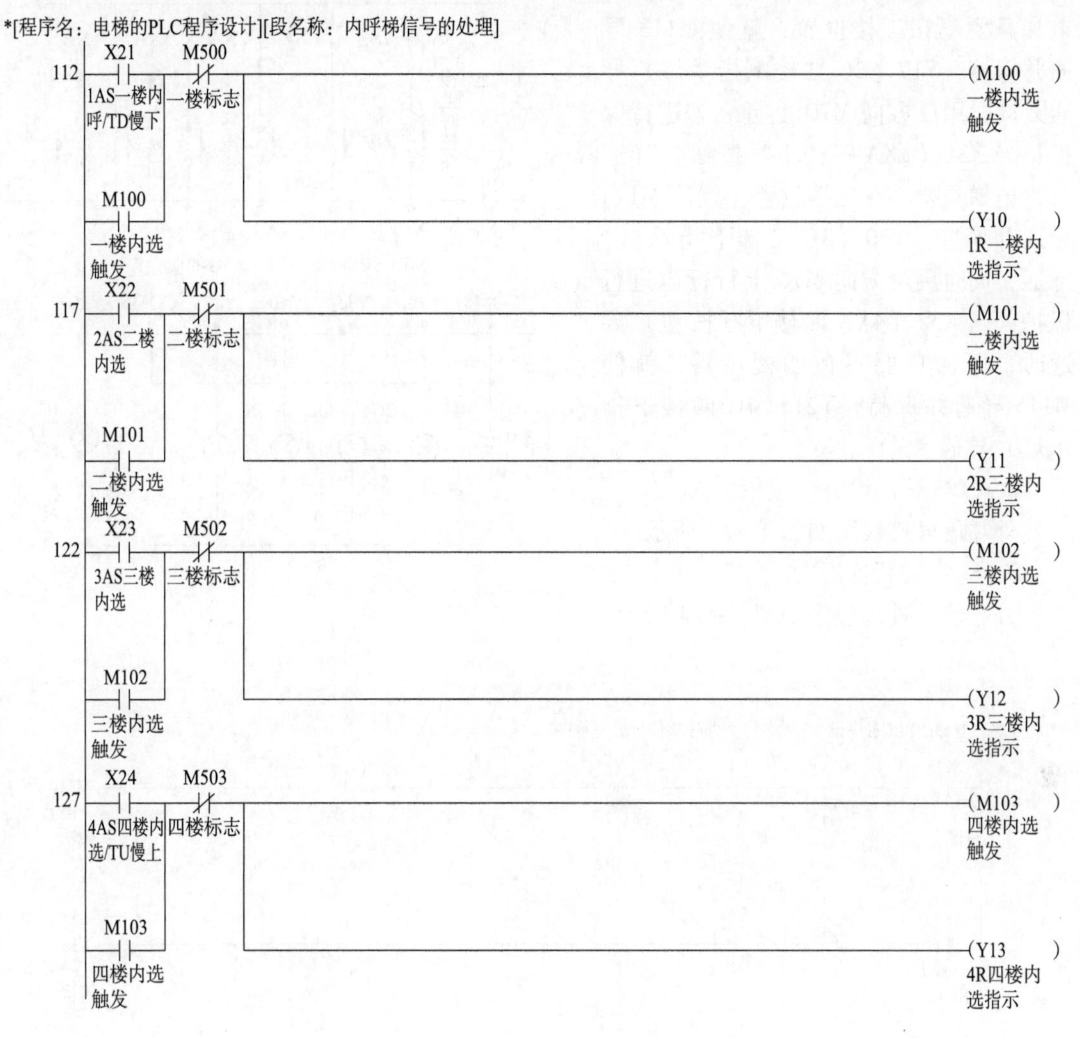

图 4－12 内呼信号处理程序梯形图

4.3.8 外呼梯信号的处理

1. PLC 程序的设计思想

外呼梯信号登记程序与内呼梯信号登记程序类似，值得注意的是，所有中间层站的外呼梯信号必须用电梯的“反方向”运行标志位加以保护，以防止当轿厢反方向运行到该层站时，误将“正方向”外呼梯登记信号解除。

当 X25（1SA 一楼上呼按钮）导通时，电梯只要不在一楼位置，就使 M110 导通并保持，Y14（1G 一楼上指示灯）导通；当 X26（2SA 二楼上呼按钮）导通时，电梯只要不在二楼位置，就使 M111 导通并保持，Y15（2G 二楼上指示灯）导通，同时用反方向 M71 下行标志进行保护；当 X27（3SA 三楼上呼按钮）导通时，电梯只要不在三楼位置，就使 M112 导通并保持，Y16（3G 三楼上指示灯）导通，同时用反方向 M71 下行标志进行保护；当 X30（2XA 二楼下呼按钮）导通时，电梯只要不在二楼位置，就使 M113 导通并保持，Y17（2C 二楼下指示灯）导通，同时用反方向 M70 上行标志进行保护；当 X31（3XA 三楼下呼按钮）导通时，电梯只要不在三楼位置，就使 M114 导通并保持，Y20（3C 三楼下指示灯）导通，同时用反方向 M70 上行标志进行保护；当 X32（4XA 四楼下呼按钮）导通时，电梯只要不在四楼位置，就使 M115 导通并保持，Y21（4C 四楼下指示灯）导通。

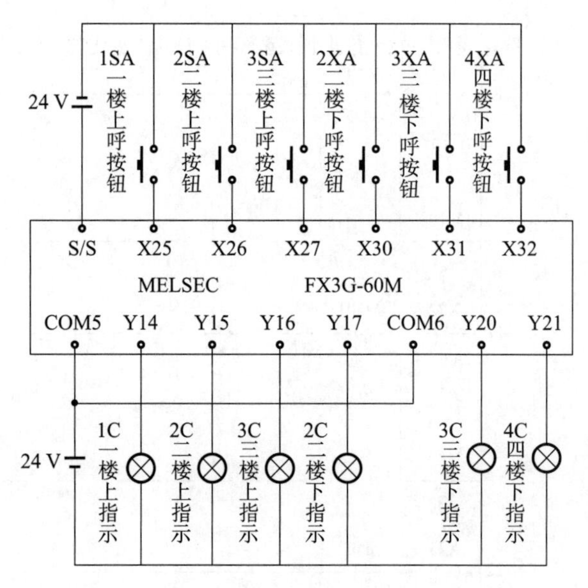

图 4－13　外呼信号接线图

2. PLC 程序设计接线图

外呼信号接线图如图 4－13 所示。

3. PLC 编程梯形图

外呼信号处理程序如图 4－14 所示。

图 4－14　外呼信号处理程序

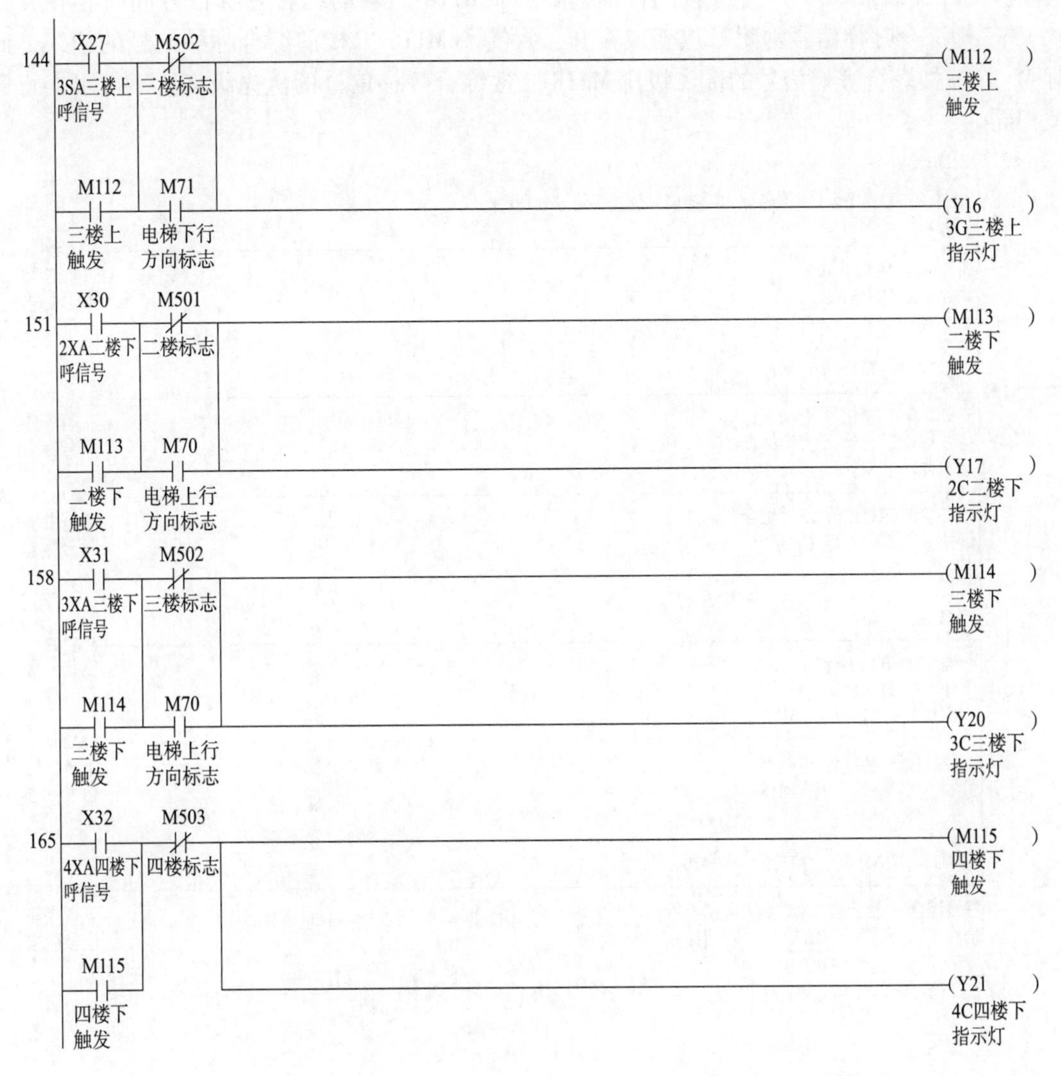

图4－14 外呼信号处理程序（续）

4.3.9 呼梯信号优先级信号处理

1. PLC 程序的设计思想

在电梯向上、向下运行过程中，为使电梯能够顺利上升到呼梯信号所对应的“最高层”，必须通过信号优先级排队环节才能实现。向上时，四楼的综合呼梯信号优先级最高，三楼的综合呼梯信号优先级次之，二楼的综合呼梯信号优先级最低；向下时，一楼的综合呼梯信号优先级最高，二楼的综合呼梯信号优先级次之，三楼的综合呼梯信号优先级最低。

2. PLC 编程梯形图

呼梯信号优先级处理程序梯形图如图4－15所示。上行时，因为四楼有综合呼梯信号，所以四楼综合呼梯信号所对应的中间继电器 M116 的常闭触点变成常开，封锁了 M117 三楼综合呼梯信号和 M118 二楼综合呼梯信号的输入。因此，M116 四楼综合呼梯信号的优先级最高。同理，如果 M117 三楼的综合呼梯信号和 M118 二楼的综合呼梯信号同时存在，则 M117 三楼综合呼梯信号常闭触点变成常开，封锁了 M118 二楼的综合呼梯信号的输入，此时 M117 三楼综合呼梯信号的优先级比 M118 二楼综合呼梯信号的优先级高。下行跟上行原理相同。

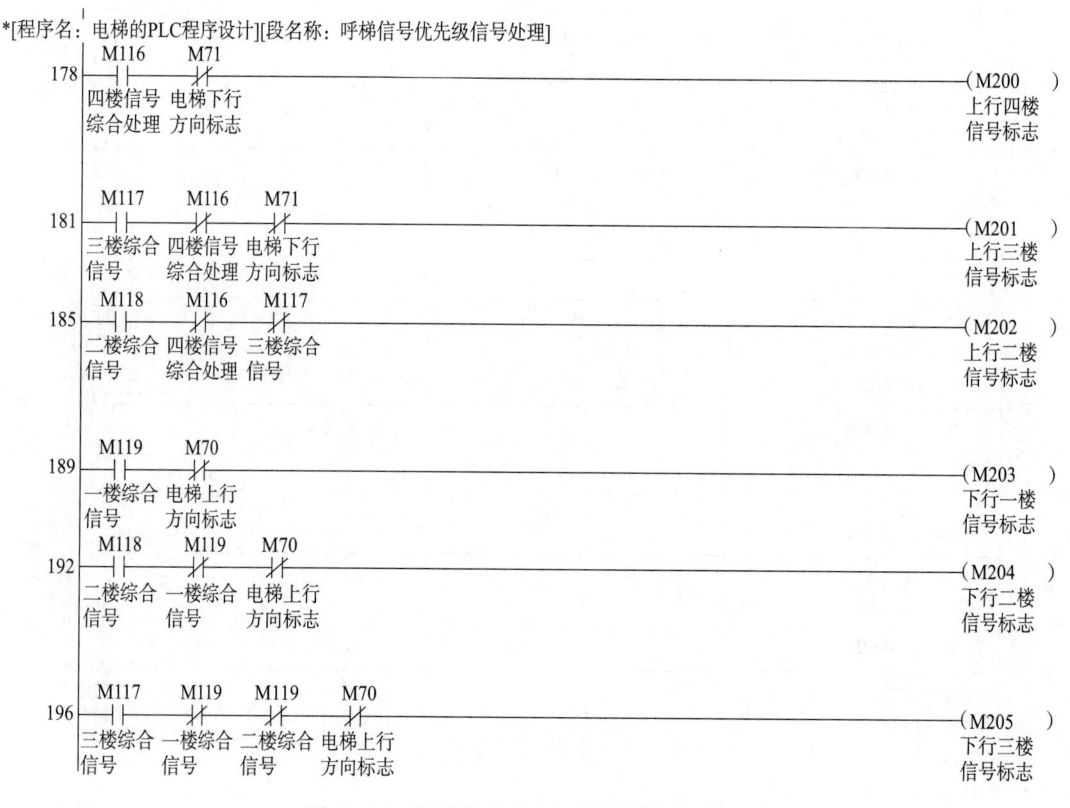

图 4－15　呼梯信号优先级处理程序梯形图

4.3.10　呼梯信号选中判断

1. PLC 程序的设计思想

呼梯信号选中判断，就是把所有能驱使轿厢到达同一目标层站的顺向呼梯信号综合在一起，电梯在运行过程中，通过呼梯信号选中环节来实现顺向截停、反向记忆。

2. PLC 编程梯形图

呼梯信号选中判断程序如图 4－16 所示。

4.3.11　呼梯信号运行方向判断

1. PLC 程序的设计思想

电梯在正常工作模式下，在“呼梯信号优先级信号处理程序”“呼梯信号选中判断”的基础上，在进行当前楼层位置的判断、上行和下行的过程中，随时响应最远的呼梯信号，然后判断电梯的运行方向。

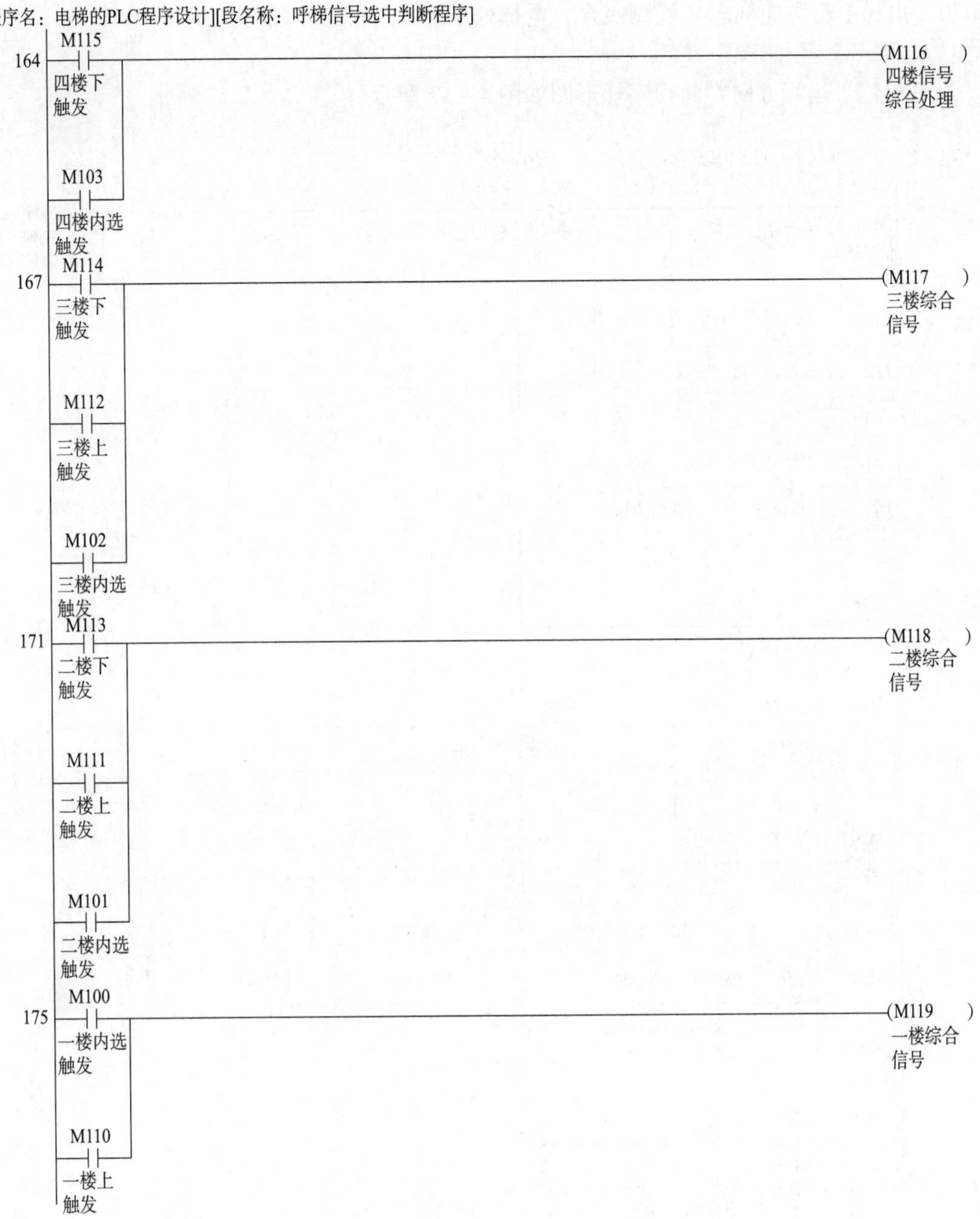

*[程序名：电梯的PLC程序设计][段名称：呼梯信号选中判断程序]

图4－16　呼梯信号选中判断程序

假如电梯初始位置在一楼，那么轿厢感应一楼减速开关，使X21（一楼减速开关）常闭，使D20（当前楼层数）里的内容更新为立即数1。轿厢内的乘客要去四楼，则乘客要按下四楼内呼按钮，X24（4AS四楼外呼按钮）导通，使中间继电器M103（四楼内选触发）线圈得电并自锁，同时中间继电器M116（四楼信号综合处理）线圈得电。通过呼梯信号优先级信号处理环节，使中间继电器M200（上行四楼信号标志）线圈得电，结合当前楼层M500（一楼标志）线圈吸合、中间继电器M503（四楼标志）线圈不吸合、中间继电器

M70（电梯上行方向标志）线圈吸合，电梯处于向上运行工作状态。

2. PLC 编程梯形图

呼梯信号运行方向判断程序梯形图如图 4－17 所示。

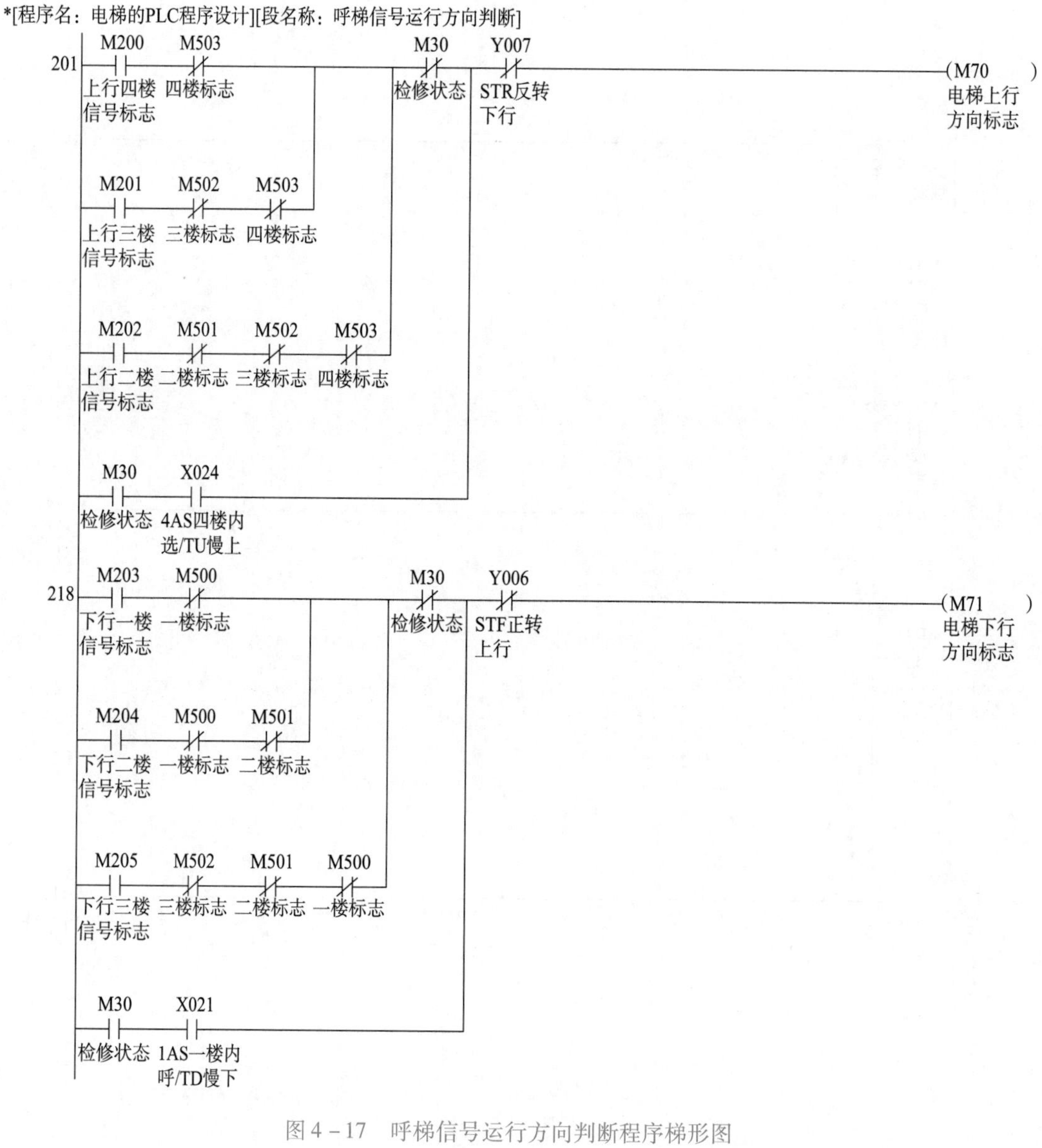

*[程序名：电梯的PLC程序设计][段名称：呼梯信号运行方向判断]

201
M200 上行四楼信号标志　M503 四楼标志　M30 检修状态　Y007 STR反转下行　(M70) 电梯上行方向标志
M201 上行三楼信号标志　M502 三楼标志　M503 四楼标志
M202 上行二楼信号标志　M501 二楼标志　M502 三楼标志　M503 四楼标志
M30 检修状态　X024 4AS四楼内选/TU慢上

218
M203 下行一楼信号标志　M500 一楼标志　M30 检修状态　Y006 STF正转上行　(M71) 电梯下行方向标志
M204 下行二楼信号标志　M500 一楼标志　M501 二楼标志
M205 下行三楼信号标志　M502 三楼标志　M501 二楼标志　M500 一楼标志
M30 检修状态　X021 1AS一楼内呼/TD慢下

图 4－17　呼梯信号运行方向判断程序梯形图

4.3.12　电梯顺向截停、反向记忆

1. PLC 程序的设计思想

电梯运行途中经过的中间层站如果有上升（顺向）的呼梯信号，则该层站就是电梯的经停层站，此时经停层站所对应的选中继电器得电，该层站的磁感应开关就被选中，当轿厢运行到该层站时，使控制电梯上升的输出继电器“暂时”失电，电梯就能顺向截停在对应

的中间层站上。

假如电梯当前在三楼，正在下行时，一楼有乘客按下一楼上呼按钮，X25 导通，中间继电器 M110（一楼上触发）线圈得电，二楼有乘客按下二楼上呼按钮，X26 导通，中间继电器 M111（二楼上触发）线圈得电。此时，当电梯经过二楼范围时，中间继电器 M501（二楼标志）导通，但由于电梯此时是下行，M71（电梯下行方向标志）导通，M70（电梯上行方向标志）不导通，所以经过二楼范围时，中间继电器 M31（允许停车）线圈不得电，电梯继续向下运行。当到达一楼范围时，中间继电器 M500（一楼标志）导通，中间继电器 M31（允许停车）线圈得电，电梯停止运行。此时中间继电器 M111（二楼上触发）线圈继续得电，等待电梯上行到达时，使中间继电器 M31（允许停车）线圈得电，停止电梯运行。

2. PLC 编程梯形图

电梯顺向截停、反向记忆程序如图 4 - 18 所示。

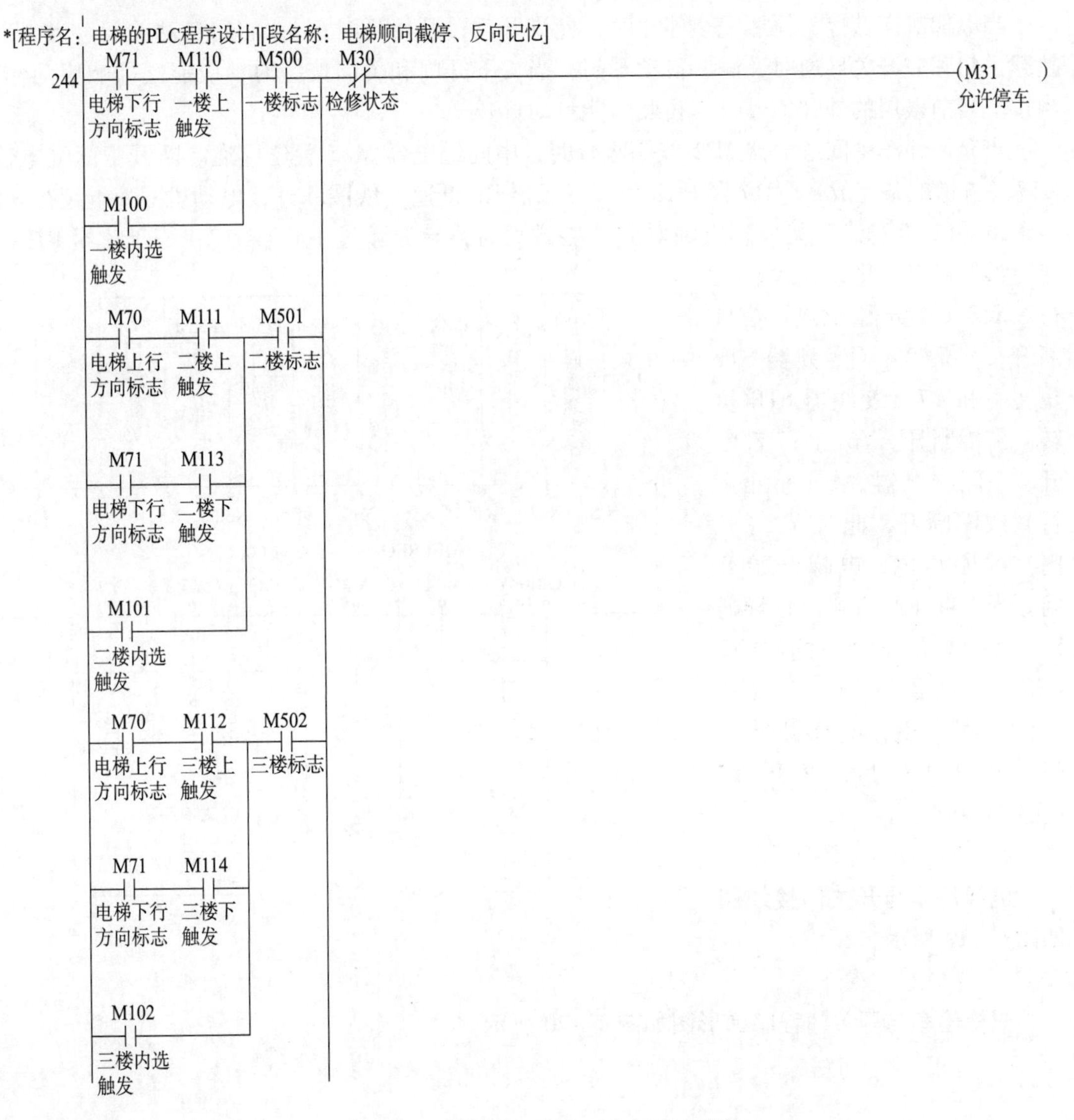

图 4 - 18 电梯顺向截停、反向记忆程序

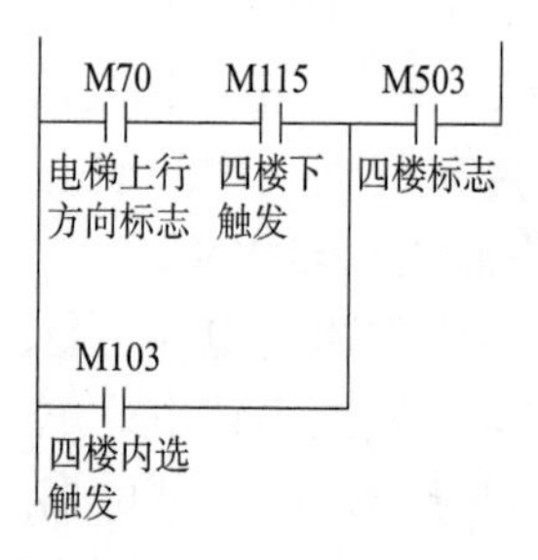

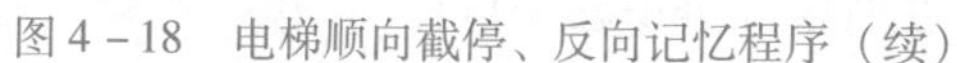
图 4－18　电梯顺向截停、反向记忆程序（续）

PLC 四层电梯模型控制程序分析

4.3.13　电梯停车与开关门

1. PLC 程序的设计思想

当电梯顺向截停，轿厢完全停止时，允许开门，开门延时 5 s，然后自动关门。当出现超载、门感应开关导通时，需要自动开门；当按下开门和关门按钮时，应能立即响应动作；当按下当前楼层的外呼信号时，轿厢门能自动打开。

当允许停车中间继电器 M31 线圈吸合时，中间继电器 M45 置位导通。断开中间继电器 M17（电梯准备完成），M17 断开，Y5（变频器 RL 低速）线圈断开，电动机减速继续行驶。当 X36（PU 双稳态开关）感应到对应楼层磁豆时，导通经过 100 ms，Y4（变频器 RH 高速）线圈断开，电动机停止运行。X15（变频器 RUN）信号断开，然后 Y6（变频器 STF 正转）和 Y7（变频器 STR 反转）线圈断开。Y6 与 Y7 都断开，中间继电器 M4（轿厢运行）线圈断开，此时 Y2（开门）线圈得电，电梯开始开门。当 X34（开门到位）导通 5 s 后，复位 M45，此时 Y2（开门）线圈断开，Y3（关门）线圈得电，电梯开始关门。关门到位后，断开 Y3（关门）线圈。

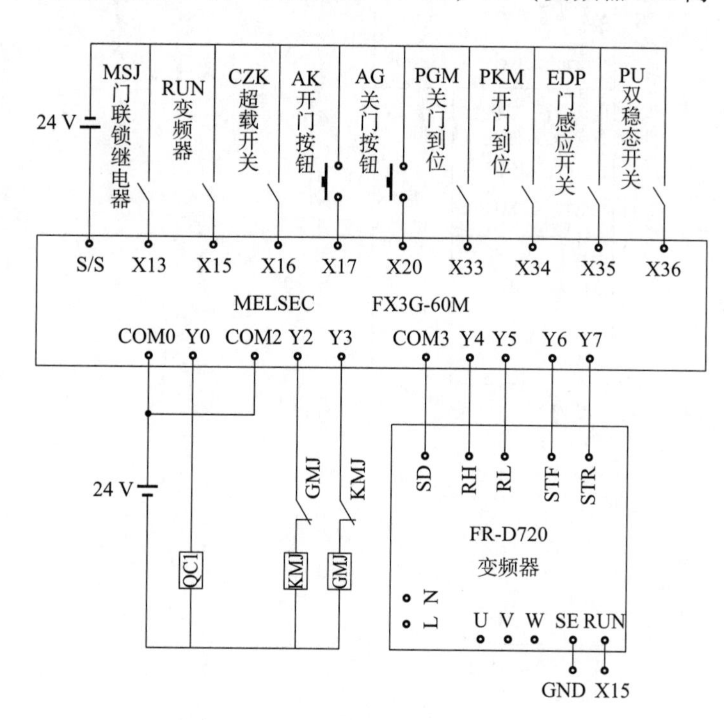

图 4－19　电梯停车与开关门接线图

2. PLC 程序设计接线图

电梯停车与开关门接线图如图 4－19 所示。

3. PLC 编程梯形图

电梯停车与开关门程序梯形图如图 4－20 所示。

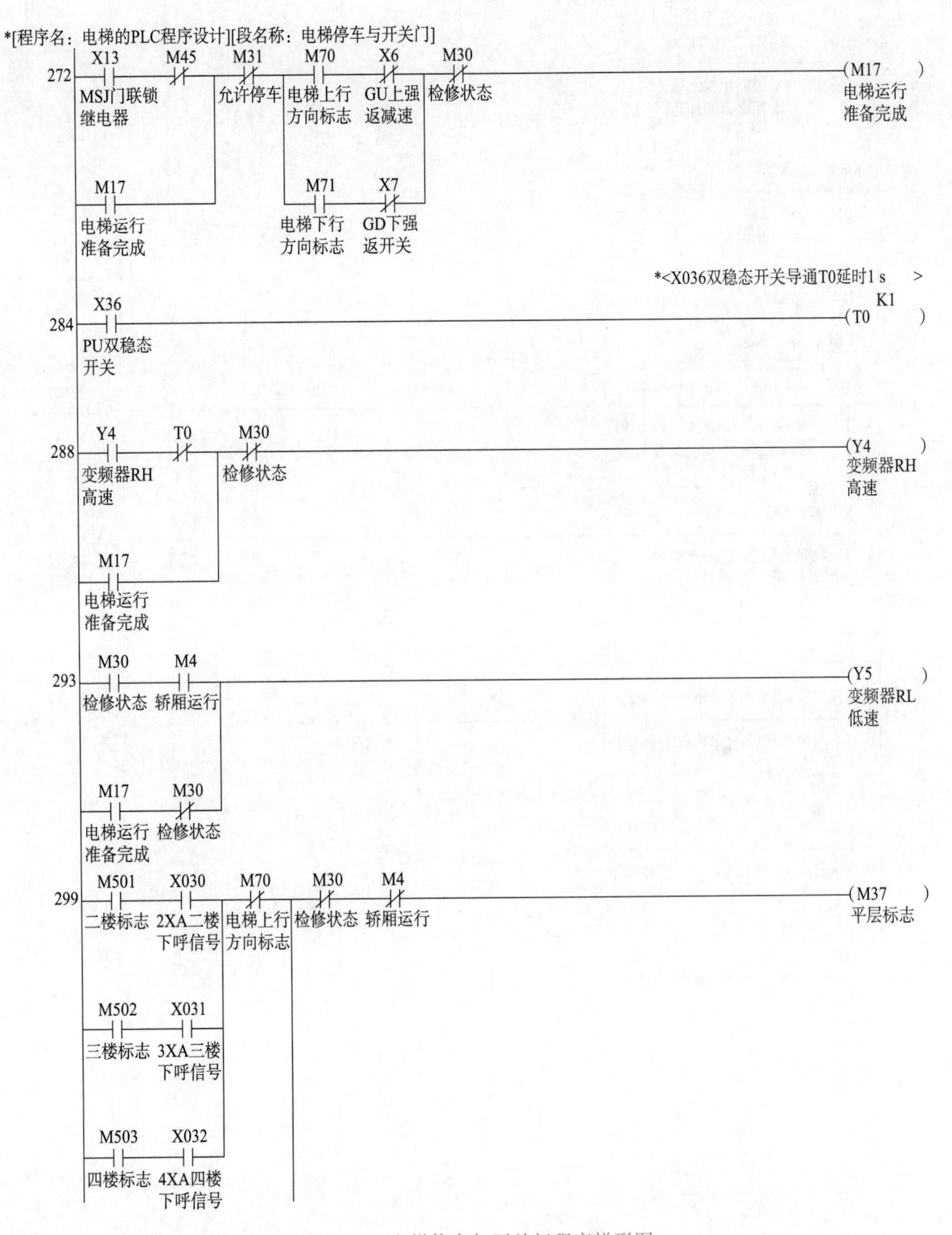

图4－20　电梯停车与开关门程序梯形图

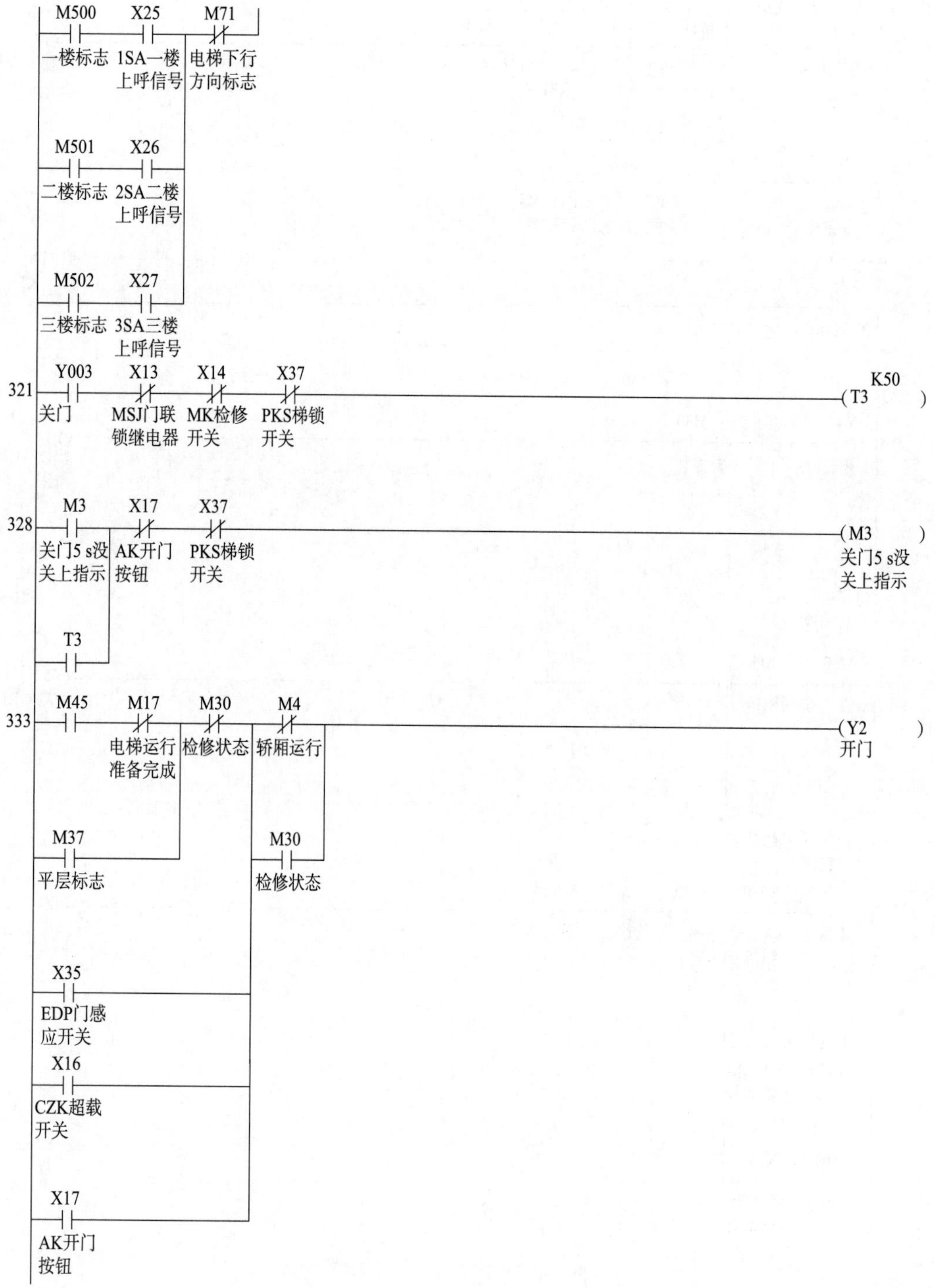

图4－20　电梯停车与开关门程序梯形图（续）

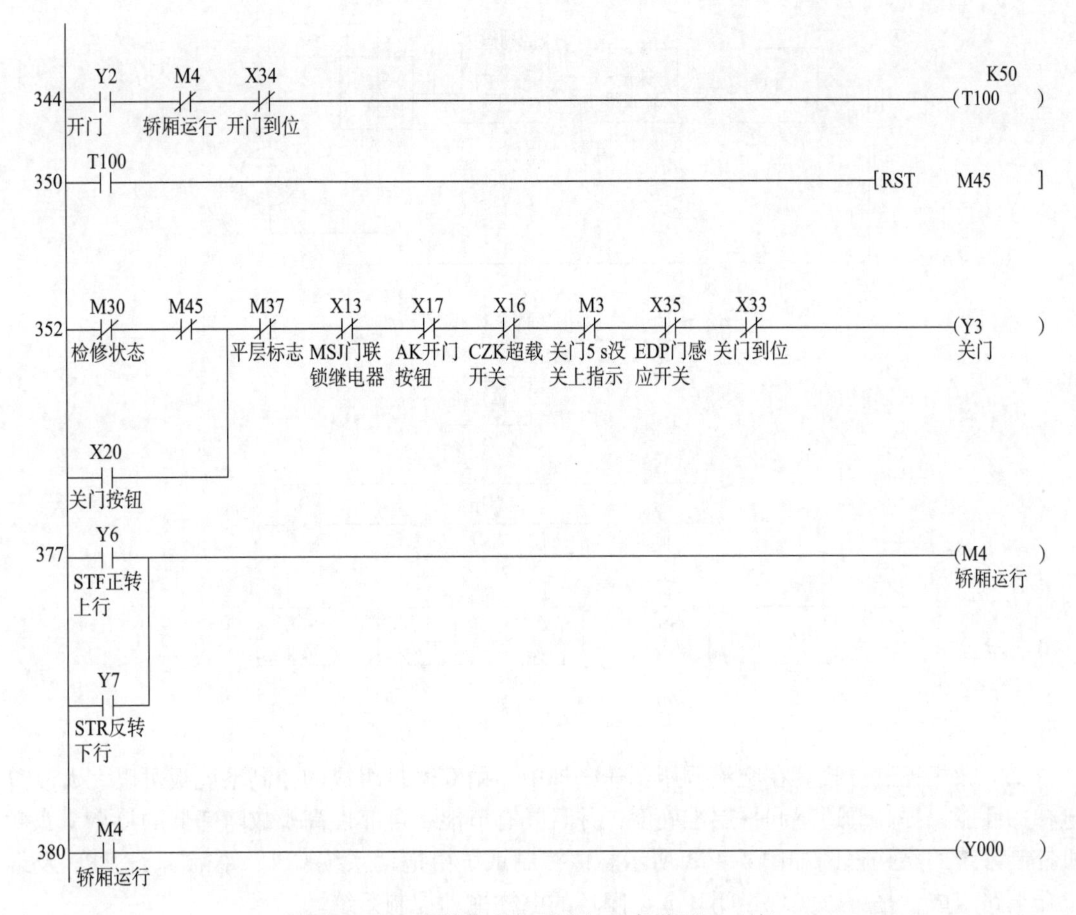

图 4－20　电梯停车与开关门程序梯形图（续）

任务 4.4　电梯的微机系统应用

在电梯控制系统中，采用微机取代传统的继电器控制和 PLC 控制是今后电梯控制系统的发展方向。使用微机控制电梯，可减小控制系统体积、降低成本、节省能源、提高系统可靠性、增强通用性和增大灵活性，并能实现复杂的调配管理功能和远程监控功能等。

4.4.1　微机在电梯控制系统中应用的主要方式

根据电梯功能要求及电梯类型的不同，微机在电梯控制系统中的应用方式各有不同。

①单微机控制方式。单微机控制方式就是只有一个中央处理单元（CPU）的控制方式。该控制方式分为单板机控制方式和单片机控制方式两种。例如，用 TPO81 组成的单板机控制系统的结构框图如图 4－21 所示；用单片机组成的控制系统的结构框图如图 4－22 所示。

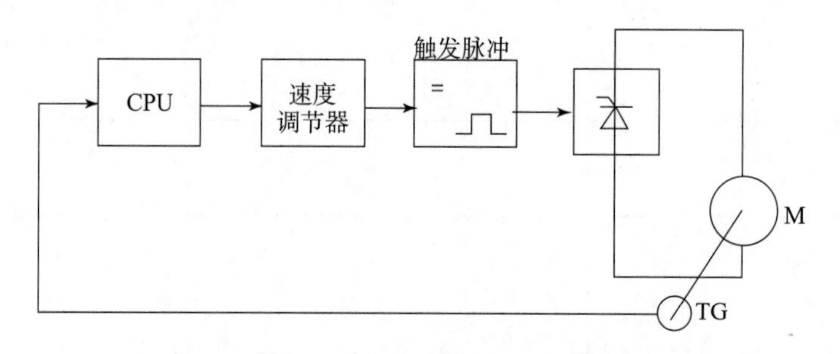

图 4-21　单板机控制系统的结构框图

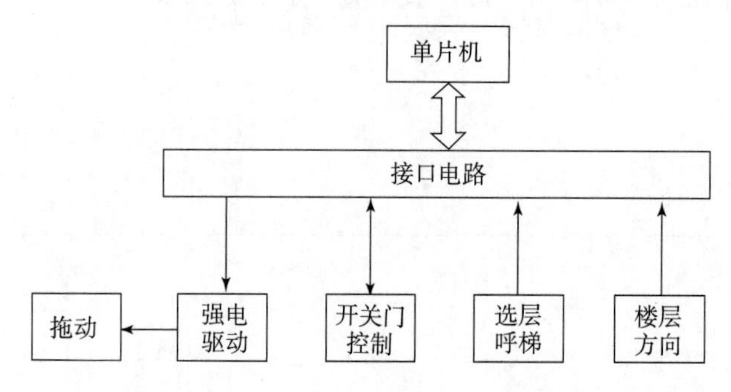

图 4-22　单片机控制系统的结构框图

②双微机控制方式。在交流调压调速电梯中，由双微机组成的控制系统板可以大大改善电梯的性能，提高舒适感和平层准确度，并且具有节能、可靠性高及故障率低的特点。双微机控制系统的结构框图如图 4-23 所示。该控制系统由拖动系统 CPU、控制系统 CPU 及继电器电路组成，是可以实现半闭环或全闭环的电梯拖动控制系统。

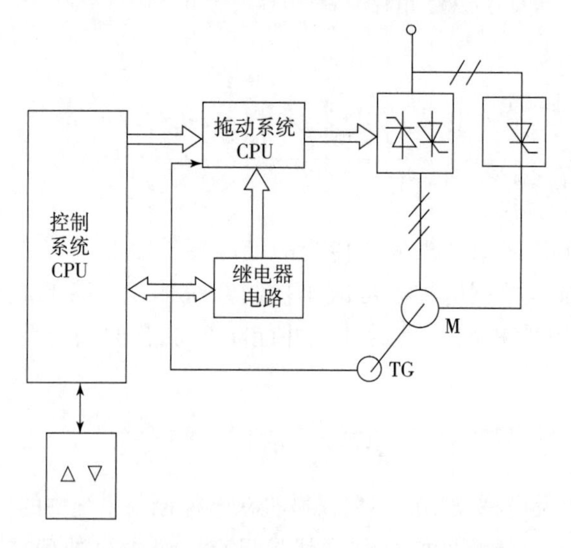

图 4-23　双微机控制系统的结构框图

③多微机控制方式。多微机控制系统的结构框图如图 4-24 所示。多个微机分别处于驱动控制部分（DR-CPU）、控制和管理部分（CC-CPU）、串行传输部分（ST-CPU）。

驱动控制部分由 DR－CPU 实现并采用变频变压调速（VVVF）方式对曳引机进行速度控制，使电梯具有效率高、节能、运行舒适感好、平层精度高、电动机发热少等优点；控制和管理部分由 CC－CPU 控制，其中控制部分的主要功能是对选层器、速度曲线和安全检查电路三方面进行控制，管理部分的主要功能是负责处理电梯的各种运行，实现各种功能。

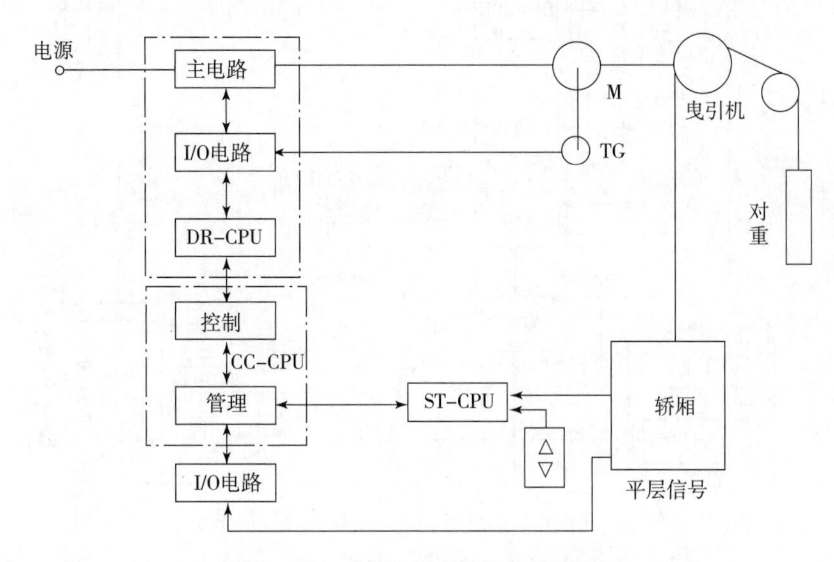

图 4－24　多微机控制系统的结构框图

④群控电梯的微机控制方式。使用微机对群控电梯进行控制，群控电梯的台数不同，使用的微机数量也不同。该控制系统共分为三部分：一是群控装置；二是运行控制装置；三是轿厢操作控制装置。

4.4.2　微机控制变频变压调速（VVVF）电梯控制系统的组成

变频器应用技术

采用微机控制变频变压调速（VVVF）电梯控制系统的结构框图如图 4－25 所示，实物图如图 4－26 所示。该系统主要由拖动电路、控制电路、管理电路三大部分组成。

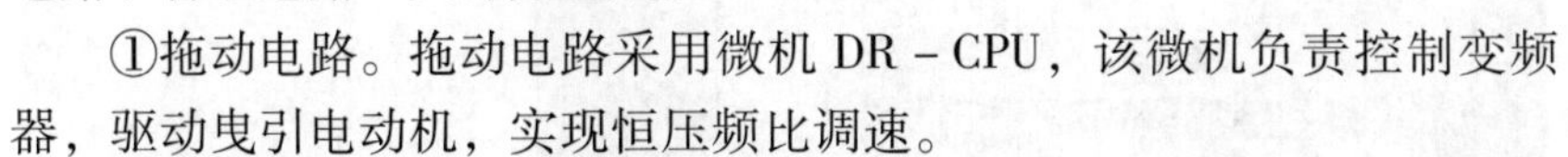

①拖动电路。拖动电路采用微机 DR－CPU，该微机负责控制变频器，驱动曳引电动机，实现恒压频比调速。

②控制电路。控制电路采用微机 CC－CPU，该微机负责实现数字选层、形成速度曲线和对安全保护电路进行控制的工作。

变频器原理与应用

③管理电路。管理电路采用微机 ST－CPU，该微机负责处理电梯的各种运行，完成各种控制功能。

管理用微机 ST－CPU 与控制用微机 CC－CPU 之间可以进行通信，以获取预设的开关信号，如厅外呼梯登记信号、开关门控制信号、发出运行控制指令及进行故障检测和记录等。它们共同控制，互相监控，形成了完整的电梯控制系统。

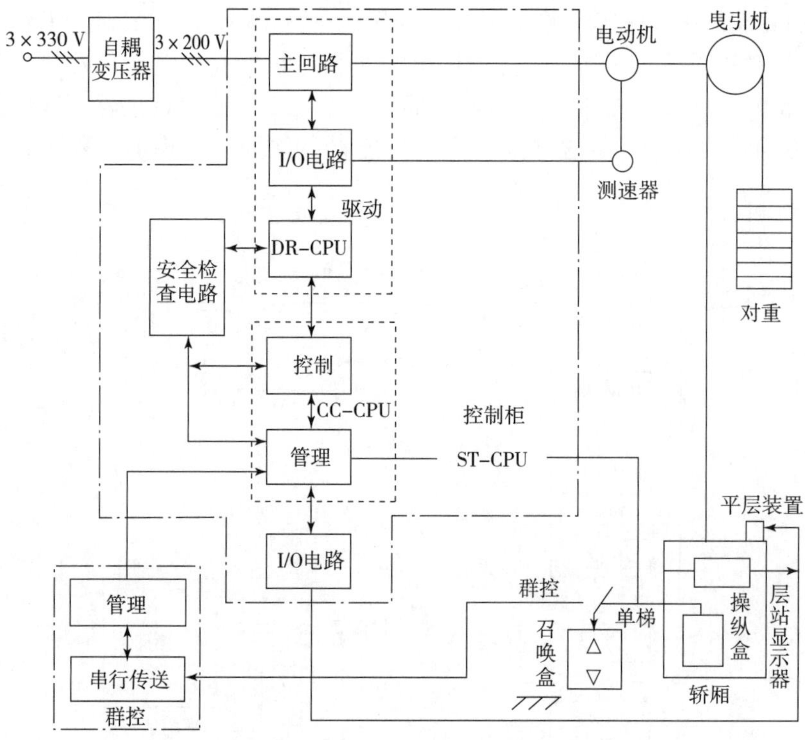

图4-25　微机控制变频变压调速（VVVF）电梯控制系统的结构框图

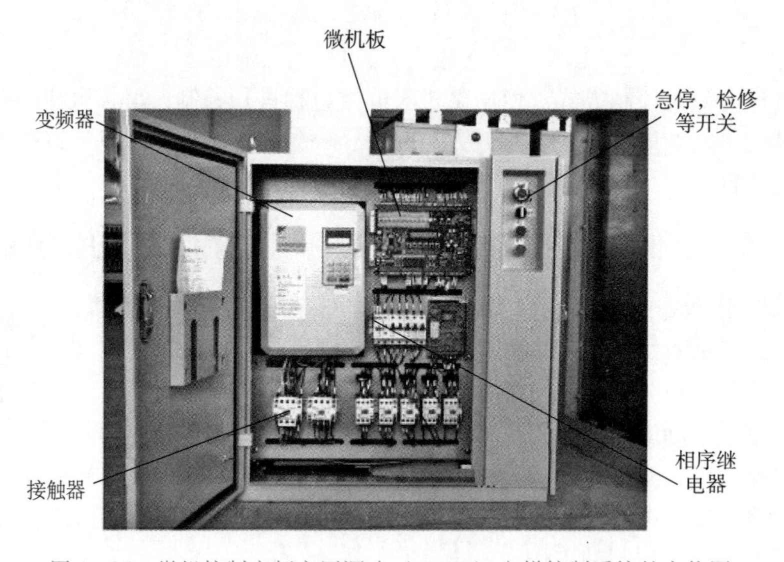

图4-26　微机控制变频变压调速（VVVF）电梯控制系统的实物图

4.4.3　微机控制变频变压调速（VVVF）电梯控制系统的工作原理

对于变频变压调速（VVVF）电梯，多采用三相交流380 V电源供电，当运行接触器接通后，三相交流380 V电源经由整流器变换成直流电，再经逆变器中三对大功率晶体管逆变成频率、电压可调的三相交流电，对感应电动机供电，电动机按指令运转，通过曳引机驱动电梯上下运行，实现变频器变压调速拖动。

①电梯关门及自动确定运行方向控制过程。假设电梯停靠在一楼，此时有五楼外召唤指令，该指令信号通过串行通信方式到达主微机 ST-CPU，主微机根据楼层外召唤指令信号和电梯轿厢所在楼层位置信号，经过逻辑分析判断发出向上运行指令，该指令同时发送给副微机 CC-CPU，副微机做好启动运行的准备。主微机发出关门指令，门机系统执行关闭电梯厅门和轿门的动作，实现电梯自动关门和自动定向。

②电梯启动及加速运行控制过程。副微机 CC-CPU 根据主微机传来的上行指令，生成速度运行指令，并根据载荷检测装置送来的轿厢载荷信号，通过微机 DR-CPU 进行矢量控制计算，生成电梯启动运行所需的电流和电压参数，控制逆变器进行逆变输出，主回路运行接触器接通，电动机得电，同时主微机发出指令使抱闸装置打开，电梯开始启动上行。当电梯启动运行后，与电动机同轴安装的旋转编码器随着电动机的旋转而不断发送脉冲信号给主微机和副微机，主微机根据此信号控制运行，副微机根据此信号进行速度运算，并发出继续加速运行的指令，电梯加速上行。当电梯的速度上升到额定速度时，副微机将旋转编码器的脉冲信号与设定值进行比较，发出匀速运行命令，电梯按指令匀速运行。在这一过程中，副微机 CC-CPU 均以调整变量参数值的形式使逆变器正常工作，电梯完成启动、加速和满速运行过程。

③电梯减速平层停靠及自动开门控制过程。在电梯运行过程中，副微机 CC-CPU 根据编码器发来的脉冲信号，进行数字选层信息运算，当电梯进入五楼层区域时，该微机按生成的速度指令提前一定距离发出减速信号，通过矢量控制计算使逆变器按预先设置的减速曲线控制电梯进入减速运行状态。当电梯继续上行到达五楼平层区域时，轿厢顶的平层区域位置检测器给该微机发出电梯爬行速度指令，并通过数字选层的运算开始计算停车点。当旋转编码器发来的脉冲数值等于设定值时，由该微机发出停车信号，逆变器中的大功率晶体管关闭、电动机失电、停止运行，电梯在零速停车，同时发出指令使制动器抱闸，主回路运行接触器复位，主触点断开，电梯在五楼平层停车。随后，主微机 ST-CPU 发出开门指令，电梯自动开门。至此，电梯就完成了一次从关门启动到停车开门的运行全过程。在此运行过程中，如果在三楼有向上的外召唤信号而电梯还没有运行到三楼，则电梯在三楼自动停车，即在三楼实现顺向截梯功能。同时，在整个运行过程中，主微机根据各楼层位置信号的输入，经内部程序控制，正确输出电梯的运行方向和实际的楼层位置指示。

④电梯控制系统中串行通信的应用。电梯控制系统采用的数据传输方式多为串行通信方式，串行通信已经在电梯控制系统中得到了广泛的应用。例如，电梯的轿厢与机房控制之间通过串行通信方式进行信号传输，使电梯随行电缆数量大大减少。由于这种电梯对厅外召唤、轿内指令信号全部采用串行通信传输方式，使得厅外召唤按钮电缆不随楼层数的增减而变化。

2021 年全国职业院校技能大赛
“智能电梯装调与维护考核任务书样题”

电梯群控与监控系统设计

【知识目标】

1. 了解常用电梯的交通模式、并联模式、调度原则。
2. 熟悉电梯群控系统的结构、群控电梯调度的基本原理。
3. 了解电梯监控的内容、功能和系统结构。

【技能目标】

1. 掌握并联电梯的实现方法，实现电梯的并联系统调试。
2. 掌握群控电梯的四程序调度方法，能够进行群控算法设计。
3. 掌握电梯远程监控系统设计方法，实现对电梯基本运行状态的监控系统设计。

【素质目标】

1. 了解大数据和物联网技术在电梯行业中的发展前景。
2. 了解5G拓展技术与电梯智能运行的发展前景。

任务5.1 电梯交通模式分析

电梯是建筑物中运输乘客的垂直运输工具，它的调度和配置与建筑物中的乘客人数分布（客流）及乘客流动状况（交通流）的关系很大。不同用途的建筑物，客流和交通流差别较大；对于同一用途的建筑物，由于所在地区不同、乘客生活习惯不同，作息制度也不同。另外，季节变换、气候变化等因素都会使建筑物内部的客流情况发生变化。因此，建筑物中客流、交通流的变化具有非线性和不确定性。有关研究发现，对于一幢建筑物来说，客流和交通流在不同季节和一天中不同的时段具有不同的特点，但却存在着一定的规律性。

电梯的交通流是用乘客数量、乘客出现的周期及乘客的分布情况来描述的，高峰期的交通流决定着电梯的参数配置，不同时段的交通模式决定着调度方法的选用。建筑物的性质和用途不同，则交通流的状况差别很大，比如医院楼、办公楼、商务楼、酒店等建筑。根据交通流的不同性质，通常将电梯的交通模式分为上行高峰交通模式、下行高峰交通模式、层间交通模式、两路交通模式、四路交通模式和空闲交通模式。

例如在办公楼内，在早晨上班时间段内，乘客需要在规定的时刻前到达办公室，因此，大多数或全部乘客在大楼的底层楼层进入电梯，然后上行到各自的目的楼层，客流的方向基本都是上行的，是客流密度比较大的阶段。此时，电梯为上行高峰交通模式。

在下班时间段内，大多数或者全部乘客从办公楼层乘电梯下行到底层楼层，然后离开电梯，客流的方向基本都是下行，也是客流密度比较大的阶段，此时，电梯为下行高峰交通模式。

在正常工作期间内，各层之间的交通需求达到平衡状态，上行和下行的人员数量差不多，此时，电梯为层间交通模式。在办公大楼内，除上下班时间段，其余大部分时间，电梯处于层间交通模式。

两路交通模式是指客流主要来自某层站或去往某层站，且该层站不是门厅。这种状况的产生多是因为在建筑物某层设有餐厅、茶点或者会议室，所以经常发生在上午及下午休息或会议期间。

四路交通模式指客流主要来自某两个特定层站或去往某两个层站，且其中一个层站可能是门厅。该状况多发生在午休时间。

空闲交通模式一般在夜间休息这段时间及午休时间段。对于办公楼在节假日或休息日，白天也会存在不同程度的空闲交通模式。大楼里的客流很少的时候，如果将全部电梯投入运行，则设备的使用率很低，会造成能源不必要的消耗。为了降低能耗，可以只使用 1 或 2 台电梯服务乘客，照样能满足客流的需要，这种交通模式即为空闲交通模式。

多台电梯群控时，群控系统根据交通模式的变化采用适宜的派梯策略对电梯进行控制和调度。

为了提高电梯的运行效率，通常对建筑物内多台电梯分组或集中进行管理，根据建筑物内的客流量、疏散乘客的时间要求或者缩短乘客候梯时间等诸因素综合调度。常见到的有两台电梯为一组的并联控制形式和三台或三台以上电梯为一组的群控形式，并联控制是两台电梯共用厅外召唤信号，并按预先设定的调配原则，自动地调配某台电梯去应答某层的厅外召唤信号，其最直观的感觉是两台或多台电梯并排设置并且共享各个层楼的厅外呼梯信号，并能按预定的规律进行各电梯的自动调度工作。

群控是针对排列位置比较集中的共用一个信号系统的电梯组而言的，根据电梯组层站召唤和每台电梯负载情况，按某种调度策略自动调度，从而使每台电梯都处于最合理的服务状态，以提高输送能力。群控多用于具有多台电梯、客流量大的高层建筑物中，把电梯分为若干组，将几台电梯集中控制，综合管理，对乘客需要电梯情况进行自动分析后，选派最适宜的电梯及时应答呼梯信号。它的主要目标是提高对乘客的服务质量和降低系统的能耗。

任务5.2　电梯并联控制系统设计

一座建筑物往往需要安装两台或两台以上的电梯。但如果只装两台或两台以上各自独立运行的电梯并不能提高运行效率。例如，某一建筑物中并排设置了A、B两台电梯，两台电梯均独自运行，各自应答其厅外召唤信号，如果某一层有乘客需要下至底层（或基站），分别按下两台电梯在这一层的下召唤按钮，这样，有可能两台电梯都会同时应答而到达该层站。此时，可能其中一台先行已把乘客接走，而另外一台电梯后到已无乘客，使该电梯空运行了一次。如果有两个邻层的向上召唤信号，本来可由其中一台电梯顺向应答载梯停靠即可，但如果两台电梯均有向上召唤信号，则另一台梯也会因为有召唤信号而停梯。显然，这种运行模式是不合理的。所以，在并排设置两台以上电梯时，在电梯控制系统中必须考虑电梯的合理调配问题。

电梯并联控制共用一套厅外呼梯装置，把两台规格相同的电梯并联起来控制。无乘客使用电梯时，经常有一台电梯停靠在基站待命，称为基梯；另一台电梯则停靠在行程中间预先选定的层站，称为自由梯。当基站有乘客使用电梯并启动后，自由梯即刻启动，前往基站充当基梯待命。当有除基站外的其他层站呼梯时，自由梯就近先行应答，并在运行过程中应答与其运行方向相同的所有呼梯信号。如果自由梯运行时出现与其运行方向相反的呼梯信号，则在基站待命的电梯就启动前往应答。先完成应答任务的电梯就近返回基站或中间选定的层站待命。它是按预先设定的调配原则，自动地调配某台电梯去应答某层的厅外召唤信号的，从而提高了电梯的运行效率。并联控制就是按预先设定的调配原则，自动调配某台电梯去应答某层的厅外召唤信号。

下面介绍并联调度原则及其继电器控制电路，以便了解其逻辑控制原理。

5.2.1　电梯并联调度原则

并联控制时，两台电梯共享层站的呼梯信号。两台电梯相互通信、相互协调，根据各自所处的层楼位置和其他相关的信息，确定一台合适的电梯去应答某一个层站呼梯信号。为了说明电梯的运行状态，本节采用图示的方式，两台电梯分别为A梯和B梯，用实线箭头表示电梯正在运行，虚线箭头表示电梯准备启动运行，空三角形符号表示呼梯信号，三角形顶点向上表示用向上的呼梯信号，反之，为向下的呼梯信号。通常，A、B两梯其中一台停靠在基站，被设置为基梯，基站是指轿厢无运行指令时停靠的层站，一般为乘客进出最多且方便撤离的建筑物大厅或底层端站；另一台电梯则停靠在中间预先选定的层站，称为自由梯。

并联控制的调度原则如下：

①在正常情况下，一台电梯在底层（或基站）待命，另一台电梯作为自由梯（或忙梯）停留在最后停靠的层站。当某层站有召唤信号时，自由梯立即启动运行去接该层站的乘客，而基站梯不予应答。图5-1所示为A、B梯为基梯与自由梯的状况。

②当两台电梯因轿内指令都到达基站后关门待命时，则应执行“先到先行”原则，即先到基站的电梯应该首先出发去响应外召唤。如图5-2所示，A梯先到基站而B梯后到，则经一定延时后，A梯立即启动运行至预先指定的中间层站待命，因此成为自由梯，而B梯

停在基站成为基梯。

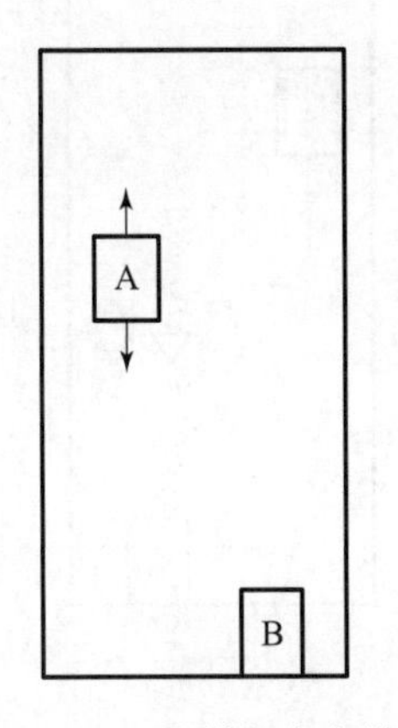

图5-1 基梯与自由梯

图5-2 先到先行

③当A梯正在上行时，如图5-3（a）所示，其上方出现任何方向的召唤信号或是其下方出现向下的召唤信号，则均由A梯在一周行程中去完成，而B梯留在基站不予应答。但如果在A梯的下方出现向上召唤信号，如图5-3（b）所示，则由在基站的B梯应答上行接客，此时B梯也成为自由梯。

④当A梯正在向下运行时，其上方出现的任何向上或向下召唤信号，则由在基站的B梯应答上行接客，如图5-4（a）所示。但如A梯下方出现任何方向的召唤信号，则B梯不予应答而由A梯去完成，如图5-4（b）所示。

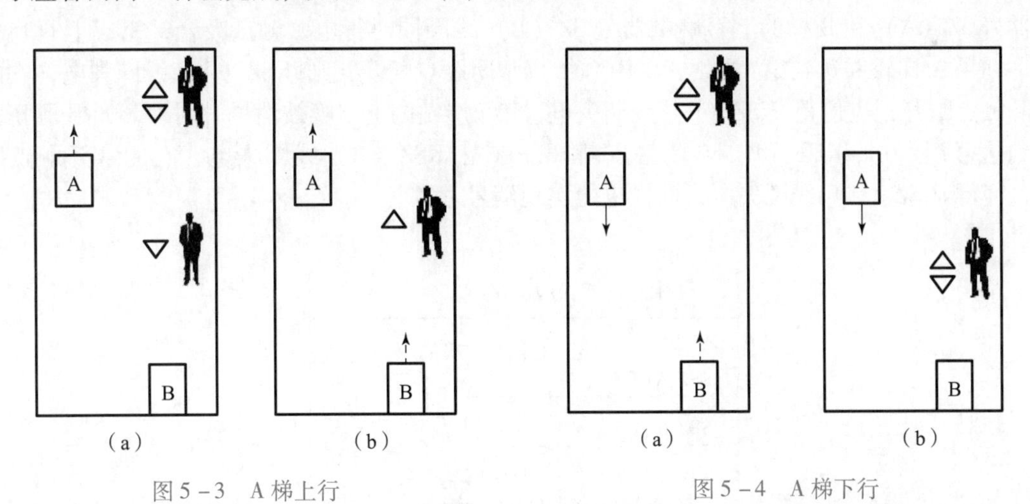

图5-3 A梯上行　　图5-4 A梯下行

⑤当A梯正在运行，其他各层站的厅外召唤信号又很多，但在基站的B梯又不具备发车条件并且在30~60 s后召唤信号依然存在时，则通过延误发车时间继电器令B梯发车运行，如图5-5所示。

⑥另外，如本应由A梯响应厅外召唤信号而运行的，但由于各种故障而A梯不能运行时，则也经过时间继电器延时30~60 s后令B梯（基梯）发车运行，如图5-6所示。

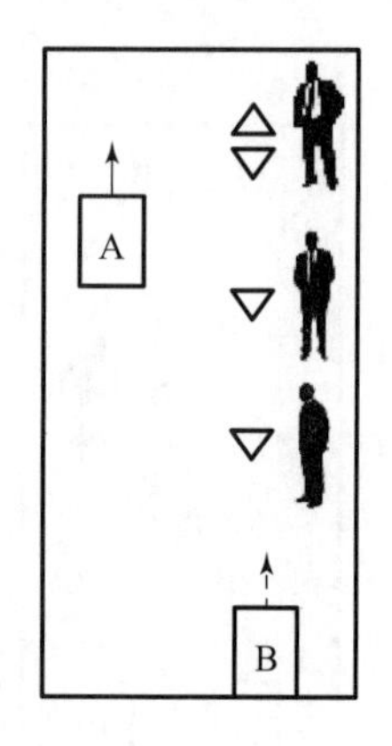

图5-5　延迟发车

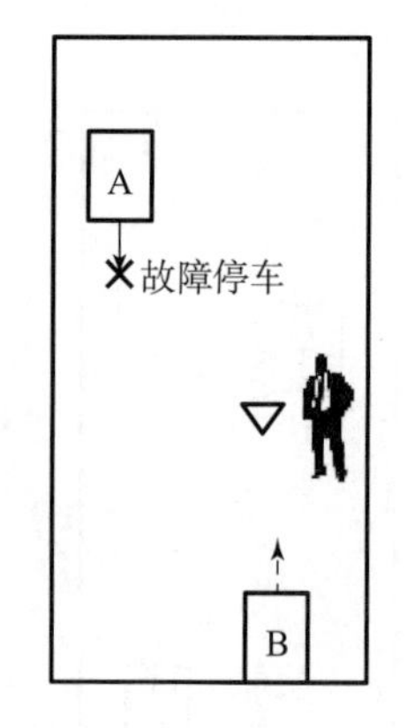

图5-6　故障延迟发车

同样，在B梯控制系统中，B梯的调度调配也按照①~⑥的原则进行。

5.2.2　并联控制电路

并联首先是两台电梯可共享厅外召唤信号。有的并联电梯只设一组外召唤按钮，即使A、B梯各设一组按钮，其召唤信号也是共通的。图5-7所示为第*i*层上召唤电路，*i*SSZ（A）和*i*SSZ（B）分别为A、B梯第*i*层站的上召唤按钮，*i*KSZ（A）和*i*KSZ（B）分别为A、B梯的上召继电器，*i*KHF（A）和*i*KHF（B）分别为A、B梯第*i*层的层楼继电器。A、B梯的召唤继电器触点相互串接在召唤继电器的控制回路中。如第*i*层有上召唤时，A梯的上召继电器*i*KSZ（A）和B梯的上召继电器*i*KSZ（B）线圈同时得电，触点吸合，完成上召唤登记。如果A梯轿厢达到第*i*层站，*i*KHF（A）常闭触点断开，则*i*KSZ（A）线圈失电，它的常开触点断开，也使得*i*KSZ（B）线圈失电，第*i*层站的上召唤被消号。同理，如果是B轿厢到达第*i*层站，*i*KHF（B）常闭触点断开，首先*i*KSZ（B）线圈失电，它的常开触点断开，使得*i*KSZ（A）线圈失电，同样也能实现消号。

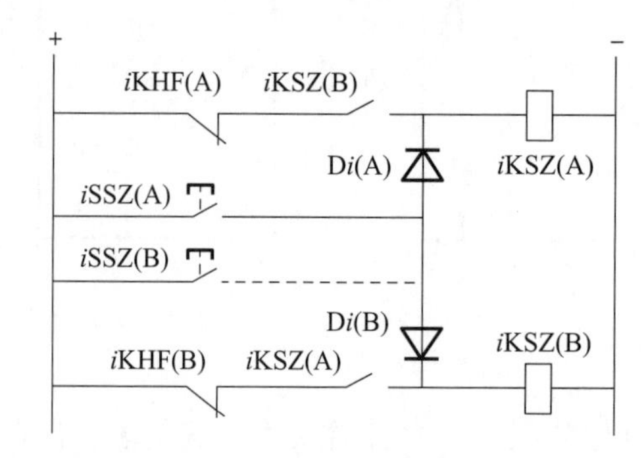

图5-7　并联电梯共享召唤信号

并联电梯的厅外召唤信号共享，轿内指令信号是各自独立的。对于某一层的召唤信号应由哪台电梯应召，由并联调配电路决定，通常调配电路设置在定向电路中。无论是交流电梯还是直流电梯，都可以通过上下接触器（继电器）改变电梯的运行方向。图5-8所示并联电梯定向电路和图 5－9 所示并联电梯调配电路为一种直流电梯的并联控制电路，采用首尾相接原则调配，它可以实现并联调度原则。

图 5－8 是 A 梯的定向线路（以 5 层为例），图中，*i*KSZ、*i*KXZ 是上、下召唤信号；*i*KHF 是第 *i* 层的层楼继电器，它的触点除了用于指层外，还用于选向电路，它的特点是如电梯上行到 *i* 层时，*i*KHF 线圈得电，然后其他层楼继电器线圈失电。

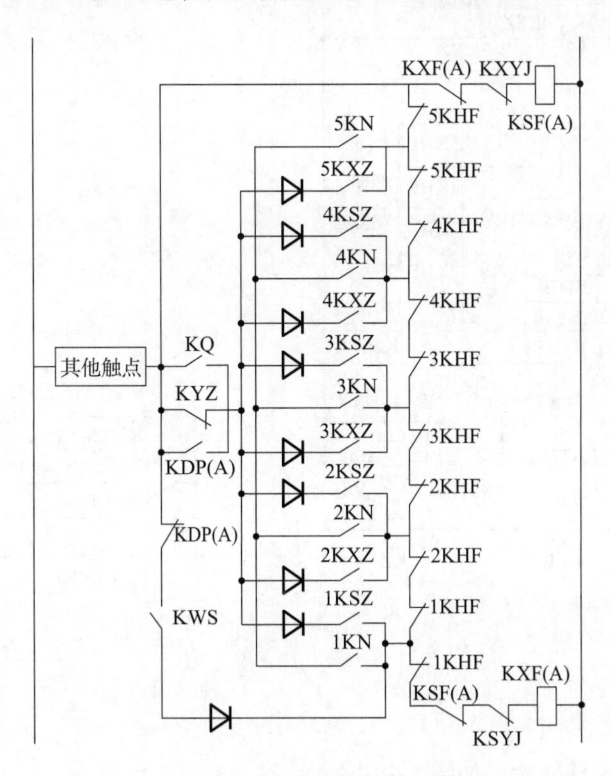

图 5－8　并联电梯定向电路

图 5－8 中，KDP（A）为 A 梯的调配继电器。KSF（A）、KXF（A）表示 A 梯上、下方向继电器，KSYJ 为上方有召唤，继电器，KXYJ 为下方有召唤继电器。其选向电路原理与第 4 章选向电路叙述的类似，这里只是增加了 A 梯调配继电器触点 KDP（A）及并联援助继电器触点 KYZ。

图 5－9 所示为并联调配电路，图中只画出了与 A 梯有关的部分，与 B 梯相关部分的形式与此完全相同。图中，KDP（A）、KDP（B）的括号中，A、B 分别表示属于 A、B 两梯的继电器。图 5－9 中 KSY 为上方有召唤继电器，当 A 梯上方任一层有召唤时，KSY 线圈得电。例如，A 梯在三楼，四楼有上（或下）召唤时，电源经 KSY 线圈→SZR→5KHF→4KHF→D4→4KSZ（或 4KXZ）使上方有召唤继电器 KSY 线圈得电。

KZH 为召唤继电器，只要任何一层有厅外召唤，KZH 线圈都会断电。

KXYS 为下方有上召唤继电器，当下方有上召唤时，KXYS 线圈失电。例如电梯在四楼，三楼有上召唤时，3KSZ 吸合，则常闭触点 3KSZ 开路，KXYS 线圈失电。

KDP（A）为 A 梯调配继电器，从图 5－9 可知，只要它的线圈得电，其常开触点吸合，A 梯选向回路就可以接通（图 5－8），这意味着 A 梯将会按所选的方向运行。调配继电器

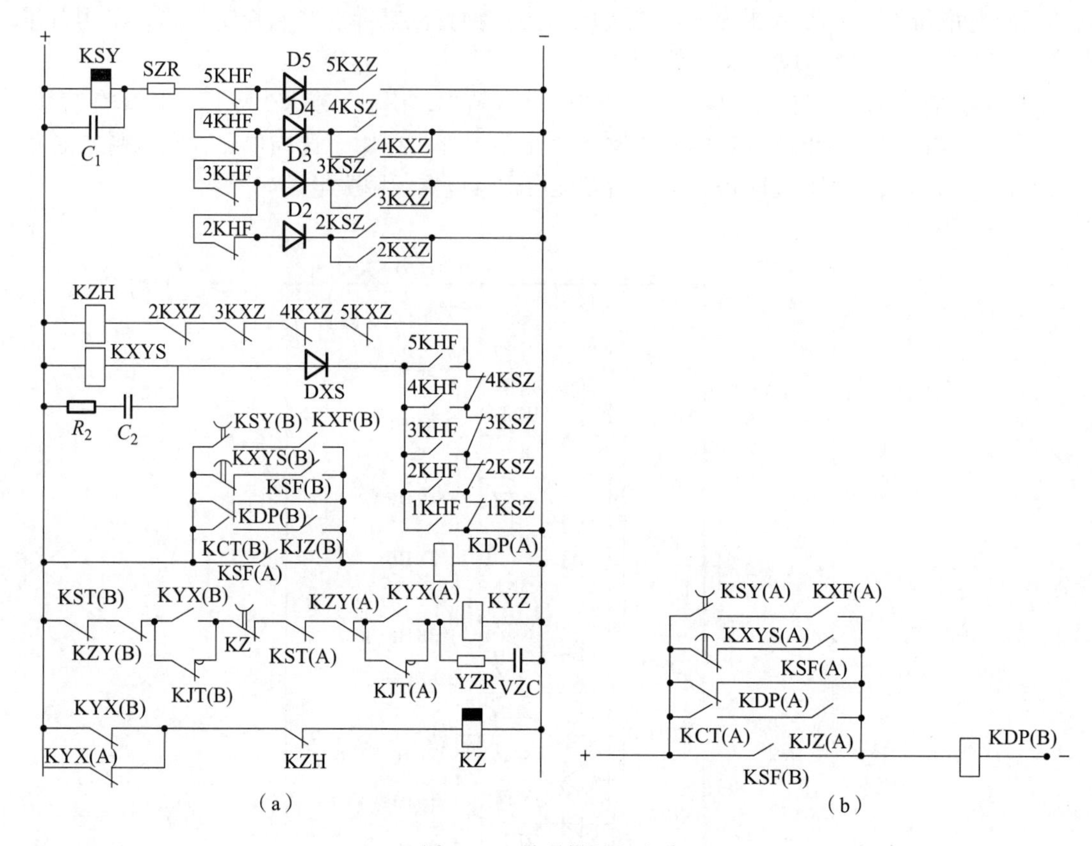

图5－9　并联梯调配电路

（a）A梯并联调配控制电路；（b）B梯并联调配继电器控制电路

KDP的调配方式如下：

①B梯上行中，A梯待命，如图5－10所示。

B梯的上方向继电器KSF（B）常开触点接通，B梯下方有上召唤，则它的下方有上召唤继电器KXYS（B）线圈失电，常闭触点KXYS（B）延时吸合，那么调配继电器KDP线圈得电，其常开触点吸合使A梯定向回路接通（图5－8），A梯响应召唤。

②B梯下行中，A梯待命，如图5－11所示。

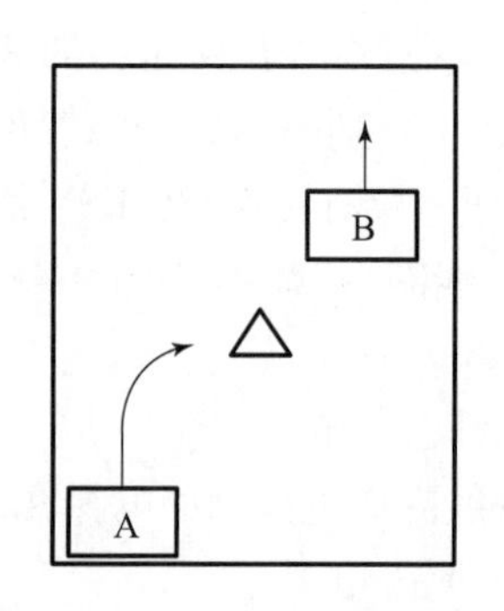

图5－10　B梯上行中，A梯待命

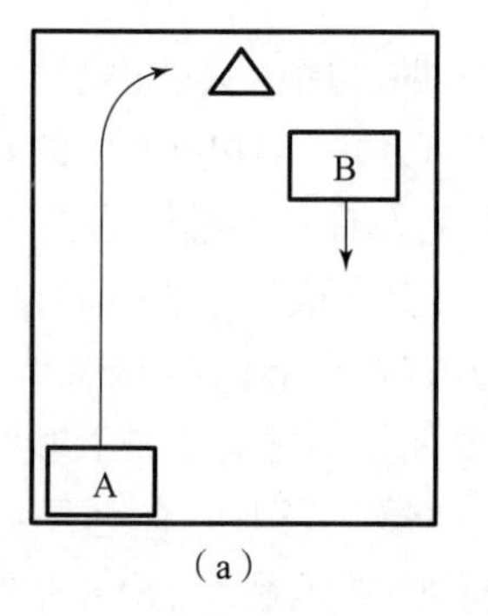

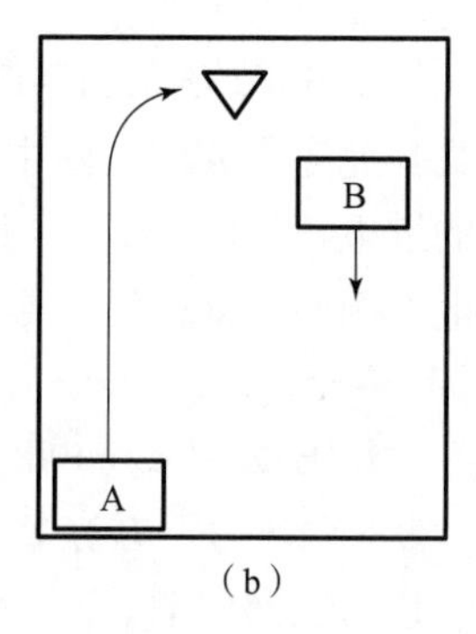

图5－11　B梯下行中，A梯待命

（a）B梯上方有上召唤；（b）B梯上方有下召唤

B梯下行，B梯的下方向继电器KXF（B）的常开触点接通，如果B梯上方有召唤，它的上方有召唤，继电器KSY（B）常开触点吸合，KDP（A）线圈得电，则A梯定向回路接通，A梯响应召唤。

③两梯同时离开基站时，先服务完毕的电梯返回基站，如图5-12所示的3种情况。

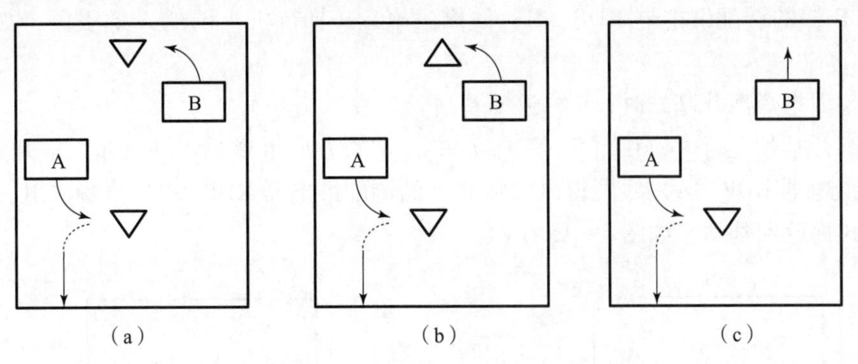

图5-12　两梯同时离开基站时，先服务完毕的电梯返回基站

(a) B梯上方有下召唤；(b) B梯上方有上召唤；(c) B梯正上行

A梯服务完毕后停在中间某层，且此时B梯正在上行，B梯的上方向继电器KSF（B）线圈得电（电路与A梯相同），如图5-9（b）所示，它的调配继电器KDP（B）线圈得电，它的常闭触点断开。图5-9（a）中，连接KDP（A）线圈的其他4条支路也不导通（图5-9中KJZ（B）是B梯基站继电器触点，KCT（B）是B梯停车继电器触点），都不要求A梯服务，因此，KDP（A）线圈不可得电，其常闭触点闭合。在图5-8中，电源经KDP→KWS→二极管→1KHF→KSF（A）→KSYJ接通KXF线圈，使A梯下行返回基站。在返回基站的过程中，如有顺向向下召唤，电梯可以顺路应召。

④A梯在基站，B梯服务完毕后原地待机。

在图5-9并联调配电路中，A梯到达基站换速停梯时，KCT（A）常开触点通路，基站继电器KJZ（A）常开触点吸合，B梯的调配继电器KDP（B）线圈得电，它的常闭触点断开，使A梯的调配继电器KDP（A）线圈失电。A梯停止后，KCT（A）常开触点断开，B梯的调配继电器KDP（B）线圈由KDP（A）的常闭触点保持通电。这时如果上方或下方有单个方向的厅外召唤信号，则均由B梯服务，如图5-13所示，因为KDP（A）无吸合条件。

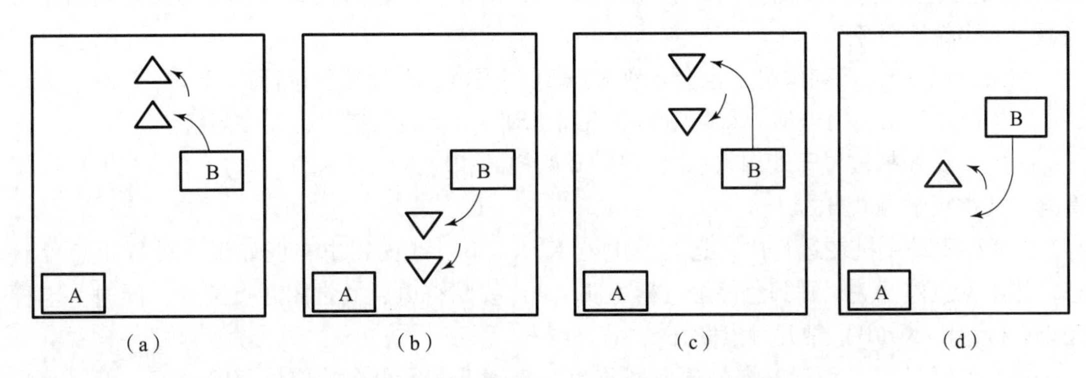

图5-13　A梯在下基站，B梯服务完毕原地待机

(a) B梯上方有上召唤；(b) B梯下方有下召唤；(c) B梯上方有下召唤；(d) B梯下方有上召唤

⑤若A梯已先返回基站，B梯因轿内指令到达基站时，如果再有召唤，则由A梯服务。

B梯根据轿内指令到达基站时，B梯停车，继电器KCT线圈得电，则KCT（B）常开触点吸合；同时，返回基站后，B梯的基站继电器KJZ（B）线圈也得电，使其常开触点吸合。这样，在图5－9（b）中，A梯的调配继电器KDP（A）线圈得电，其常闭触点KDP（A）断开，使B梯的调配继电器KDP（B）线圈失电，B梯待机，调配A梯服务，如图5－14所示。

⑥A梯因指令离开基站时，B梯返回基站。

A梯离开基站上行时，在图5－9（a）中，它的方向继电器KSF（A）常开触点吸合，使其调配继电器KDP（A）线圈得电，则B梯的调配继电器KDP（B）线圈失电，其常闭触点闭合，B梯返回基站，如图5－15所示。

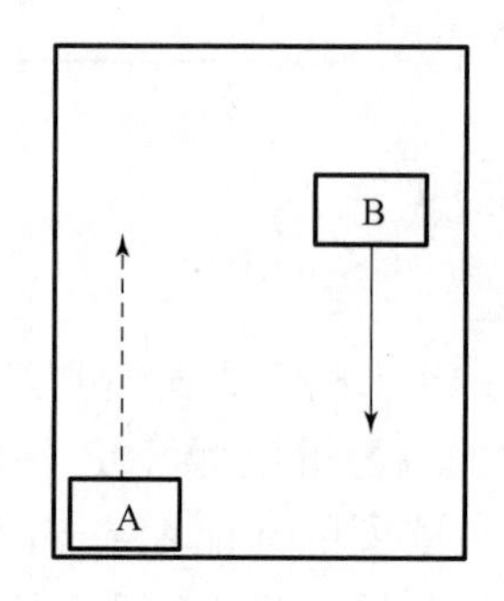

图5－14　B梯因指令到达基站

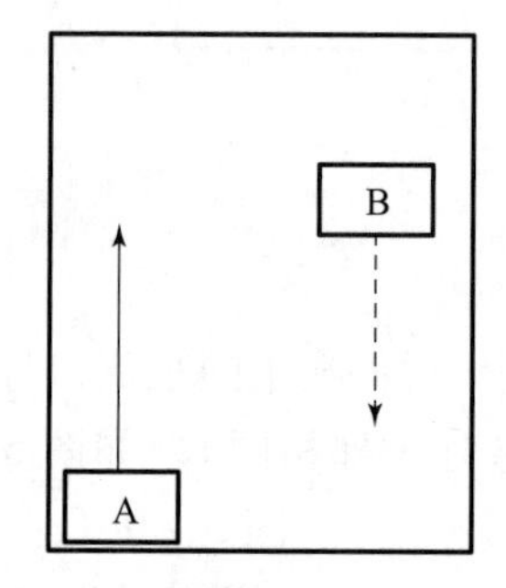

图5－15　A梯因指令离基站，B梯返基站

⑦援助服务。

设A梯在基站充当基梯，B梯服务，此时出现外召唤时，本来应由B梯服务的外召唤信号，如果超过一定时间，B梯仍未服务，召唤信号还未消除，则A梯前往援助。在图5－9中，A梯在基站停梯待命，此时，运行继电器KYX常闭触点闭合，有任何召唤时，召唤继电器KZH线圈失电，其常闭触点闭合，使召唤时间继电器KZ通电。若外召唤信号一直存在，则KZ常闭触点延时断开，使下列回路断开：电源＋→KST（B）→KZY（B）→KYX（B）与KJT（B）→KZ→KST（A）→KZY（A）→KJT（A）→KYZ线圈，使援助继电器KYZ线圈失电，其常闭触点闭合。在图5－8中，由于召唤信号的存在，A梯的定向回路被接通，A梯前往服务。

在图5－9中，下列情况下也会导致KYZ线圈失电，A梯独立运行：

①B梯在基站关门停梯，它的锁梯继电器KST（B）线圈得电，其常闭触点断开。

②B梯或A梯被置于专用状态时，A、B两梯的相应继电器KZY（A）、KZY（B）线圈得电，其常闭触点断开。

③B梯驱动主机在运行中，运行继电器KYX（B）线圈得电，但如果它被置于急停状态，如按下急停开关，则其急停继电器KJT（B）线圈得电，其常闭触点断开，同时，电梯停止运行，KYX（B）常开触点断开。

在以上情况下，由于A梯的选向回路也会接通，A梯也会响应外召唤运行，但是，它不是作为B梯的援助，而是独立运行的。

任务 5.3 电梯群控控制系统设计

当同一建筑物内设置两台以上电梯且位置比较集中时，就构成了电梯群。为了提高电梯的输送效率，充分满足楼内客流量的需要，以及尽可能地缩短乘客的候梯时间，把多台电梯组合成梯群，需要对梯群的运行状态进行自动控制与调度，简称为群控。梯群的自动程序控制系统提供各种工作程序和随机程序（或称无程序）来满足客流急剧变化的情况，如大型宾馆、写字楼内的各种客流状态。电梯群控系统是现代建筑交通系统中的重要组成部分，其设计得正确与否关系着建筑交通系统的可靠性和稳定性。

电梯群控是指将两台以上的电梯组成一组，由一个专门的群控系统负责处理群内电梯的所有层站呼梯信号，群控系统可以独立存在，也可以隐含在每一个电梯控制系统中。群控系统和每一个电梯控制系统之间都有通信联系。群控系统根据群内每台电梯的楼层位置、已登记的指令信号、运行方向、电梯状态、轿内载荷等信息，实时将每一个层站呼梯信号分配给最合适的电梯去应答，从而最大限度地提高群内电梯的运行效率。

电梯群控系统的调度原则可以分为两大类：一类是在 20 世纪 60 年代和 70 年代中期电梯产品中使用固定模式的硬件系统，即按 4 种、6 种客流工序状况，在两端站按时间间隔发车的调度系统和按需要发车的调度系统；另一类是 20 世纪 70 年代后期开始延用至今的高级电梯产品中由各类计算机控制的无程序按需要发车的自动调度系统，例如奥的斯电梯公司的 Elevonie 301、Elevonie 401 系统，瑞士迅达电梯公司的 Miconie - V 系统等。目前有许多种基于人工智能理论的群控调度原则。

5.3.1 固定程序调度原则

固定程序调度原则的群控方式的特点是根据建筑内客流变化情况，把电梯群的工作状态分为几种固定的模式，这些模式又叫程序。常见的模式有 4 种或 6 种固定程序方式，根据客流交通情况，把电梯运行分成几种工作状态。四程序、六程序是传统的群控调度原则。

1. 四程序调度原则

4 个工作程序的工作状态为上行客流顶峰状态、客流平衡状态、下行客流顶峰状态和空闲时间的客流状态。

上行客流顶峰状态的交通特征是从基站（无轿内指令运行时停靠的层站，一般设在大厅）上行的客流特别大，电梯运送大量的乘客到建筑物内各个层站，此状态下各层站间的交通很少，下行外出的客流也很少。每个轿厢按到达基站先后顺序被选为“先行梯”，设于厅外及轿内的“此梯先行”信号灯闪亮，并发出音响信号来吸引乘客迅速进入电梯，直至电梯启动运行后，声、光信号停止。

上行客流顶峰状态的转换条件为：当轿厢从基站上行时，若连续两台电梯满载（超过额定载重的 80%），则自动选择上行客流顶峰状态；若从基站上行的轿厢的载重连续降低至小于额定载重的 60%，则上行客流顶峰状态被解除。

客流平衡状态程序的客流交通特征是客流强度为中等或比较繁忙，一部分乘客从基站到各层站，另一部分客流从大楼中的各层站到基站，与此同时，还有多数客流在楼层之间上下往返，上行与下行客流几乎相同。

客流平衡状态的转换条件为：当上行客流顶峰或下行客流顶峰状态解除后，若存在连续的外呼信号，则客流非顶峰状态被自动选择，在此状态下，若电梯上行与下行的时间几乎相等，且轿厢载重也相近，则系统转入客流平衡程度。若出现持续的不能满足上行与下行的时间几乎相等的情况，则客流平衡状态将在相应的时间内自动解除。

下行客流顶峰状态的交通特征是客流强度大，由各层站往基站的客流很多，而层站之间的交流及上行客流很少，在该程序中，此状态通常出现在楼层高区时下行轿厢满载的情况下，使楼层低区的乘客候梯时间增加。为了有效改善此现象，系统将梯群转入“分区运行”状态，即把建筑物分为高层区和低层区两个区域，同时，将电梯平分为两个组，例如每组各有两台电梯（高区电梯和低区电梯）分别运行于所属区域内。高区电梯从下端基站向上出发后，顺途应答所有的向上召唤信号。低区电梯主要应答低区内各层的向下召唤信号，不应答所有的向上召唤信号，但也允许在轿厢指令的作用下上升至高区。

下行客流顶峰状态的转换条件为：当连续两台轿厢满载（超过额定载重的80%），下行到达基站时，或者层站间出现规定数值以上的下行召唤时，则系统转入下行客流顶峰。当下行轿厢载重连续降低至小于额定载重的60%，且在一定的时间后各层站的下行召唤数在规定的数值以下时，则自动解除下行客流顶峰状态。但在下行客流高峰程序中，当满载轿厢下行时，低楼层区内的向下召唤数达到规定数值以上时，则分区运行起作用，系统将梯群中的电梯分为两组，每组分别运行在高区和低区楼层内。在分区运行的情况下，当低区楼层内的向下召唤信号数降低到规定数值以下时，则分区运行被解除。

空闲时间客流状态的交通特征是间歇性的客流，且客流强度极小。轿厢在基站根据先到先行的原则被选为“先行”。

空闲时间状态的转换条件为：当系统工作在上行客流顶峰以外状态下，若90～120 s内没有外呼信号，并且此时轿厢载重小于额定载重的40%时，则系统转入空闲时间客流状态。此状态下，若在90 s的时间里连续存在一个外呼信号，或者在较短时间里存在两个外呼信号，或是在更短时间里存在三个外呼信号，则自动解除空闲时间客流状态。当上行客流顶峰状态出现时，立即解除空闲时间客流状态。

2. 六程序调度原则

6个工作程序的工作状态为上行客流顶峰状态、下行客流顶峰状态、客流平衡状态、空闲时间的客流状态、上行客流量较大状态和下行客流量较大状态。其中，客流平衡状态、上行客流量较大状态和下行客流量较大状态也可统称为客流非顶峰状态。

六程序比四程序增加了两个状态，其他状态的工作程序与四程序的相同。下面只介绍增加的两个工作状态。

上行客流量较大的交通特征是客流强度为中等或较繁忙程度，但其中上行客流量占大多数。此状态与客流量平衡状态的基本运转方式相同，即在客流非顶峰状态下，轿厢在各层站之间上下往返，并顺序响应轿内及外呼信号。由于上行交通比较繁忙，因此上行时间比下行时间要长些。

上行客流量较大状态的转换条件为：在客流非顶峰状态下，若电梯上行时间比下行时间长，则在相应的时间内，系统转入上行客流量较大状态。若上行轿厢载重超过额定载重的60%，则在较短时间内系统自动选择该状态。若上行时间比下行时间长的条件持续地不能满足时，则上行客流量较大状态在相应时间内被解除。

下行客流量较大的交通特征及其转换条件正好与上行客流量较大的工作程序相反，只不过将前述的上行换成下行。该程序也属于客流非高峰范畴内。

上述6种模式中，每种针对一个交通特征，并有各自的调度原则。例如上行客流顶峰程序，它所针对的交通特征是从底层端站向上去的乘客特别多，需要用电梯迅速地将大量乘客运送至大楼各层站，而这时层站之间的相互交通很少，下底层的乘客也很少。在这个程序中，采用的调度原则是把各台电梯按到达底层（基站）的顺序选为“先行梯”，先行梯设于厅外及轿内的“此梯先行”信号灯闪动，并发出音响信号，以吸引乘客迅速进入轿厢，直至电梯启动后，声、光信号停止。在运行过程中，电梯的停站仅由轿内指令决定，厅外召唤信号不能拦截电梯。其他各程序及其调度方式也是根据某一种交通特征来设计的。

群控系统中，各固定程序的转换可以是自动的或人为的。只要将程序转换开关转向6个程序中的某一个程序，则系统将按这个工作程序连续运行，直至该转换开关转向另一个工作程序为止，这是手动转换方式。若将转换开关置于“自动选择位置”，则梯群在运行时按照当时的客流情况自动地选择最适宜的工作程序。例如群控系统检测电梯的载荷情况，若出现当电梯从底层（基站）向上行驶时，连续两台电梯满载（超过额定载重的80%）的情况，则系统自动选择“上行客流顶峰程序”；反之，若在上述条件下连续检测到两台电梯轻载（低于额定载重的60%），则解除“上行客流顶峰程序”。

显然，要正确、合理地自动转换梯群的运行模式，需要自动地分析交通的状态。传统的实现方法是采用称为“交通分析器件”的逻辑电路，其具有召唤信号计算器、台秒计算器、载荷传感器、自动调整计时器等功能，它们可以用有触点的电路来构成，也可以采用无触点的数字电路实现。随着计算机技术在电梯中的应用，上述工作程序及其自动转换可以用软件实现。

采用固定程序群控方式可以使乘客候梯时间明显减少，但其缺点是容易造成电梯空跑，造成能源浪费。另外，需要实时地对交通繁忙情况进行分析，因此，当客流量变化时，程序的转换有时不能很好地适应当时的交通情况。

5.3.2　分区调度原则

分区域运行是电梯群控的一种常用的调度原则，常分为固定分区和动态分区两种。分区调度是将一定数量的外呼指令划分成若干个区域，每个分区的外呼指令由一台或几台电梯实现调度的方法。按电梯数量划分区域，目的是为所有区域提供均衡、合理的服务，特别是为基站提供良好服务。在较小和中等的客流状况下，将轿厢分配给每个区域。划分区域后，既能保证对基站的优先服务，又能保证对其他区域的均衡服务。

1. 固定分区调度原则

固定分区，也称为静态分区，是根据电梯数量和建筑物层数划分区域，将一定数量的层站（包括上、下相邻层站召唤）组合在一起构成一个区域，在某一分区中，电梯对该分区内的上行和下行呼梯指令都进行响应。也可将相邻的上行外呼指令安排到若干向上需求区域，相邻的下行外呼指令安排到若干独立的向下需求区域，即可设定一个公共区域或是定向区域，公共区域是由若干相邻层站发来的外呼指令组成的固定区域，定向区域是仅包括同方向若干相邻的外呼指令组成的固定区域。

例如，在15层楼中有3台群控梯，将15层楼划为3个分区：1~5、6~10、11~15。图5-16所示为服务于15层楼的3台群控梯的分区示意图。在图5-16中，无呼梯时，A梯、B梯、C梯分别在1层、6层、11层待命。在3个区域中，当某个区域中有呼梯信号时，由该区域的电梯进行响应。A梯、B梯、C梯所服务的区域并非固定不变，而是根据召唤信号的不同，每台电梯的服务区域可随时调整，如C梯因轿内指令离开第3分区，而B梯又因轿内指令进入第3分区，则B梯就成为第3分区的区域梯。C梯服务完后，则回到第1个分区待命。总之，每台电梯可自动寻找没有区域梯的空区。

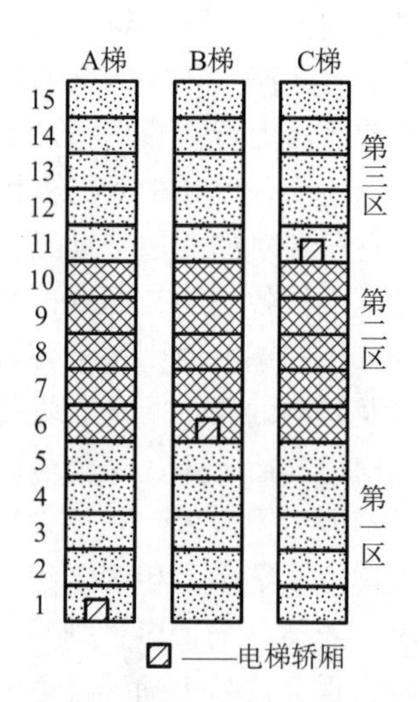

图5-16　固定分区示意图

2. 动态分区调度原则

动态分区是把电梯服务区域按一定顺序接成环形，构成一个区域。其中，区域个数、每个区域的位置及范围，由各个轿厢运行时的瞬时状态、位置和方向决定。动态区域是在电梯运行期间定义的，按事先制定的规则产生新的分区，而且是不断连续变化的。分区控制使单台电梯运行周期缩短，运行效率有所提高。

图5-17所示为15层3台群控梯动态分区示意图。在某一空闲时段的分区内：1~7层为A梯的上召唤服务区，8~13层为B梯的上召唤服务区，14层、15层为C梯的上召唤服务区。同时，C梯又担负着8~15层的下召唤服务，而2~7层又为B梯的下召唤服务区，如图5-17（a）所示。当电梯运行后，每台电梯的服务区域随着电梯位置及运行方向做瞬时变化。例如当某一时刻，A、B梯均向上运行。此时，区域分配为：1~8层为A梯上召唤服务区，8~15层为B梯上召唤服务区，13~15层为B梯下召唤服务区，8~12层为C梯下召唤服务区，1~7层为A梯下召唤服务区，如图5-17（b）所示。

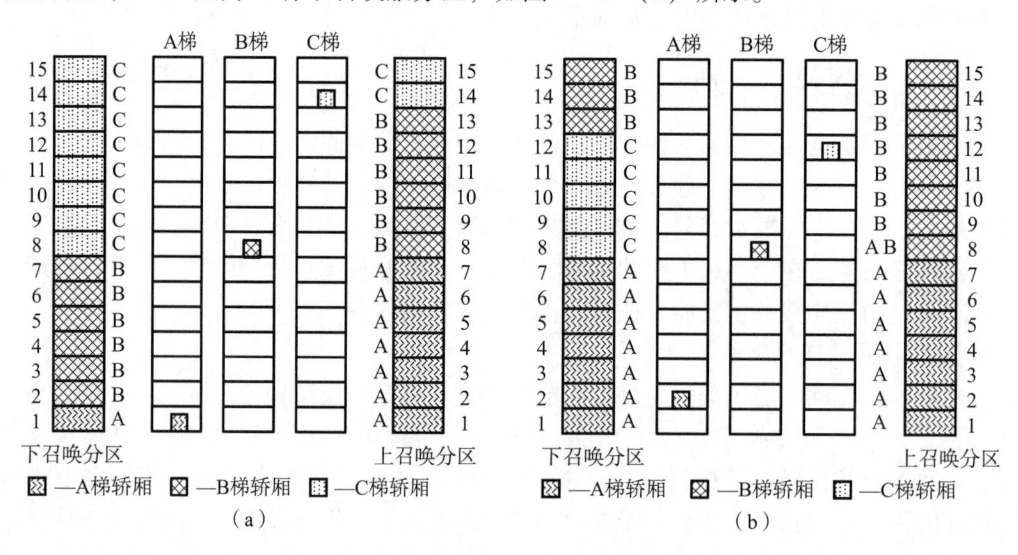

图5-17　动态分区示意图

（a）空闲时的分区；（b）运行后的分区

5.3.3　性能指标调度原则

电梯使用场合不同，性能指标要求也不同，采用的调度原则也不同。常用的评价指标有以下几种：

①平均候梯时间：指一段时间内乘客按下某层外召按钮至电梯到达该层所花费时间的平均值。

②长候梯率：指在一段时间内候梯时间超过 60 s 的乘客等待的百分率。

③能源消耗：指在一段时间内电梯运行所消耗的能源，主要取决于电梯启/停次数。

④综合成本：是指轿厢内乘客数与电梯运行时间的乘积，单位为“人·秒”，它综合反映了电梯运行的成本。

1. 采用心理待机时间评价指标的调度原则

在上述评价指标中，平均候梯时间及长候梯率都与候梯时间有关系，在群控系统中采用心理时间评价方式来协调梯群的运行，可以有效地改善人－机关系。心理待机时间就是把乘客等待时间这个物理量折算成在此时间中乘客所承受的心理影响，统计表明，乘客待机的焦虑感与待机时间成抛物线关系，如图 5－18 所示。由图可知，随着乘客待梯时间的延长，其焦虑感显著增加。如果在待梯时间内群控系统出现预报失败等现象，则必导致乘客焦虑感的激增。而采用心理待梯评价方式，可以在层站召唤产生时，根据某些原则进行大量的统计计算，得出最合理的心理待梯时间评价值，从而迅速、准确地调配出最佳应召电梯进行预告。下面介绍几种采用这种方式的调度原则。

（1）最小等待时间调度原则

最小等待时间调度原则是根据所产生的层站召唤来预测各电梯应答时间，从中选择应答时间最短的电梯去响应召唤。假设电梯每运行一个层区间需要 2 s，每停一层需要 10 s，如图 5－19 所示，现在有 A、B 两台电梯分别在 1 层和 4 层，图中用○表示已登记的轿内指令，△表示新产生的召唤，▲表示已登记的外召唤，▲表示已经分配的外召唤。A 梯轿内登记了两个指令 6 层和 7 层，控制系统已把 5 层向上的外召唤分配给 A 梯，现在，8 层有新的向上的外召唤出现，控制系统如何分配这个外召唤呢？

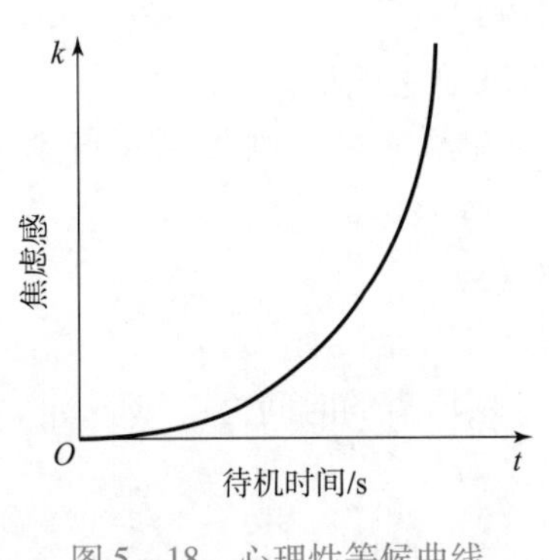

图 5－18　心理性等候曲线

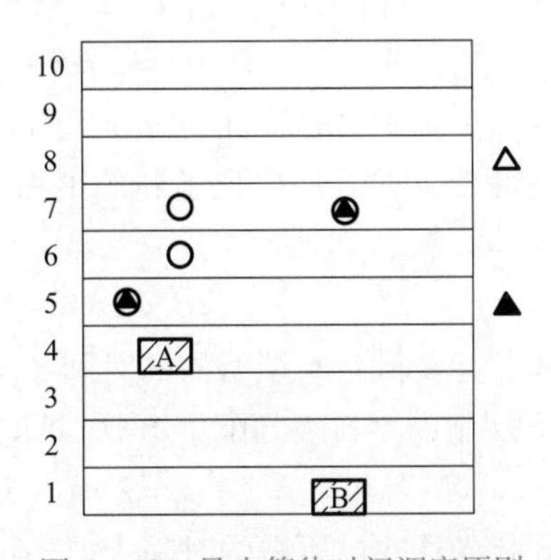

图 5－19　最小等待时间调度原则

由图 5－19 的描述可知，A 梯距 8 层较近，但它从 4 层运行到 8 层需要通过 4 个层区间，5 层、6 层、7 层需要停车 3 次，因此，A 梯到 8 层所需时间为：

$$t_A = 2 \times 4 + 10 \times 3 = 38\ (\text{s}) \tag{5-1}$$

B 梯虽然距 8 层较远，但是，此时被分配了一个 7 层的外召唤，没有轿内指令，它从 1 层到达 8 层的过程中，需要在 7 层停车 1 次，因此 B 梯到 8 层所需的时间为：

$$t_B = 2 \times 7 + 10 \times 1 = 24\ (\text{s}) \tag{5-2}$$

$t_A > t_B$，因此，应把新的召唤交由 B 梯去响应。

（2）防止预报失败调度原则

群控系统一般具有预报功能，即当乘客按下层站按钮后，立即在层站上显示出将要响应该召唤的电梯。心理待梯评价方式表明，如果预报不准确，将会使乘客候梯的心理焦虑感明显增加。因此，为了提高预报准确率，增强乘客对预报的信赖，应该尽量避免预报失败焦虑感，已经调配好的电梯尽量不更改群控系统已经向各层发出的预报显示信号。

防止预报失败调度原则调度电梯的示意图如图 5-20 所示，设电梯每层的运行及停站时间如前所述，如图 5-20（a）所示，此时 8 层有外召唤，A 梯运行到 8 层所需时间为：

$$t_A = 2 \times 4 + 10 \times 0 = 8\ (\text{s}) \tag{5-3}$$

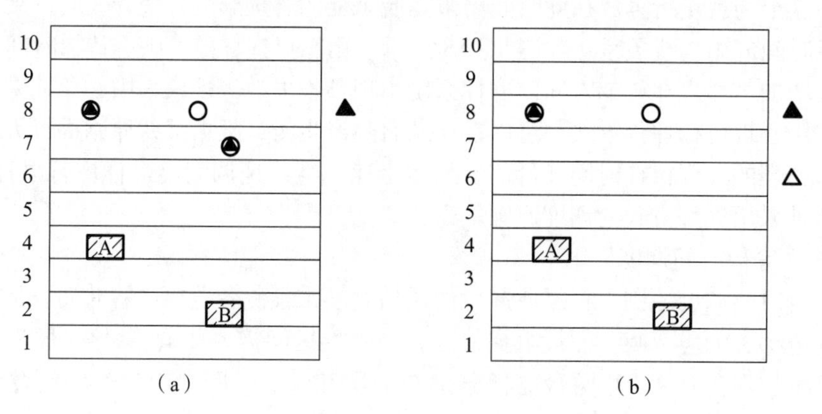

图 5-20　防止预报失败调度原则

（a）新外召唤出现之前；（b）6 层有新的外召唤

B 梯到 8 层所需时间为：

$$t_B = 2 \times 6 + 10 \times 0 = 12\ (\text{s}) \tag{5-4}$$

显然 $t_A < t_B$，对 8 层的外召唤应分配给 A 梯，预报 A 梯去响应。

但是，如果在此时 6 层出现了新的上召唤，把其分配给 A 梯，则 A 梯运行到 8 层所需的时间为：

$$t_A' = 2 \times 4 + 10 \times 1 = 18\ (\text{s}) \tag{5-5}$$

同理，A 梯运行到达 6 层所需的时间 $t_A'' = 4$ s。

如果把 6 层新的上召唤分配给 B 梯，则 B 梯到达 8 层所需的时间为：

$$t_B' = 2 \times 6 + 10 \times 1 = 22\ (\text{s}) \tag{5-6}$$

同理，B 梯到达 6 层所需的时间为 $t_B'' = 6$ s。

从所用时间来看，$t_A' = t_B'$，似乎应将新的上召唤分配给 A 梯。但是，因为 B 梯不响应 6 层外召唤时到达 8 层只需 $t_B = 12$ s，这样的分配将会由于 B 梯先于 A 梯到达 8 层（$t_A' > t_B$）而使原来的预报失败，因此，应将 6 层的召唤分配给 B 梯应召。

（3）避免长时间等候调度原则

对于避免长时间等候调度原则调度方式，通常可以根据电梯的速度、建筑物的高度及性质等因素规定一个时间 t_m，如果乘客待梯时间超过 t_m，则判断为长时间候梯。在计算机控系统中，t_m可由软件设定或改变。

图 5－21 所示为避免长时间待梯的调度原则示意图，假设 $t_m=30$ s。图 5－21（a）中，8 层、9 层的外召唤被分配给 A 梯，A 梯还有一个到 7 层的轿内指令，A 梯目前在 4 层，B 梯仅有两个轿内指令：3 层和 5 层，B 梯处于 2 层。在新的外召唤产生之前，A 梯运行到 9 层所需时间为：

$$t_A=2\times5+10\times2=30\ (\text{s}) \tag{5-7}$$

B 梯运行到 5 层所需时间为：

$$t_B=2\times3+10\times1=16\ (\text{s}) \tag{5-8}$$

如果 6 层出现新的上召唤，并将召唤分配给 A 梯，则其到达 6 层仅需 $t'_A=4$ s，到达 9 层所需时间为：

$$t''_A=2\times5+10\times3=40\ (\text{s}) \tag{5-9}$$

$t''_A>t_m$，因此，A 梯对于 9 层的乘客来说已属于长时间待梯。若将这个新的外召唤分配给 B 梯，那么，它到达 6 层所需的时间为：

$$t'_B=2\times4+10\times2=28\ (\text{s}) \tag{5-10}$$

虽然对 6 层乘客而言，等候 B 梯的时间较长，但 $t'_B<t_m$，不属于长时间候梯。

综上所述，应将 6 层召唤分配给 B 梯。

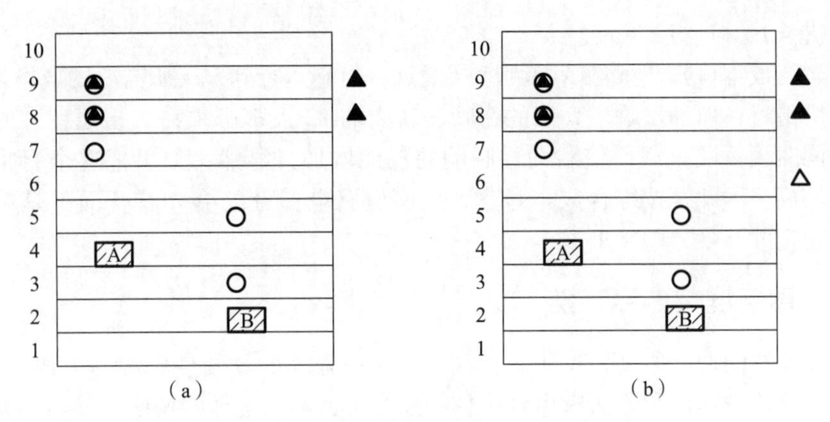

图 5－21　避免长时间待梯的调度原则

（a）新外召唤出现之前；（b）6 层有新外召唤

2. 采用综合成本为评价指标的调度原则

综合成本的含义是电梯轿厢中乘客的数量与电梯从一层到另一层之间运行时间的乘积，简称“人·s”，它综合反映了电梯运行的成本，对电梯运行的时间、效率、耗能及乘客心理等多种因素给以兼顾，体现了一定的整体优化的意义。下面举例说明采用综合成本的概念对电梯进行群控调度的特点。

假设一个建筑物共 10 层，4 台电梯 A、B、C、D 的位置及其轿厢中的乘客人数如图 5－22 所示，所有电梯运行方向为下行。目前，5 层有新的下召唤呼梯信号。已知 A 梯、B 梯、

C 梯、D 梯从目前位置运行到 5 层的时间分别为 10 s、3 s、5 s 和 1 s。为了合理地分配应召电梯，首先计算每台电梯的综合运行成本：轿厢乘客人数×运行时间。

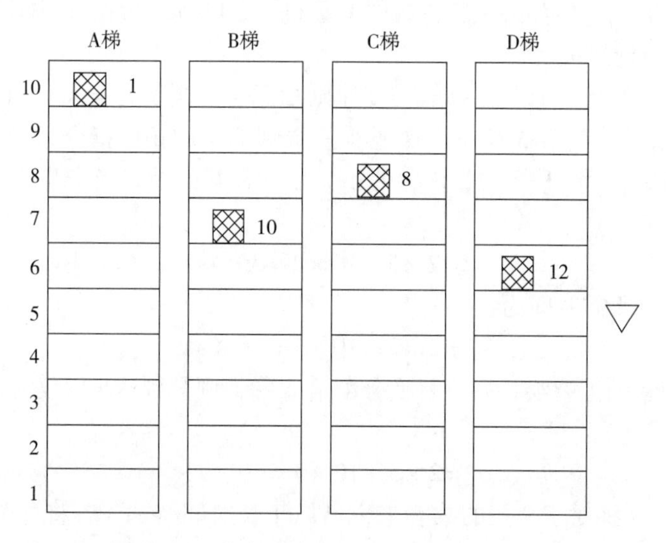

图 5－22　综合成本为评价指标的调度原则

A 梯：$Q_A = 1 \times 10 = 10$（人·s）
B 梯：$Q_B = 10 \times 3 = 30$（人·s）
C 梯：$Q_C = 8 \times 5 = 40$（人·s）
D 梯：$Q_D = 12 \times 1 = 12$（人·s）

由综合运行成本可知，虽然 A 梯距 5 层最远，但它运行到 5 层所需要的成本最低，而 D 梯虽然距 5 层最近，但为了响应 5 层的召唤，轿内的 12 人都必须在 5 层逗留，使乘客心理产生反感，同时因轿厢重载，使启动、制动的耗能增加，显然，如果把这个召唤分配给 D 梯，则成本较高。因此，按综合成本考虑，应将应召电梯分配给 A 梯，而不是单纯追求较短的候梯时间把外召唤分配给 D 梯。

5.3.4　智能群控调度方法

除了前面介绍的调度原则，近年来，利用计算机强大的软硬件资源，把智能控制理论、人工智能理论等先进理论和方法应用到电梯群控系统，实现电梯的调配，使一些新型的群控调度方法在电梯中得到应用。

电梯群控算法的研究始于 20 世纪 60 年代，大型电梯公司都相继提出了适应其群控系统的算法，如日本日立（Hitachi）公司提出的时间最小/最大群控算法、瑞士迅达（Schindler）公司提出的综合服务成本群控算法、美国奥的斯（Otis）公司提出的相对时间因子群控算法、日本三菱（Mitsubishi）公司提出的综合分散度群控算法、美国西屋（Westinghouse）公司提出的自适应交通管理决策等多种群控算法。这些智能调度控制算法大体分为基于专家系统的群控调度算法、基于模糊逻辑的群控调度算法、基于神经网络的群控调度算法和基于遗传算法的群控调度算法等。

1. 基于专家系统的群控调度算法

基于专家系统的群控调度算法由知识库、数据库、推理机、解释部分及知识获取（电梯专家的知识经验）等部分构成，通过“知识表达”来表达专家的思维与知识，形成一定的控制规则存入知识库中。根据输入的数据信息，运用知识库中的知识，按一定的推理策略控制调度。例如，富士达（Fujitec）公司的 Flex—8820/8830 系统，采用了专家系统及人工智能技术，该系统以时间为单位对电梯交通进行自学习，根据交通需要和电梯运行状况进行预测，选取合理的电梯调度方案并存储在知识库中。处理外呼信号时，与自学习功能存储的知识比较，运用模糊推理机合理分配电梯。基于专家系统的控制算法根据一个或多个专家的知识和经验积累，进行推理和判断，较好地解决了不能完全用数学做精确描述的问题，与严格的补偿函数方法相比，获得了更好的调度效果。但是，基于专家系统的群控调度算法的性能取决于专家的知识和经验积累，如果专家设想的条件与实际建筑物相符，可以获得比较满意的效果。但是由于电梯系统的多变复杂，对于高层建筑物来说，人们不可能罗列出电梯所有可能的运行状况，致使控制规则数受限，如果罗列的状况较多，势必导致规则数多而复杂，难以控制及实现。如果少，调度效果难以达到要求。因此，目前该算法多用于结构相对简单、楼层较低的建筑物。

2. 基于模糊逻辑的群控调度算法

1965 年，美国人首次提出模糊集合概念，引入“隶属函数”来描述差异的中间过渡，开始为研究模糊性规律提供了数学规律。在以后的研究过程中，人们把模糊集合论的思想应用于控制工程领域，形成了这种智能控制方法。

在模糊逻辑的群控调度算法中，群控系统的权值由模糊逼近的方法确定，由区域权值综合得出评价函数值，然后利用模糊逻辑划分交通模式，实现多目标控制策略。在电梯群控系统中，模糊规则的应用意味用专家知识来实现每个派梯方案的评价。运用从经验丰富的电梯工程师那里获得的各种控制规则进行电梯控制，能够获得更好的效果。例如奥的斯公司的“基于模糊响应时间分配外呼的调度算法”，是采用模糊逻辑调度，将电梯响应外呼时间、分配外呼后对其他外呼信号响应时间的影响程度进行模糊化处理，进而由该模糊变量视实际情况完成调度。基于模糊逻辑的群控调度算法由专家知识决定隶属函数及控制规则，用来确定电梯控制器的行为，可以较好地处理系统中的多样性、随机性和非线性的调度任务。但是，单纯的模糊控制缺乏学习功能和对问题及环境的适应性。另外，模糊化与隶属函数的构造取决于经验。因此，事先设定的模糊规则不能以最好的结果解决问题，同时，在工作过程中，模糊规则和隶属函数不易调整。

3. 基于神经网络的群控调度算法

人工神经网络是对人脑神经系统的模仿，是以一种简单处理单元（神经元）为节点，采用某种网络拓扑结构组成的活动网络，具有分布存储、并行处理、自组织、自学习能力，通过调节网络连接权得到近似最优的输入 - 输出映射，适用于难以建模的非线性动态系统，基于神经网络的控制算法以客流交通的状态为基础，采用非线性学习方法建立调度模型，进行推理，预测电梯客流交通；当客流交通发生变化时，其调度策略也随之改变，具有自学习能力。这种算法克服了专家系统与模糊逻辑群控的缺点，能灵活应对时变的交通流。例如，日本东芝电梯公司的神经网络电梯群控装置 EJ—1000 FN 与模糊群控相比，减少了 10% 的平均候梯时间和 20% 的长候梯率，缓解了聚群和长候梯现象；奥的斯公司研发的“基于人工神经网络的电梯调度方法”，采用人工神经网络计算剩余响应时间，通过对剩余响应时间的预测来调配电梯，明显改善了候梯时间；迅达公司研发的 AITP 使用“感知候梯时间”规则对呼梯登记进行排序，用人工神经网络技术提高电梯处于交通繁忙时的运输性能。AITP通过模拟梯群的虚拟环境，不断地更新学习与交通参数相关的数据，预测和确定模拟梯群电梯轿厢应答顺序，然后监控电梯群的实时运行状态，并与理想的模拟梯群进行对比，不断修正提高神经网络的预测精度。与传统调度算法相比，最大候梯时间缩短了50%，平均候梯时间缩短了35%。另外，在理论上，训练样本越多，神经网络模型预测越准确。

4. 基于遗传算法的群控调度算法

遗传算法是对生物进化过程的抽象，是对自然选择和遗传机制全面模拟的一种自适应概率性的搜索和优化算法。遗传算法对优化问题的限制很少，不要求确切的系统知识，只要给出可以评价解的目标函数，即可实现多目标要求的动态优化调度。例如，日立公司的群控系统FI－340G采用了遗传算法对群梯进行调度，根据各个楼层的使用情况和交通流量的变化，群控调度系统通过遗传算法在线调整几十个控制参数，使电梯能够更好地跟随和适应使用情况的变化。

随着建筑智能化技术的发展，以及人们对电梯快速便捷、舒适安全、节能环保的要求越来越高，智能群控调度将成为现代群控系统的发展方向。随着计算机技术的发展及其在电梯领域的应用不断地深入，新兴的控制理论和技术将会越来越多地应用到电梯群控系统中。

任务5.4　电梯监控内容分析

电梯监控的目的是对在用电梯进行远程数据维护、故障诊断及处理、完成故障的早期预告及排除、电梯运行状态（群控效果、使用频率、故障次数及故障类型等）的统计与分析等。实施远程监控，可以在第一时间得到电梯的故障信息，并进行及时处理，变被动保养为主动保养，极大地减少因故障停梯的时间。下面介绍电梯监控的内容。

5.4.1　电源系统

监测内容包括电梯供电系统的供电电源电压、电流和相序，电气控制系统的电源电压。另外，还包括轿厢照明电路、井道照明电路、备用电源的电压及电流等。

5.4.2　主回路与拖动系统

监测内容包括主回路中的电气元件的工作状态，变频器、制动器的工作状态，曳引电动机的工作状态（过流、过载、缺相、机壳温度等），以及制动器闸片温度、减速机轴承温度、减速机机油温度等。

5.4.3　电梯控制系统及运行过程

监测内容包括：

①电梯工作状态，如电梯的开梯、关梯、工作模式（司机、无司机、检修、消防、群控、并联等）。

②电梯运行信息，如轿厢指令信息、厅外召唤信息、运行方向、轿厢位置，以及平层感应器、上强迫换速开关、下强迫换速开关、上限位开关、下限位开关、换速开关等信号。

③每日运行次数、运行时间与故障次数的统计，故障时间、类型，电梯开梯、关梯时间记录。

④电梯总的运行次数、运行时间与故障次数、故障时间及类型。

⑤控制系统、机房、井道和轿厢等现场的视频信息。

5.4.4　电梯门系统

如上文所述，电梯门包括厅门和轿厢门两部分，是电梯运行安全的重要保护环节。正常运行时，当电梯处于平层状态时，轿门通过联动机构带动厅门开启和关闭。监测内容包括：厅门锁如轿门锁机构的工作状态、门联锁继电器、开门继电器、关门继电器、安全触板、门区开关、开关门限位开关等电气元件的工作状态，门机及其驱动电动机的工作状态等。

5.4.5　安全装置的工作状态

监测安全回路中各个保护装置及电气元件的工作状态，包括安全钳、限速器、张紧装置、安全窗、缓冲器等处的安全开关状态。

通常，电梯的监控系统具有以下功能：

(1) 信息采集

采集所需要的各种单独或综合数据。包括电梯基础信息、电梯运行信息、视频图像信息等。

(2) 电梯运行状态监测

实时采集、处理、存储、分析及远程传输电梯运行状态、运行统计信息和故障信息，对电梯控制系统、机房、井道和轿厢等现场实时进行视频监视。电梯正常运行时，电梯使用者可查询电梯的运行状态（电梯的运行方向、开关门状态、所在楼层及轿厢内视频图像）。电梯运行出现异常时，可以通过查询电梯的运行状态（电梯的运行方向、开关门状态、所在楼层及轿厢内视频图像），进行故障跟踪。

通常，电梯运行状态的实时监测是监控系统的核心任务，主要包括以下检测任务：

①电梯供电电源的电压和相序。

②曳引电动机的工作电压、电流及工作温度，监测电压、电流、温度阈值是否为电动机的额定工作电压、电流和温度，监测曳引电动机在工作过程中的过流过压事件，工作温度通过检测机壳温度获得。

③门系统工作状态，检测关门时是否有人员出入、轿门和厅门的电气联锁状态等。

④轿厢行程检测，电梯在运行过程中是否运行在安全位置、平层停靠是否达到要求等。

⑤运行速度检测，电梯轿厢运行速度是否在许可的范围内。

⑥与安全回路相关的各种安全装置开关状态检测。

⑦电梯的运行控制逻辑检测，继电器、接触器、控制器、变频器等动作时序和状态。

(3) 故障报警及管理

通常，监控系统在实时采集信息的基础上进行工作状态监控和故障判别。在监控系统中，采用故障判别的方法如下：

①越过阈值报警。当实时检测值超过监控预置的阈值时，则进行故障报警。这类报警处

理需要把监控的参量转换为数值，如电压、电流、运行速度、温度等。

②开关状态报警。当故障事件发生时，行程开关或限位开关动作，例如安全装置的限位开关状态，上、下端站的换速开关、限位开关、变频器输出的故障状态开关、相序继电器触点等。

③运行逻辑错误报警。电梯运行中的控制器、继电器、接触器等动作逻辑及时序出现异常而报警，包括各种电气开关的动作时序、电梯启/制动的运行过程、召唤信号的响应过程、轿厢位置及换速计算过程、门的控制等。

电梯监控系统具有检测、识别、报警、双向通信功能，电梯运行出现异常时，监控系统记录故障信息，识别故障并通过通信网络播放安抚音，告知乘客收到报警。然后，根据故障种类与级别，自动向相关单位（维修保养者、电梯所有者）发布报警信息，同时，与电梯运行状态监测功能进行联动，实现故障跟踪，触发故障信息记录功能，提取故障前后时间视频并保存，为故障分析提供依据。通过远程监控，可以实现故障的早期预告与排除，变被动保养为主动保养，使停梯时间减到最短，可以进行远程的故障分析及处理。

（4）故障响应处置管理

故障报警信息发布后，相关单位对故障进行响应与处理，系统记录故障响应处理全过程，对相关单位故障响应与处理情况进行监控，实现应急响应分级管理、应急响应结果记录、故障报警状态消除等功能。

（5）电梯维修保养信息管理

包括维修保养单位资质信息管理、维修保养工作信息管理、维修保养时限管理等功能。维修保养单位资质信息管理实现维保单位注册与变更、维修保养人员注册与变更等功能；维修保养工作信息管理实现维保人员签到（身份识别）、维修保养时间记录、维修保养及维修保养项目记录等功能；维修保养时限管理实现维保到期提示、到期未维修保养提示等功能。

另外，监控系统还具有系统管理功能，包括监控系统设备管理、用户权限管理、信息资源管理等功能等。

有的监控系统可以通过控制命令控制电梯的部分功能，如锁梯、取消某些层的停靠、改变群控原则等。监控系统对故障进行记录与统计，这些统计结果可用于对电梯产品性能的改进和评价，也有利于电梯使用者能够根据相关数据而制定不同的电梯控制方案，并修改电梯的部分控制参数。监控系统对电梯运行频率、停靠层站、呼梯楼层的统计，有利于进一步完善群控原则，并可根据该建筑物电梯的实际使用情况，制定出高效的群控调度原则。

另外，电梯远程监控为电梯维修保养单位和电梯使用单位对在用电梯进行集中管理提供了一种强有力的手段。利用远程监控系统，电梯使用单位及维修保养单位可以方便地设立电梯 24 小时服务中心，为电梯用户提供更好的服务。

任务 5.5　电梯监控系统结构设计

基于 LonWorks 技术的电梯监控系统

基于 LonWorks 技术的电梯监控系统

电梯监控系统可分为本地监控系统和远程监控系统两种。

5.5.1 本地监控系统

所谓本地监控，是对建筑物或建筑群所属的多台电梯进行就近监控，监控系统一般设置在建筑物或建筑群内部的监控中心。本地监控系统一般具有以下基本功能：

①监测电梯的运行状态，实时进行故障监测并显示电梯的运行状态。

②电梯发生故障时及时报警，记录故障数据，并在对故障历史数据分析的基础上，根据预定规则预报故障。

③通过视频图像监控，查看轿厢内部人员活动情况，配合直接通话，安抚受困人员。

④监控中心具有控制功能，如设定直达楼层、上行高峰服务、下行高峰服务、主层站切换服务等。在非常情况下，监控中心可以召回电梯。例如消防返回、地震返回。

⑤具有统计分析功能，自动建立故障日志，记录电梯的故障情况。统计分析一段时间内层站、轿厢指令和厅外召唤次数、平均等待时间、某一时间段的长时间等待、交通流量模式等，进行交通流量分析，并提供相应的报表。

⑥瞬间回放，回放一段时间内电梯的运行情况。

电梯监控系统通常包括三个部分：电梯运行状态监控系统、语音对讲系统、图像监视系统。

（1）电梯运行状态监控系统

电梯运行状态监控系统的系统结构如图5－23所示。监控系统可以同时监测建筑物或建筑群中的多台电梯，安装在电梯机房或轿顶的数据采集设备采集电梯的运行状态信息，然后通过通信网络传递到监控中心的监控计算机中。

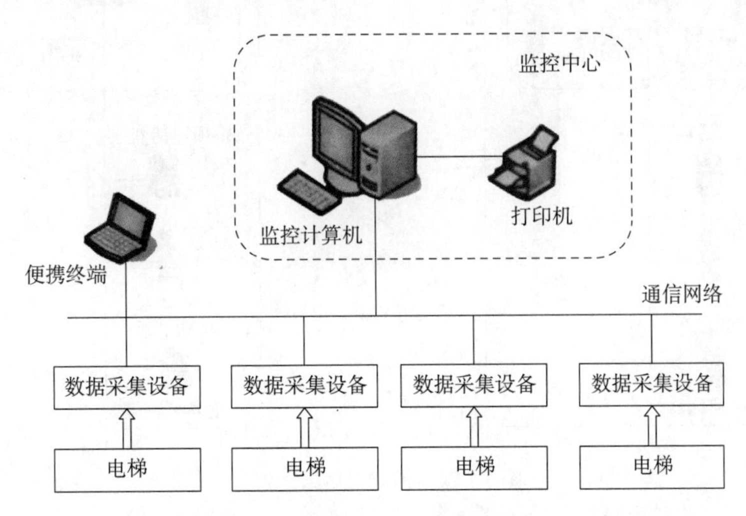

图5－23 电梯运行状态监控系统原理

电梯运行状态集中监控系统由监控计算机、现场数据采集控制与通信装置、信号采集转换板、远程数据通信网络等部分组成，监控计算机安放在监控中心。

目前，电梯监控系统获取电梯运行状态信息的方法如下：

①直接从电梯控制器的通信接口总线获得。这种方法需要电梯控制器提供通信接口、通信协议、驱动程序和信息代码等。

②采用独立的信号采集器采集电梯的运行状态信息。

电梯运行状态集中监控系统采用计算机监控网络对建筑群的电梯运行状态进行集中监控，现场数据采集控制器将实时检测的数据或故障信号通过通信网络传送给监控计算机，包括电梯的运行方向、轿厢所在的层楼位置、登记的轿内指令和厅外召唤指令，以及电梯的载重、速度、开关门状态等信息，并在屏幕上动态显示各设备运行状态，将检测信号与主要运行数据存入计算机检测数据库。

另外，在不影响电梯安全运行的条件下，本地监控中心可对电梯实现部分控制功能，如非服务层切换、远程控制停梯、主层站切换、贵宾服务、定时控制运行和节能运行等。

（2）语音对讲系统

语音对讲系统的主要功能是实现监控中心与各个电梯轿厢内乘客对话，通过多路双向对讲机，值班室人员与某一电梯或同时与所有电梯的乘用人员对话，如图5－24所示。另外，电梯检修维护或现场施救时，监控中心、电梯的机房、轿厢内部、轿顶、井道底坑等可以实现多方对话。

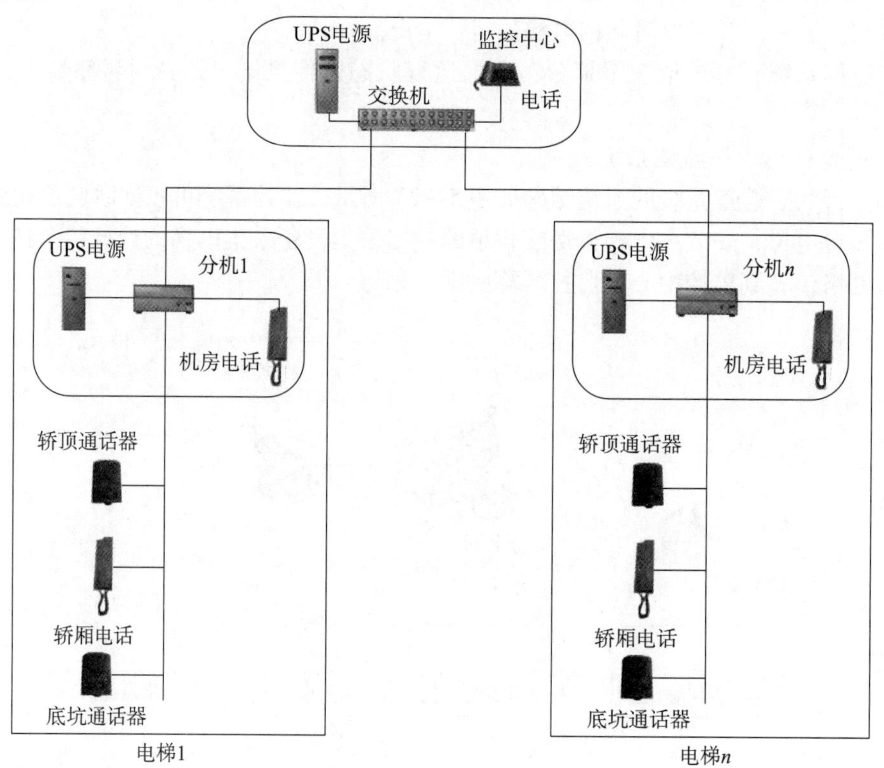

图5－24　语音对讲系统原理

语音对讲系统为双工型，可以实现监控室与各个电梯轿厢内的乘客对话，轿厢内的乘客也可以对监控中心呼叫。此外，还可及时通知、纠正乘客非正常的操作，对于不了解电梯操作的乘客，可告知正确的操作方法。当电梯发生意外时，可通过此系统稳定乘客的情绪，告知乘客如何注意安全。轿厢内乘客发现电梯不正常现象时，如有异常（蹭、刚）声音、异常焦煳气味、速度异常、不平层等，可及时呼叫监控中心，以便及时处理，避免各类事故的发生。

（3）图像监视系统

图像监视系统通过摄像头与监视器实现对电梯轿厢内部情况的监视，如图5－25所示。在电梯轿厢顶上安装摄像头，摄像头采集轿厢图像并把输出的视频信号传送到监控中心，监控中心的视频监控计算机与视频转换器连接，在监控中心查看多台电梯轿厢内的图像。摄像监视功能通过在电梯轿厢内安装的摄像机将视频信号传输到本地监控中心，利用硬盘录像技术将视频信息存储到硬盘中，从而实现图像画面的实时监视、录像及回放等功能。

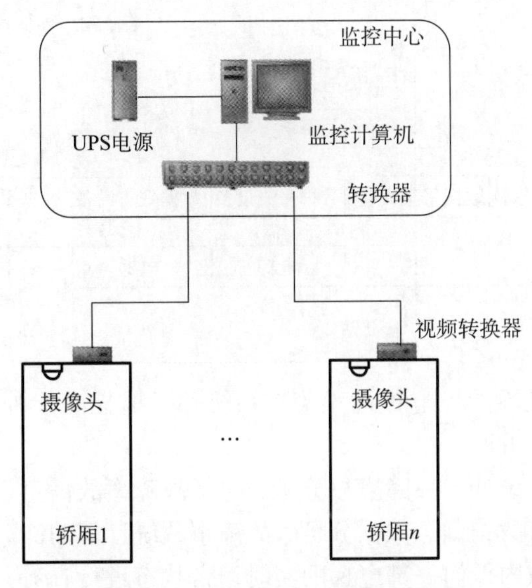

图5－25　图像监视系统原理

电梯监视系统装置的主要作用是对电梯轿厢内进行监视。监视器可以及时地发现乘客正常或非正常的操作状态和有意伤害电梯设备的现象。图像也可以用于监视电梯的运行状态，如电梯的运行方向、选层、开关门、平层精度等，避免各种事故的发生。另外，它的录像装置可以记录（录像）电梯轿厢内的各种情况，可对每台电梯轿厢内的状态进行分时录像，也可以进行单一的定时录像，实现事件追忆。

5.5.2　远程监控系统

基于LonWorks和Web技术的电梯监控系统

电梯远程监控是对某个区域中的在用电梯进行集中远程监控，并对这些电梯的数据资料进行管理、维护、统计、分析，在此基础上进行故障诊断并指导救援。它的作用是对在用电梯进行远程维护、远程故障诊断及处理、故障的早期诊断与早期排除，以及对电梯的运行性能及故障情况进行统计与分析，为在用电梯的维护保养和监控管理提供有效的支持。目前，我国的电梯远程监控系统主要由电梯公司或政府电梯安全管理部门建立。

电梯远程监控系统通过每台电梯数据采集设备（或数据采集设备器）及视频输入/输出设备，将分布在不同地区、不同区域的电梯变为一个个数据终端，各分散的数据终端通过网络把电梯数据信息存入远程监控中心的数据库，构成一个电梯远程监控数据实时存取网络，如图5－26所示。

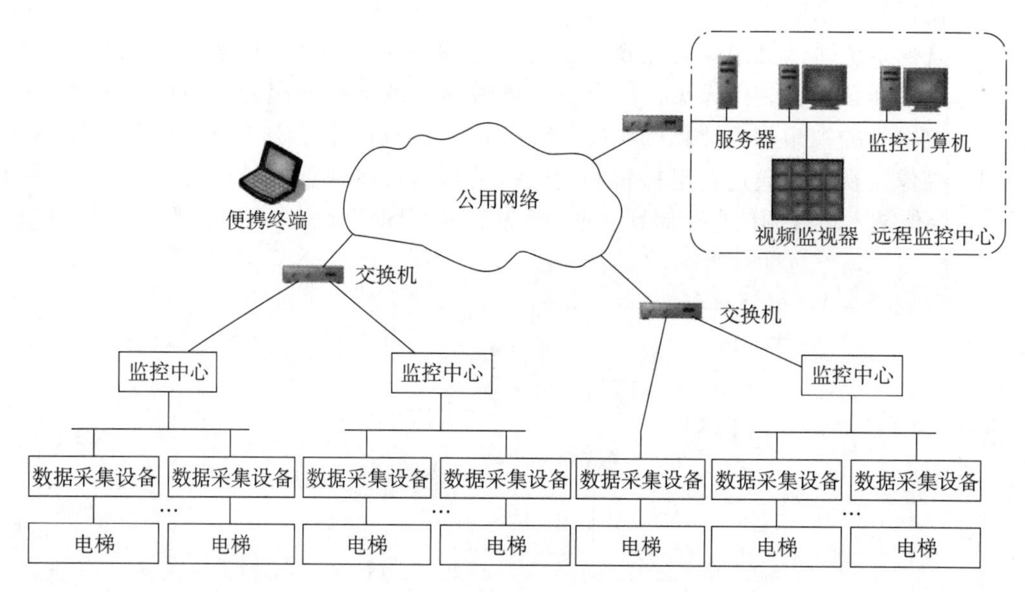

图 5－26　远程监控系统

与本地电梯监控系统不同，电梯远程监控系统除了监控功能外，更重要的是其管理功能，主要表现在以下几个方面：

①对电梯的故障事故统计、故障事故分析，包括故障事故信息采集、处置信息填报、故障事故分类管理、故障事故查询、数据分析、故障事故统计等功能。

②可以对所管理区域内任何一部电梯的实时运行状态进行查看，提供电梯运行监测指标和视频两类信息，实现对电梯各类信息的查询、存储、回放等功能，为电梯故障或事故的分析提供依据。包括检测指标管理、指标分析、状态查询、异常报警、视频采集与传输、视频显示、图像截取与发送、视频存储与回放、故障跟踪、图像分析、位置展示、空间查询等功能。

③可以作为电梯运行安全维保监测平台向维保单位人员提供功能。包括维保单位管理、维保时限管理、维保监督管理三类功能。具体包括维保单位管理、信息查询、维保状态分析、维保时限预警、即时消息、维保记录查询的功能。

④具有电梯预警报警功能。系统把电梯维保数据与电梯主要部件报废标准进行比较，对电梯主要部件的报废做出预警。

⑤视频综合管理，包括电梯视频管理功能，主要包括视频编/解码、视频存储、视频图像分发、视频终端接收、便携视频浏览等功能。

由数据采集设备实时采集电梯的运行状态和有关信息，在电梯发生故障时，通过信息网络将故障信息传送给监控中心计算机。维护与管理人员可以在中心计算机上随时连接查询数据采集设备，通过监控计算机和视频监视器可以观察到任意一台电梯的动态运作信息，并进行远程的故障检查或操作。

数据采集设备负责进行采集、处理电梯的运行状态和有关数据，并进行数据打包。当电梯出现故障时，它向监控中心计算机发送故障信息，其中包括本机编号、故障类型和故障楼层等信息。中心计算机收到这个信息包后，将其展开，并存储在一个数据库中提供给操作员。操作员可以根据电梯信息采集分析设备发来的信息，从数据库中找出有关这台电梯的详细资料，还可以查询这个数据采集设备，进一步了解故障情况，以便及时做出反应。当维修与管理人员查询故障时，故障电梯的数据采集设备向监控中心监控计算机发送实时的信息包，维修与管理人员可以动态观测该电梯的状态。

近年来，随着我国城市规模不断扩大，为了及时、有效地预防各类电梯事故的发生，不少城市建立了城市电梯网络化远程安全监控中心，以便及时掌握该地区各类电梯的运行状态。这些系统除了具有电梯远程监控的功能之外，还增强了地理信息管理功能，能够动态显示整个主要道路、单位、建筑等的电梯分布情况，并可通过地图导向的方法对市区任何一部电梯的运行状态进行查询和巡检。当电梯发生故障时，通过电梯上的报警系统向本地电梯监控中心及电梯远程安全监控中心报警，以便实现快速抢修与救护。电梯远程监控系统所独有的故障信息记录数据库能够方便地使监控中心建立起一套反映电梯运行、故障及维修情况的地区电梯数据库系统。电梯何时出现故障、维修人员何时到现场、电梯何时恢复正常等数据都会记录在数据库中。监控中心可以清楚地了解到一个地区的电梯运行状况及故障状况，还可以对维修人员在电梯故障后的到位情况、维修情况进行科学、有效的监督管理。

任务5.6 电梯监控系统实例分析

一种基于 LonWorks 的电梯群控系统实现方法

5.6.1 基于区域建筑群的电梯监控系统

图5-27所示为一种对某一区域建筑群的电梯监控的系统，它由电梯制造公司开发，用于对分散在建筑群或小区内的该公司电梯的产品（电梯和自动扶梯）实现集中监控，实时了解电梯运行情况，并能控制电梯的部分运行模式。监控系统通过电梯信号采集板，实现与电梯的数据交换，然后通过控制网络与客户端监控室（区域监控中心）的监控计算机相连。如有必要，可以选配远程功能，由区域监控中心的计算机通过拨号方式将电梯数据传输至远程监视中心。

监控系统具有以下功能：

①电梯运行状态监视。在本地监控中心可以对电梯的运行情况进行实时监视，包括电梯的运行方向、轿厢所在的层楼位置、登记的轿内指令和层站召唤指令，以及电梯的载重、速度、开关门状态等信息。这些信息不仅能够以文字形式进行显示，而且可以提供动画显示。

②电梯的控制功能。出于安全考虑，一般不提供对电梯的远程控制功能。为了用户使用方便，在不影响电梯安全运行的条件下，允许用户在区域监控中心对电梯实现部分控制功能。这些功能包括非服务层切换、远程控制停梯、主层站切换、贵宾服务运行、节能运行和定时控制运行。

③电梯故障监视。当电梯发生故障时，安装在电梯机房的信号采集装置能够立即采集到电梯发生故障的内部信号，然后通过现场控制网络总线把故障信号传送到本地的区域监控中心。根据这些故障信息，监控中心可以识别和确定电梯发生故障的原因。

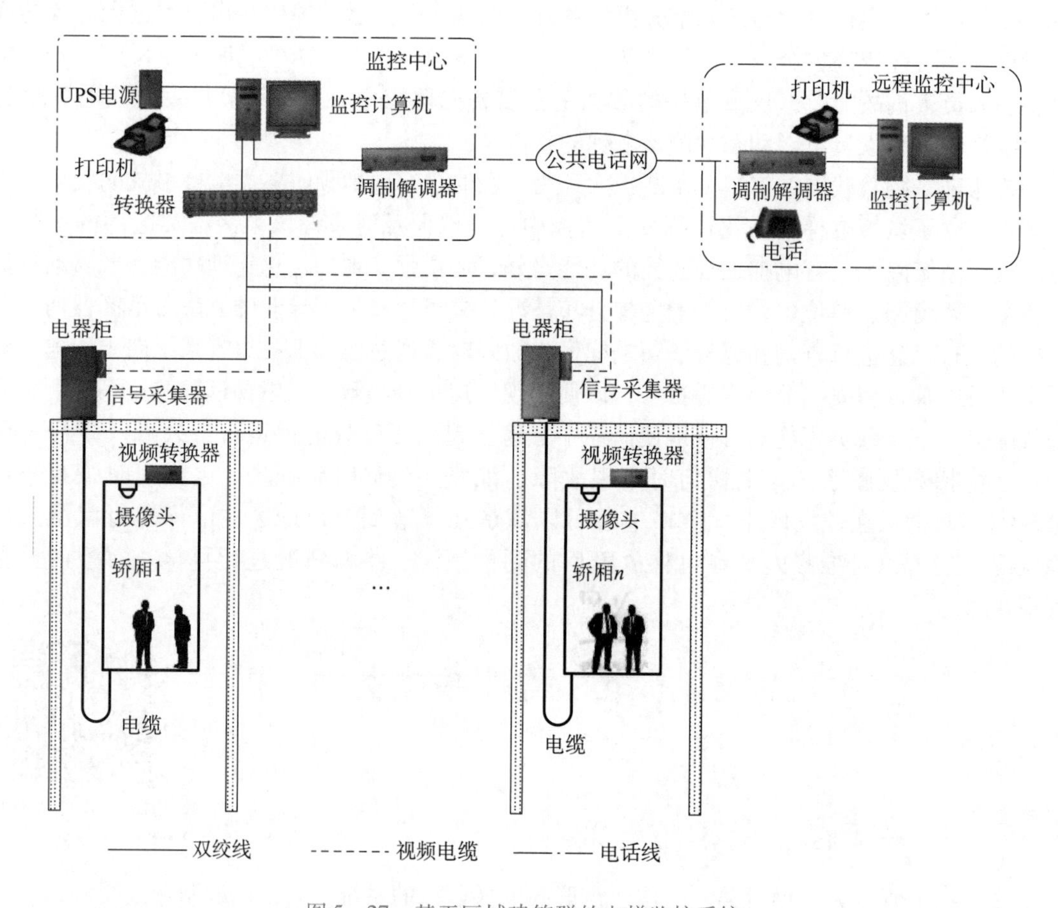

图5－27　基于区域建筑群的电梯监控系统

④交通流量分析。可对电梯运行故障历史进行查询和打印，实时统计被监控电梯的运行时间、运行次数、轿厢登记指令信号与召唤信号的次数，将被监控电梯在过去某一时间段内的运行情况进行回放，并依此进行交通流量分析。分析结果一方面可以指导保养人员制订保养计划，另一方面可以提供给有需要的客户合理配置电梯资源，最大限度地提高电梯运行效率。

⑤摄像监视功能。通过摄像监视功能，本系统能实时监视被监控电梯轿厢内的情况，并根据客户需要抓拍画面或者进行录像回放。摄像监视功能通过在电梯轿厢内安装的摄像机将视频信号传输到本地区域监控中心，利用硬盘录像技术将视频信息存储到硬盘中，从而实现图像画面的实时监视、录像及回放等功能。如果需要，还可以实现视频信号的远程传输，将图像信息传送到远程监视中心，以便于紧急情况下的救援指导。

如果用户配置了远程监视功能，则所有故障信息将通过公共电话网自动传送到远程监视中心，远程监控中心可以实施远程监视和急修服务。

另外，区域监控系统提供与楼宇自动化系统的信息接口，可以方便地与其他楼宇自动化管理系统集成。

5.6.2 基于无线网络的电梯远程监控系统

随着无线通信技术的发展和 GSM（Global System for Mobile Communication，全球移动通信系统）网络功能的日臻完善，无线网络技术越来越多地被应用到工业监控领域。GPRS（General Packet Radio Service，通用无线分组业务）是一种无线网络通信技术，也是移动服务商提供的一种服务。它是一种基于 GSM 系统的无线分组交换技术，提供端到端的、广域的无线 IP 连接，不再需要现行无线应用所需的中介转换器，连接及传输方便。GPRS 在分组交换通信时，数据以一定长度包的形式被分组，每个包的前面有一个分组头，其中的地址标志指明该分组发往的目的地址。数据传送之前并不需要预先分配信道、建立连接，而是在每一个数据包到达时，根据数据包头中的信息，临时寻找一个可用的信道资源将该数据包发送出去。在这种传送方式中，数据的发送和接收方与信道之间没有固定的占用关系，信道资源可以看作是由所有的用户共享使用的。由于数据业务在绝大多数情况下都表现出一种突发性的业务特点，对信道带宽的需求变化较大，因此采用分组方式进行数据传送将能够更好地利用信道资源。

图 5-28 所示为一种基于无线网络的电梯远程监控系统。这个系统是以图 5-27 为基础建立的。它的主要目的是实现对本公司的电梯用户进行统一管理，根据电梯运行情况、使用环境、部件调整周期、客户特别要求，自动地对电梯保养维修作业进行动态监管与控制，确保电梯产品的运行安全。

整个远程监视系统由远程监控中心、各远程监视分中心、各级维修中心和现场设备组成。系统提供两种监视方式：一种方式是利用现有的区域监控系统，在区域监控中心的监控计算机端增加 GPRS 终端，通过 GPRS 网络与远程监控中心实现数据传输；另一种方式只在电梯机房设置电梯远程监视装置，该装置一方面实时采集电梯的运行状态数据，另一方面通过 GPRS 网络与远程监控中心实现数据通信。

远程监控系统的主要功能如下：

①电梯远程监视，基于 GPRS 无线技术的电梯故障和异常情况的实时监视，对电梯主要参数自动监测，记录分析电梯运行时的启动频繁度、运行中各监控点的稳定程度，结合电梯使用环境和客户的实际需求给定合适的电梯保养作业方式。

②通过对电梯所发生的故障进行故障成因、状态、分类、零部件等系列分析统计，自动分析总结出故障的多发点，及时采取相应的措施。同时，借助远程监控智能系统对电梯进行不间断的运行状况监控，并通过对监控数据的统计分析，预测电梯可能出现的故障，提前预防处理，确保电梯的正常运行。

③维修业务管理，包括急修受信、派工、跟踪、完工确认和急修单管理，维保客户和电梯信息管理与维护，可将维修和保养作业项目精细化，同时，划定各级人员的工作项目中的每项内容和作业时间，让维保人员可以定时、定梯、定项开展对客户电梯的保养。

④将通过在线监控系统所获得的信息以月度检查报告形式和定期运行数据统计的形式传递给顾客。月度检查报告是自动生成的，并且由终端打印出来，它逐项地表示了各种普通的、边界的和故障的情况。

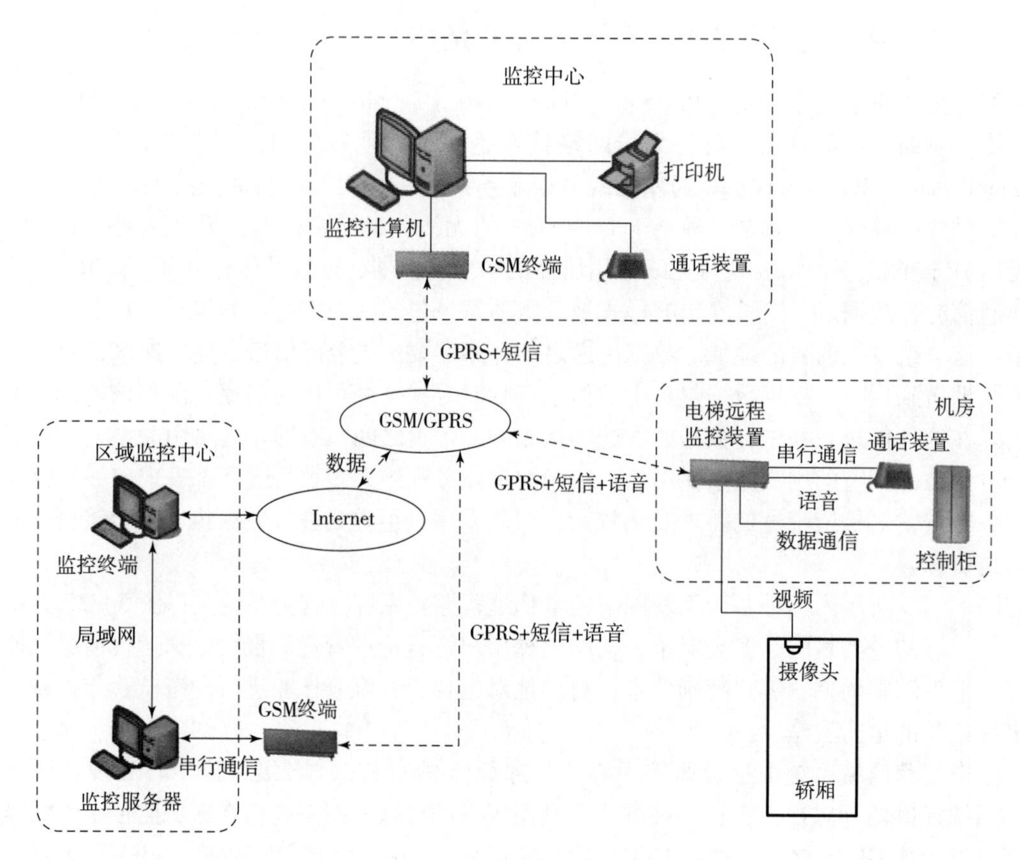

图 5－28　基于无线网络的电梯远程监控系统

5.6.3　一种通用的电梯远程监控系统

图 5－29 所示为一种通用的电梯远程监控系统。它的数据信息来自专用的数据采集设备（数据采集器），与电梯控制系统无关。电梯远程监控系统采用传感器采集电梯运行数据，通过微处理器进行非常态数据分析，经由 GPRS、以太网、RS－485 等方式进行传输，通过服务器、客户端软件处理，实现电梯故障报警、困人救援、语音安抚、日常管理、质量评估、隐患防范等功能，它是一个综合性电梯管理平台。监视系统可根据现场具体情况采用灵活的数据传输方式，主要有 GPRS、以太网、RS－485 方式等，这几种方式还可以混合传输。如果监控系统接入互联网，可组成较大规模的综合电梯监视网络。

如图 5－29 所示，电梯远程监控系统的硬件系统由 4 部分组成：

（1）传感器

传感器用来检测电梯的运行及其状态信息，这些传感器包括上平层传感器、下平层传感器、门开关传感器、红外人体传感器、基站传感器、上极限传感器、下极限传感器等。

（2）电梯信息采集分析设备

电梯信息采集分析设备用于实时采集安装在现场的传感器信号，分析电梯的当前运行状态，判断电梯运行状态是否正常。电梯信息采集分析设备可以实时诊断出以下故障：

①门区外停梯故障。

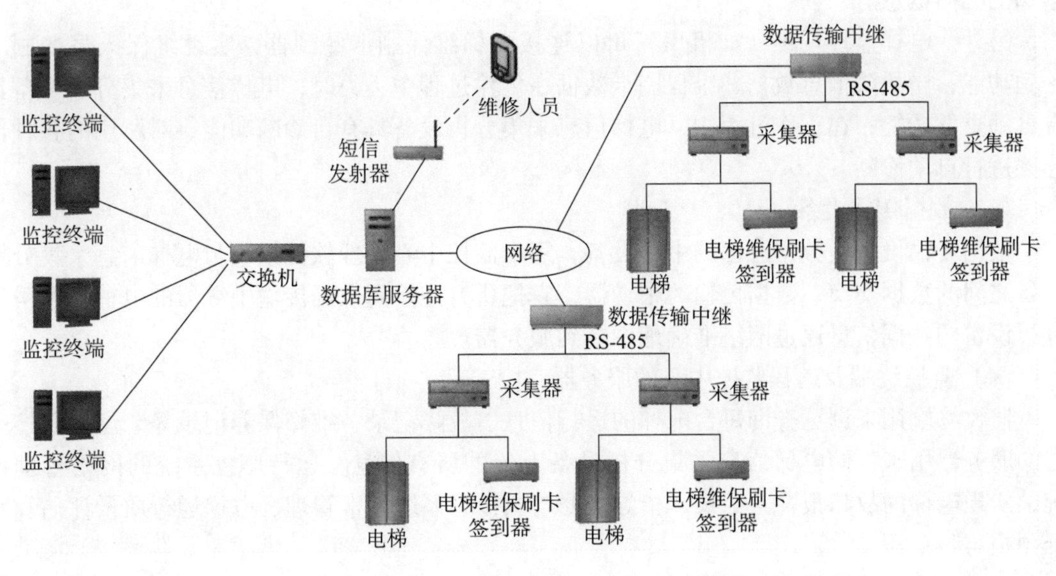

图5－29　一种通用的电梯远程监控系统

②门区外停梯故障，轿厢内有人。

③运行时间超长故障。

④运行时间超长故障，轿厢内有人。

⑤冲顶故障。

⑥冲顶故障，轿厢内有人。

⑦蹲底故障。

⑧蹲底故障，轿厢内有人。

⑨运行中开门故障。

⑩运行中开门故障，轿厢内有人。

⑪困人故障（平层时，人在轿厢内逗留时间超长）。

⑫超速故障。

⑬超速故障，轿厢内有人。

⑭进入检修状态。

⑮电源故障。

⑯电源故障，轿厢内有人。

⑰安全回路故障。

⑱安全回路故障，轿厢内有人。

⑲进入消防状态。

⑳门联锁故障。

电梯在运行过程中，电梯信息采集分析设备实时上传电梯的各种信号到远程监控中心；电梯在停梯等待过程中，电梯信息采集分析设备每隔一段固定时间上传一次电梯的实时信号到远程监控中心，或不上传电梯的实时信号；电梯出现故障后，电梯信息采集分析设备存储电梯出现的故障信息，并实时上传电梯出现故障的类型、出现故障的时间、电梯当前楼层及电梯的方向信息。

另外，电梯监控现场（如机房）可以连接电梯维保刷卡签到器，实现维保人员的刷卡签到功能；当故障信息数据、维保刷卡数据在传输过程中丢失时，电梯信息采集分析设备具有自动重发功能；在工作过程中，电梯信息采集分析设备具有自诊断功能，对所用的各种传感器进行自动诊断。

（3）数据传输设备

数据传输设备是数据通信的中转设备，用于监控中心管理软件系统与电梯信息采集分析设备之间的数据交换、数据传输的中继器。它把所有连接到数据传输中继器的电梯信息采集分析设备的数据信息通过网络准确地中转到服务器。

（4）监控终端及远程监控中心的服务器

监控终端用来浏览查询每台电梯的运行信息、故障记录、维修保养记录等。远程监控中心的服务器用来存储电梯信息采集分析设备上传的所有信息，运行监控系统的网络管理系统，实现电梯的故障报警与记录、指导维修与救援、系统日常管理、电梯运行质量评估及隐患预报与防范等。

电梯远程监控系统软件包括：

（1）服务器软件

服务器软件运行在远程监控中心，作为服务器的计算机中，用于接收电梯信息采集分析设备传输的数据，并把它传递给客户端软件。

（2）客户端软件

客户端软件安装于作为监控终端的计算机中，用于接收服务器软件传递的电梯运行及状态信息数据，并通过各种直观的方式在计算机上显示出来，如图形、曲线、表格等。

（3）数据库管理系统

数据库管理系统安装于服务器计算机，用于存储和管理电梯信息采集分析设备传递的数据。

电梯远程监控系统的主要功能如下：

（1）支持信息自动转发

当服务中心无人值守时，可以通过设定把电梯信息采集分析设备传来的信息以短信的形式自动转发到用户指定的通信设备上。

（2）提供故障信息记录库

服务器将电梯信息采集分析设备发来的故障信息包展开后，存储在故障信息数据库中，供操作员随时查看。该数据库包括故障类型、故障时间、故障楼层等内容。

（3）提供用户档案信息库

监控中心设置了电梯用户档案数据库，并提供针对该数据库的高级数据库操作功能。操作员可随时更新数据库内容，并可根据电梯信息采集分析设备发来的信息，从该数据库中查找出有关这台电梯的详细资料。

（4）提供实时的图形界面监控窗口

服务器可提供显示电梯的全中文图形化、动态化的监控界面，操作员可直观地观察到该电梯的输入/输出端口、电梯位置、门状态及电梯状态等。如果电梯正在运行，则可动态观测到电梯的运行状态。操作员通过该监控窗口，可进行远程的故障诊断。

电梯远程监控管理系统可供电梯管理单位、维保单位、电梯使用者使用，不同的使用对象可对所属项目进行日常监控和管理。不同的用户有不同的登录用户名、密码和权限。利用监控终端，电梯管理单位通过登录自己权限的软件界面，可完成管理单位资料的录入及查询、所辖电梯维保单位的资料管理、所辖电梯故障的统计并可导出统计表格，由此可生成各种数据图表，如维保单位、使用单位、电梯品牌、故障类型、年检维保情况等信息。电梯的维护与保养单位通过登录自己权限的软件界面，可完成维保单位资料的录入及查询、所维保电梯的资料管理、所辖电梯故障的统计并可导出表格，由此可生成各种数据图表，如维保人员、使用单位、电梯品牌、故障类型、电梯报修管理、维保人员现场处理故障签到、年检维保期限等信息。电梯使用者通过登录自己权限的软件界面，可完成用户资料的录入、查询、所使用电梯的资料管理、运行记录的统计、电梯运行的监视、电梯群的管理、新闻发布、所辖电梯故障统计并可导出表格，由此生成各种数据图表，比如管理单位、使用单位、电梯品牌、故障类型、电梯报修管理及故障处理情况、年检维保期限等信息。

项目 6

电梯电气系统调试

【知识目标】

1. 了解电梯维修保养中电气部件的相关要求。
2. 熟悉电梯用电安全相关的操作规程。
3. 了解电梯的各种电气故障类型与故障现象。
4. 掌握电梯常见的故障排除方法与基本调试操作。

【技能目标】

1. 掌握电梯逻辑故障的判别方法，能判定故障点，并且能修复故障。
2. 掌握电梯各部件的故障判别方法，能判定故障点，并且修复部件。
3. 掌握简单的服务操作以及主板操作方法，能查看故障，能清楚系统故障记录。

电梯的工作特点是启动、制动频繁，每小时可高达 200 次，每天高达 1 000 次以上。在运行过程中，对电梯的机械传动装置必须给予经常性的检查，进行清洁、润滑和调整。一台高质量的电梯，除了有先进合理的设计、精密的加工制造、高质量的安装调试外，还必须有认真细致的日常维修保养。认真细致的维修保养可以延长电梯的使用寿命，降低电梯故障率，提高电梯工作效率。

根据电梯生产厂家和电梯用户的不完全统计，在造成电梯必须停机修理的故障中，机械系统故障占全部故障的 40% 左右，电气控制系统故障占全部故障的 60% 左右。

尽管机械系统故障所占的比重较小，但是一旦发生故障，可能会造成长时间的停修，甚至会造成严重的设备和人身事故。

电梯故障中的60%是电气控制系统的故障。造成电气控制系统故障的原因是多方面的，主要包括元器件质量、安装调整质量、维修保养质量、外界环境条件变化等。由于电梯运行过程中的管理、控制环节比较多，并且考虑到电路功率转换等方面的原因，现在和以后生产的电气控制系统，采用继电器、接触器、开关、按钮等触点元件构成的电路环节仍然存在，它的存在仍然是电梯故障频发的重要原因。因此，提高电梯电气维修人员的技术水平和检查、分析、排除有触点电路故障的能力，仍然是减少电梯停机维修时间的重要手段。

只有掌握电梯的结构和电气控制原理，熟悉各元器件的作用、性能及其安装的位置，以及线路敷设的情况和排除故障的正确方法，才能提高排除故障的效率和维修电梯的质量，确保电梯的正常运行。

本项目以乘客电梯为背景，重点介绍电梯的维修保养原则、检修周期、故障现象及判别方法等。希望读者能认真学习本项目内容，从中得到启发和帮助，为将来的实践应用打下良好的基础。

任务6.1　电梯故障逻辑分析

要正确、迅速地排除电梯故障，必须对电梯的机械结构和电气控制系统有比较详细的了解。电梯的型号很多，其控制和驱动方式也存在很大的差异，但它们运行的逻辑控制过程基本上是相同的。掌握了电梯运行的逻辑控制过程，就可以大致判断故障的部位。电梯运行的逻辑控制过程如图6－1所示。

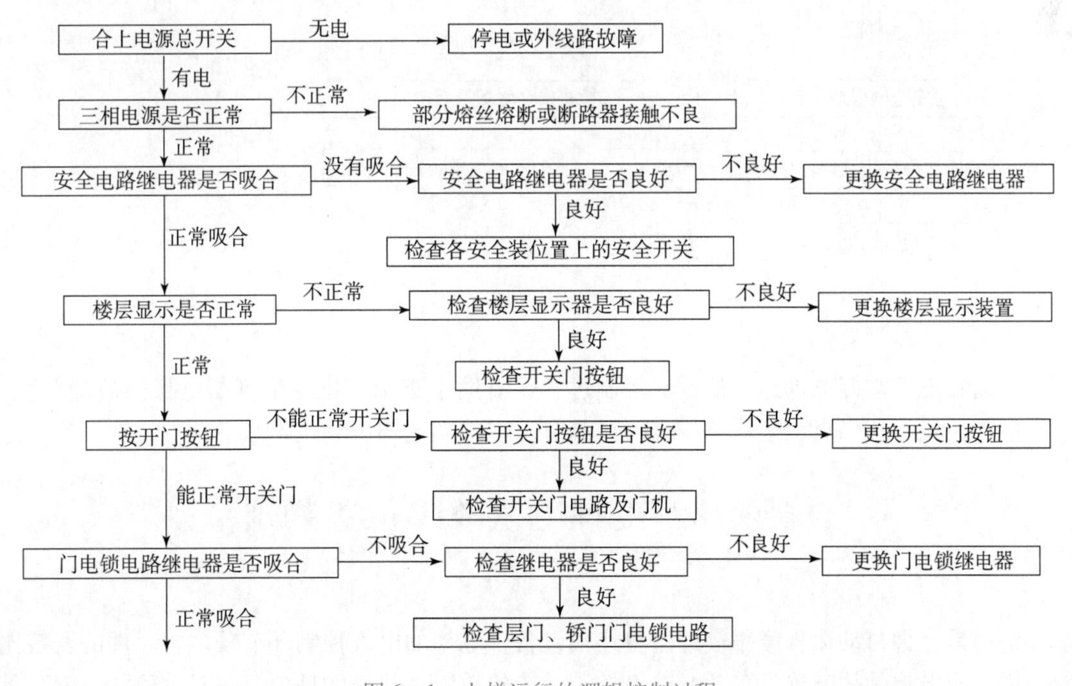

图6－1　电梯运行的逻辑控制过程

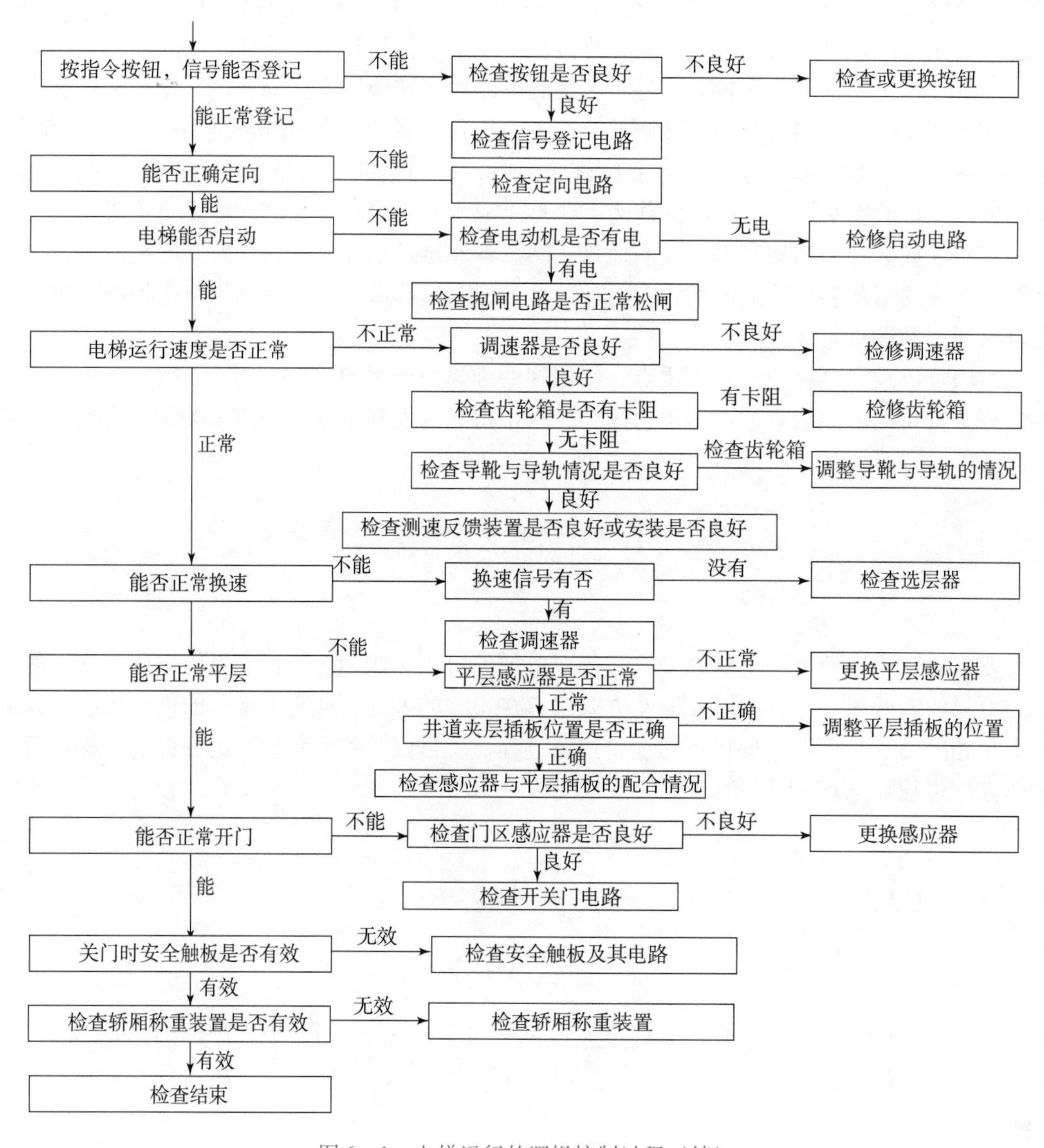

图6－1　电梯运行的逻辑控制过程（续）

可以看出，掌握电梯运行的逻辑控制过程，有助于正确、迅速地判断电梯的故障部位。但要准确地找出故障点，还需要维修人员具有一定的理论知识和技术水平。

任务6.2　电梯电气故障位置判别

电梯是一种自动化程度很高的垂直运输设备，电梯的电气控制环节较多，元件的安装比较分散。而电梯的故障绝大多数是电气控制系统的故障，故障的现象及引起故障的原因又是多种多样的，且故障点较为广泛，难以预测，因此，只有掌握电梯电气控制原理，熟悉各种元器件的作用和性能及其安装的位置、线路敷设的情况，掌握排除故障的正确方法，才能提高排除故障的效率和维护电梯的质量，确保电梯的正常运行。

在进行电梯故障检修时，应仔细观察故障现象，充分利用电梯运行时提供的信息（如指示灯的亮暗、楼层的显示等），通过对PLC程序的分析来确定故障部位，然后通过检测找出故障点。

下面介绍查找故障的一般方法。

（1）观察法

当电梯发生故障时，可以通过听取司机、乘客或管理人员讲述发生故障时的情况，或通过眼睛看、耳朵听、鼻子闻、动手摸的方法，也可以通过到厢内控制电梯上、下运行，观察电梯的运行情况和各零部件的状态等方法，查找电梯故障所在。

输入设备的情况可以通过检查PLC的输入继电器的指示灯来观察；输出设备的情况则需要先检查PLC输出继电器的指示灯情况，然后再检查继电输出回路的情况。

（2）测量电阻法

在基本确定故障部位后，当需要进一步查证某一个电路是否导通时，可以采用测量电阻法。

测量电阻法就是用万用表的欧姆挡测量电路的阻值是否异常。必须注意的是，用欧姆挡测量故障时，一定要断开电源，千万不可带电测量。使用这种测量方法比较安全，由于是在断电的情况下测量，因此不会导致电路的短路和元器件的损坏。

（3）测量电压法

测量电压法就是利用万用表的电压挡测量电路的电压值是否异常。测量时，一般首先检查电源电压和线路电压，看是否正常；然后检查开关、继电器、接触器等应该接通的两端，若电压值为零，则说明该元器件短路，若线圈两端的电压值正常，但不吸合，则说明线圈短路或损坏。采用电压法测量时，电路必须通电，因此检测时不可使身体的任何部位直接触及带电部位，并注意测量的电压是直流电压还是交流电压，以便选择合适的挡位，以免发生事故或使损坏仪表。

（4）短路法

短路法是检测某故障开关是否正常的一种临时措施。若怀疑某个或某些开关有故障，可将该开关短路，若故障消失，则证明判断正确。当确定某个开关发生故障时，应立即更换开关，不允许用短路线代替开关。

在短接时，必须看清应该短接的线号，如果短接错误，有可能发生电源短路，引起其他故障发生，造成不必要的损失。在没有把握的情况下，不建议采用短路法，可以优先选用测量电阻法和测量电压法。

注意：在检查电梯门锁故障时，如果必须要短接门锁，则一定要保证电梯处于检修状态。检查完毕后，务必先断开门锁短接线，然后才能让电梯复位到正常状态。

（5）程序检查法

程序检查法就是模拟工作程序，给电梯控制系统输入相应的信号，观察其动作情况。程序检查法适用于故障现象不明显，或故障现象虽明显，但牵涉范围比较大的情况。

任务 6.3　电梯常见故障分析与排除

所谓故障，是指由于电梯本身的原因造成的停机或整机性能不符合标准规定要求的非正常现象。

1. 电梯常见故障的类型

电梯使用一段时间后，常会出现一些故障。维修人员应根据电梯的故障现象判别属于哪种故障类型，然后着手解决。

①设计、制造和安装故障。一般来说，新产品的设计、制造和安装是一个逐步完善的过程。当电梯发生故障后，维修人员应找出故障所在的部位，然后分析故障产生的原因。如果是由设计、制造、安装等方面引发的故障，此时不能妄动，必须与生产厂商或安装部门取得联系，由其技术和安装维修人员与使用单位的维护人员共同解决问题。

②操作故障。操作故障指的是由于使用者操作不当而引起的故障。这种不遵守操作规程的行为必然导致电梯发生故障，甚至危及乘客生命。

③零件损坏引起的故障。这类故障是电梯运行中最常见的故障，也是出现次数最多的故障，如机械传动装置相互摩擦，接触器、继电器触点烧灼，电阻过热烧坏等。

2. 电梯的常见故障现象与排除方法

前面介绍了电梯常见故障的三种类型，下面就电梯的常见故障现象加以分析，并提出排除方法，见表 6－1。

表 6－1　电梯的常见故障现象与排除方法

故障现象	可能原因	排除方法
电梯有电，但不能正常工作	①电梯安全电路发生故障，有关线路断开或松开	检查安全电路继电器是否吸合，如果不吸合，且线圈两端电压又不正常，则检查安全电路中各安全装置是否处于正常状态，检查安全开关的完好情况及导线和接线端子的连接情况
	②电梯安全电路的继电器发生故障	检测安全电路继电器两端的电压，如果电压正常而不吸合，则安全电路继电器线圈断路；如果吸合，则安全电路继电器触点接触不良，控制系统接收不到安全装置正常的信号
电梯有电，但不能正常开门	①本层层门机械门锁没有调整好或损坏，不能使门电锁电路接通，进而启动电梯	调整或更换门锁，使其能正常接通门电锁电路
	②本层层门机械门锁工作正常，但门电锁接触不良或损坏，不能使门电锁电路接通	调整或更换门电锁，使其能够正常接通门电锁电路

续表

故障现象	可能原因	排除方法
电梯有电，但不能正常开门	③门电锁电路有故障，有关线路断开或松开	检查门电锁电路继电器是否吸合，如果不吸合，且线圈两端电压又不正常，则检查门电锁电路的有关线路是否接触良好，若有断开或松开的情况，则将线路接通
	④门锁电路继电器有故障	检测门锁电路继电器两端的电压，如果电压正常而不吸合，则门锁电路继电器线圈断路；如果吸合，则门锁电路继电器触点接触不良，控制系统接收不到厅门、轿门关闭的信号
电梯能开门，但不能自动关门	①关门限位开关（或光电开关）动作不正确或损坏	调整或更换关门限位开关（或光电开关），使其能够正常工作
	②开门按钮动作不正确（有卡阻现象，不能复位）或损坏	调整或更换开门按钮，使其能够正常工作
	③门安全触板或门光电开关（光幕）动作不正确或损坏	调整或更换门安全触板或门光电开关（光幕），使其能够正常工作
	④关门继电器失灵或损坏	检修或更换关门继电器，使其正常
	⑤超重装置失灵或损坏	检修或更换超重装置，使其正常
	⑥本层层外召唤按钮因卡阻而不能复位或损坏	检修或更换本层层外召唤按钮，使其正常
	⑦关门线路断开或接线松开	检查关门线路，使其正常
电梯能开门，但按下关门按钮后不关门	①关门按钮触点接触不良或损坏	检修或更换关门按钮，使其正常
	②关门限位开关（或光电开关）动作不正确或损坏	调整或更换关门限位开关（或光电开关），使其正常
	③开门按钮动作不正确（有卡阻现象，不能复位）或损坏	调整或更换开门按钮，使其正常
	④门安全触板或门光电开关（光幕）动作不正确或损坏	调整或更换门安全触板或门光电开关（光幕），使其正常
	⑤关门继电器失灵或损坏	检修或更换关门继电器，使其正常
	⑥超重装置失灵或损坏	检修或更换超重装置，使其正常
	⑦本层层外召唤按钮因卡阻而不能复位或损坏	检修或更换本层层外召唤按钮，使其正常
	⑧关门线路断开或接线松开	检查关门线路，使其正常

续表

故障现象	可能原因	排除方法
电梯能关门，但电梯到站不开门	①开门继电器失灵或损坏	检修或更换开门继电器，使其正常
	②开门限位开关（或光电开关）动作不正确或损坏	调整或更换开门限位开关（或光电开关），使其正常
	③电梯停车时不在平层区域	查找停车不在平层区域的原因，排除故障后，使电梯停车时在平层区
	④平层感应器（光电开关）失灵或损坏	检修或更换平层感应器（光电开关），使其正常
	⑤开门线路断开或接线松开	检查开门线路，使其正常
电梯能关门，但按下开门按钮后不开门	①开门继电器失灵或损坏	检修或更换开门继电器，使其正常
	②开门限位开关（或光电开关）动作不正确或损坏	调整或更换开门限位开关（或光电开关），使其正常
	③开门按钮触点接触不良或损坏	检修或更换开门按钮，使其正常
	④关门按钮动作不正确（有卡阻现象，不能复位）或损坏	调整或更换关门按钮，使其正常
	⑤开门线路断开或接线松开	检查开门线路，使其正常
电梯不能开门和关门	①门机控制电路发生故障，无法使门机运转	检查门机控制电路的电源、熔断器和接线，使其正常
	②门机故障	检查和判断门机是否不良或损坏，修复或更换门机
	③门机传动带打滑或脱落	调整传动带的张紧度或更换新传动带
	④开关门线路断开或接线松开	检查开关门线路，使其正常
	⑤层门、轿门挂轮松动或严重磨损，导致门扇下移拖地，不能正常开关门	调整或更换层门、轿门挂轮，保证一定的门扇下端与地坎间隙，使厅门、轿门能够正常工作
开关门速度明显变慢或跳动	①门机控制系统没有调整好或出现故障	调整门机控制系统，使其正常工作，或更换新的门机控制系统
	②直流开关门电动机励磁线圈串联电阻阻值过小或短路	检查和调整电阻阻值，使其达到正常值
	③开关门机传动带打滑	调整传动带的张紧度或更换新传动带，使其正常工作

续表

故障现象	可能原因	排除方法
开关门速度明显变慢或跳动	④开门刀与门锁滚轮配合间隙没有调整好，开关门时出现跳动情况	调整开门与门锁滚轮配合间隙，消除开关门时出现的跳动情况
	⑤吊门滚轮磨损或导轨偏斜引起开关门时出现跳动情况	更换吊门滚轮或调整层门、轿门导轨，消除开关门时出现的跳动情况
	⑥偏心轮间隙过大	调整偏心轮间隙
	⑦门地坎滑道积灰过多或卡有异物	清扫门地坎滑道，排除卡阻异物
	⑧层门、轿门门扇变形或损坏，有卡阻现象，开关门速度明显变慢	修复或更换门扇
开关门速度明显变快	①门机控制系统没有调整好或出现故障	调整门机控制系统，使其正常工作，或更换新的门机控制系统
	②直流开关门电动机励磁线圈串联电阻阻值过大或断路	检查和调整电阻阻值，使其达到正常值，能够正常工作
在基站将钥匙开关闭合后，电梯不开门	①控制电路的熔丝断了	更换熔丝，并查找原因
	②钥匙开关触点接触不良或断开	清洁、调整或更换钥匙开关
	③基站钥匙开关继电器线圈损坏或继电器触点接触不良	如线圈损坏，则更换；如继电器触点接触不良，则清洗修复触点
	④相关线路断开或触点松动	检查相关线路，使其正常工作
门安全触板失灵	①触板微动开关发生故障	更换触板微动开关
	②微动开关接线短路	检查线路，排除短路点
门安全光电（光幕）装置失灵	①光电（光幕）装置发生故障	检查和修复光电（光幕）装置
	②继电器线圈损坏或继电器触点接触不良	如线圈损坏，则更换线圈；如触点接触不良，则清洗修复触点
没有超载，超载装置却显示超载	①超载装置没有调整好	调整超载装置的超载重量
	②超载装置继电器失灵	更换超载装置的继电器
已经超载，超载装置却没有显示超载	①超载装置没有调整好	调整超载装置的超载重量
	②继电器线圈损坏或继电器触点接触不良	如线圈损坏，则更换线圈；如触点接触不良，则清洗修复触点
按下指令按钮后，没有信号（灯不亮）	①指令按钮接触不良或损坏	修复或更换按钮
	②信号灯接触不良或烧坏	修复或更换信号灯
	③相关线路断开或接线松开	检查相关线路，使其正常工作
	④相关指令登记电路发生故障，不能登记选层信号	检查相关线路，使其正常工作

续表

故障现象	可能原因	排除方法
有指令信号，但方向箭头灯不亮	①方向信号灯接触不良或烧坏	修复或更换方向信号灯
	②相关定向电路发生故障	检查相关线路，使其正常工作
	③方向继电器线圈损坏或继电器触点接触不良	如线圈损坏，则更换线圈；如触点接触不良，则清洗修复触点
指令登记不消号	①指令按钮卡阻不复位或触点有短路	检查和修复指令按钮，不能修复的，则更换新按钮
	②指令继电器接触不良或损坏	检查和修复指令继电器，若不能修复，则更换
	③层楼继电器接触不良或损坏	检查和修复层楼继电器，若不能修复，则更换
	④相关消号线路发生故障	检查相关线路，使其正常工作
预选层站不停车	①指令继电器触点接触不良或损坏	检查和修复指令继电器触点，若不能修复，则更换
	②层楼继电器触点接触不良或损坏	检查和修复层楼继电器触点，若不能修复，则更换
	③相关线路断开或触点松动	检查相关电路，使其正常工作
未选层站停车	①指令继电器触点短路或损坏	检查和修复指令继电器触点，若不能修复，则更换
	②相关电路短路	检查相关电路，使其正常工作
层召唤按钮开门无效	①召唤按钮失灵或接触不良	检查和修复召唤按钮，若不能修复，则更换
	②相关线路断开或触点松动	检查相关线路，使其正常工作
门未关，电梯能选层启动	①门电锁触点有短路现象	检查相关线路，使其正常工作
	②门电锁继电器触点有短路现象或损坏	检查和修复门电锁继电器触点，若不能修复，则更换
电梯启动时阻力大，启动和运行的调速明显降低，甚至无法启动	①制动器闸瓦局部未松开或全部未松开	检查制动器，按要求调整好制动器
	②制动器吸合电压过小，不能使制动器松闸	调整制动器吸合电压，若不能修复，则更换
	③制动力弹簧压力过大，不能使制动器松闸	调整制动力弹簧，使制动器松闸
	④制动器电路故障或接触器触点接触不良，没有制动器吸合电压	检查制动器电路或接触器触点，修复或更换器件，使制动器松闸
	⑤电动机断相，不能正常启动	电动机发出噪声，应立即切断电源，避免电动机烧毁，然后检查电动机供电线路

续表

故障现象	可能原因	排除方法
电梯启动时阻力大，启动和运行的调速明显降低，甚至无法启动	⑥减速器中蜗杆径向轴承间隙过小或润滑不良，与轴产生咬合现象	拆开减速器，修复径向轴承（不能修复的则换新），保持规定的间隙，加注规定的润滑油，消除咬合现象
	⑦导轨松动，导轨接头处发生错位，导靴通过时阻力增大，甚至不能通过	校正导轨，消除松动和错位
制动器线圈不工作	①制动器线圈有电压但不工作，可能由于吸合电压过低或者制动力弹簧调节过紧	先调整吸合电压到规定值，如果仍不工作，则再调整制动力弹簧，使其可以工作
	②制动器线圈有电压，并且电压正常，但不工作，可能是制动器线圈损坏	检查制动器线圈是否异常，修复或更换制动器线圈，使其正常工作
	③制动器线圈没有电压，制动器电路有故障	检查制动器电路是否有断路和接触不良的情况，排除故障，使其能够正常工作
电梯在运行过程中抖动或晃动	①减速器中蜗杆推力轴承磨损严重，有间隙，电梯在运行中产生抖动或晃动	调整推力轴承的间隙（可增加垫片的厚度），如不能调整，则更换新轴承
	②曳引机制动轮径向跳动大	按标准调整制动轮跳动量，然后用定位销定位，螺钉紧固
	③曳引机蜗轮、蜗杆轴承缺少润滑或损坏	加油润滑或更换新轴承
	④轿厢、对重导靴磨损严重或固定螺钉松动	更换导靴靴衬或调整、紧固固定螺钉
	⑤轿厢或对重导轨不符合要求	重新校正或安装导轨
	⑥曳引钢丝绳张力不一致	用弹簧拉秤测量曳引钢丝绳张力，并调整均匀
	⑦导轨支架松动	重新安装或加固导轨支架
	⑧导轨压板螺栓松动	校正导轨后紧固螺栓
调速电梯在运行过程中速度忽快忽慢	①调速器参数没有调整好或调速器有故障	重新调整调速器参数，如调整不好，则检查调速器是否存在故障
	②调整器调整电位器接触不良或调整器线路有故障	检查和修复调速器，使其正常工作
	③测速反馈装置的机械连接松动或反馈线接触不良	检查和调整测速反馈装置的机械连接，检查反馈线，使其接触良好
电梯运行时有摩擦响声	①滑动导靴靴衬磨损严重，导靴金属外壳与导轨发生摩擦	更换滑动导靴靴衬，调整导靴弹簧压力，使每个导靴压力一致
	②滑动导靴靴衬中卡入杂物	清除杂物

续表

故障现象	可能原因	排除方法
电梯运行时有摩擦响声	③安全钳拉杆没有安装好，与导轨距离太近，发生摩擦	重新安装或调整安全钳拉杆的位置
	④轿门上的开门刀与层门地坎因间隙过小而发生摩擦	调整轿门上的开门刀与层门地坎之间的间隙
	⑤轿门上的开门刀与层门门锁滚轮碰擦	调整轿门上的开门刀与层门门锁滚轮的间隙
	⑥导轨工作面有杂物	清洗导轨，并加润滑油
电梯运行时有噪声	①对重轮或轿顶轮轴承严重缺油，有干摩擦现象	立即停车，加润滑油，消除噪声
	②对重轮或轿顶轮安装有问题，侧面间隙过小，发生摩擦	按要求调整对重轮或轿顶轮的侧面间隙
	③补偿轮或补偿链缺少消声油或消声绳	补充消声油或消声绳
	④导向轮轴承严重缺油，有干摩擦现象	立即停车，加润滑油，消除噪声
	⑤机房内曳引机轴承缺少润滑，或轴承磨损	立即停车，加润滑油或更换新轴承
	⑥电动机异常	立即停车，检查电动机
	⑦对重导轨或轿厢导轨与导轨支架的连接紧固件松动	校正导轨，紧固连接件
电梯运行时有撞击	对重导轨或轿厢导轨接头处有台阶，导靴通过时有撞击	调整或修复对重导轨或轿厢导轨接头处的台阶，消除撞击
平层误差大	①平层感应器位置不对或者有故障	调整平层感应器的位置或者更换新的感应器
	②（交流双速梯）制动器制动力矩太小，弹簧过松	调整（交流双速梯）制动器制动力矩，提高平层精度
	③井道层楼平层隔磁板位置不当	调整井道层楼平层隔磁板位置
	④对重过重或过轻，导致停车平层欠佳	调整对重重量（调平衡系数）
	⑤调速电梯平层速度过高，不能精确停车	调整调速电梯平层速度，使其能够精确停车
	⑥调速电梯制动减速度太小（斜率太小），平层时速度降不下来，不能精确停车	调整调速电梯制动减速度斜率，使其能够精确停车
	⑦制动器电路接触器触点接触不良，不能及时释放并精确抱闸停车	调整或更换接触器，使其动作灵活，工作可靠

续表

故障现象	可能原因	排除方法
停车时舒适感差，有冲击感	①（交流双速梯）制动器弹簧过紧，制动力太大	调整制动器弹簧，使其符合要求，改善停车时的舒适感
	②调速电梯平层速度过高，速度没有降到零速就抱闸	调整调速电梯平层速度，使其在平层位置时速度为零，同时抱闸
	③调速电梯制动减速度太小（斜率太小），平层时速度降不下来，没有在零速时就抱闸	调整调速电梯制动减速度斜率，使其在平层位置时速度为零，同时抱闸
	④制动器抱闸时间太早，还没有到零速就抱闸，导致舒适感差	调整制动器抱闸时间，保证在零速时抱闸
停车时有倒拉现象	①制动器有卡阻现象，不能及时抱闸停车，出现倒拉现象	检查、调整和润滑制动器，使其能够及时抱闸
	②制动器电路接触器铁芯有卡阻现象，不能及时释放，出现倒拉现象	检查、调整或更换接触器，使其动作灵活，工作可靠
	③控制系统的抱闸信号发出太晚，不能在零速时正确抱闸，出现倒拉现象	调整控制系统的抱闸信号发出时间，保证在零速时及时抱闸
启动时舒适感差，有台阶感	①制动器有卡阻现象，松闸时间太晚，不能在零速时正确松闸检修制动器	调整松闸时间，保证在启动前松闸
	②启动电压过高，有冲击感	调低启动电压，使电梯启动平稳，无冲击感
	③（交流双速梯）快车电路电感量太小，启动时电流冲击大，舒适感差	增大（交流双速梯）快车电路电感量，提高舒适感
	④电梯的启动S曲线曲率太小，影响启动舒适感	调整调速电梯的启动S曲线曲率，提高启动舒适感
启动前有倒拉现象	①启动电压过低，启动力矩小于负载力矩，出现倒拉现象	调高启动电压，增大启动力矩，避免倒拉现象
	②制动器太早松闸，出现倒拉现象	调整制动器松闸时间，避免倒拉现象
曳引钢丝绳出现打滑现象	①曳引轮绳槽摩擦严重，或绳槽形状变形，产生的曳引力减小，使曳引钢丝绳打滑	重新车削曳引轮绳槽，如果不能车削，则更换新的曳引轮
	②曳引钢丝绳磨损严重，产生的曳引力减小，使曳引钢丝绳打滑	更换新的曳引钢丝绳
	③曳引轮与曳引钢丝绳润滑过度，使摩擦因数减小而发生打滑现象	清洗曳引轮与曳引钢丝绳上的油污

续表

故障现象	可能原因	排除方法
曳引钢丝绳出现打滑现象	④对重过重，使空载轿厢上行时曳引钢丝绳打滑；对重过轻，使满载轿厢下行时曳引钢丝绳打滑	重新调整对重重量（平衡系数）
	⑤超载称重装置失灵，电梯超载运行，使曳引钢丝绳打滑	修复超载称重装置，避免超载运行
限速器误动作	①限速器弹簧或其锁紧螺钉松动，使限速器的动作速度降低，发生限速器误动作	检修和重新校验限速器，使其达到规定速度时动作
	②限速器的夹绳卡口与限速钢丝绳相碰，发生误动作	检修限速器，使限速器的夹绳卡口与限速钢丝绳不相碰，能够正常工作
	③限速器或底坑张紧轮的轴承处缺油，磨损锈蚀，使限速器误动作	检修、加润滑油和重新校验限速器，使其动作灵活
安全钳误动作	①安全钳与导轨间隙过小，发生摩擦，引起安全钳误动作	查找安全钳与导轨间隙过小的原因，调整安全钳与导轨的间隙为规定的尺寸
	②安全钳复位弹簧刚度过小，电梯在运行过程中安全钳跳动，引起误动作	换用符合规定刚度的弹簧
电梯超速下行时安全钳不动作	①限速器失灵	检修或更换限速器
	②限速器钢丝绳断裂	查找限速器钢丝绳断裂的原因，更换新的限速器钢丝绳
	③安全钳拉杆的杠杆系统锈蚀，无法拉动安全钳动作	检查并清洗杠杆系统，使其动作灵活
电梯冲顶	①对重过重，轻载时容易冲顶	重新调整平衡系数
	②强迫减速开关距离太短，当电梯上行失控时，不能有效减速，造成冲顶	查找失控原因，调整强迫减速开关距离，消除电梯冲顶现象
电梯沉底	①对重过轻，重载时容易沉底	重新调整平衡系数
	②超载向下运行	调整超载称重装置，避免超载运行
	③强迫减速开关距离太短，当电梯下行失控时，不能有效减速，造成沉底	检修电梯，查找失控原因，调整强迫减速开关距离，消除电梯沉底现象
电梯只能开下行车，不能开上行车	①上限位开关没有复位或相关线路断开	检修上限位开关和相关线路，上限位开关如损坏，则更换新开关
	②上行线路有故障，不能使电梯向上运行	检修上行线路

续表

故障现象	可能原因	排除方法
电梯只能开上行车，不能开下行车	①下限位开关没有复位或相关线路断开	检修下限位开关和相关线路，下限位开关如损坏，则更换新开关
	②下行线路有故障，不能使电梯向下运行	检修下行线路
电梯只有慢车，没有快车	①快车接触器接触不良或损坏	检查、修复和更换快车接触器
	②相应方向的强迫减速开关没有复位或相关线路断开	检查、修复强迫减速开关和相关线路
	③快车运行线路有故障	检查快车运行线路，排除故障
电梯减速后不能正确停层	①平层感应器（光电开关）没有动作	检查平层感应器（光电开关）是否良好，平层插板安装位置是否正确
	②该层减速距离太短，不能在平层区有效停车	调整减速距离，使电梯在减速距离内有效停车
电梯在运行中突然急停	①外电路（电梯供电系统）发生故障，突然停电，电梯抱闸停车	如轿厢内有人，应通知维修人员采取措施放人。在采取措施前，应先切断电源，以免突然来电，造成电梯启动而发生意外
	②由于某种原因，电流过大，总开关熔丝熔断或断路器跳闸，电梯抱闸停车	找出故障原因，更换熔丝或重新合上断路器
	③安全电路发生故障，电梯抱闸停车	检查各安全装置，找出故障原因，排除故障
	④开门刀碰撞门锁滚轮，使门锁钩脱开，门电联锁断开，电梯抱闸停车	调整开门刀与门锁滚轮的间隙，并检查是什么原因引起开门刀碰撞门锁滚轮。有时轿厢晃动也会引起开门刀与门锁滚轮碰撞
	⑤安全钳动作	在机房断开总电源，用松闸扳手将制动器松开，用人为的方法使轿厢向上移动，使安全钳模块脱离导轨，并使轿厢停靠在层门口，放出乘客。检查电梯，找出安全钳动作的原因，并检查导轨有无异常，用锉刀将导轨上的制动痕修光
调速梯在运行中突然速度升高	①反馈测速装置发生故障	检查反馈测速装置发生故障的原因，修复或更换反馈测速装置
	②测速反馈线路断开或线头接触不良	检查测速反馈线路，查找原因，排除故障

续表

故障现象	可能原因	排除方法
轿厢或层门有麻电感觉	①轿厅或层门接地线断开或接触不良	检查接地线，使接地电阻不大于4 Ω
	②接地系统中性线、重复接地线断开	接好重复接地线
	③线路上有漏电现象	检查线路绝缘装置，其绝缘电阻不应低于0.5 MΩ
局部熔丝经常熔断	①该电路导线有接地点或电气元器件有接地	检查接地点，加强绝缘
	②有的继电器绝缘垫片击穿	加强绝缘或更换继电器
总电源熔断器经常烧断或断路器经常跳闸	①熔丝容量小且压接松，接触不良	按额定电流更换熔丝，并压接紧固
	②有的接触器接触不良，有卡阻	检查调整接触器，排除卡阻或更换接触器
	③电梯启动、制动时间过长	调整启动、制动时间
接触器吸合时发出噪声	①接触器铁芯吸合处有杂质，使接触器吸合时存在气隙，发出噪声	消除接触器铁芯吸合处的杂质，使接触器铁芯吸合时紧密，消除噪声
	②接触器接触不良	更换继电器
电动机通电时发出噪声，不旋转，温度上升	①电动机断相	立即断开电源，检查电动机的三相电源和电动机的接线端子的接触情况
	②制动器没有松开	立即断开电源，检查制动器不松闸的原因
	③减速器有卡阻	立即断开电源，检查减速器卡阻的原因

项目 7

电梯电气项目检测与试验

【知识目标】

1. 了解电梯的检验流程及检验项目。
2. 了解电梯的检验过程及方法。
3. 熟悉电梯电气检验的相关仪器和使用方法。
4. 了解电梯检验过程中相关电气检测项目内容以及方法。

【技能目标】

能根据检验标准对电梯电气项目进行简单的检测与试验。

【素质目标】

1. 掌握电梯检验的新模式、新业态、新升级，融入智慧城市建设。
2. 坚持问题导向，提升勇担使命的责任感，推进电梯行业高质量发展。
3. 提高专业检验水平，发挥技术支撑作用，体现职业价值。

任务 7.1　接地保护检测

保护接地

电梯控制系统是一个比较复杂的弱电控制系统，电梯设备的接地是电梯设计、制造、安装、使用过程中的重要内容，关系到乘客及维修人员的人身安全，关系到电梯的正常使用。在电梯控制系统中，其接地按照功能和性质可以分为两种，即保护性接地和功能性接地。

保护性接地是防止发生人员间接触电事故的有效措施。间接触电是指人接触正常情况下不带电而故障时带电的电气设备外露可导电部分，如电气设备金属外壳、金属线管、线槽等发生的触电。在电源中性点直接接地的供电系统中，通过设置保护接地，将故障时可能带电的所有电气设备及金属线管、线槽的外露可导电部分与保护接地线（PE）连接，当发生导体搭壳等接地故障时，相线与保护接地线之间形成故障回路，当故障电流达到一定值时，使串联在配电线路首端的电气保护装置动作，及时切断故障电源，防止发生间接触电事故。

功能性接地包括屏蔽接地、系统接地等，目的是保证电子设备正常、稳定和可靠地工作。屏蔽接地一般用于抑制外部电磁干扰的影响及电子设备向外发射电磁干扰（即电磁兼容性的要求），一般都采用屏蔽层、屏蔽体，这些屏蔽装置都必须良好接地才能起到应有的屏蔽作用。这种接地应与保护线、防雷装置等电位连接，这样才能使外界干扰对电子设备的影响降到最低（法拉第笼的屏蔽作用）。系统接地也被称为直接接地。当今电梯产品广泛采用微型计算机控制，其控制中心 CPU 均以相当高的速度运行，其运行频率高达 1 ~ 7 MHz。在如此高的频率下，计算机设备之间的连接电缆就像天线一样，既可以接收外部的射频干扰信号，也能向外辐射射频干扰信号，引起计算机场地内电磁干扰。另外，由于电梯控制系统计算机运行电压低，通常为 5 ~ 24 V，故要求计算机场地内数据处理装置各单元之间电压差变化极小。为此，需要配备一个能在计算机运行频率之下达到高/低阻抗性、稳定电位的直流“地”系统。直流“地”系统是一个稳定计算机各处理装置信号电位，专供信号返回的独立接线系统。它可以与大地相连，但不允许有正常工作电流流过。其原理是基于电路去耦以达到等电位，从而消除或抑制各单元信号回路流过共用回路而产生的公共阻抗耦合性干扰，避免各接线形成磁场敏感环。

本节讲解的主要内容是电梯的保护接地。

7.1.1 保护接地

TN、TT、IT 系统

国际电工委员会 IEC 标准将接地系统分为三种，即 IT 系统、TT 系统和 TN 系统。这些接地系统文字符号的含义如下。

第一个字母说明电源的带电导体与大地的关系，即如何处理系统接地。

T：电源的一点（通常是中性线上的一点）与大地直接连接（T 是“大地”一词英文 Terre 的首字母）。

I：电源与大地隔离或电源的一点经高阻抗与大地连接（I 是“隔离”一词英文 Isolation 的首字母）。

第二个字母说明电气装置的外露可导电部分与大地的关系，即如何处理保护接地。

T：外露可导电部分直接接大地，它与电源的接地无联系。

N：外露可导电部分通过与电源的中性接地点连接而实现保护接地（N 是“中性点”一词英文 Neutre 的首字母）。

IEC 标准将 TN 系统按中性线（N）线和保护线（PE）的不同组合，又分为 TN - C、TN - S、TN - C - S 三种类型。

TN - C 系统：在全系统内，N 线和 PE 线功能合并在一根导线中（C 是“合一”一词英文 Combine 的首字母）。

TN－S 系统：在全系统内，N 线和 PE 线是分开的（S 是“分开”一词英文 Separe 的第一个字母）。

TN－C－S 系统：在全系统内，通常仅在低压电气装置电源进线点前 N 线和 PE 线是合一的，在电源进线点后即分为两根线。

1. IT 系统

IT 系统的电源端不接地或通过高阻抗接地，电气设备外露可导电部分直接通过保护线（PE）接至接地极，接地极与电源系统的接地无电气关系（图 7－1）。当 IT 系统中某相线发生第一次单相接地故障时，由于故障电流不具备返回电源端的通路，此时单相接地故障电流仅为非故障两相对地电容电流的向量和。该电流故障非常小，在保护接地电阻上产生的电压很小，不会发生人身电击事故或中断停电事故，是比较安全的，不需要也不会切断电源而使供电中断。显然，IT 系统比其他接地系统具有较高的供电可靠性，因此 IT 系统被广泛应用于中断供电后造成严重后果或者电击危险性的场所，比如医院手术室、煤矿井下、钢铁厂等。但 IT 系统某一相发生接地故障时，非故障相承受的电压由相电压变成了线电压，对线路及电气装置的绝缘要求变高，造成投资较大。同时，IT 系统一般不引出中性线，此时只能提供线电压，不能提供照明、控制等需用的 220 V 电源，当使用单相设备时，需要再安装 380/220 V 的单相变压器。IT 系统主要适用于对供电不间断和防电击要求很高的场所，而一般场合电梯的供电电源绝大部分采用星形接法的中性点直接接地的供电系统，因此，电梯不宜采用 IT 保护接地系统。

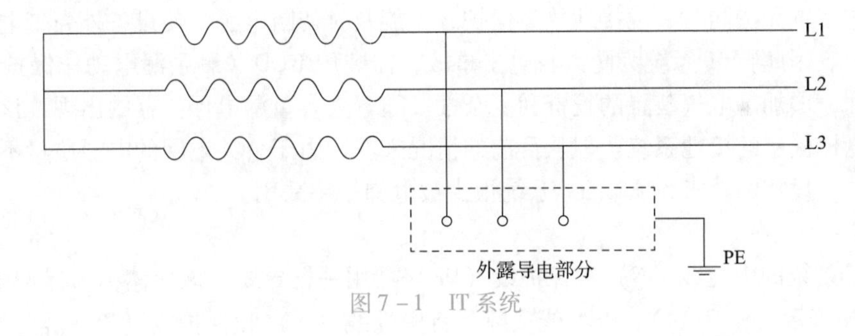

图 7－1　IT 系统

2. TT 系统

TT 系统的特点是中性线（N）与保护线（PE）相互独立，无电气连接。TT 系统的电源中性点直接接地，电气设备的外露可导电部分通过保护线（PE）与独立的接地极相连而实现保护接地，保护接地极和电源端的系统接地极是不连通的（图 7－2）。

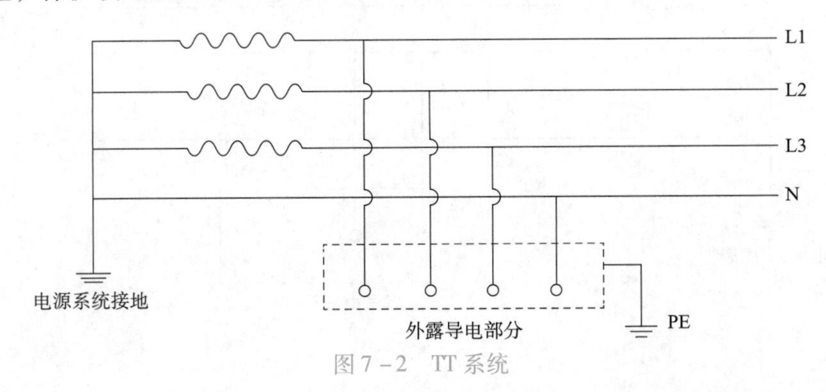

图 7－2　TT 系统

该系统在正常运行时，不管三相负荷是否平衡、是否有单相用电设备，在中性线（N）带电的情况下，保护线（PE）不会带电。只有出现单相接地故障时，漏电流通过与电气设备外露可导电部分相连接的接地极接地电阻 R_d 和电源中性点接地电阻 R_0 构成回路，产生单相接地短路电流 I_d（图 7－3）。

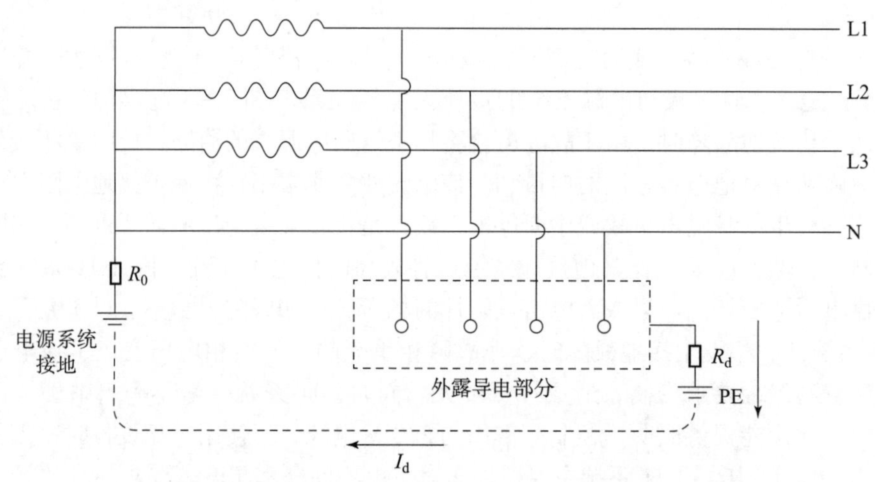

图 7－3　TT 系统中电气设备漏电后单相接地短路电流示意图

因故障回路内包含两个接地电阻 R_d 和 R_0，故障回路阻抗较大，故障电流较小，一般的过电流保护装置无法同时实现接地故障保护，不能及时切断电源，使设备外壳带电，这将是十分危险的。因此，TT 系统为防人身电击事故，需装用 RCD（剩余漏电动作保护器）来快速切断电源，增加了电气装置的投资和复杂性。随着大容量漏电保护器的出现，该系统今后也可作为电梯楼宇的接地系统。但从目前的情况来看，由于公共电网的电源质量不高，难以满足电梯电气设备的要求，所以 TT 系统很少被电梯楼宇采用。

3. TN－C 系统

TN－C 系统的中性线（N）和保护线（PE）共用一根导线，该导体称为保护中性导体，以符号 PEN 表示（图 7－4）。PEN 线实际是将中性线（N）和保护线（PE）合二为一。该系统的特点是将电气设备外露可导电部分与 PEN 线相接，当发生设备外露可导电部分带电时，电流从 PEN 线回到变压器中性点，构成故障回路。

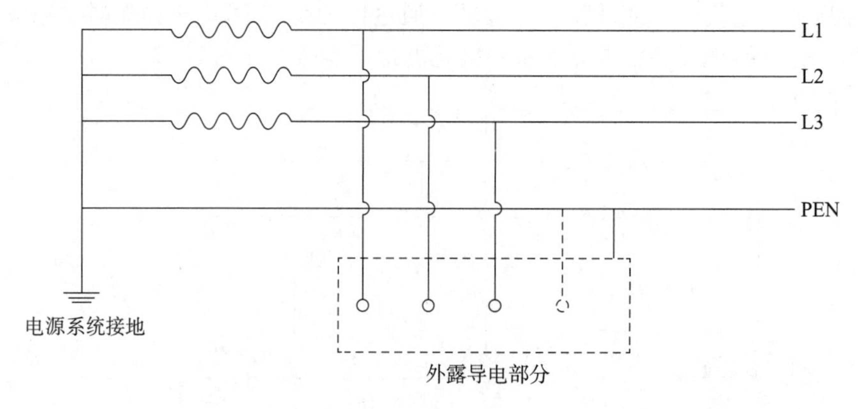

图 7－4　TN－C 系统

TN－C 系统对接地故障灵敏度高，线路经济简单，由于电气设备的金属外壳接到 PEN 线上，在非接地故障情况时，当 PEN 线前端导线断裂及系统三相不平衡、只有单相电器工作时，PEN 线上都会有电流通过，并对地呈现一定的电压，该电压将会反馈到与 PEN 线连接的电气设备金属外壳上，使设备外壳带电，给人员带来触电危险，因此，电梯上不得采用 TN－C 保护系统。

4. TN－S 系统

TN－S 系统的特点是中性线（N）与保护线（PE）除在变压器中性点共同接地外，两线不再有任何的电气连接（图 7－5）。该系统从低压配电室的变压器开始引出 5 根导线接至电梯机房的配电设施，其中有一根为中性线（N）、一根为保护线（PE）。中性线（N）用于单相用电设备，常会带电；保护线（PE）是专用接地线，没有电压，电气设备外露可导电部分与保护线（PE）相接。正常情况下，与保护线（PE）连接的设备外壳及金属构件在系统正常运行时始终不会带电，所以 TN－S 系统安全保护性能较好。

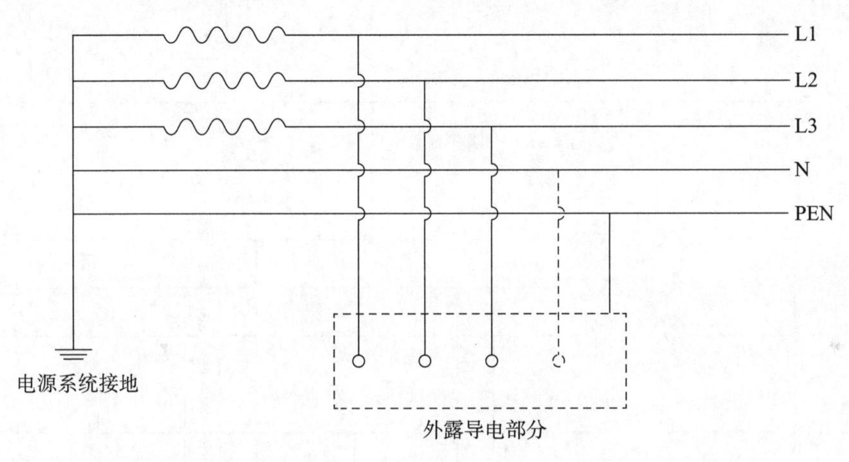

图 7－5　TN－S 系统

当供电电源某一相绝缘破损，使电气设备金属外壳带电时，故障电流从保护线（PE）回到变压器中性点，构成故障回路。短路故障电流很大，使得位于电路中的短路保护装置能够迅速动作而切断电源，从而避免人员触电事故的发生。

TN－S 系统的接地故障保护原理分析：如图 7－6 所示，如果电梯轿厢无保护接地（无 PE 线），当为电梯轿厢单相用电设备供电的相线 L 因绝缘破损而使轿厢金属表面带电时，轿厢金属表面的接触电压可高达 220 V 相电压。当人员接触轿厢时，漏电电流 I_b 会通过人体电阻 R_b、大地回到电源中性接地点 R_0，电击致死的危险非常大。当轿厢金属外壳与保护线（PE）连接时，外壳故障电压减小为故障电流 I_{PE} 在接地电阻 R_0 和保护接地线（PE 线）上产生的电压降 U_{PE}，其值比 220 V 小许多，同时，很大的故障电流 I_{PE} 使机房内电源短路保护装置动作而及时切断电源。

5. TN－C－S 系统

TN－C－S 系统如图 7－7 所示。这种系统在进户之前采用 TN－C 系统，在进户后将保护中性线 PEN 线一分为二：一条是中性线（N），用于单相用电设备；一条是保护线（PE），用于连接所有电气设备的外露可导电部分。其接地故障保护原理与 TN－S 系统的相同。

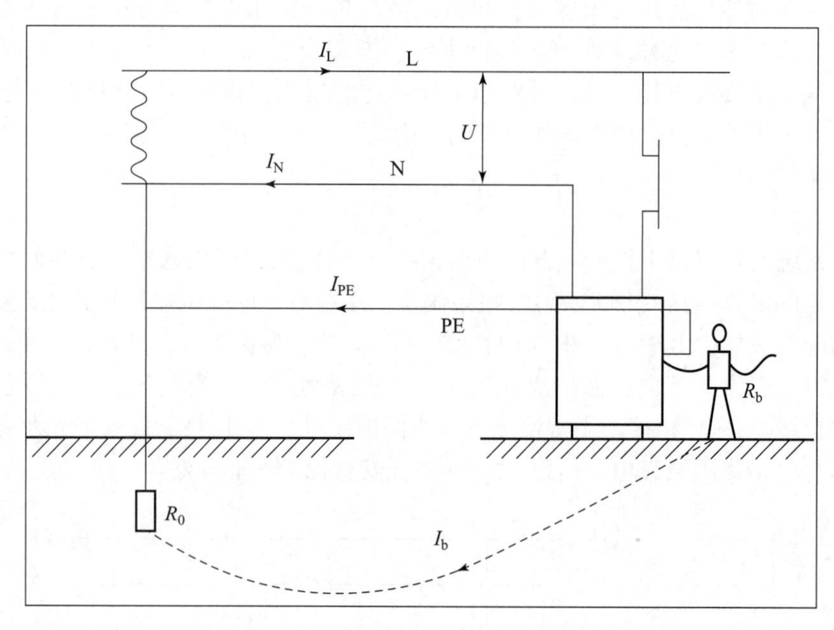

图7-6　TN-S接地保护示意图

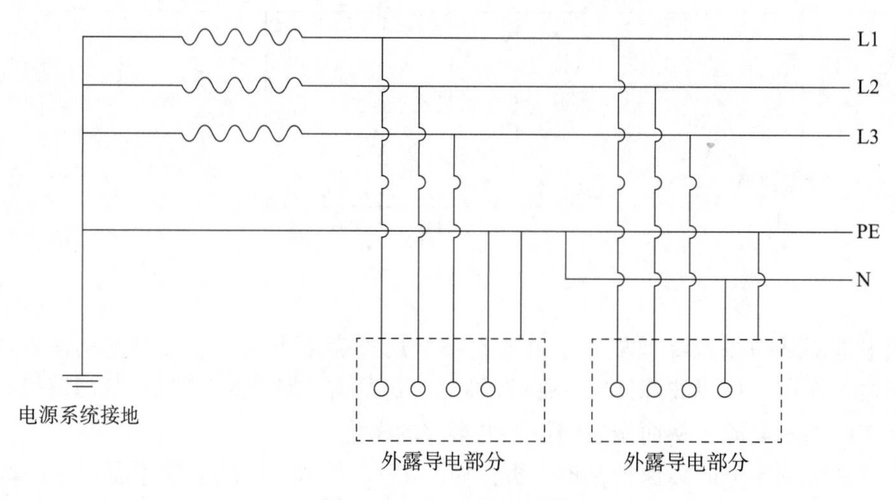

图7-7　TN-C-S系统

我国电梯强制性国家标准《电梯制造与安装安全规范第1部分：乘客电梯和载货电梯》（GB/T 7588.1—2020）中规定，接地保护应符合GB/T 16895.21—2011中411.3.1.1的要求。

①外露可导电部分应按TN系统（见该标准411.4）、TT系统（见该标准411.5）或IT系统（见该标准411.6）所述的各种系统接地型式的具体条件，与保护导体连接。

②可同时触及的外露可导电部分应单独、成组或共同地连接到同一个接地系统。

③保护接地的导体应符合GB 16895.3—2017《低压电气装置 第5-54部分：电气设备的选择和安装 接地配置和保护导体》的规定。

④每一回路应具有连接至相关的接地端子的保护导体。

7.1.2　检规、标准对接

《电梯监督检验和定期检验规则》（TSG T7001—2023）附件 A1.2.3.3 条　接地保护措施检查其是否符合以下要求：

1）供电电源自进入机器空间起，中性导体（N，零线）与保护导体（PE，地线）始终分开。

2）机器空间的电气设备及线管、线槽的外露可导电部分与保护导体（PE，地线）可靠连接。

3）含有电气安全装置的电路发生接地故障时，驱动主机立即停止运转，或者在第一次正常停止运转后，能够防止驱动主机再启动；恢复电梯运行只能通过手动复位。

解读：

1）是要求电梯的电源引入机房后，中性线（N）与保护线（PE）之间必须始终分开，保持绝缘，中性线（N）不得作为保护线使用，所以电梯接地只能采用 TN－S 和 TN－C－S 两种接地系统。

2）是要求所有的电气设备、线管、线槽的外露部分都必须与保护线（PE 线）可靠接触。根据《交流电气装置的接地设计规范》（GB 50065—2011）规定，设备的下列部分应接地：

①有效接地系统中部分变压器的中性点。

②电动机、变压器和高压电器等的底座和外壳。

③封闭母线的外壳和变压器、开关柜等的金属母线槽。

④配电、控制和保护用的屏（柜、箱）等的金属框架。

⑤靠近带电部分的金属围栏和金属门。

⑥电力电缆接线盒、终端盒的外壳，电力电缆的金属护套或屏蔽层，穿线的钢管和电缆桥架等。

⑦电气传动装置。

接地线一般采用不小于 4 mm^2 的黄、绿双色铜线。机房内的接地线必须穿管敷设，与电气设备的连接必须采用线接头，接地连接处不得松动，在有振动的地方应加防松措施。井道内的电器部件、接线箱与电线槽或电线管之间也可用 4 mm^2 的黄、绿双色铜线。电梯轿厢可利用随行电缆的钢芯或芯线作保护线，当采用电缆芯线作保护线时，不得少于 2 根。

要求接地连接可靠的目的是保证接地连通性，一般来说，接地连通性越好，接地电阻值越小，发生接地故障时才能产生足够大的故障电流来切断短路保护装置。

3）为防止直接触电，在《电梯制造与安装安全规范第 1 部分：乘客电梯和载货电梯》（GB/T 7588.1—2020）5.10.1.2.2 中要求了防止直接接触的保护，即必须采用防护罩壳，并要求了各种情况下的外壳防护等级（IP 等级）。而对间接触电（接触正常时不带电而故障时带电的电气设备造成的触电）的防护是采用接地保护。在电气设备发生绝缘损坏和导体搭壳等故障时，通过变压器中性点之间的电气连接和相线形成故障回路，在故障电流达到一定值时，使串联在回路中的保护装置动作切断故障电源，防止发生间接触电故障，并且恢复电梯运行只能通过手动复位，防止误操作。

2.《电梯安装验收规范》（GB/T 10060—2011）

5.1.5.1 电梯动力线路与控制线路宜分离铺设或采取屏蔽措施。除了36 V及以下安全电压外的电气设备金属罩壳，均应设有易于识别的接地端，且应有良好的接地。接地线应采用黄、绿双色绝缘电线分别直接接至接地端上，不应互相串接后再接地。

电梯供电的中性导体（N，零线）和保护导体（PE，地线）应始终分开。

解读：电梯动力与控制信号线路应分离敷设。对于屏蔽动力电源线，允许与控制线路一起敷设，但两者需相距100 mm以上。接地线应采用黄、绿双色绝缘电线，不能随意混用。电梯每一个单独设备的保护接地支线（PE）应分别直接接到配电柜的接地干线（即电源的PE线）接线柱上（图7-8），不得串联后再接地。这是因为如果接地支线之间互相连接后再与接地干线连接，可能导致如下后果：离接地干线接线柱最远端处的接地电阻较大，发生漏电时，较大的接地电阻不能产生足够的故障电流，可能造成短路保护装置无法可靠断开，如有人员触及，可能危及人身安全；如前端某个接地支线因故断线，或者前端某个电气设备被拆除，则造成其后端电气设备接地支线与干线之间也断开，使后面所有设备都将失去接地保护。如图7-9所示，如果设备A的接地支线断线，则设备A、B、C、D的接地保护全部失效。

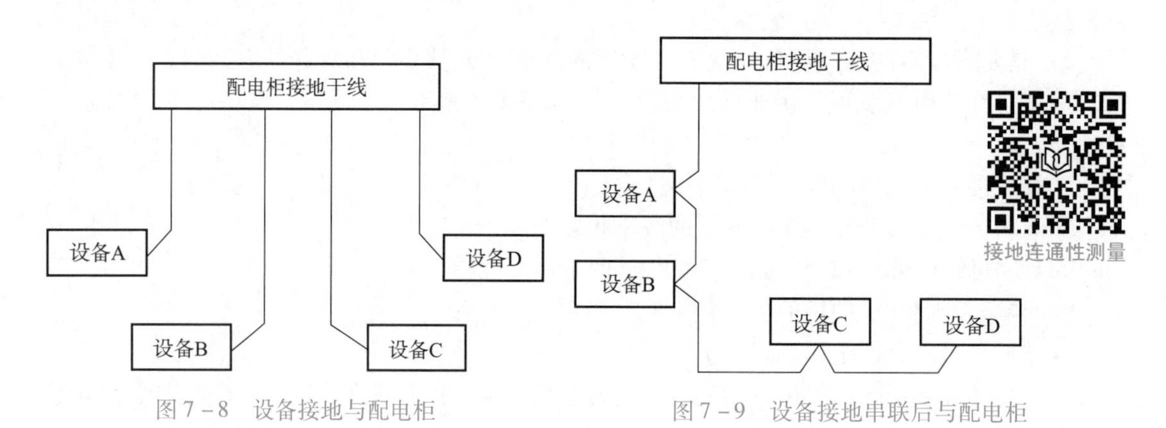

图7-8 设备接地与配电柜接地连接示意图

图7-9 设备接地串联后与配电柜接地连接示意图

按标准要求，每个层门都应用一根PE导线与机房配电柜的接地端子相连，但由于高层电梯层门数太多，如果要求每个层门都用一根PE导线与机房配电柜的接地端子相连，会导致布线量过大。因此，高层电梯层门接地可以采用电梯轿厢接地保护的形式，即采用不少于2根的保护接地线作为层门系统的接地干线，每个层门的保护线（PE）再分别与两根接地干线连接（图7-10）。

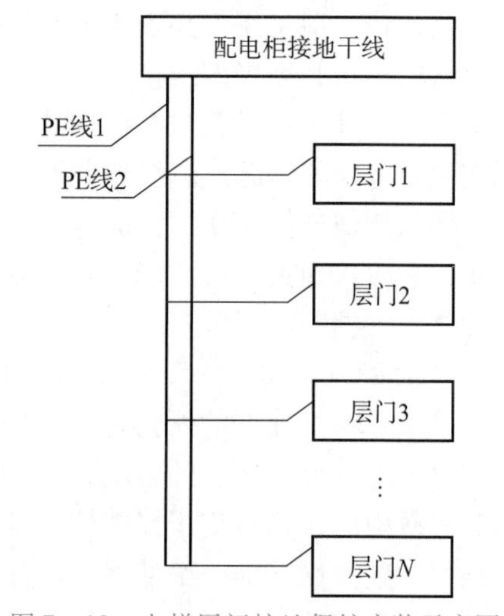

图7-10 电梯层门接地保护安装示意图

7.1.3 保护接地的检验方法

检查其是否符合以下要求：

1）供电电源自进入机器空间起，中性导体（N，零线）与保护导体（PE，地线）始终分开。

2）机器空间的电气设备及线管、线槽的外露可导电部分与保护导体（PE，地线）可靠连接。

3）含有电气安全装置的电路发生接地故障时，驱动主机立即停止运转，或者在第一次正常停止运转后，能够防止驱动主机再启动，恢复电梯运行只能通过手动复位。

电梯保护接地的检验内容包括接地系统的形式及接地线的连接情况。

A1.2.3.3 条（1）检验方法如下：

首先目测电源中性导体和保护导体的设置情况。在电梯机房打开主电源配电柜，查看电梯侧零线与保护线应当始终分开。观察供电侧电缆进线，若为四根进线（三根相线、一根PEN 线），说明该电梯采用的是 TN－C－S 系统；若为五根进线（三根相线、一根浅蓝色的中性线和一根黄、绿相间的保护线），则需要通过万用表进行测量，判断具体的接地形式，方法如下：

①将主电源断开，在配电柜进线端子排上断开中性线（N）。

②选择万用表的通断挡，用表笔测量电源进线端中性线（N）和保护线（PE）之间是否连通，如连通，说明该电梯采用的是 TN－C－S 系统。

再用万用表通断挡测量用电设备端中性线（N）和保护线（PE）之间是否连通，如不连通，说明机房内中性线（N）和保护线（PE）始终分开。

A1.2.3.3 条（2）检验方法如下：

首先目测电梯部件所有外露可导电部分（包括电气设备及线管、线槽的外露可导电部分）是否分别通过单独的保护线（PE）直接连接到配电柜的接地端子排上，各部件保护线（PE）不得串联，同时，目测检查每条保护线（PE）是否有断线和连接处松动。

再使用万用表测量各部件接地连通性。万用表测量接地连通性的方法有两种：一种方法是选择万用表的“蜂鸣器、二极管”挡，一支表笔必须可靠接触到配电柜接地干线端子排上，另一支表笔跨接在被保护的零部件上，测量时，应保证表笔与被测表面接触良好，如果被测两点之间是连通的，则会有蜂鸣提示音。另一种方法是选择电阻挡，测量时应保证表笔与被测表面接触良好，如果被测两点之间是连通的，万用表会显示很小的电阻值，虽然万用表测量精度不同，这个测量数值也会不同，但如果两点连通，测量数据都会是接近零的数字。如果被测两点之间是断开的，则电阻测量值会显示无穷大。

轿厢和层门部件离机房配电柜接地端距离较远，可以采用分段测量的方法验证其接地连通性。

A1.2.3.3 条（3）检验方法如下：

电气安全装置可以分为安全触点、安全电路、可编程电子安全相关系统。现场检验应按如下步骤进行：

①观察现场电梯是否具备以上三种类型的电气安全装置。

②根据制造厂家提供的电气原理图找到上述三种类型的电气安全装置所在电路电源处是否设置了低压断路器或者熔断器。

③分别断开低压断路器或者熔断器，观察电梯是否能继续运行或者再启动，如不能继续运行或者再启动，说明有效。

7.1.4 接地保护检验中常见不规范现象

1. 未接保护线（PE）

施工人员未将电梯所有需要接地的电气设备与保护线（PE）连接（图 7 - 11），使部分电气设备无接地保护。还有的甚至出现接线错误，将电梯设备接地线接到配电柜 PE 线端子排，但将电源保护线（PE）与中性线（N）同时接在配电柜 N 线端子排上（图 7 - 12），造成电梯接地线与电源接地干线不连通，接地保护无效。

图 7 - 11　限速器金属外壳未接地

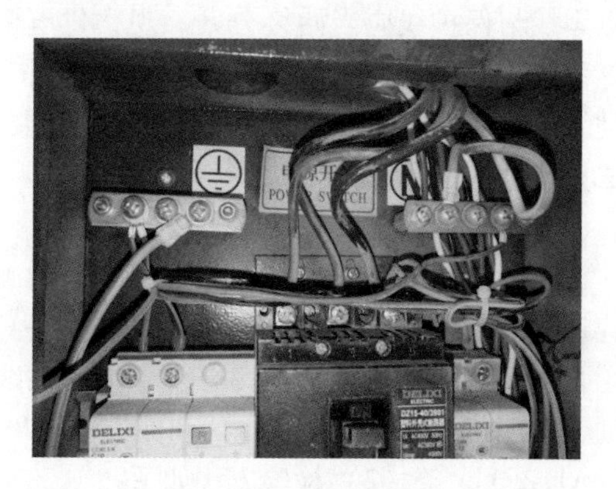

图 7 - 12　电源保护线（PE）接在 N 线端子排上

2. PE 线局部串接

有些电梯施工人员将曳引机、限速器、层门等易于意外带电的外壳先各自连接到控制柜接地端子，再由一根 PE 线连接到配电柜接地端子，这就存在接地线部分串接后再接地的错误接法（图 7 - 13）。如果连接控制柜接地端子和配电柜接地端子之间的这根 PE 线断线或连接不可靠，将导致电梯所有电气部件的接地保护失效。

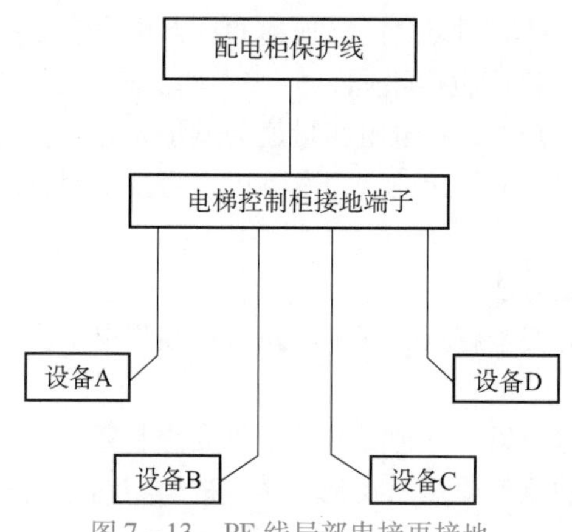

图 7 - 13　PE 线局部串接再接地

3. 保护线（PE）连接不可靠

部分施工人员在敷设和连接 PE 线时比较马虎，检验中经常发现敷设不到位、连接处松动、多股线未采用过渡接头形式等现象，如图 7 - 14 ~ 图 7 - 16 所示。如果 PE 线连接点固定螺栓松脱，失去其应有的紧固作用，或者保护导体与部件金属表面有油漆或灰尘污垢，会造成接地失效或接地不良，当发生接地故障时，故障回路漏电流减小，可能导致短路保护装置无法动作或不能及时动作。

图7-14　接地连接不可靠

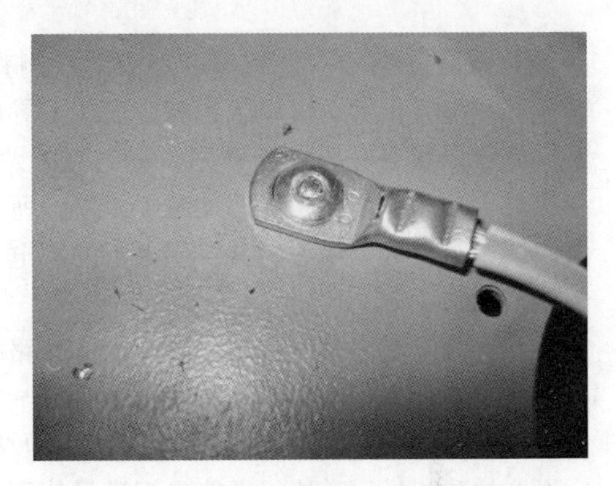

图7-15　接地端子接触面有油漆

图7-16　接地连接不可靠

4. PE 线连接到建筑物的防雷接地线上

标准要求我国电梯应当采用TN接地系统，严禁将任何电气设备单独通过其他接地体实现接地保护。检验中发现，有些施工人员不了解电梯保护接地的原理，将机房保护接地线直接与楼顶的防雷接地线连接在一起，以为保护接地就是随便找一根与大地连通的线。这种接线方式中，接地导体电阻较大，当发生接地故障时，故障电流不一定能使短路保护装置动作，因而使电气设备长期存在着对地电压，这对人身是十分危险的。而且，当建筑物遭受雷击时，其瞬时雷击电流可高达几十千安，从而在被击点产生过电压，该过电压将迅速提高电梯接地点电位，给电梯和人员带来安全隐患。

任务7.2　电气绝缘检测

电梯是一种机电设备，其电气部分（特别是电气回路）对绝缘有着较高要求，主要目的是防止电气击穿。电气绝缘就是使用不导电的物质将带电体隔离或包裹起来，在正常情况下，绝缘层覆盖在导电层外侧，将电流束缚在导电层内。此时，即使人身无意触碰到绝缘层，导电层内的电流也无法冲破绝缘层，所以无法对人身造成伤害。当绝缘层失效时，导电层内的电流冲破绝缘层，并找到最近的零电位或者接地点形成回路，将对设备产生破坏、对人体产生伤害。

绝缘电阻是电气设备、电缆及输电线路的重要技术指标，是保证电梯正常运行的重要前提。为了避免绝缘材料因发热、受潮、机械操作、污染及老化等原因而造成短路事故的发生，必须及时和定期地测量电梯电气设备及线路的绝缘电阻，以便及时发现绝缘材料存在的问题和缺陷，推测其绝缘性能是否满足使用要求，防患于未然。

7.2.1　标准对接

《电梯制造与安装安全规范第1部分：乘客电梯和载货电梯》（GB/T 7588.1—2020）5.10.1.3.1 应在所有通电导体与地之间测量绝缘电阻，额定100 VA及以下的PELV和SELV电路除外。

绝缘电阻的最小值应按照表7－1取值。

表7－1　绝缘电阻

额定电压	测试电压（DC）/V	绝缘电阻/MΩ
大于100 VA的SELV①和PELV②	250	≥0.5
≤500 V包括FELV③	500	≥1.0
>500 V	1 000	≥1.0

①SELV：安全特低电压。
②PELV：保护特低电压。
③FELV：功能特低电压。

解读：绝缘电阻应测量每个通电导体与地之间的电阻。绝缘电阻的测量应在被测装置与电源隔离的条件下，在装置的电源进线端进行。测量时，应采用直流电，测量仪器应能提供表7－1所列的测试电压。

20世纪80年代初期，我国的电梯基本都采用继电器控制，通电导体对地的绝缘电阻可以由检测仪表直接连接被测导体进行测量，随着可编程电子系统在电梯上的应用，直接连接测量将会导致电子设备的损毁。因此，在测量含有电子设备的电路通电导体对地的绝缘电阻（包括测量导体之间的绝缘电阻）时，应将相导体和中性导体串联，然后测量其对地之间的绝缘电阻，以确保对电子器件不产生过高的电压，防止其被击穿损坏。

7.2.2　电气绝缘的检验

目前常规测量绝缘电阻的仪表都是用测量电流的办法来间接测量电阻的，根据欧姆定律 $I=V/R$，绝缘表的电压 V 固定时，测出电流 I 就可以得出绝缘电阻值 R。

1. 检验用仪表介绍

测量绝缘电阻的仪表主要是绝缘电阻测试仪。目前绝缘电阻测试仪按照电源方式，可分为摇表式和电池式两种，而电池式又可以分为电池指针式和电池数字式两种。

（1）兆欧表（摇表）

由 L、E 和 G 三个接线柱，以及表盘、摇柄组成，如图 7－17 所示。

摇表的内部结构由电源和测量机构组成，电源是手摇发电机，测量机构为由电流线圈和电压线圈组成的磁电式流比计机构。当摇动兆欧表时，发电机产生的电压即施加于被测物品上，这时在电流线圈和电压线圈中有两个电流流过，并会产生两个不同方向的旋转力矩，二者平衡时，指针指示的数值就是绝缘电阻的数值。

（2）电池指针式绝缘电阻测试仪

面板由仪表盘、量程开关、测试按钮和测试插口组成，如图 7－18 所示。

图 7－17　摇表

图 7－18　电池指针式绝缘电阻测试仪

测试按钮（红色）：在测量绝缘电阻时，将测试线与被测设备接好后，按下该按钮，便可测量、读数。按下按钮并以顺时针方向旋转锁住，即可连续测量。仪表盘：由刻度盘和指针组成。测量时，根据选择的量程，读取指针指示在该量程上的刻度值，即为实测数值。量程开关：通过旋转此开关，转换测量功能和量程。此表可以测量绝缘电阻的挡位有两个：15 V/20 MΩ 和 500 V/100 MΩ。“BATTERY. GOOD”挡位用于测量电池电量是否良好。按下测试按钮，指针若指在刻度盘中“BATTERY. GOOD”指示区内，则表示电池电量良好，否则，应更换电池。测试插头与测试插口连接，引出两根测量线，其中黑色线为 E 极，接接地探棒；红色线为 L 极，接测试探棒。测试探棒上设有远程遥控开关，接好测试线后，按压此开关，同样可以开始测量。

（3）电池数字式绝缘电阻测试仪

电池数字式绝缘电阻测试仪面板由显示屏、按钮、指示灯、旋转开关和输入端子组成，如图 7－19 所示。

显示屏可以显示测试的数值，同时，也可以显示所有的出错信息。使用按钮可以激活可扩充旋转开关所选功能的特性，测试仪的前侧还有两个指示灯，当使用此功能时，它们会点亮。旋转开关可以选择任意测量功能挡，测试仪为该功能挡提供了一个标准显示屏（量程、测量单位、组合键等）。输入端子由测量电阻的输入端子、测量电压或绝缘电阻的输入端子和公共端子组成。

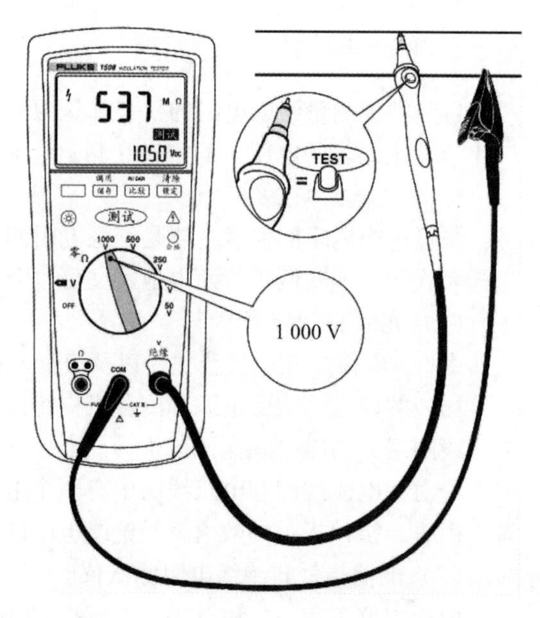

图 7－19　电池数字式绝缘电阻测试仪

2. 电气绝缘的检验（测量）方法

《电梯监督检验和定期检验规则》（TSG T7001—2023）中未对电气绝缘的检验作相对要求，但在《电梯制造与安装安全规范第 1 部分：乘客电梯和载货电梯》（GB/T 7588.1—2020）5.10.1.3 绝缘电阻（GB/T 16895.23）作了相应的一些描述，此方面的内容仍需要重视。

由于各电梯制造单位对电梯绝缘电阻的测试要求各异，测量过程中，如果操作不当，可能存在烧坏电子器件的风险，为确保设备安全，要求由施工或者维护保养单位测量，检验人员现场观察、确认。相关人员测量绝缘电阻前，必须断开电梯设备的供电电源开关进行锁闭挂牌，备用电源、紧急平层救援的电源都必须断开，确认电梯设备控制柜内零能量。

测量绝缘电阻的基本操作方法是：根据被测电路导体的电压等级选择仪表相对应的测量电压挡位。由于断电时接触器或继电器的触点处于断开的状态，导致控制柜内的部分测量端子被隔离，因此，测量时可人为使电路上接触器或继电器闭合。将高电位一侧的接头（一般为红色）接入待测电气设备的回路，低电位一侧的接头（一般为黑色）接入待测电气设备的接地端，并通过接通测试电压，读取电阻值。

（1）电梯动力电路绝缘电阻的测量

将动力电源线与电梯控制电路的连接端子、驱动主机及变频器的连接端子脱开，把动力线位于变频器进线端（R、S、T）和出线端（U、V、W）的接头通过短接线都连接起来（图 7－20）。用仪表 500 V 的测试电压对动力线进行测量，测量方法是将仪器高电位接头连接被测试的 L1、L2、L3 导线，低电位接头连接设备的保护接地线（PE），其测量结果必须大于 1 MΩ。

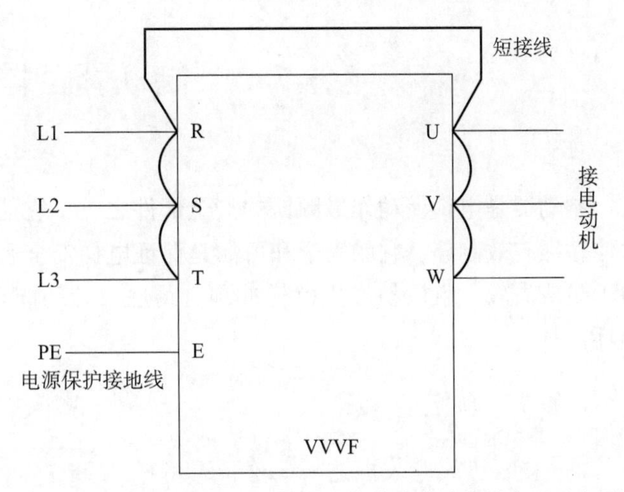

曳引与强制驱动电梯绝缘电阻的测量

图7－20　采用短接法测量变频器外接动力线绝缘电阻示意图

（2）电动机绕组绝缘电阻的测量

电动机绕组绝缘电阻包括电动机定子绕组和转子绕组的绝缘电阻。

①打开电动机接线盒。

②拆下电动机的动力线端子上的接线。

③用仪表500 V的测试电压对曳引电动机进行测试，测量方法是将仪器高电位接头连接被测试的U、V、W导线，低电位接头连接设备的保护接地线（PE）或露出金属光泽的电动机金属外壳上，其测量结果必须大于1 MΩ。

（3）控制回路绝缘电阻的测量

测试时，必须将控制回路的两端拆下，使现场回路（如安全回路及门锁回路）与电子线路脱开，用仪表500 V的测试电压进行测量，测量方法是将仪器高电位接头连接被测试的导线，低电位接头连接设备的保护接地线（PE）上，其测量结果必须大于0.5 MΩ。

7.2.3　安全注意事项

①测量绝缘电阻时，要根据不同的电路和电压等级使用不同的仪器进行测量。

②需要注意的是，在测量含有电子设备的不同电路通电导体之间对地的绝缘电阻（包括测量导体之间的绝缘电阻）时，应将相线和零线连接，以便测量其对地之间的绝缘电阻时使电子器件两端不会产生巨大的压降，以免损坏电子部件。

③绝缘电阻的测量应在装置与电源隔离的条件下，在电路的电源进线端进行。由于断电时接触器或继电器的触点是断开的，因此，测量时要人为使接触器闭合。

④测试时，应检查仪表接地端对地的连通性。先测量确定接地端与金属结构连通，再将测试仪表的一表笔（一般为E端）固定在接地端，用另一表笔（一般为L端）测量。

⑤绝缘电阻表在测试时，其表针带有高压，应小心不要触及表针，防止二次伤害，特别是在高处做绝缘测试时。

⑥测量完成后，须检查被测元件是否有残余电荷，需释放后才可进行安装，以免发生触电危险。

⑦严禁不熟悉绝缘电阻测试及产品的人员测试绝缘电阻，防止烧坏电子元件和线路。

任务 7.3　制动器故障保护检测

制动器是电梯上动作最频繁的安全部件之一，它能使电梯的电动机在失电时停止转动，并使轿厢有效制停，它的安全和可靠是保证电梯安全运行的重要因素之一。制动器一旦制动力不足或失效，就极易发生电梯冲顶、蹲底、开门溜车等重大事故，造成人员伤亡和设备损坏。

7.3.1　标准对接

1.《电梯安装验收规范》GB/T 10060—2011

第 5.1.8.9 条：应装设针对机－电式制动器的每组机械部件工作情况进行检测的装置，如果有一组制动器机械部件不起作用，则曳引机应当停止运行或不能启动。

2.《电梯曳引机》GB/T 24478—2009

第 4.2.2.2 条：所有参与向制动轮（盘）施加制动力的制动器机械部件应至少分两组设置，应监测每组机械部件，如果其中一组部件不起作用，则曳引机应停止运行或不能启动，并应仍有足够的制动力使载有额定载重量以额定速度下行的轿厢减速下行。

解读：为保障电梯制动器动作的可靠性，进而提高电梯整体运行的安全性，在电梯曳引机设计和生产过程中，要求对制动器安装用于检测其机械部件动作状态的检测装置。当检测到制动器任意一组机械部件在工作过程中不能正常提起（或者释放）时，能够防止电梯的再次启动。若制动器提起失效，会造成电梯带闸运行，从而引起制动闸瓦和制动轮的严重磨损，降低制动性能，进而造成轿厢的意外移动，从而引发事故。带闸运行还会对电动机造成损坏，造成系统保护等故障发生。若制动器释放失效，则会造成电梯不能有效制停，发生溜梯、冲顶、蹲底等严重事故。通过制动器故障保护功能可以及时检测制动器提起（或释放）的故障状态，避免电梯制动器在故障状态下“带病”工作。

7.3.2　制动器故障保护的原理

目前国内设计的制动器故障保护装置主要采用在制动臂加装微动检测开关这种方式。按照标准要求，电梯制动器机械部件都是分两组装设的，电梯制造厂对制动器的每一组机械部件都设置一个抱闸检测开关，如图 7－21 所示。制动器提起与释放时，制动器机械部件同步触发微动开关闭合与张开。检测开关有常开触点和常闭触点两种选择，若选用常开触点，则抱闸释放时开关断开，抱闸提起时开关闭合；若选用常闭触点，则抱闸释放时开关闭合，抱闸提起时开关断开。

电梯主控板通过监测电路对制动器双边抱闸检测开关的动作状态进行监测，实现对制动器提起与释放状态的确认，当监测到提起与释放异常时，能够控制程序使电梯停止运行或不能启动，从而避免电梯带闸运行或抱闸不释放。

根据电梯制动器故障检测电路中双边抱闸检测开关的连接方式及主控板监测信号点数，目前常见制动器故障保护电路分为单信号串联、单信号并联、双信号独立三种方式。

图7－21　每一组机械部件都设置一个抱闸检测开关

1. 单信号串联

单信号串联指电梯制动器双抱闸检测开关串联后进入主控板一个信号检测点。

（1）使用常开检测触点的单信号串联电路

如图7－22所示，SB1、SB2为采用常开触点的抱闸检测开关，SB1用于检测单边抱闸1，SB2用于检测单边抱闸2，X20为主控板信号检测端口。其检测原理是主控板根据端口X20接收到的电平信号来识别该电路的通断状态，从而判断开关的动作状态，继而确认抱闸处于提起或者释放状态。正常情况下，抱闸提起时，两个检测开关闭合，检测电路导通，主控板端口X20输入高电平；抱闸释放时，检测开关断开，检测电路断开，同时断开主控板端口X20高电平输入。

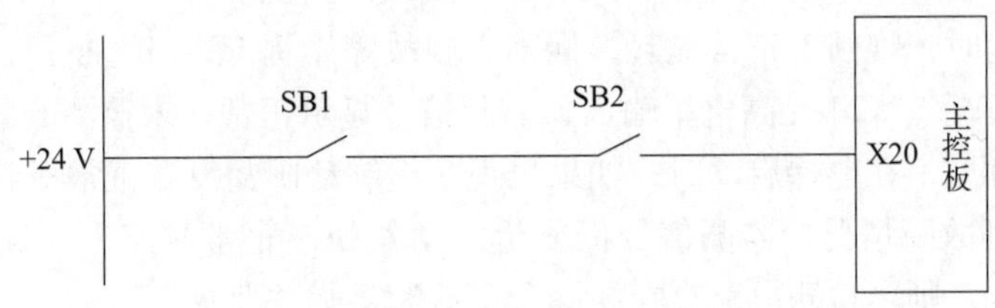

图7－22　使用常开检测触点的单信号串联电路

模拟工作情况如下：

①制动器得电时，抱闸1正常提起，抱闸2正常提起，SB1闭合，SB2闭合，检测回路导通，主控板端口X20输入高电平，监测信号正常。

②制动器失电时，抱闸1正常释放，抱闸2正常释放，SB1断开，SB2断开，检测回路断开，主控板端口X20无高电平输入，监测信号正常。

③制动器得电时，抱闸1正常提起，抱闸2因故障未提起，SB1闭合，SB2断开，检测回路断开，主控板端口X20无高电平输入，监测到故障情况，主控板报制动器故障。

④制动器失电时，抱闸1正常释放，抱闸2因故障未释放，SB1断开，SB2闭合，检测回路断开，主控板端口X20无高电平输入，监测信号显示正常，未监测到故障情况。

由上述分析可见，在电梯停止时，如果出现一组制动闸瓦没能正常释放的情况，则会造成对应的检测开关无法闭合。而电梯主控板端口X20未检测到故障情况，监测信号仍显示制动器处于正常状态，电梯继续运行时，会出现只有一组制动闸瓦能正常制动的情况，则本检测电路存在缺陷，不能满足相关要求。

（2）使用常闭检测触点的单信号串联电路

如图7－23所示，SB1、SB2为采用常闭触点的抱闸检测开关，SB1用于检测单边抱闸1，SB2用于检测单边抱闸2。正常情况下，抱闸释放时，两个检测开关闭合，检测电路导通，主控板端口X20输入高电平；抱闸提起时，两个检测开关断开，检测电路断开，同时断开主控板端口X20的高电平输入。

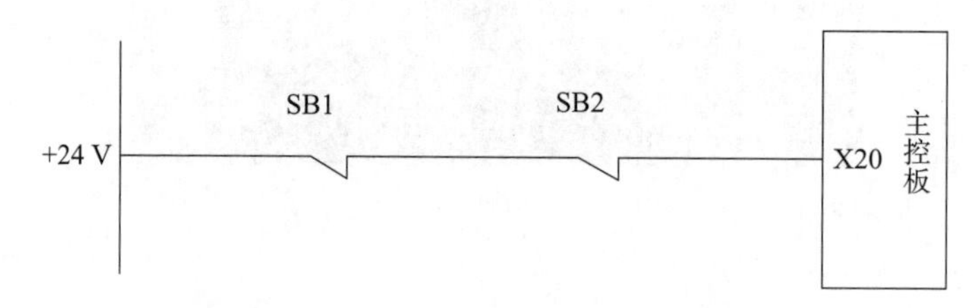

图7－23　使用常闭检测触点的单信号串联电路

模拟工作情况如下：

①制动器得电时，抱闸1正常提起，抱闸2正常提起，SB1断开，SB2断开，检测回路断开，主控板端口X20无高电平输入，监测信号正常。

②制动器失电时，抱闸1正常释放，抱闸2正常释放，SB1闭合，SB2闭合，检测回路导通，主控板端口X20输入高电平，监测信号正常。

③制动器失电时，抱闸1正常释放，抱闸2因故障未释放，SB1闭合，SB2断开，检测回路断开，主控板端口X20无高电平输入，监测到故障情况。

④制动器得电时，抱闸1正常提起，抱闸2因故障未提起，SB1断开，SB2闭合，检测回路断开，主控板端口X20无高电平输入，监测信号显示正常，未监测到故障情况。

由上述分析可见，在电梯启动时，如果出现一组制动闸瓦没有正常提起，而电梯主控板端口X20未监测到故障情况，监测信号仍显示制动器处于正常状态，未提起一侧的单边制动闸瓦会带闸运行，则本检测电路存在缺陷，不能满足相关要求。

2. 单信号并联

单信号并联指电梯制动器双抱闸检测开关并联后进入控制柜主板的一个信号检测点。

（1）使用常开检测触点的单信号并联电路

如图7－24所示，SB1、SB2为采用常开触点的抱闸检测开关，SB1用于检测单边抱闸1，SB2用于检测单边抱闸2，X20为主控板信号检测端口。正常情况下，抱闸提起时，两个检测开关闭合，主控板端口X20输入高电平；抱闸释放时，两个检测开关断开，同时断开主控板端口X20的高电平输入。

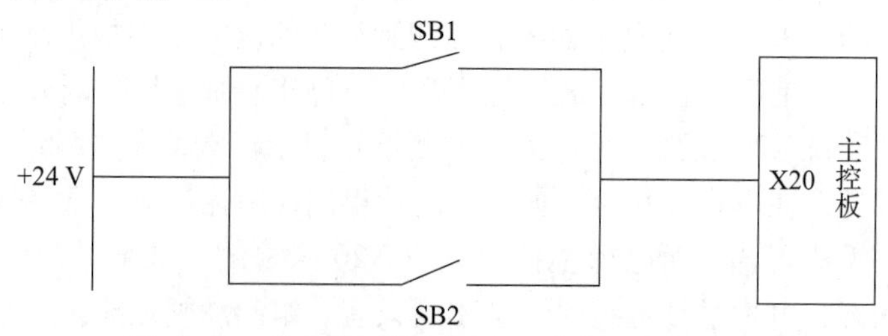

图7－24　使用常开检测触点的单信号并联电路

模拟工作情况如下：

①制动器得电时，抱闸1正常提起，抱闸2正常提起，SB1闭合，SB2闭合，检测回路导通，主控板端口X20输入高电平，监测信号正常。

②制动器失电时，抱闸1正常释放，抱闸2正常释放，SB1断开，SB2断开，检测回路断开，主控板端口X20无高电平输入，监测信号正常。

③制动器失电时，抱闸1正常释放，抱闸2因故障未释放，SB1断开，SB2保持闭合，检测回路导通，主控板端口X20输入高电平，监测到故障情况。

④制动器得电时，抱闸1正常提起，抱闸2因故障未提起，SB1闭合，SB2断开，检测回路导通，主控板端口X20输入高电平，监测信号显示正常，未监测到故障情况。

由上述分析可见，如果制动器出现单边制动闸瓦不能正常提起的故障，则主控板端口X20未监测到故障情况，监测信号仍显示制动器处于正常状态，电梯运行时，未正常提起一侧的单边制动闸瓦会带闸运行。因此，本检测电路存在缺陷，不能满足相关要求。

（2）使用常闭检测触点的单信号并联电路

如图7－25所示，SB1、SB2为采用常闭触点的抱闸检测开关，SB1用于检测单边抱闸1，SB2用于检测单边抱闸2，X20为主控板信号检测端口。正常情况下，抱闸释放时，两个检测开关闭合，主控板X20端口输入高电平；抱闸提起时，两个检测开关断开，断开X20端口高电平输入。

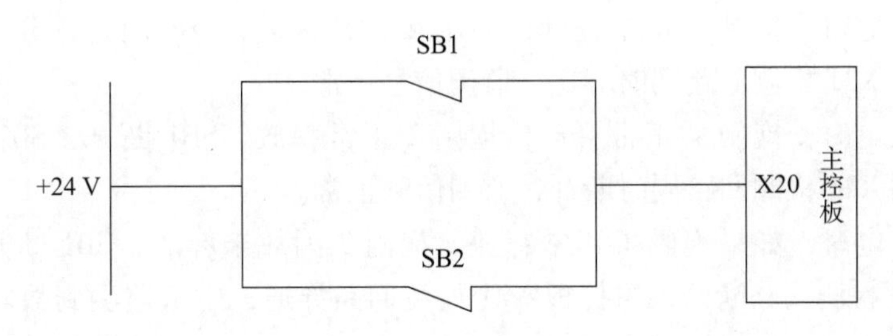

图7－25　使用常闭检测触点的单信号并联电路

模拟工作情况如下：

①制动器得电时，抱闸1正常提起，抱闸2正常提起，SB1断开，SB2断开，主控板X20检测回路断开，监测信号正常。

②制动器失电时，抱闸1正常释放，抱闸2正常释放，SB1闭合，SB2闭合，主控板X20检测回路导通，监测信号正常。

③制动器得电时，如果抱闸1正常提起，抱闸2因故障未提起，SB1断开，SB2闭合，主控板X20检测回路导通，监测到故障情况。

④制动器失电时，如果抱闸1正常释放，抱闸2因故障未释放，SB1闭合，SB2断开，主控板X20检测回路导通，监测信号显示正常，未监测到故障情况。

由上述分析可见，如果单侧一组制动闸瓦出现不能正常释放的故障，则电梯主控板X20端口检测不到故障情况，认为制动器仍处于正常状态，电梯运行时，未正常提起一侧的单边制动闸瓦会带闸运行。因此，本检测电路存在缺陷，不能满足相关要求。

3. 双信号独立

双信号独立是指电梯制动器双抱闸检测开关并联后分别进入控制柜主控板上两个独立的信号检测点。

如图 7－26 所示，SB1、SB2 为采用常开触点的抱闸检测开关，SB1 用于检测单边抱闸 1，SB2 用于检测单边抱闸 2，控制柜主控板信号检测端口 X20 对 SB1 进行监测，端口 X21 对 SB2 进行监测。正常情况下，抱闸提起时，两个检测开关闭合，主控板端口 X20 和 X21 同时输入高电平；抱闸释放时，两个检测开关断开，同时断开 X20 和 X21 高电平输入。当主控板端口 X20 和 X21 接收到的回路电平信号不一致时，则电梯报故障停止运行。

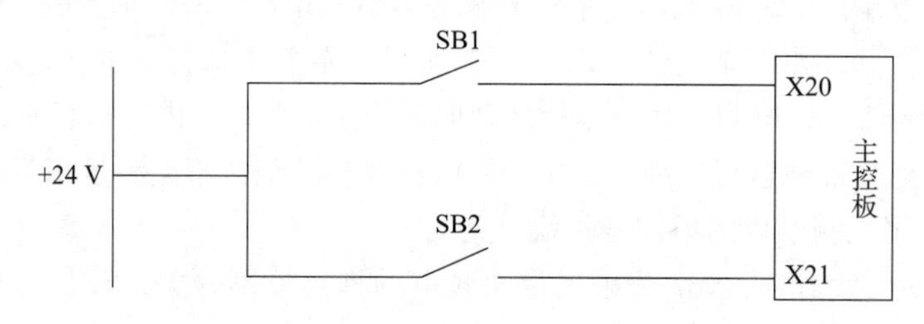

图 7－26　采用常开触点的双信号独立电路

模拟工作情况如下：

①制动器得电时，抱闸 1 正常提起，抱闸 2 正常提起，SB1 闭合，SB2 闭合，主控板 X20 检测回路和 X21 检测回路同时导通，监测信号正常。

②制动器失电时，抱闸 1 正常释放，抱闸 2 正常释放，SB1 断开，SB2 断开，主控板 X20 检测回路和 X21 检测回路同时断开，监测信号正常。

③制动器失电时，如果抱闸 1 正常释放，抱闸 2 因故未释放，SB1 断开，SB2 保持闭合，主控板 X20 检测回路断开，主控板 X21 检测回路导通，主板监测到故障情况，电梯报故障停止运行。

④制动器得电时，如果抱闸 1 正常提起，抱闸 2 因故未提起，SB1 闭合，SB2 断开，主控板 X20 检测回路导通，主控板 X21 检测回路断开，主控板监测到故障情况，电梯报故障停止运行。

当图 7－26 中检测开关 SB1 和 SB2 采用常闭触点时，其检测回路的通断刚好与常开触点相反。

可见，双独立信号的检测方式能及时检测到制动器每一组机械部件的提起或释放导致微动开关不能正常工作的故障，保证电梯不能够再次运行，满足相关要求。

7.3.3　制动器故障保护功能的检验

《电梯监督检验和定期检验规则》（TSG T7001—2023）附件 A1.2.3.6 制动器状态监测功能规定了本项目的检验内容。

检查其是否能够监测制动器的每组制动力或者每次动作时每组机械部件的正确动作（松开或者制动），当监测到失效时，是否能够防止电梯的正常运行。

对本项目的检测，除查看其图纸，分析其电路设计是否存在缺陷外，还要现场模拟操作来验证其功能是否满足检规要求。

制动器释放故障保护的模拟操作方法：使电梯检修运行，当制动器提起时，抱闸检测开关应同步动作。根据微动开关的开闭状态和动作特点，人为通过工具按压、断开触点导线、短接触点等方式使单侧抱闸微动开关的检测触点保持在开闸时的动作状态。当电梯停止时，继续使该触点保持在开闸时的动作状况。电梯应不能再次启动，主控板报制动器故障。用同样的方法验证另一侧抱闸微动开关的故障检测功能，如果有效，则满足检验要求。

制动器提起故障保护的模拟操作方法：电梯停止时，制动器释放。根据微动开关的开闭状态和动作特点，人为通过工具按压、断开触点导线、短接触点等方式使单侧抱闸微动开关的检测触点保持在抱闸时的动作状态。检修操作电梯运行，当制动器提起时，继续使该触点保持在抱闸时的动作状况。电梯应停止运行或不能再次启动，主控板报制动器故障。用同样的方法验证另一侧抱闸微动开关的故障检测功能，如果有效，则满足检验要求。

本条要求了“应监测制动器的正确提起（或释放）或验证其制动力。如果检测到失效，应防止电梯的下一次正常启动”，但并没有明确要求验证部件必须使用电气安全装置，我们认为是考虑到以下几个因素：

①由于制动器本身的冗余设计，即使验证开关中的一个开关发生了故障，也不会立即引起危险。

②如果监测开关中的一个开关检测到失效，监测系统能够防止电梯的下一次正常启动。图7－27所示为用于监测制动器正确提起或者释放的开关。

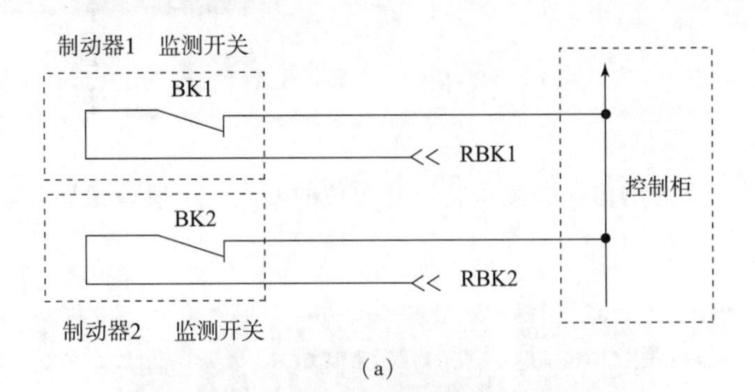

（a）

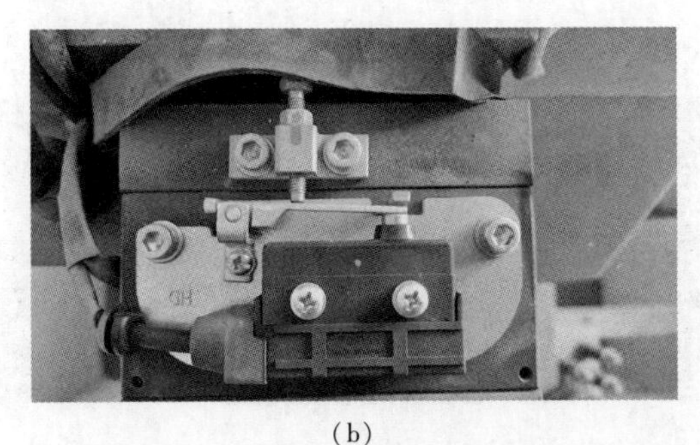

（b）

图7－27　用于监测制动器正确提起或者释放的开关

（a）制动器监测开关电路；（b）用于监测的微动开关

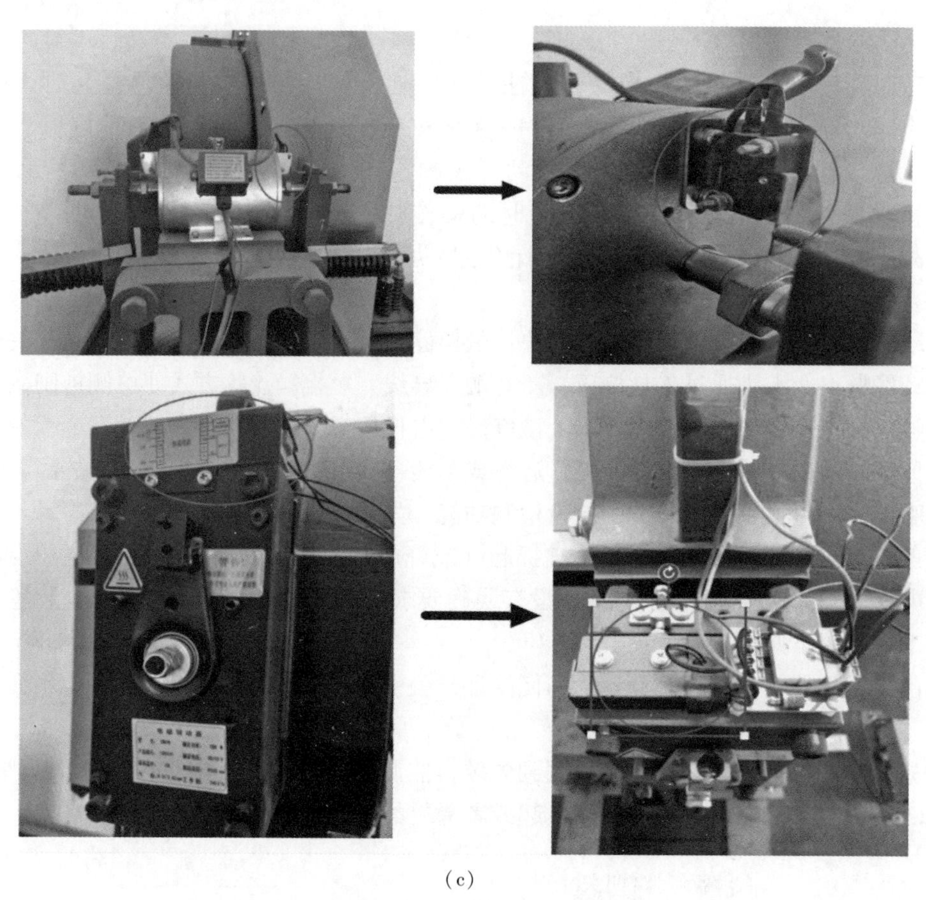

（c）

图 7 - 27　用于监测制动器正确提起或者释放的开关（续）

（c）监测装置安装位置

③对制动器的制动力的监测必须符合制造单位的要求，一般可根据厂家提供的服务器做如图 7 - 28 所示实验。

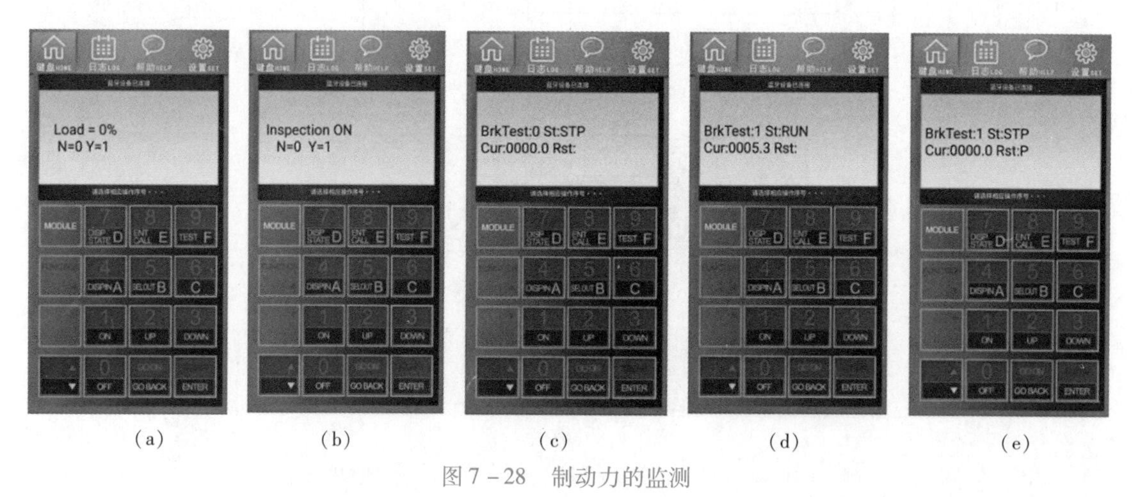

（a）　（b）　（c）　（d）　（e）

图 7 - 28　制动力的监测

（a）确认空载；（b）确认检修；（c）输入 1 + ENTER 开始；（d）检测中；（e）检测结束

任务 7.4　层门和轿门旁路装置检测

电梯门锁回路是指将电梯上每个层门验证锁紧和关闭的触点、每个轿门验证锁紧（如果有）和关闭的触点全部串联在一起的一条电气安全回路。只有在电梯上所有层轿门电气安全触点全部闭合时，门锁回路才能导通，当其中任何一个门触点断开时，门锁回路不能导通，电梯运行接触器和抱闸接触器失电释放，电梯停止运行。

电梯门触点自身的故障或受外界环境因素的影响，有可能导致层轿门均处于锁紧和闭合状态时，门触点仍然断开，导致门锁回路不能导通，电梯无法运行。门锁回路故障在电梯电气故障中占比较高，所以门锁回路是电梯日常检查维护中的重要对象。当电梯因门锁回路故障而停梯甚至困人后，维修人员往往需要到机房控制柜内利用短接线对门锁回路进行临时性短接，使门锁回路导通，以便对被困轿厢内的乘客进行救援，以及进入轿顶利用检修装置或者紧急电动运行装置移动轿厢对门触点进行故障排查与修理。使用短接线短接门锁回路存在以下两大风险：短接过程中可能出现操作失误，短接了错误的接线端子，引发电气线路短路、电气元件或主板烧毁等设备损坏风险，甚至因错误短接其他电气安全保护装置而给维修人员带来不安全因素；在完成门触点故障的修复后，维修人员忘了拆除短接线，使门锁回路继续被短接，电梯恢复正常后，可能在开门状态启动或运行，从而导致“开门走梯”，当维修人员进出井道或乘客进出轿厢时，可能出现人员被剪切、挤压等严重伤害。

国家市场监督管理总局在修订《电梯型式试验规则》（TSG T7007—2016）和电梯监督检验和定期检验规则》（TSG T7001—2023）时，要求电梯设计制造时增加层门和轿门旁路装置。门旁路是指门锁回路旁路，意思是给门锁回路并联一个通道，可以短接门锁回路。门旁路装置是指能实现门旁路功能，由转换开关、短接插件（插头、插座）、接口板、控制主板、辅助接触器、声光报警装置等电气元件组成的一种电气控制装置。当电梯因门锁触点故障而停梯时，维保人员可以直接通过旁路装置对门锁回路进行旁路，并操作电梯检修或紧急电动运行，同时，电梯被强制退出正常运行控制，既方便了维修检查，又降低了采用短接线进行短接操作可能引发的相关风险。

7.4.1　门旁路装置的工作原理

门旁路装置功能设计主要考虑以下几个方面：①旁路状态与正常运行状态的转换；②旁路状态运行；③防止轿门和层门被同时旁路，手动门还应防止锁紧和闭合被同时旁路；④输出声光报警信号；⑤独立的轿门关闭位置验证信号。

不同的电梯制造厂家，其配置的门旁路装置会略有不同，但一般可归纳为转换开关式与插头插座式两种形式（图 7－29）。通过操作旁路转换开关或插头插件，向电梯控制系统发出旁路信号指令，使系统退出正常运行状态，门机不能自动工作，并通过短接电路对门锁回路进行旁路。当独立的轿门监控信号有效，同时检修或紧急电动运行信号有效时，轿厢才可以旁路运行。同时，增加声光报警装置和独立的轿门监控信号，在旁路运行期间，通过继电器等输出轿厢上的听觉信号与轿底的闪烁灯信号。

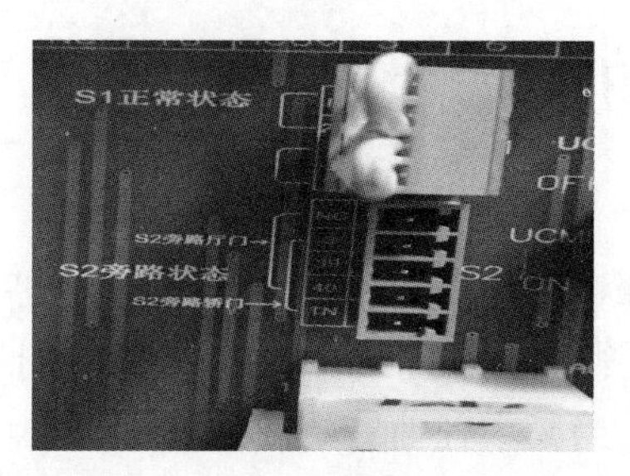

插头插座式

旋转开关式

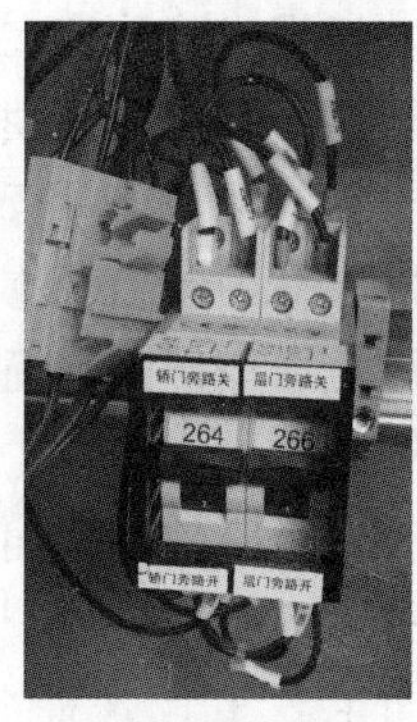

独立开关式

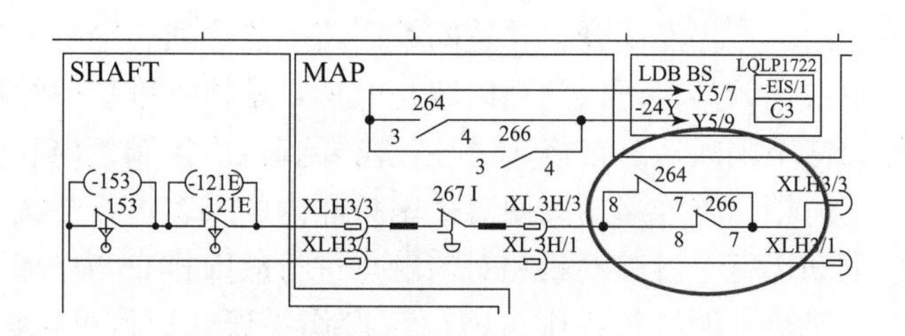

轿门旁路开关 264 和层门旁路开关 266 各有一个常闭触点（图中圆圈内）并联后串联于安全回路内，当两个开关同时打到旁路位置时，安全回路断开。

图 7－29　不同的门旁路装置

为防止轿门和层门被同时旁路，通常采用对层门和轿门旁路装置进行机械结构限制或电气互锁方式来实现。对于插头插座式旁路装置，通常只会设计一个插头或只有一个插座，因此，不会同时旁路层门触点和轿门触点；对于旋转式开关旁路装置，一次只能旁路层门或轿门，不会同时旁路层门触点和轿门触点；对于有两个独立开关控制的旁路装置，通过电气回路互锁，当轿门和层门回路同时拨到打开的状态时，实现电气互锁，安全回路断开。

独立的轿门关闭位置验证信号：电梯正常运行、紧急电动运行和检修运行，以及旁路轿门时操作电梯紧急电动运行或检修运行时，只要轿门处于非闭合状态，都是禁止运行的。轿门开启的情况下移动轿厢，一方面存在轿内人员坠落井道的风险；另一方面，轿门未闭合对轿厢内人员存在剪切隐患。轿门电气安全触点被旁路后，控制系统无法确认轿门处于关闭位置，因此，需设置一个独立的证实轿门闭合的监控信号，不受紧急电动运行和检修运行所控制。分析可得，独立监控信号用于证实轿门的关闭位置，一般独立监控信号不在安全回路中，这个监控信号不会影响安全回路的状态。轿门独立监控信号装置通常使用“关门到位信号”，不同门机的“关门到位信号”的实现方式也不同，常见形式有限位开关和旋转编码器。门机控制器根据开关电平信号或编码器脉冲信号判断轿门是否关闭到位。

限位开关：在轿门上安装限位开关，通过限位开关的通断来判断关门到位信号。目前常见的有机械式行程开关、金属接近开关、双稳态磁感应开关等（图 7－30 和图 7－31）。关门过程中，门机控制器接收到关门限位信号，输出关门到位信号到主控制系统。

图7－30　机械式行程开关

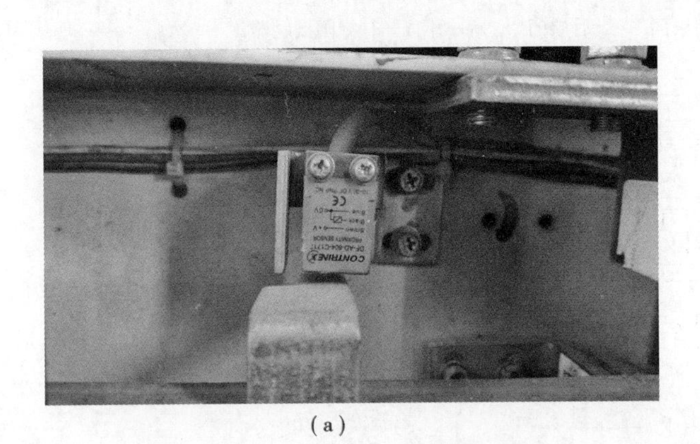

（a）

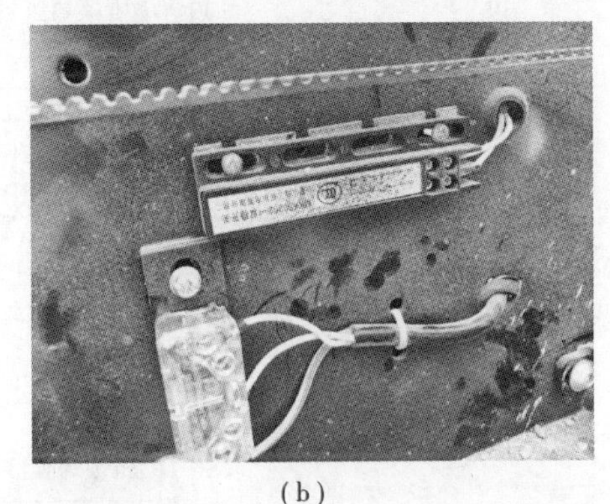

（b）

图7－31　金属接近开关（a）和双稳态磁感应开关（b）

旋转编码器：在门机上加装旋转编码器，利用编码器判断门的位置。首次运行时，进行门宽自学习，通过设置关门曲线参数实现控制关门到位信号。关门过程中，实时计算行走的脉冲数并与门宽自学习设定的脉冲数进行对比，门机控制器接收到关门限位脉冲信号，输出关门到位信号到主控制系统。

下面通过两个旁路装置示例来分析以上功能的实现原理。

图7－32所示是一种通过插头插座组合实现旁路功能的原理示意图。主要由旁路状态插座P1（5位）、正常状态插座P2（4位）和短接插头J（4位）组成。J的1、2号位短接，3、4号位短接；P1的1号位悬空，2、3、4、5号位经导线分别连接到图中门锁回路的T1、T2、T3、T4点；P2的1、2号位悬空，3号位接直流24 V电源，4号位接到控制装置的旁路信号输入端口，旁路信号低电平有效。

当短接插头J插入插座P2时，P2的3、4号位被短接，24 V DC直流电经插座P2的3、4号位为控制装置的旁路信号端口输入高电平，电梯控制系统进入正常运行状态。当插头J从P2拔出时，P2的3、4号位断开，旁路信号输入端口变为低电平，表示旁路信号有效，电梯控制系统进入旁路状态，电梯退出正常运行。

当短接插头J插入旁路状态插座P1的1、2、3、4号位时，P1的3、4号位被短接，即门回路的T2、T3被短接，层门回路被旁路；当J插入P1的2、3、4、5号位时，2、3号位和4、5号位被分别短接，即门回路上的T1、T2被短接，T3、T4被短接，前轿门和后轿门

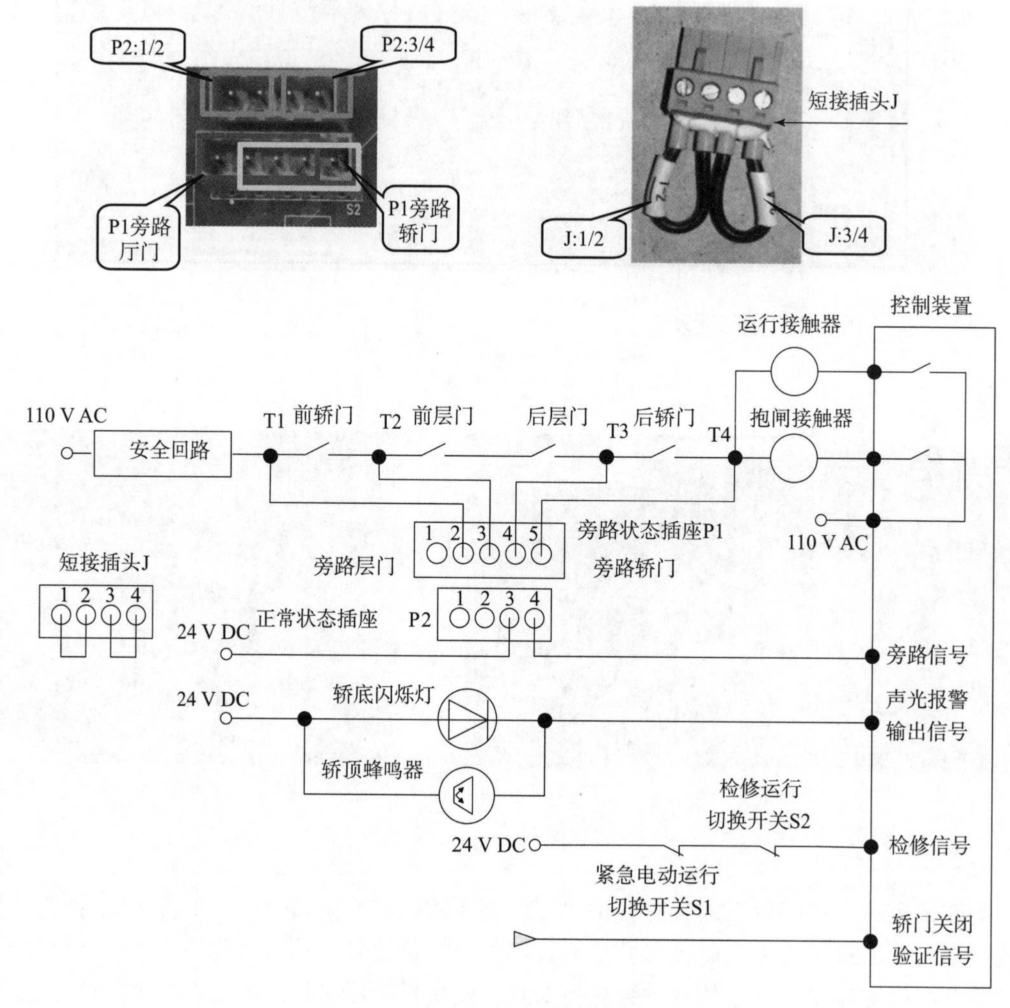

图 7 – 32　旁路装置电路原理示意图

被分别旁路，J 只能插入 P1 的1、2、3、4 号位或2、3、4、5 号位，通过此种机械结构上的限制来防止轿门和层门被同时旁路。

P1 和 P2 在电路板上紧邻放置，结构上可以防止两个插头同时插入 P1 和 P2，从而确保轿门或层门被旁路时旁路信号保持有效（低电平），防止电梯意外转入正常运行状态。

当操作检修运行切换开关 S2 或紧急电动运行切换开关 S1，主控板检修信号输入电路断开，检修信号端口变为低电平，且主控板轿门关闭验证信号有效（轿门关闭）时，允许电梯检修或紧急电动运行，运行过程中，控制装置输出声光报警信号，使轿顶蜂鸣器鸣响且轿底警报灯闪烁。程序控制逻辑如图 7 – 33 所示。

在图 7 – 32 所示的旁路装置原理示例中，旁路状态下退出正常运行完全依靠控制装置的程序控制来实现，安全可靠性相对较低。图 7 – 34 所示是一种改进的旁路装置电路原理示意图。

其主要区别在于：插座 P2 的 1 号位接入安全回路的 T5，2 号位接到 T6，当插头 J 插入

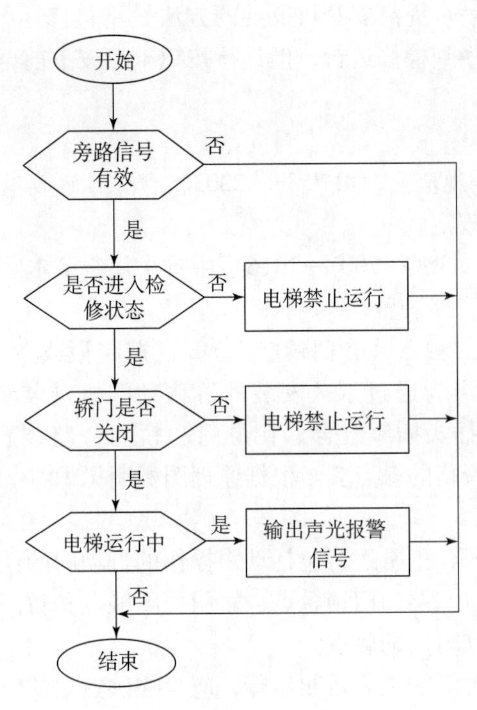

图7－33　旁路装置软件流程图（示例）

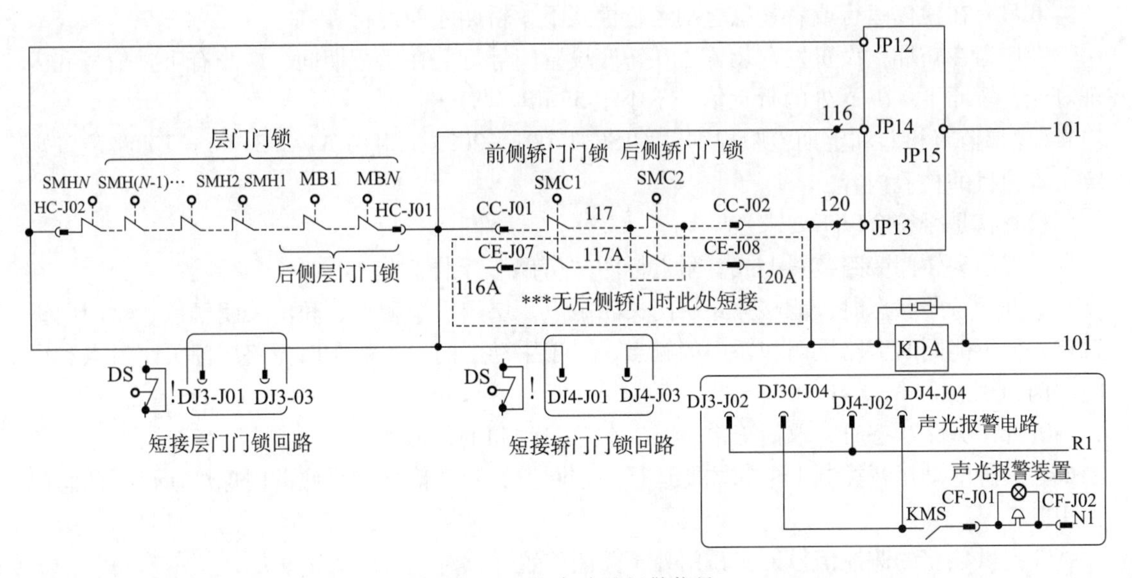

图7－34　门旁路及报警信号

P2时，T5、T6号被J的1、2号位短接点短接，安全回路导通，电梯可以正常运行；一旦插头J由P2拔出，T5、T6被断开，安全回路断开，电梯不能运行。只有当紧急电动运行切换开关S1切换到紧急电动运行状态，或检修运行开关S2切换到检修运行状态时，旁路T5、T6，安全回路接通，电梯只能检修运行（电路中的检修运行仍然依赖于控制装置的程序控制，安全性提高有限，进一步提高安全可靠性的方法是将检修运行操作按钮接入安全回路，即在检修运行切换开关切换到检修运行，但运行按钮未被按下前，断开安全回路）。

7.4.2 标准对接

《电梯制造与安装安全规范》（GB 7588—2003，含一号修改单）中没有针对电梯“层门与轿门旁路装置”的相关规定。

《电梯型式试验规则》（TSG T7007—2016）中首次规定了本装置的相关要求。

H6.2.5 层门和轿门旁路装置

为了维护层门和轿门的触点（含门锁触点），在控制柜或者紧急和测试操作屏上应当设置旁路装置。该装置应当为通过永久安装的可移动的机械装置（如盖、防护罩等）防止意外使用的开关，或者插头插座组合。在层门和轿门旁路装置上或者其附近应当标明“旁路”字样。此外，被旁路的触点应当根据原理图标明标识符。旁路装置还应当符合以下要求：

①使正常运行控制无效，正常运行包括动力操作的自动门的任何运行。

②能旁路层门关闭触点、层门门锁触点、轿门关闭触点和轿门门锁触点。

③不能同时旁路层门和轿门的触点。

④为了允许旁路轿门关闭触点后轿厢运行，应当提供独立的监控信号来证实轿门处于关闭位置，该要求也适用于轿门关闭触点和轿门门锁触点共用的情况。

⑤对于手动层门，不能同时旁路层门关闭触点和层门门锁触点。

⑥只有在检修运行或者紧急电动运行模式下，轿厢才能运行。

⑦应当在轿厢上设置发音装置，在轿底设置闪烁灯。在运行期间，应当有听觉信号和闪烁灯光，轿厢下部1 m处的听觉信号不小于55 dB（A）。

《电梯监督检验和定期检验规则》（TSG T7001—2023）附件A1.2.3.4条门旁路装置规定了本项目的检验内容。

检查其是否符合以下要求：

①层门和轿门旁路装置上或者附近标明“旁路”字样。

②处于旁路状态时，能够旁路层门关闭触点、层门门锁触点、轿门关闭触点、轿门门锁触点，但不能同时旁路层门和轿门的触点，对于手动层门，不能同时旁路层门关闭触点和层门门门锁触点。

③处于旁路状态时，取消正常运行（包括自动门的任何运行），并且只有在检修运行控制或者紧急电动运行控制下电梯才能运行，轿厢上的听觉信号和轿底的闪烁灯在运行期间起作用。

④提供独立的监控信号证实轿门处于关闭位置。

解读：1）旁路装置应设置在控制柜或者紧急和测试操作屏上。在层门和轿门旁路装置上或者其附近标明旁路字样，可以帮助维保人员快速、准确地识别旁路装置在控制柜或紧急操作屏中的位置；标明旁路装置的“旁路”状态或者“关”状态，可以帮助维保人员准确实施旁路层门或者旁路轿门操作。

2）由于设置旁路装置是“为了维护层门触点、轿门触点和门锁触点”，因此，仅允许旁路装置旁路层门关闭触点、层门门锁触点、轿门关闭触点、轿门门锁触点。应特别注意，以下用于验证门关闭的触点不能被旁路：用于证实通道门、安全门和检修门关闭状态的电气安全装置；用于验证轿厢安全窗和轿厢安全门锁紧的电气安全装置。并且不能同时旁路层门和轿门触点，否则极易发生剪切伤害。不仅不允许将所有层、轿门触点和门锁触点同时旁路，也不允许在旁路了某一个层门触点（关闭触点或门锁触点）的同时，旁路任一轿门触点（关闭触点或门锁触点）。

3）由于旁路装置是为了维护电梯时使用，因此，要求在旁路装置工作时，轿厢应能在检修或者紧急电动运行模式下运行。另外，如果由于层/轿门触点以及层/轿门门锁触点故障造成乘客被困，此时应能通过旁路上述触点将轿厢移动到适当的位置，以救援被困乘客。

除检修运行和紧急电动运行模式之外，在旁路装置工作时，电梯不能进行其他任何运行模式。在旁路装置作用时，对于没有设置紧急电动运行的电梯，在门旁路时，应能在检修运行状态下使轿厢运行；对于设置了紧急电动运行的电梯，在检修运行和紧急电动运行状态下均应能够使轿厢运行；这对于设置了紧急电动运行的电梯，如果仅能在检修运行或者紧急电动运行状态下使轿厢运行，是不符合本条要求的。

在旁路装置工作时，如果需要移动轿厢，在轿厢移动过程中应提供提示信号使轿厢附近（包括底坑内）的工作人员获知相应信息。具体来说，应有以下信号：1 轿厢上部（包括轿内和轿顶）和下部均应有听觉信号，并且轿厢下部 1 m 处的听觉信号不小于 55 dB；2 轿底应有提示灯，以闪烁的形式提供光信号。以上信号为轿顶、轿内以及底坑内的作业人员提供了足够强度的警示信息，以保证其安全作业。

4）虽然旁路装置可以将轿门关闭触点和轿门门锁触点进行旁路，但为了防止剪切和挤压伤害，如果轿门没有关闭，则仍不允许移动轿厢。如果需要轿厢运行，则必须提供单独的轿门关闭触点的监控信号来证实轿门处于关闭位置。这里强调采用“独立的监控信号”监控轿门是否处于关闭状态，是由于轿门由动力驱动且本部分允许轿门不设置锁紧，因此,，轿门触点回路被旁路后，无法准确确定轿门是否处于关闭状态，因此需要另外提供独立的监控信号证实轿门处于关闭状态。这个监控信号应：独立于被旁路的轿门关闭触点；能够正确验证轿门是否处于关闭状态。

7.4.3　门旁路装置的检验

1. 检验方法

《电梯监督检验与定期检验规则》（TSG T7001—2023）附件 A1.2.3.4 门旁路装置规定了本项目的检验内容。

2.8（6）①：在层门和轿门旁路装置上或者其附近标明“旁路”字样，并且标明旁路装置的“旁路”状态或者“关”状态。

检验方法：目测。

合格判定：

①“旁路”标识能够让人快速、准确地识别旁路装置所在，图 7－35 中的四种常见旁路装置示例图的标识均满足此要求。

②“旁路”状态或者“关”状态标识可以让人快速、准确地识别正常状态、旁路层门状态和旁路轿门状态，图 7－35 中的四种常见旁路装置示例图的标识均满足此要求。

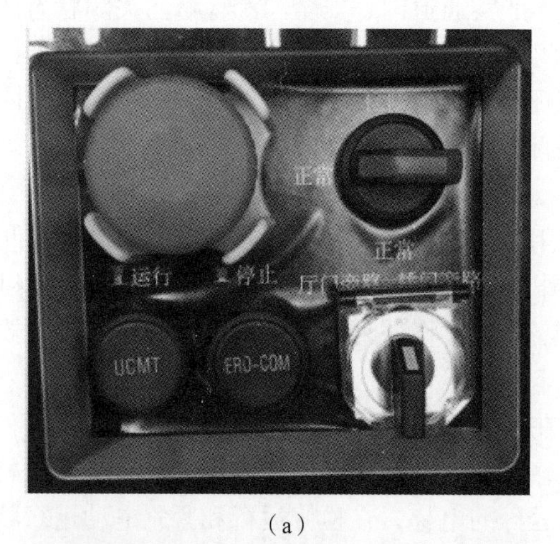

（a）

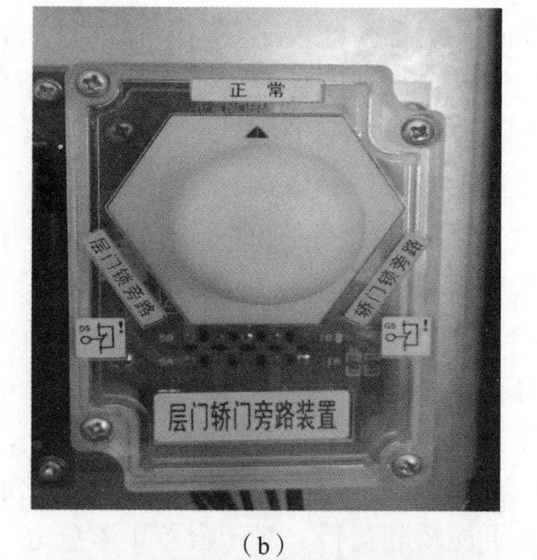

（b）

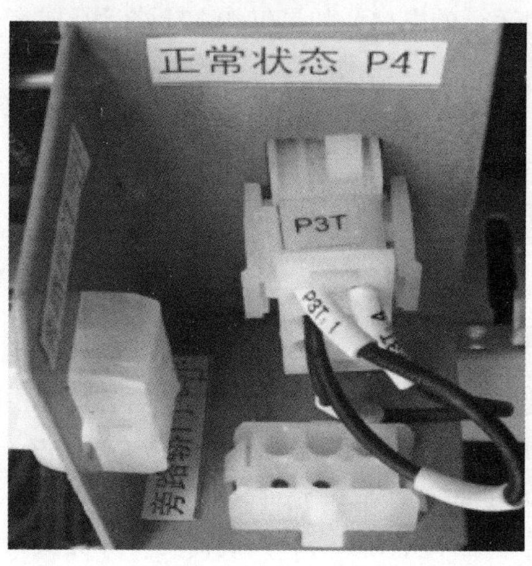

（c）

（d）

图 7－35　旁路装置设置示例

2.8（6）②：旁路时，取消正常运行（包括动力操作的自动门的任何运行）；只有在检修运行或者紧急电动运行状态下，轿厢才能够运行；运行期间，轿厢上的听觉信号和轿底的闪烁灯起作用。

检验方法：旁路操作。

合格判定：

①电梯正常运行一次，停梯关门后，将旁路装置打到“旁路层门”，呼梯，电梯不响应呼梯信号，然后给开门指令，门不打开，则判定“旁路后退出正常运行”要求合格。

②在上述①试验完成的状态下，不动作紧急电动转换开关，直接进行紧急电动操作，电梯应不能运行；动作紧急电动转换开关，进行紧急电动运行操作，电梯应能运行。或者进入轿顶，分别试验检修开关在“正常”或“检修”状态下进行检修运行操作，只有在“检修”状态下才能移动轿厢，则判定“只有在检修运行或者紧急电动运行状态下，轿厢才能够运行”要求合格。

③在上述步骤②进入轿顶进行检修运行操作期间，查看轿顶是否有听觉信号（通常是蜂鸣声），同时观察轿底是否有闪烁灯光（图7－36），如果均有，判定“运行期间，轿厢上的听觉信号和轿底的闪烁灯起作用”要求合格。

图7－36　某旁路装置的声光报警装置

2.8（6）③和④：能够旁路层门关闭触点、层门门锁触点、轿门关闭触点、轿门门锁触点；不能同时旁路层门和轿门的触点；对于手动层门，不能同时旁路层门关闭触点和层门门锁触点；提供独立的监控信号证实轿门处于关闭位置。

检验方法：目测检查、模拟试验。

合格判定：

测试人员上到轿顶，将轿厢检修运行至非开锁区域（以便层门和轿门脱开联动），进行以下测试：

①将旁路装置转到“旁路层门”状态，检修开关转到“检修”状态，将层门开启，可以检修运行，证明“可以旁路层门触点”。

②将旁路装置转到“旁路轿门”状态，检修开关转到“检修”状态，将层门开启（轿门关闭），不能检修运行，证明“旁路轿门触点时不会旁路层门触点”。

③采取措施让轿门关闭时验证轿门闭合的安全触点不接通（如用绝缘胶带包住关闭触点），将旁路装置转到“旁路轿门”状态，检修开关转到“检修”状态，关闭轿门，可以检修运行，证明“可以旁路轿门触点”。

④将旁路装置转到“旁路轿门”状态，检修开关转到“检修”状态，打开轿门。此时操作电梯检修运行按钮，电梯门机会自动驱动轿门关闭，在轿门关门的过程中且未关闭前，电梯不能检修运行，证明“轿门处于关闭位置的监控信号”有效。

注意：有检验人员为了避免电梯门机关闭轿门，不采用阻门器阻挡轿门的关闭，而是采用断开门机电源的方式使门机无法工作，轿门无法关闭，再操作检修装置来判定轿门监控信号是否有效。这种断开门机电源的方法给电梯检修运行增加了额外的影响因素，无法确定电梯此时不能运行是由轿门监控信号有效或是门机失电引起的，因此，此种试验方法存在误判的可能。

如果验证轿门处于闭合位置的独立监控信号传输线断线，而电梯仍可以运行，也不符合检规要求。

⑤保持轿门关闭时轿门关闭触点不接通状态，将旁路装置转到“旁路层门”状态，检修开关转到“检修”状态，打开层门，关闭轿门，不能检修运行，证明“旁路层门触点时不会旁路轿门触点”。

以上试验可以结合前面的试验，即在轿顶验证旁路时，只有转入检修状态，才能移动轿厢试验一并进行。

⑥检查旁路装置在机械结构上能保证“正常运行、旁路层门回路、旁路轿门回路三个功能不会同时发生”。这三者通常是由转换开关或插头插座组合在机械结构上，确保每次操作不会同时进入旁路层门、轿门状态。对单插头多插座组合类型（图7－35（c）），检验时要验证即使有多个插头，也不能同时插入多个插座。

对于机械结构上不能防止同时旁路轿门和层门的旁路装置（图7－35（d）），同时打到“轿门旁路开”和“层门旁路开”，不能检修运行，不能简单地判断是否符合，原因是两个旁路开关虽然同时转到旁路位置，但实际并没有旁路轿门和层门的触点，例如通过电气互锁方式使旁路无效，所以不能简单地判断不符合；但也不能简单地判断符合，因为如果确实有同时旁路轿门和层门的触点，只是通过其他信号检测的方式不运行电梯，可能存在安全隐患。

对于此种情况，需对电路图进行审核，通过电路原理分析确定是否能“同时旁路层门和轿门的触点”。图7－37所示是一种防止层、轿门回路被同时旁路的电路，其原理是用旁路开关的常开和常闭触点来实现互锁，当轿门和层门旁路开关同时转到旁路状态时，层、轿门回路都不会被旁路。

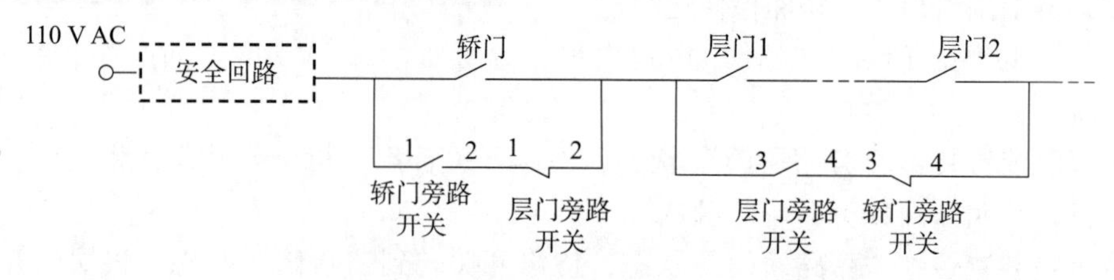

图7－37　一种防止层、轿门回路被同时旁路的电路

2. 检验注意事项

对旁路装置进行检验，应注意以下事项：

①旁路状态下检修运行以观察轿底闪烁灯光时，可能需要将头伸出轿顶边缘，此时要注意被井道中有关部件撞击头部的危险。

②在“旁路层门”状态下打开一扇层门，检修或紧急电动运行轿厢，以验证可以旁路层门触点回路功能时，由于是开着层门移动轿厢，对层门打开处的人员有碰撞、剪切或坠落危险，运行轿厢时，要特别提醒层门处人员。

③设置旁路装置的目的之一是降低短接线短接操作时错误短接门回路之外的安全回路触点的风险，但旁路装置也有可能由于接线错误而造成门触点之外的安全回路触点被旁路，在检验时对此进行检查，可以降低这种风险。参考方法是：在电气原理图上找出最靠近门回路的那个安全触点，动作该安全触点，然后分别在旁路层门和轿门情况下执行检修运行操作，均不能检修运行，则说明旁路电路无错接。

任务7.5　电梯门锁回路功能检测

在电梯门锁回路出现触点故障的时候，维修人员为了排查故障点，通常需要临时短接电梯的门锁回路，利用检修装置或者紧急电动运行装置移动轿厢。在完成门触点故障的修复后，如果维修人员未能及时移除门回路的短接线，电梯恢复正常后，将在开门状态下启动或运行，即“开门走梯”。当维修人员进出井道或乘客进出轿厢时，如果电梯出现“开门走梯”，可能会造成人员被剪切、挤压等严重伤害事故。

多年来，因人为短接门锁回路造成电梯“开门走梯”继而导致剪切、挤压的事故时有发生。国家市场监管总局在制定/修订《电梯型式试验规则》（TSG T7007—2016）和《电梯监督检验和定期检验规则》（TSG T7001—2023）时，要求电梯控制系统中增加旁路装置和门回路检测功能。增加旁路装置是为了方便维护和检查人员对层轿门触点的维修，避免使用短接线短接门锁回路而提供的一种功能；增加门回路检测功能则是在电梯正常运行，每次停靠层站的过程中，对层门回路、轿门回路、轿门监控信号的正确动作进行监测，从根本上防止因人为或其他因素造成门锁回路短接时电梯“开门走梯”而导致伤害事故的发生。

7.5.1　标准对接

《电梯监督检验和定期检验规则》（TSG T7001—2023）附件 A1.2.3.5 规定了门回路监测功能。

检查当轿厢停在开锁区域内、轿门开启且层门锁释放时，门回路监测系统是否对检查轿门关闭位置的电气安全装置、检查层门锁紧装置锁紧位置的电气安全装置，或者轿门电气安全装置和层门电气安全装置所构成的电路，以及监控信号的正确动作进行监测，监测到故障时，能够防止电梯运行。

解读：针对门回路检测功能的设置目的和防护风险，分析门回路检测功能的设置要求。

1. 门回路检测的时机

由于门回路短接后，电梯可能“开门走梯”而直接导致人员伤亡，且门回路被短接是随时可能发生的，因此，在电梯每次停层开门后再次运行前，均应对门回路进行监测。本条款中要求“轿厢在开锁区域内，轿门开启且层门门锁释放时”，是为了区分轿厢正常停靠层站和非正常停靠层站（例如消防返回过程中就近停靠层站，不开门而直接返回基站）。只有电梯正常停靠层站时，才需要进行门回路检测，并非限制其检测时机为层门门锁释放、轿门开启的过程中。如果将电梯停靠层站至离开层站的过程分为靠站、开门、候梯、关门、离站共五个时间段，在完成靠站至开始离站中间的任何一个时间点进行门回路检测均具有同样的安全水平。在方案设计的过程中，将门回路检测的时机选择在完成开门到开始关门这个时间段是更加简便的方法，并不意味着门回路的检测时机不能设置在开门和关门的过程中。

2. 门回路检测的要求

防止电梯在层门或轿门打开时运行，最完整的方案是对门回路中所有的层门锁紧触点、轿门锁紧触点（如果有）、层门关闭触点、轿门关闭触点进行检测。目前已有部分电梯的门触点采用 PESSRAL 系统，其门回路检测可以覆盖所有的门触点，当回路中任何一个门触点被短接时，检测装置均能检测到短接并停止电梯运行。

采用传统门回路的电梯，所有层门的锁紧和关闭触点串联组成层门子回路；轿门锁紧触点（如果有）和关闭触点串联组成轿门子回路。如果门回路检测装置仅能对层门子回路和轿门子回路的短接情况进行检测，但不对层门回路和轿门回路的单个门触点的短接情况进行检测，是否能够满足相关要求？

现根据门回路的故障形式，分析上述检测方式的可行性。

①在控制柜内短接全部门回路。上述检测装置对门回路进行了检测，可以发现该故障，防止电梯开门运行。

②在控制柜内短接整个层门回路或轿门回路。上述检测装置对层门回路和轿门回路分别进行检测，可以发现该故障，防止电梯开门运行。

③在井道内短接某扇层门的所有触点，或者在轿顶短接每扇轿门的所有触点。对于单轿门电梯，上述检测装置可以发现该故障，防止电梯开门运行。对于具有前后轿门的电梯，由于检测时前后轿门、层门均打开，如果某一个轿门或层门被短接，该检测装置不能发现该故障，则电梯可能开门运行。

④在井道内对单个触点进行短接。该检测装置不能发现该故障，但由于层门和轿门间接或直接机械连接，电梯不能开门运行。只有当间接机械连接装置失效时，才可能开门运行，门回路检测装置可以不考虑这两种故障同时发生的可能。

综合以上分析，门回路检测装置对层门和轿门触点的检测，至少应当满足以下要求：

①门回路检测装置应分别对层门子回路和轿门子回路进行检测。

②对于具有前后轿门的电梯，门回路应分成前轿门子回路、后轿门子回路、前层门子回路和后层门子回路，门回路检测装置应分别对上述子回路进行检测。

③对门回路中单一触点的短接，门回路检测装置可以不进行检测。

现阶段各品牌电梯设计的门回路检测功能，基本都不能检测单一门触点的短接故障，而只能检测“大封线”的短接故障，即能检测层门的锁紧触点和闭合触点同时被短接、轿门的锁紧触点（如果有）和闭合触点同时被短接、整个门回路被短接等情况。这种检测方式是满足现有规范要求的。

3. 轿门监控信号

这里的监控信号特指轿门旁路功能中用来验证轿门关闭位置的独立的监控信号。该监控信号是独立于门锁回路，单独检测轿门是否关闭到位的电气装置（未要求是电气安全装置）。通常采用关门到位开关或者门机旋转编码器反馈的关门到位信号监控轿门是否闭合。

7.5.2 门回路检测功能的原理

从检测原理上来看，常见门回路检测装置主要有三种：采用安全电路（提前开门或再平层功能电路）、采用非安全电路、采用 PESSRAL 系统。轿门监控信号的检测独立于层门回路检测和轿门回路检测，监控信号直接进入主控系统，软件中直接将此信号与开关门指令比较，可判断其是否正确动作。

1. 采用安全电路进行门回路检测

具备提前开门或再平层功能的电梯，可直接利用控制软件配合提前开门或再平层电路输出短接门回路功能分别对层门子回路和轿门子回路进行监测。在每次正常开门时，主板输出短接指令，短接门锁回路，然后通过主控板门锁短接监测点有无电压来判断层门和轿门触点是否正确断开。

①图 7－38 所示为单轿门电梯门回路检测功能结构原理图。图中 GS 为轿门锁紧（如果

有）和关闭触点，1DS ~ nDS 为层门锁紧和关闭触点，安全电路板 SO1 和 SO2 端口为门锁回路封门输出端口，K2、K3、K4 为提前开门和再平层安全电路板继电器辅助触点。主控板端口 X25 用于安全回路检测，端口 X26 用于门锁短接检测，端口 X27 用于门锁回路检测。当 X25、X26、X27 有电压时，信号为 1；没有电压时，信号为 0。

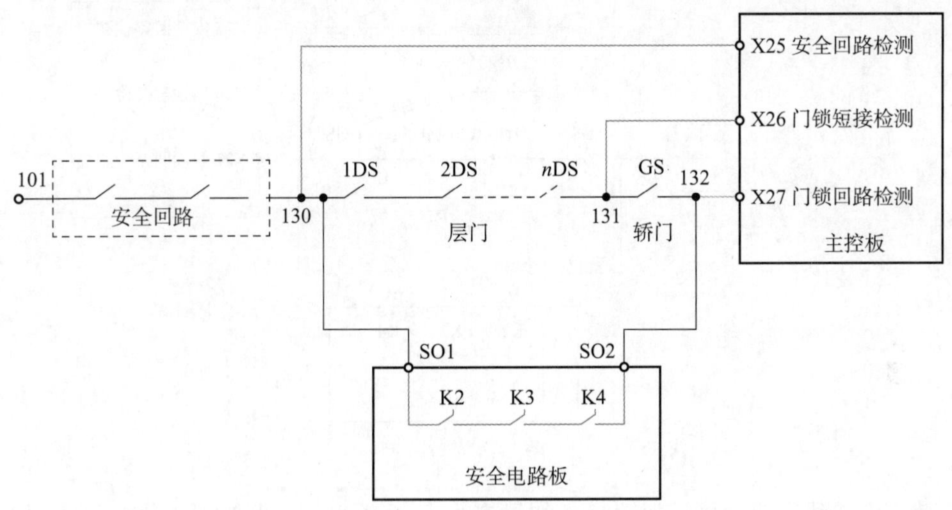

图 7－38　单轿门电梯门回路检测功能结构原理图

电梯每次执行提前开门平层动作时，当主控板接收到门区信号有效后，安全电路板继电器 K2、K3、K4 均得电吸合，使安全电路板封门输出端口 SO1 和 SO2 之间导通，封门回路对门锁回路实行短暂、安全的短接操作。若层门或者轿门被短接，则 X26 将会有电压信号，系统判断存在门回路故障，但无法区分是层门子回路还是轿门子回路故障。安全电路板封门回路退出后，系统通过对 X26、X27 两个检测点的电压信号进行逻辑对比，可以判断整个门回路是否被跨接。

现根据不同的门回路短接方式分析其检测原理：

a. 某一层门锁紧与闭合触点同时被短接或整个层门回路被短接（图 7－39）。电梯停靠任一层站时，开门过程中，安全回路电源经端子 101、130、层门回路 DS、131 使主控板端口 X26 输入高电平，X26 信号为 1，系统判断发生门回路短接故障。

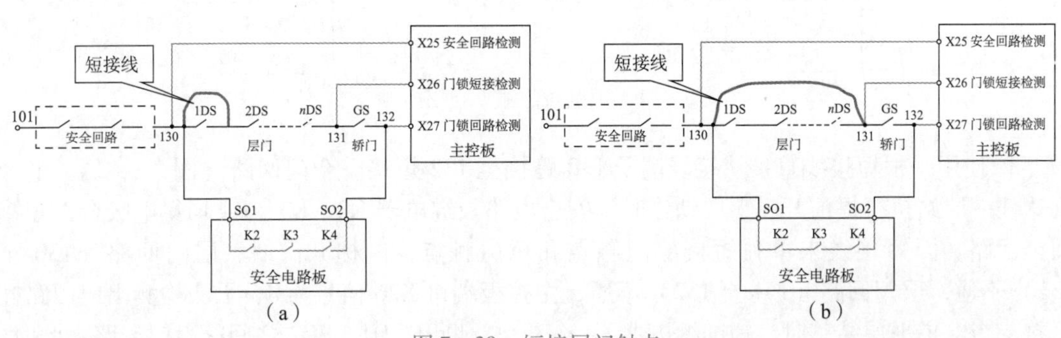

图 7－39　短接层门触点

（a）短接某个层门触点；（b）短接整个层门回路

b. 轿门锁紧（如果有）与闭合触点同时被短接（图7－40）。电梯到达被短接层站执行提前开门平层动作时，安全电路板继电器K2、K3、K4均得电吸合，短接门锁回路。开门过程中，安全回路电源经端子101、130、SO1、SO2、132、轿门触点GS、131使主控板端口X26输入高电平，X26信号为1，系统判断发生门回路短接故障。

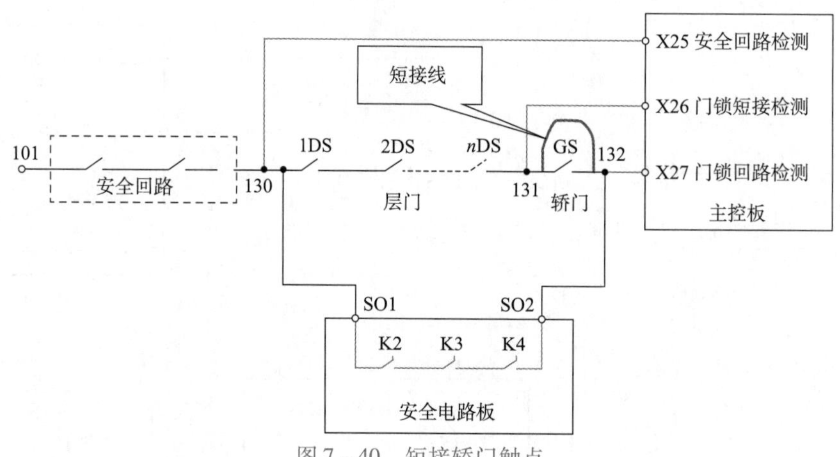

图7－40　短接轿门触点

c. 使用短接线同时短接轿门锁紧（如果有）与闭合触点，再使用其他短接线同时短接某层门锁紧与闭合触点或短接整个层门子回路（图7－41）。电梯到达被短接层门执行提前开门平层动作时，安全电路板继电器K2、K3、K4均得电吸合，短接门锁回路。开门过程中，安全回路电源经端子101、130，一路经层门回路DS、端子131和132使主控板端口X27输入高电平，一路由端子SO1、SO2、132、轿门触点GS、端子131使主控板端口X26输入高电平，X26信号为1，系统判断发生门回路短接故障。

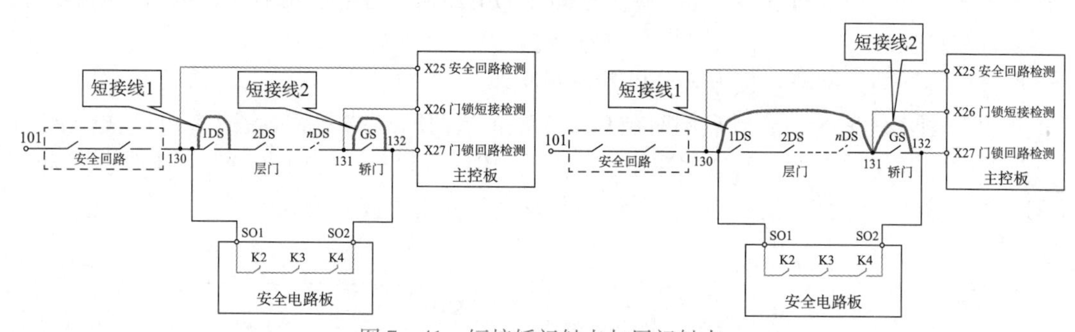

图7－41　短接轿门触点与层门触点

d. 使用一根短接线直接从接线端子130跨接至132短接整个门回路（图7－42）。电梯到达任一层站执行提前开门平层动作时，安全电路板继电器K2、K3、K4均得电吸合，短接门锁回路。因短接线未单独短接层门触点和轿门触点，电梯开门时，层门回路（130至131）不通，层门回路（131至132）不通，主控板端口X26信号为0，无法检测出门回路被短接。当电梯平层结束时，辅助继电器K4会释放，断开SO1、SO2之间的封门电路，此时，系统默认端口X26和X27信号均为0。因130与132被跨接，安全回路电源经端子101、130、132使主控板门锁回路端口X27有电压输入，X27信号为1，因反馈信号不一致，系统判断发生门回路短接故障。

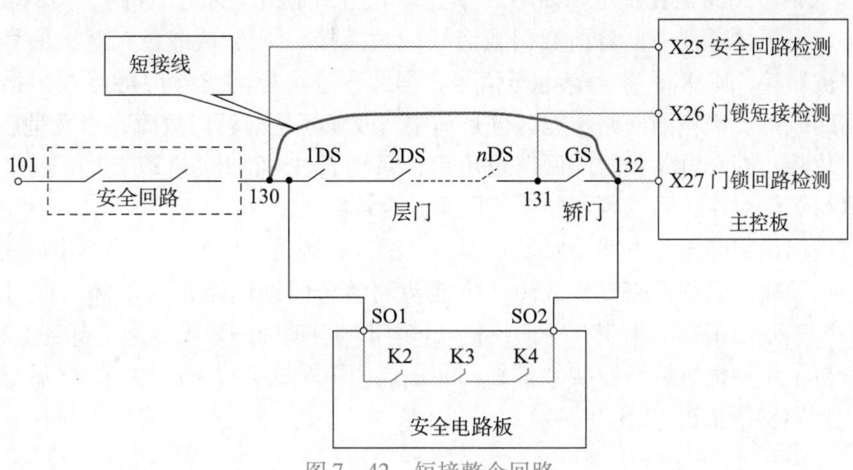

图 7－42　短接整个回路

②图 7－43 所示为多轿门电梯门回路检测功能结构原理图。其中，GS 为前轿门锁紧和关闭触点，RGS 为后轿门锁紧和关闭触点，1DS ~ *n*DS 为前层门锁紧和关闭触点，1RDS ~ *n*RDS 为后层门锁紧和关闭触点。安全电路板 SO1 和 SO2 端口为门 1 回路封门输出端口，SO3 和 SO4 端口为门 2 回路封门输出端口，K2、K3、K4 为提前开门和再平层安全电路板继电器辅助触点。主控板端口 X25 用于安全回路检测，端口 X26 和 X28 用于门锁短接检测，端口 X27 用于门锁回路检测。X25、X26、X27、X28 有电压时，信号为 1；没有电压时，信号为 0。

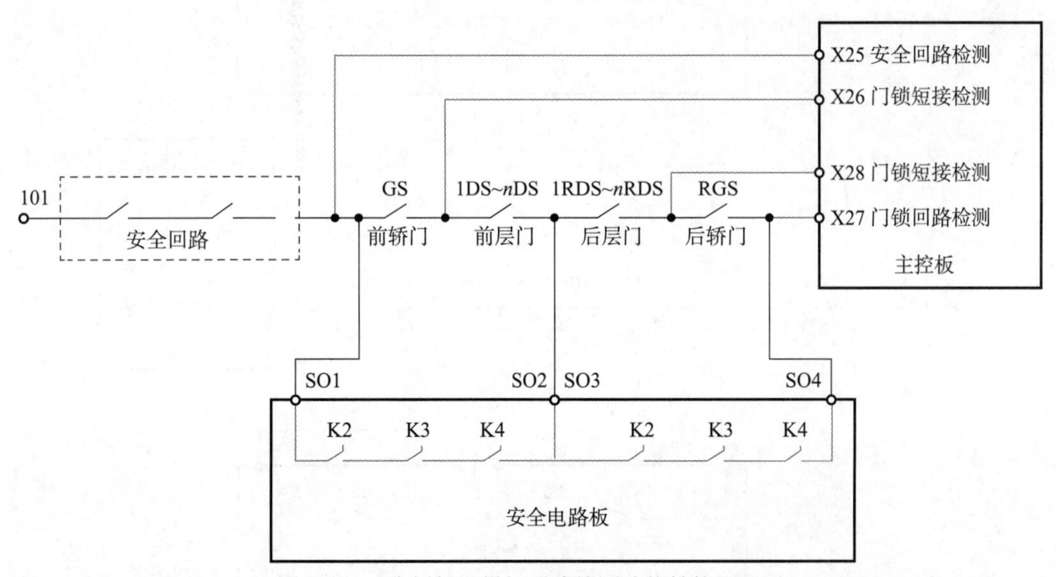

图 7－43　多轿门电梯门回路检测功能结构原理图

检测原理：电梯每次执行提前开门平层动作时，当主控板接收到门区信号有效后，安全电路板继电器 K2、K3、K4 均得电吸合，使安全电路板封门输出端口 SO1 和 SO2 之间及

SO3、SO4 之间导通，封门回路对门锁回路实行短暂、安全的短接操作。控制系统通过 X26 和 X28 的输入信号判断是否发生门回路故障。X26 检测前层门和轿门回路，X28 检测后层门和轿门回路。在短接过程中，若前层门或者轿门被短接，则 X26 将会有电压信号；若后层门或者轿门被短接，则 X28 将会有电压信号，据此系统可检测出有门触点被短接，系统判断存在门回路故障。该检测回路不能区分是前层门故障还是前轿门故障，以及是后层门故障还是后轿门故障。安全电路板封门回路退出后，系统通过对 X26、X27、X28 三个检测点的电压信号进行逻辑对比，可以判断整个门回路是否被跨接。

这种贯通门门回路检测方案，对于双轿门电梯，在到站开门时，能检测出前轿门、前层门、后层门、后轿门门锁回路短接故障，也能检测整个门锁回路短接故障。但对于“前轿门＋前层门”“前层门＋后层门”“后层门＋后轿门”门锁回路短接故障，却存在检测盲区，下面举例分析采用一根短接线短接“前轿门＋前层门”“前层门＋后层门”“后层门＋后轿门”时的门回路检测情况（图 7－44）。

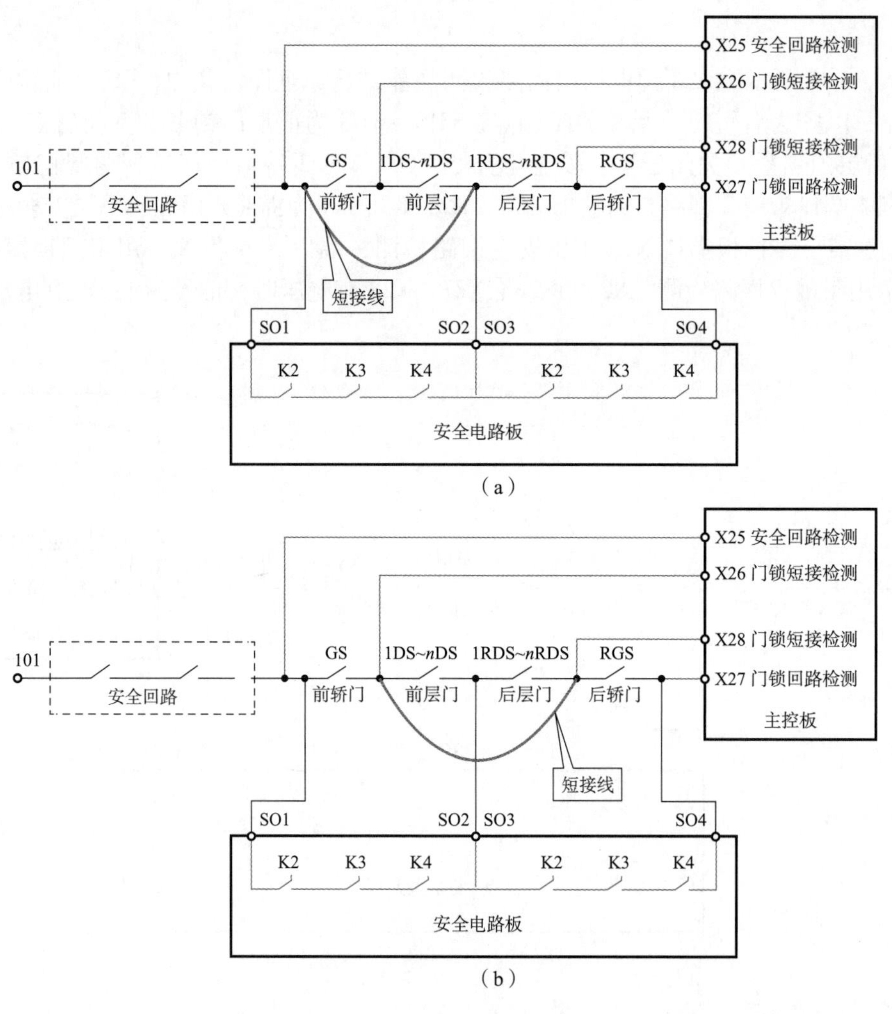

图 7－44　贯通门门回路双轿门电梯原理图

（a）短接“前轿门＋前层门”；（b）短接“前层门＋后层门”

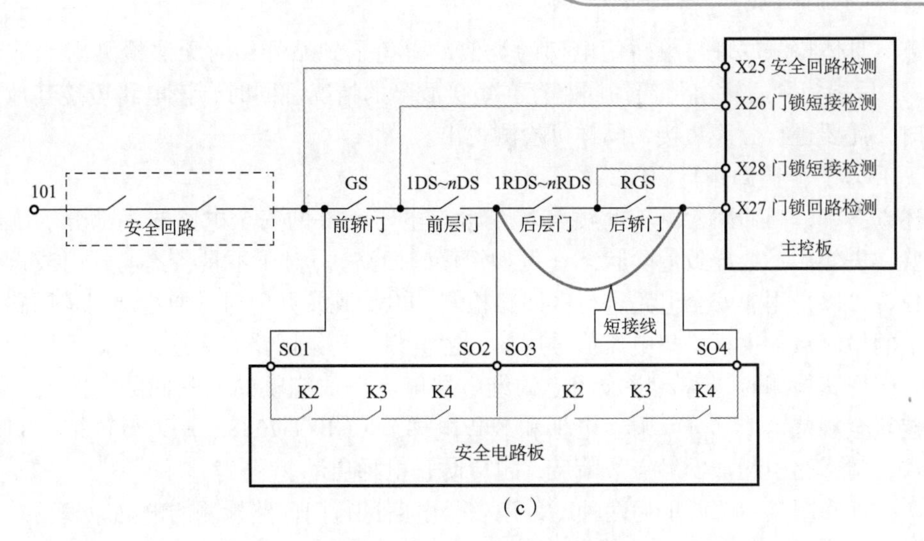

图7-44　贯通门门回路双轿门电梯原理图（续）

（c）短接“后层门+后轿门”

采用一根短接线，在控制柜接线端子分别短接“前轿门+前层门”“前层门+后层门”“后层门+后轿门”门锁回路。当电梯到站，前后门同时打开时，主控板短接检测点 X26 和 X28 的电压信号一直为 0，无法判断存在短接故障，相当于门回路检测功能失效。

对于“前轿门+前层门”“前层门+后层门”“后层门+后轿门”门锁回路短接故障，这种电路设计就存在比较大的缺陷。

由于这种方案实现的是整个层门门锁回路或（和）整个轿门门锁回路短接故障检测，这种情况多数发生在控制柜内通过接线端子短接门锁回路。现场检验中，模拟门锁回路人为短接的时候，发现这三种情况如果只采用一根短接线在控制柜中短接，电梯到站开门时，无法检测出门锁短接故障，电梯在这种情况下继续运行将存在严重安全隐患。

下面介绍一种贯通门电梯门回路检测电路的改进方案（图7-45）。

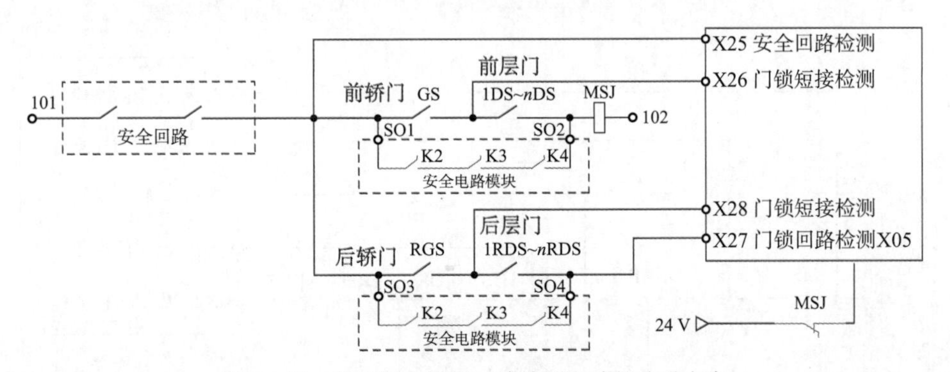

图7-45　贯通门电梯门回路检测电路的改进方案

检测原理：MSJ 是门锁接触器，其常开触点接入运行和抱闸控制回路，常闭辅助触点接入主控板 X25 检测点，当前门安全电路板封门回路退出后，系统通过对 X25、X26 两个检测点的电压信号进行逻辑对比，可以判断前门整个回路是否被跨接。受限制于主控板的硬件设计，由于强电检测端子不足，需要将继电器 MSJ 常闭辅助触点接入 X25 开关量输入端进行转换检测。具体检测原理与单轿门电梯的类似，避免了到站开门时无法检测出“前轿门＋前层门”“后层门＋后轿门”门锁回路存在短接故障的情况。同时，该电路短接其他门锁回路组合时，需要进行分段短接，同样可检测得出。

2. 采用非安全电路进行门回路检测

上述方案中，门回路检测辅助触点 Y 是含有电子元件的安全电路的一部分，已经通过型式试验，失效后不会导致危险状态（例如短接门回路）。对于不具备提前开门或再平层功能的电梯，可以采用非安全电路进行门回路检测。电梯到站开门时，通过层门锁回路、轿门锁回路上的检测点，主板采集电压信号反馈，逻辑判断门锁回路有无短接故障。采用非安全电路进行门回路检测时，需要增加相应的继电器触点形成完整的检测回路，按照《电梯制造与安装安全规范第 1 部分：乘客电梯和载货电梯》（GB/T 7588. 1—2020）第 5. 11. 2. 1. 2 条的要求，门回路中增加的触点故障后，也应防止电梯启动。

图 7－46 和图 7－47 所示为两种不采用安全电路进行门回路检测的电路原理图。

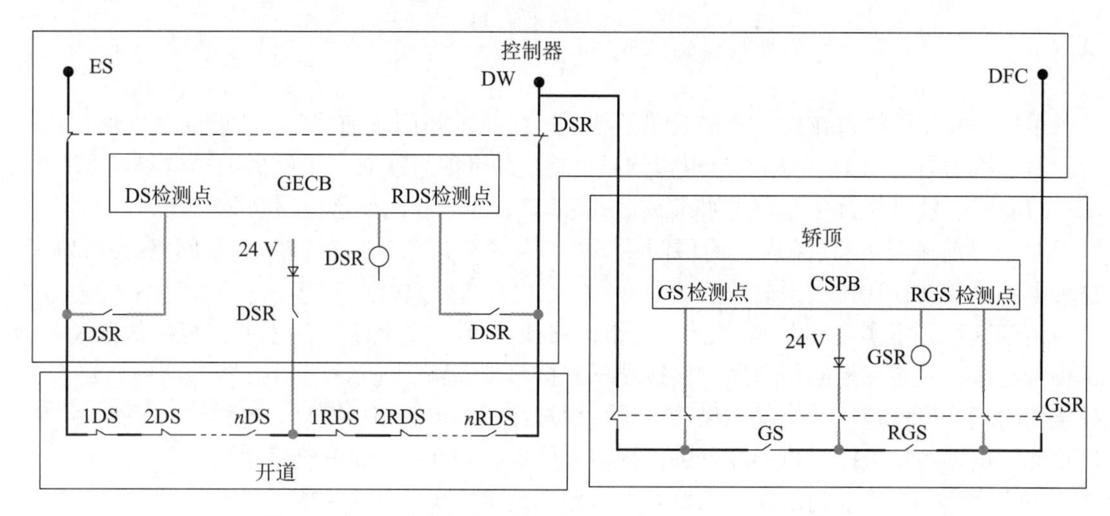

图 7－46　不采用安全电路进行门回路检测的电路原理图 1

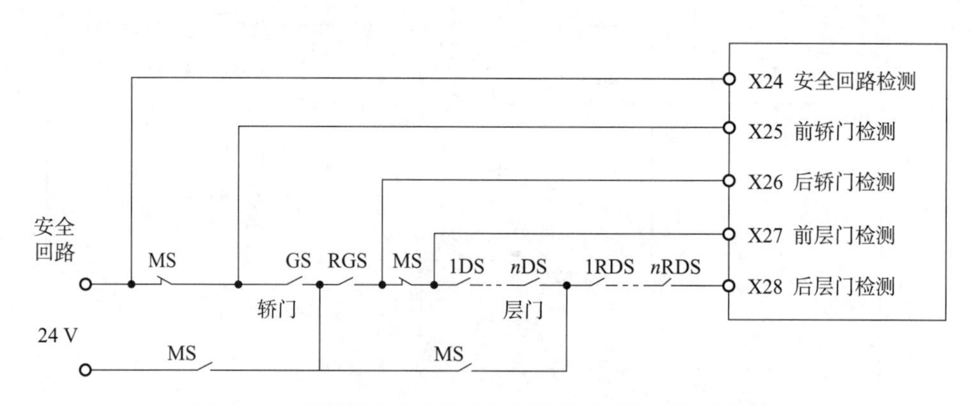

图 7－47　不采用安全电路进行门回路检测的电路原理图 2

图 7－46 中，DSR 和 GSR 是用于形成检测回路的辅助继电器，DSR 用于层门回路故障检测，GSR 用于轿门回路故障检测。当电梯到站平层开门时，GECB 输出信号使继电器 DSR

得电，DSR 的三个常开辅助触点闭合，接通一个 24 V DC 电压对前后层门回路进行检测。如果该层站层门锁紧与闭合触点未被同时短接，DS 和 RDS 两个检测点的电压应为零。如果该某个检测点有 24 V 电压，则判定对应层门锁回路被短接。层门回路检测时，位于层门回路前后两端的 DSR 常闭辅助触点断开，断开安全回路，防止电梯运行。同样，轿门回路的检测原理与层门回路的检测原理相同。在完成门回路检测之后，如果 DSR 常开触点未能有效断开，DSR 常闭触点将持续切断安全回路，防止电梯运行。该电路将 DSR 常闭触点串入门回路前、后两端，防止 DSR 故障后电梯启动，满足《电梯制造与安装安全规范第 1 部分：乘客电梯和载货电梯》(GB/T 7588. 1—2020) 第 5. 11. 2. 1. 2 条的要求。

图 7－47 中，MS 是用于形成检测回路的常开和常闭触点。门回路检测时，MS 常开触点闭合，分别形成轿门检测回路和层门检测回路，门回路前后两端的 MS 常闭触点断开，断开安全回路防止电梯运行。X25 ~ X28 输入点分别对前轿门、后轿门、前层门和后层门的故障情况进行检测，一旦发现故障，控制系统输出信号使电梯停止运行。当门回路检测完成之后，MS 常开触点断开，MS 常闭触点闭合，电梯层轿门闭合后门回路接通，电梯允许运行；在完成门回路检测之后，如果 MS 常开触点未能有效断开，MS 常闭触点将持续切断安全回路，防止电梯运行。该电路将 MS 常闭触点串入门回路前后两端，防止 MS 故障后电梯启动，满足《电梯制造与安装安全规范第 1 部分：乘客电梯和载货电梯》(GB/T 7588. 1—2020) 第 5. 11. 2. 1. 2 条的要求。

对于不具有提前开门或再平层功能的电梯，进行门回路检测时，需要增加相应的触点形成完整的检测回路，如果增设的触点失效后不能使电梯停止运行，可能在非检测时段短接电梯门回路，存在重大的安全风险。图 7－48 所示为一种存在安全隐患的门回路专用检测电路。

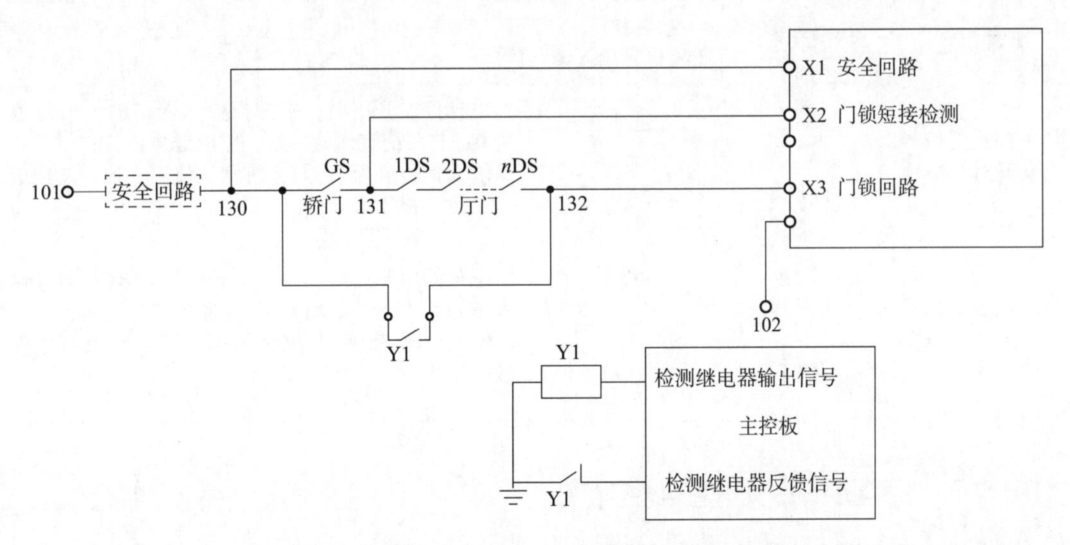

图 7－48　存在安全隐患的门回路专用检测电路

图 7－48 中，检测继电器 Y1 不是安全电路输出，只由主控板输出信号控制，再由 Y1 常闭触点作为信号反馈来检测 Y1 是否正确动作。如果主控板输出信号错误，在轿厢还未到门区时输出信号将门锁短接，或者主控板的检测继电器反馈信号检测点故障或程序故障，当

Y1 常开触点粘连时，无法正确检测到反馈信号断开，从而造成门回路一直被短接，带来非常大的危险。

3. 采用 PESSRAL 系统进行门回路检测

采用 PESSRAL 系统可以对电梯所有的层门锁紧触点、层门关闭触点、轿门锁紧触点和轿门关闭触点实现单一触点检测，每个触点的状态分别由独立的总线进行采集，分别输入两个安全逻辑 CPU。两个安全逻辑 CPU 之间进行数据的比对，只有当两个 CPU 的输入结果一致且均表示安全时，才向两个安全接触器输出相应的信号，安全接触器均接通时，才具有相应的安全输出。

采用以上 PESSRAL 系统的电梯不需要单独的门回路检测电路或装置，控制系统中设置一个单独的检测指令，在层门和轿门完全打开后，对各个输入信号进行检测，并与正常值进行判定，即可完成门回路检测。其原理与轿门监控信号检测相同。该方式可以对所有的门回路触点进行检测，任一触点故障后，均能防止电梯的运行，满足门回路监控的所有安全要求。

4. 轿门监控信号的检测

轿门监控信号通常具有单独的信号采集系统，并通过专用线路直接反馈到电梯控制系统，由控制系统中增加相应的检测程序对反馈信号与系统默认设置进行对比，实现对轿门监控信号的检测。例如，采用机械式或光电式行程开关验证轿门关闭的，可以在轿门打开时由控制程序将反馈信号输入值与轿门关闭时的输入值进行比较，分析其是否故障（表 7－2）。检测到故障后，门回路检测功能只需要防止电梯再次启动，不需要切断任何电气安全装置，此时检修运行、紧急电动运行、消防返回等功能仍然可以有效。

表 7－2　采用机械式或光电式行程开关验证轿门关闭

<table>
<tr><th>监控信号</th><th>轿门状态</th><th>系统默认
监控信号输入值</th><th>判定说明</th></tr>
<tr><td rowspan="2">关门到位信号为常开时（NO）</td><td>关闭</td><td>通/1</td><td rowspan="2">电梯停层开门时，主控板检测端口输入信号值为 0：与系统默认值一致，监控信号正常；
输入信号值为 1：与系统默认值不一致，监控信号失效，报故障</td></tr>
<tr><td>打开</td><td>断/0</td></tr>
<tr><td rowspan="2">关门到位信号为常闭时（NC）</td><td>关闭</td><td>断/0</td><td rowspan="2">电梯停层开门时，主控板轿门监控检测端口输入信号为 1：与默认值一致，监控信号正常；
输入信号为 0：与默认值不一致，监控信号失效，报故障</td></tr>
<tr><td>打开</td><td>通/1</td></tr>
</table>

7.5.3　门回路检测功能的检验

在电梯监督检验和定期检验时，均需要对门回路检测功能进行检验。新检规中要求的检验方法为“通过模拟操作检查门回路检测功能”。由于各个电梯厂家层门回路和轿门回路的接线方式不同，门回路检测功能也具有一定的差异，进行检验时，可以按照以下步骤进行：

1. 图纸和资料审核

非 PESSRAL 系统：审核电梯的门回路检测原理图，判定是否将整个门回路拆分成（前/

后）层门回路、（前/后）轿门回路等子回路，并在每个子回路串联处设置检测点。

PESSRAL 系统：审核型式试验证书，并核对现场 PESSRAL 装置及主要部件（传感器等）是否与型式试验证书一致。

2. 模拟故障和验证功能

（1）非 PESSRAL 系统

根据门回路接线图，在控制柜或轿顶找到（前/后）层门回路、（前/后）轿门回路等子回路的检测点（部分轿门回路的检测点设置在轿顶），使电梯正常停靠某楼层且层、轿门处于关闭状态，断开电梯电源，使用专用跨接工具在控制柜内的相关接插件或端子上分别短接某个子回路，模拟（前/后）层门回路、（前/后）轿门回路等子回路故障。

如图 7－49 所示，跨接轿门子回路（跨接位置如图 7－49 中的跨接线 1 所示），接通电梯电源，通过轿内或者层站按钮给出两个选层信号，电梯最迟应在设置故障的层门或轿门完成一次开关门后停止运行，控制系统报门回路故障。

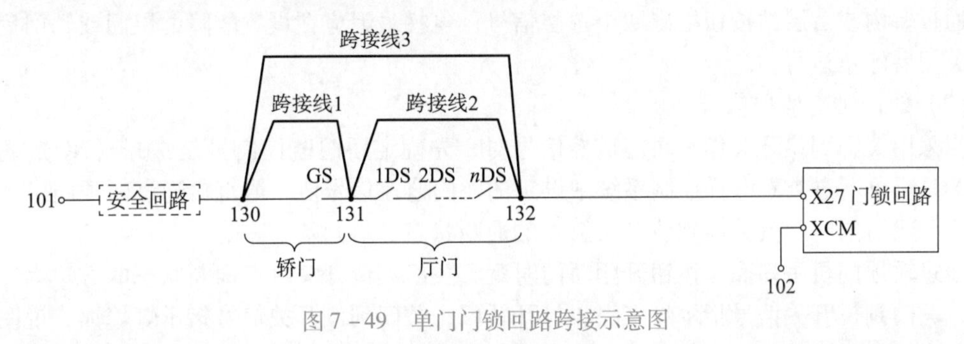

图 7－49　单门门锁回路跨接示意图

断开电源拆除跨接线 1，跨接层门子回路（跨接位置如图 7－49 中的跨接线 2 所示），接通电梯电源，通过轿内或者层站按钮给出两个选层信号，电梯最迟应在设置故障的层门或轿门完成一次开关门后停止运行，控制系统报门回路故障。

断开电源，拆除跨接线 2，跨接“层门＋轿门”回路（跨接位置如图 7－49 中的跨接线 3 所示），接通电梯电源，通过轿内或者层站按钮给出两个选层信号，电梯最迟应在设置故障的层门或轿门完成一次开关门后停止运行，控制系统报门回路故障。

如图 7－50 所示，跨接门 1 轿门子回路（跨接位置如图 7－50 中的跨接线 1 所示），接通电梯电源，通过轿内或者层站按钮给出两个选层信号，电梯最迟应在设置故障的层门或轿门完成一次开关门后停止运行，控制系统报门回路故障。

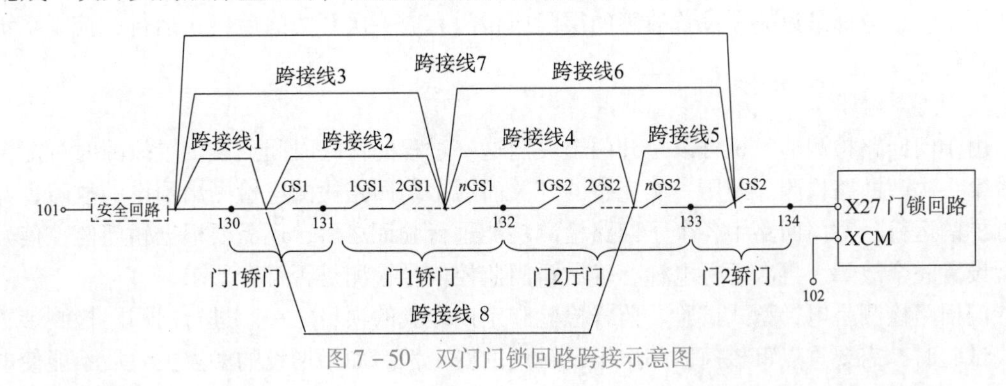

图 7－50　双门门锁回路跨接示意图

按上述方法分别依次跨接门1层门子回路（跨接位置如图7-50中的跨接线2所示）、门1“层门+轿门”回路（跨接位置如图7-50中的跨接线3所示）、门2层门子回路（跨接位置如图7-50中的跨接线4所示）、门2轿门子回路（跨接位置如图7-50中的跨接线5所示）、门2“层门+轿门”回路（跨接位置如图7-50中的跨接线6所示）、“门1+门2”完整门锁回路（跨接位置如图7-50中的跨接线7所示）、“门1层门+门2层门”回路（跨接位置如图7-50中的跨接线8所示）。每次跨接后，接通电梯电源，通过轿内或者层站按钮给出两个选层信号，电梯均应最迟在设置故障的层门或轿门完成一次开关门后停止运行，控制系统报门回路故障。

对于无机房电梯，先通过检修运行或紧急电动运行上轿顶，至控制柜位置进行子回路短接操作，随后人员撤离轿顶并将电梯切换到自动运行状态，使电梯自动启动运行至平层位置。

（2）PESSRAL系统

在井道内分别短接（前/后）层门回路、（前/后）轿门回路的一个触点，接通电梯电源，通过轿内或者层站按钮给出两个选层信号，电梯最迟应在设置故障的层门或轿门完成一次开关门后停止运行。

（3）轿门独立监控信号

当采用关门到位开关作为轿门监控信号时，先确定轿门监控信号是常开（NO）还是常闭（NC）。可通过查看电梯控制系统中设定的轿门监控信号值，或直接通过轿顶门机手动操作按钮开闭轿门时观察关门到位开关触点的通断状态进行判断。

通过轿顶门机手动操作按钮开闭轿门时观察关门到位开关触点通断状态的方法为：关闭轿门，关门到位开关信号指示灯点亮，打开轿门，关门到位开关信号指示灯熄灭，说明监控信号是常闭信号；关闭轿门，关门到位开关信号指示灯熄灭，打开轿门，关门到位开关信号指示灯点亮，说明监控信号是常开信号。

对于常闭监控信号，可在轿顶先切断轿门监控信号的输入，将电梯恢复正常，通过轿内或者层站按钮给出1个选层信号，电梯最迟应在设置故障的层门或轿门完成一次开关门后停止运行，控制系统报门回路故障。

对于常开监控信号，可在轿顶先短接轿门监控信号的输入，将电梯恢复正常，通过轿内或者层站按钮给出1个选层信号，电梯最迟应在设置故障的层门或轿门完成一次开关门后停止运行，控制系统报门回路故障。

当采用门机旋转编码器反馈信号作为轿门监控信号时，可先通过控制系统操作器将关门到位反馈脉冲数修改至比原始脉冲值更小，将电梯恢复正常，通过轿内或者层站按钮给出1个选层信号，电梯最迟应在设置故障的层门或轿门完成一次开关门后停止运行，控制系统报门回路故障。

3. 注意事项

由于门回路检测的时机可以是开门至关门这一过程的任一时间点，设置故障时可能已经完成第一次门回路检测。经历一次完整的开关门后，门回路检测应检测出预设的故障，并停止电梯的运行。对门回路中各个子回路检测功能进行验证之后，还需要根据轿门监控信号的类型设置一个故障，再次运行电梯，确认轿门监控信号检测是否符合要求。

门回路检测是电梯型式试验、监督检验和定期检验的项目之一。进行门回路检测装置的型式试验时，需要重点审核门回路中增设触点的安全性。如果增设的触点失效后不能使电梯停止运行，可能在非检测时段短接电梯门回路，存在重大的安全风险。监督检验和定期检验过程中，需要对（前/后）层门回路、（前/后）轿门回路、轿门监控信号分别进行检验。模拟门回路故障时，严禁带电操作。设置故障时，注意仔细核对接线端子，严格遵守跨接线相关操作规定，防止击穿无关的电路。试验完成后，必须再次检查确认，所有的跨接线已拆除，将电梯恢复至原先正常状态。

任务 7.6 轿厢意外移动保护装置检测

轿厢意外移动（Unintended Car Movement，UCM），是指轿厢在开锁区域且开门状态下，轿厢无指令离开层站的移动，不包含装卸载引起的移动。其中，开锁区域是指层门地坎平面上、下延伸的一段区域。当轿厢停靠该层站，轿厢地坎平面在此区域内时，轿门、层门可联动开启。在用机械方式驱动轿门和层门同时动作的情况下，开锁区域可增加到不大于层站地平面上、下的 0.35 m。轿厢无指令离开层站是指电梯未接收到任何运行信号而离开层站。意外移动强调非正常情况下的动作，装卸载时，由于乘客出入或装卸货物的原因，轿厢侧的总重量发生变化，可能造成绳头弹簧、轿底橡胶等弹性部件的压缩量变化，同时，曳引钢丝绳伸长量也发生变化，这些变化的累积也可能导致轿厢产生向上或向下的轻微位移，但不属于意外移动。

据统计，电梯事故主要发生在门区，而门区各种事故中，以层、轿门未关闭的情况下轿厢意外移动给人员带来的剪切、挤压伤害最为严重，风险等级非常高。为了保护人员在门区进出轿厢时不受剪切、挤压伤害，我国于 2016 年 7 月 1 日实施的《电梯制造与安装安全规范》（GB 7588—2003 第一号修改单）中增加了轿厢意外意动保护装置（简称 UCMP）的相关要求。

7.6.1 轿厢意外移动保护装置的保护范围

GB 7588—2003 所指轿厢意外移动保护装置，是指电梯在开锁区域内，在层门未被锁住且轿门未被关闭的情况下，由于轿厢安全运行所依赖的驱动主机或驱动控制系统的任何单一部件失效引起轿厢离开层站的意外移动，电梯应具有防止该移动或使移动停止的装置。

1. “轿厢意外移动保护装置”的作用

设置“轿厢意外移动保护装置”的目的，是在降低以下单一元件失效的情况下可能造成的事故风险：

①驱动主机，包括电动机、制动器、传动装置（如齿轮箱、联轴器、轴等）。

②驱动控制系统，包括轿厢在层门停止时的启/制动控制系统及控制速度的系统等。

单一元件失效，是指不考虑上述两个系统中同时发生两个或两个以上元件同时失效的情况。

2. “轿厢意外移动保护装置”的动作场所

在层门未被锁住且轿门未关闭的情况下，由驱动主机或驱动控制系统的任何单一元件失效导致轿厢发生离开层站的意外移动时，“轿厢意外移动保护装置”将起保护作用，使轿厢停止下来，从而避免人员受到剪切、挤压等伤害。

以下情况下发生的轿厢移动，无论其是否会导致危险的发生，均无法通过轿厢意外移动保护装置进行防护：

①在层门被锁住或轿门关闭的情况（此情况下不会发生剪切、挤压风险）。

②驱动主机和驱动控制系统中两个或两个以上元件失效的情况。

③不是由于驱动主机或驱动控制系统的任何单一元件失效而引起的轿厢移动（如人为松闸、盘车等）。

④悬挂绳、链条和曳引轮、滚筒、链轮的失效情况，其中曳引轮的失效包含曳引能力的突然丧失（在正确的设计制造、无缺陷的材料和正常维护的前提下，这些零部件不会突然失效）。

⑤其他人为或故障原因导致的情况（如门锁回路被短接）。

7.6.2 轿厢意外移动保护装置的系统组成

一套完整的电梯轿厢意外移动保护装置通常由检测装置、制停部件和自监测功能三个部分组成。将意外移动保护装置视为一个完整系统，其检测装置、制停部件和自监测功能分别被称为检测子系统、制停子系统和自监测子系统。检测子系统用于检测轿厢的意外移动并向制停子系统发出动作信号，或通过操纵装置触发制停子系统；制停子系统在接收到检测子系统的动作信号或被操纵装置触发后，制停轿厢使其保持停止状态；自监测子系统是针对使用满足特定要求的工作制动器作为制停子系统时，对其机械装置正确提起（或释放）的验证和（或）对制动力的验证。

1. 检测子系统

检测子系统要求在电梯门没有关闭的前提下，最迟在轿厢离开开锁区域时，应由符合标准要求的电气安全装置检测到轿厢的意外移动。所以，检测子系统应当是一个电气安全装置或者由几个电气安全装置组成，该系统的功能是检测轿厢意外移动的状态，并触发制停子系统动作。目前常见的检测子系统主要采用以下三种方式：

（1）采用位置开关的检测子系统

通过安装在轿厢上的位置信号检测器件检测轿厢是否位于平层区域内。主要包括检测轿厢意外移动的传感器、对检测到的位置信号进行逻辑处理及运算的控制和输出电路（图7－51）。检查开门状态下轿厢意外移动的装置必须是电气安全装置，当其检测到轿厢发生意外移动时，需切断驱动主机和制动器的电源。

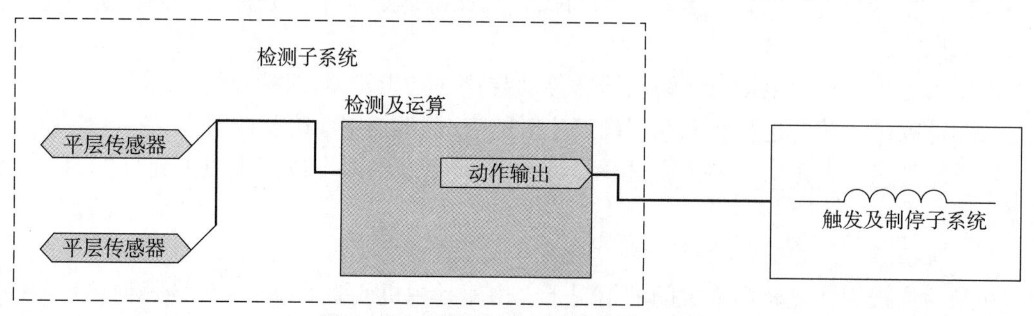

图7－51　采用位置开关的检测子系统

位置开关包括磁感应式接近开关、光电开关、多路光电开关等，如图7－52所示。

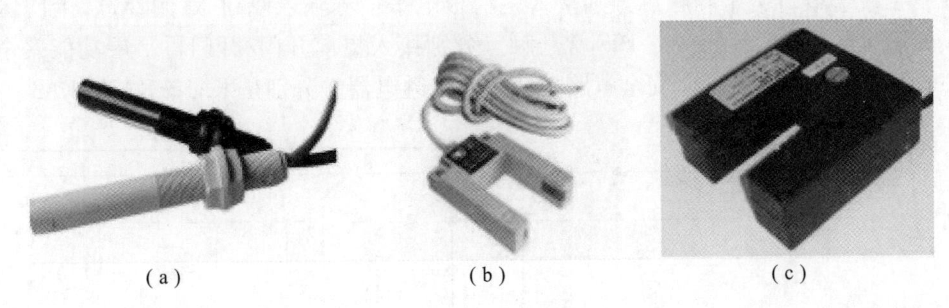

(a)　　(b)　　(c)

图7－52　位置开关

(a) 磁感应式接近开关；(b) 光电开关；(c) 多路光电开关

具备提前开门和再平层控制功能的电梯，可直接利用提前开门和再平层控制电路作为其轿厢意外移动保护装置的检测子系统。现结合其提前开门和再平层控制电路原理图分析其意外移动检测工作原理。图7－53所示为平层装置光电开关安装方案，图7－54所示为提前开门和再平层功能安全电路板实物图，安全电路板端口定义见表7－3，图7－55所示为提前开门和再平层控制安全电路原理图。

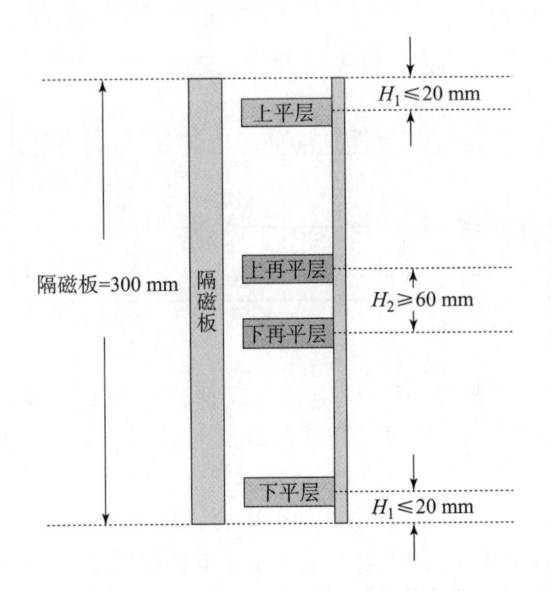

图7－53　平层装置光电开关安装方案

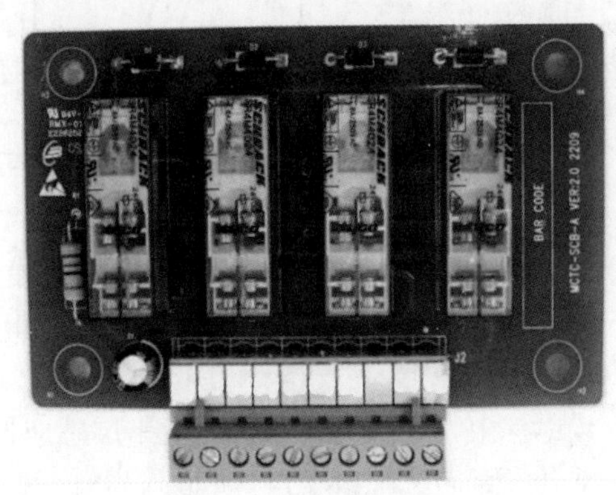

图7－54　安全电路板实物图

表7－3　安全电路板端口定义

端口号	24 V	COM	FL1	FL2	SY	SX1	SX2	SO1、SO2
定义	直流 ＋24 V	公共端 0 V	上门区 信号输入	下门区 信号输入	封门输出	门区输入	封门反馈 输入	门锁回路 短接输出

具备提前开门和再平层功能的电梯，一般使用4个平层信号，分别为上、下平层感应器和上、下门区感应器。该梯轿顶安装有4个“常开型”光电平层感应器。平层区域为上、

下平层感应器中心线之间的垂直距离，即 280 mm。图 7－55 中，上平层感应器 1LV 常开触点和下平层感应器 2LV 常开触点分别接入主控板电平信号输入端口 X1 和 X3，上门区感应器 UIS 常开触点和下门区感应器 DIS 常开触点分别接入提前开门/开门再平层功能安全电路板电平输入端口 FL1 和 FL2。安全电路板使用 4 个继电器，分别是 KA1、KA2、KA3、KA4。

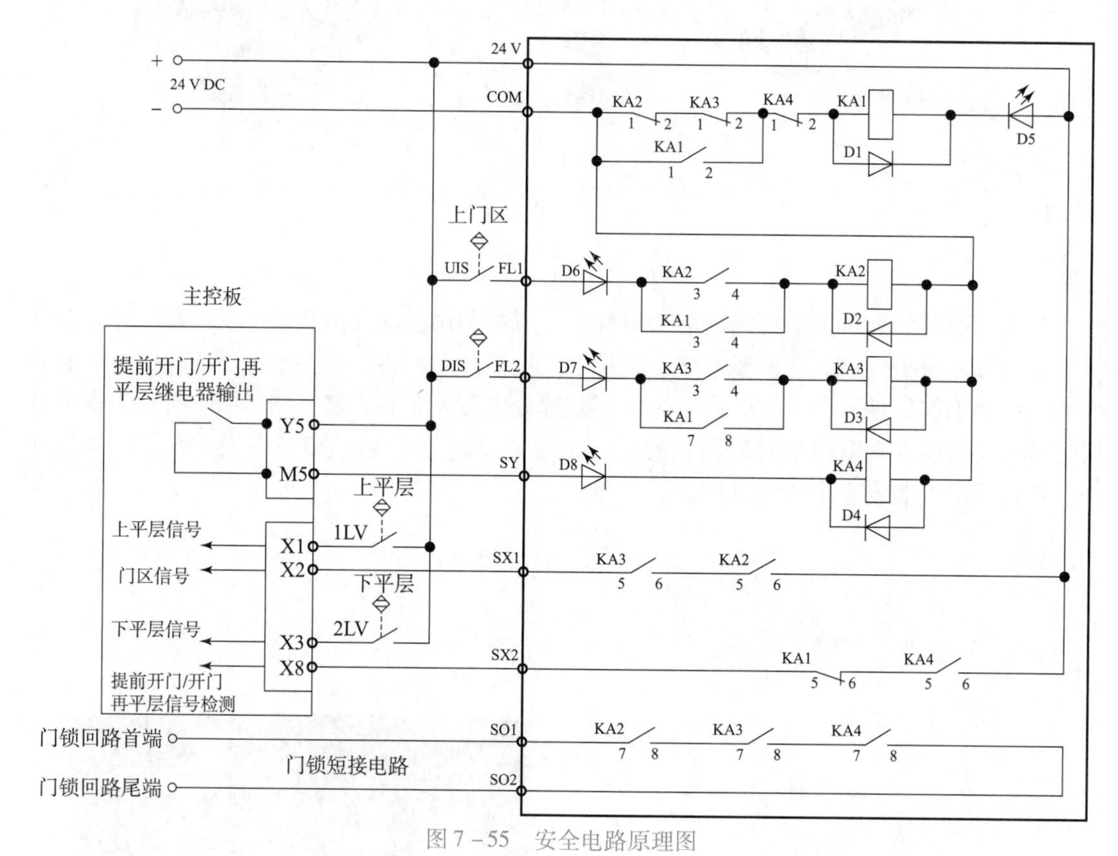

图 7－55　安全电路原理图

电梯上电时，24 V DC 电源由正极经发光二极管 D5、继电器常闭触点 KA4(1，2)、KA3(1，2)、KA2(1，2)，使继电器 KA1 得电吸合，并通过其常开触点 KA1(1，2) 实现自锁。

设电梯上行，当遮光板插入上平层感应器 1LV 时，1LV 常开触点闭合，24 V DC 电源经 1LV 常开触点向主控板端口 X1 输入高电平，主控板接收到上平层信号。电梯继续上行，当遮光板插入上再平层感应器 UIS 时，UIS 常开触点闭合，24 V DC 电源经 UIS 常开触点、安全电路板输入端口 FL1、发光二极管 D6、继电器常开触点 KA2(3，4)，使继电器 KA2 得电吸合，其常闭触点断开，常开触点闭合。

电梯继续上行，当遮光板插入下再平层感应器 DIS 时，DIS 常开触点闭合，24 V DC 电源经 DIS 常开触点、安全电路板输入端口 FL2、发光二极管 D7、继电器常开触点 KA3(3，4)，使继电器 KA3 得电吸合，其常闭触点断开，常开触点闭合。此时，继电器 KA2 和 KA3 的常开触点同时闭合，24 V DC 电源经继电器常开触点 KA2(5，6)、KA3(5，6) 向主控板端口 X2 输入高电平，主控板门区信号有效，通过内部电路触发提前开门/再平层继电器 Y5 动作，其常开触点闭合，使主控板端口 Y5、M5 之间内部电路导通，24 V DC 电源经主控板端口 Y5 与 M5 之间内部电路使继电器 KA4 得电吸合。继电器 KA2、KA3、KA4 同时得电，串联在继电器 KA1 线圈前端的常闭触点 KA4(1，2) 断开，使 KA1 失电释放。24 V DC 电源经继电器常开触点 KA4(5，6)、常闭触点 KA1(5，6) 向主控板端口 X8 输入高电平，使主控板提前开门信号有效，门机接收到开门指令。同时，门锁短接电路中继电器常开触点 KA2(7，8)、KA3(7，8)、KA4(7，8) 均闭合，短接了门锁回路。门机执行开门动作，电梯开始一边开门一边平层运行。

电梯继续上行，当遮光板插入下平层感应器 2LV 时，2LV 常开触点闭合，24 V DC 电源经 2LV 常开触点向主控板端口 X3 输入高电平，下平层信号有效，说明电梯已经平层到位。下平层信号有效时，会断开提前开门继电器 Y5 线圈的供电，继电器 Y5 常开触点断开，使继电器 KA4 失电释放，其常开触点 KA4(5，6) 断开提前开门信号输入端口 X8 的高电平输入，同时，常开触点 KA4(7，8) 断开门锁短接电路，电梯停止，提前开门平层结束。

轿厢发生向下意外移动时的检测原理：当电梯平层开门后，图 7－55 中安全电路继电器 KA2、KA3 保持得电吸合，KA4 失电释放，KA2 和 KA3 的常闭触点 KA2(1，2)、KA3(1，2) 断开，使继电器 KA1 失电。当轿厢发生下行方向的意外移动，使隔光板首先脱离下平层感应器 2LV 时，其常开触点断开，切断主控板下平层端口 X3 的高电平输入，下平层信号无效，主控板提前开门/开门再平层输出继电器 Y5 再次得电吸合，使继电器 KA4 线圈电路再次导通。继电器常开触点 KA4(5，6) 闭合，使主控板端口 X8 输入高电平，主控板开门再平层信号有效，门机接收到开门指令。继电器常开触点 KA4(7，8) 闭合，使门锁短接电路再次短接门锁回路，电梯便在开门状态下执行慢速上行平层功能。如果再平层功能无效，轿厢继续向下行方向移动，隔光板脱离上再平层感应器 UIS 时，其常开触点断开，继电器 KA2 失电释放，KA2 常开触点断开电路板端口 SO1 与 SO2 之间的门锁回路短接电路，门锁回路断开，使制停子系统工作制动器失电抱闸。

轿厢向上意外移动时的检测原理与向下移动时的类似，不再赘述。

(2) 采用限速器的检测子系统（图 7－56）

在限速器上增加轿厢意外移动的检测功能，对电梯开门平层时轿厢相对位置进行检测，当检测到轿厢发生意外移动时，通过操纵机械或电气装置触发双向夹绳器或双向安全钳动作。

(a)　　(b)

图 7－56　限速器

(a) 电子限速器；(b) 双向离心式限速器

图7－56（a）是一款可编程电子限速器。该限速器带有光电传感器，可以精准测量电梯溜车距离及速度，确保轿厢每毫米的位移都能被精准地捕获，并在第一时间内触发制停装置。

图7－56（b）是一款双向离心式限速器。电梯每次到站开门后，利用轿门上独立的轿门检测触点（安全触点，门开时强制断开）断开限速器上的电磁铁，使限速器进入预触发状态。开门后如果轿厢继续移动，带动限速器转动，限速器上的意外移动检测轮碰到电梯铁轴，从而使用限速器触发夹绳器的机构动作。

对于采用限速器的检测子系统，其可以检测到电梯开门状态，且通过与限速器绳轮同步旋转的机械式编码器等装置检测到轿厢的移动，这种系统不需要控制系统参与，可用于老旧电梯轿厢意外移动保护功能的加装。

（3）使用绝对型编码器或者井道位置感应器的检测子系统（图7－57）

通过绝对型编码器或井道位置传感器检测轿厢是否位于平层区域内。当检测到轿厢发生意外移动时，切断安全回路。

（a）　　（b）

图7－57　检测子系统

（a）绝对型编码器；（b）井道位置传感器

2. 制停子系统

制停子系统在接收到检测子系统的动作信号或被操纵装置触发后，应通过其制停部件制停轿厢，使其保持停止状态。制停子系统主要包括三类：作用于轿厢或对重的制停部件、作用于钢丝绳系统（悬挂绳或者补偿绳）的制停部件、作用于曳引轮或者只有两个支撑的曳引轮轴上的制停部件。

（1）作用于轿厢或对重的制停部件（图7－58）

如轿厢（对重）安全钳、双向安全钳、夹轨器等，通常与采用限速器的检测子系统配合使用。

（a）

（b）

（c）

图7－58　作用于轿厢或对重的制停部件

（a）（对重）安全钳；（b）双向安全钳；（c）夹轨器

（2）作用于钢丝绳系统（悬挂绳或者补偿绳）的制停部件（图7－59）

主要是钢丝绳制动器（双向夹绳器），通常与采用限速器的检测子系统配合使用。

图7－59　作用于钢丝绳系统（悬挂绳或者补偿绳）的制停部件

（3）作用于曳引轮或者只有两个支撑的曳引轮轴上的制停部件（图7－60）

如永磁同步曳引机的块式制动器、盘式制动器、钳盘式制动器等。

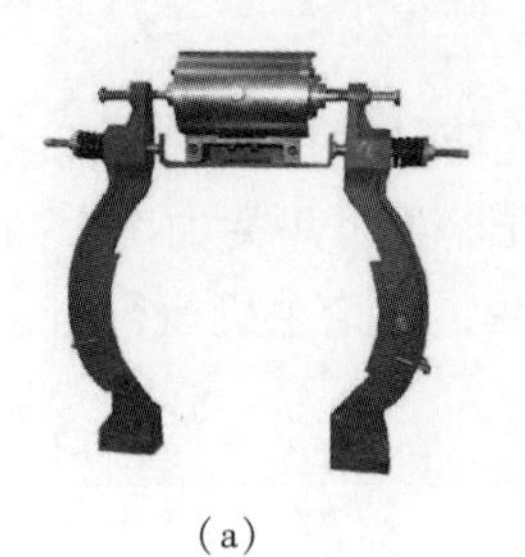

（a）

（b）

（c）

图7－60　作用于曳引轮或者只有两个支撑的曳引轮轴上的制停部件

（a）块式制动器；（b）盘式制动器；（c）钳盘式制动器

制停子系统的触发方式如图7－61所示。

制停子系统应能在轿厢载有不超过100%额定载重的任何载荷情况下发生意外移动时，在下列距离内制停轿厢（图7－62）：

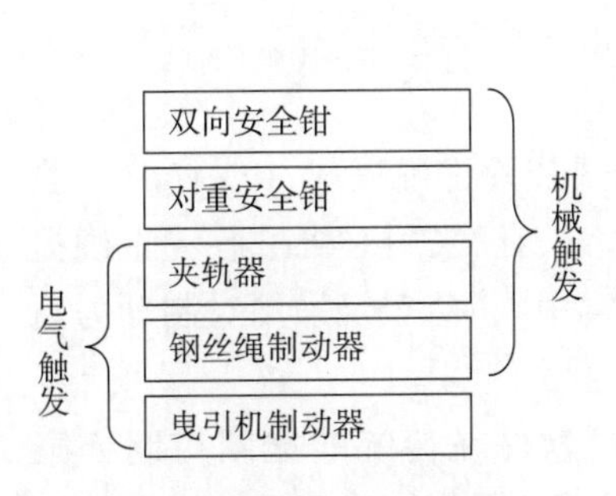

图7－61　制停子系统的触发方式

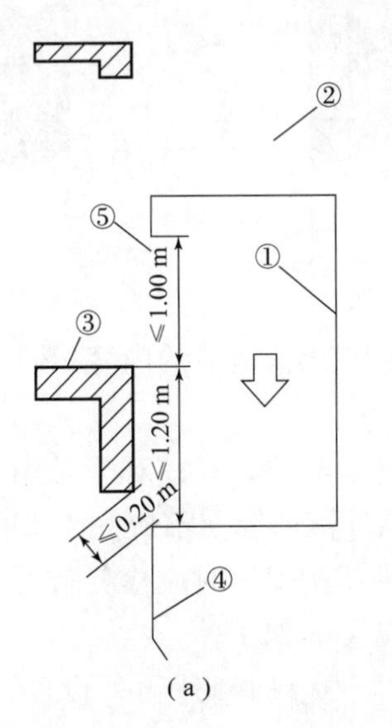

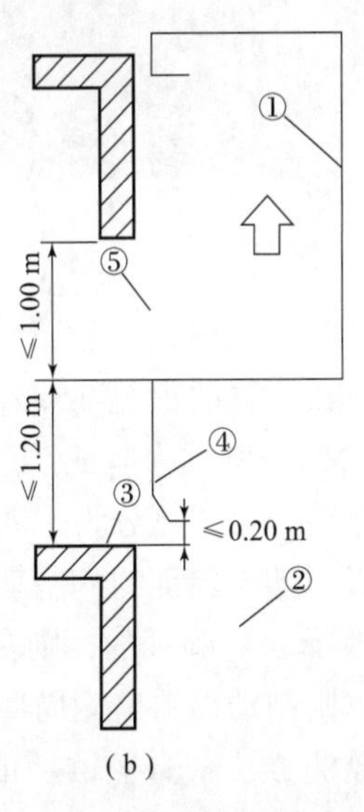

①—轿厢；②—井道；③—层站；④—轿厢护脚板；⑤—轿厢入口。

图7－62　轿厢意外移动——向下和向上移动

（a）向下移动；（b）向上移动

①与检测到轿厢意外移动的层站的距离不大于1.20 m。

②层门地坎与轿厢护脚板最低部分之间的垂直距离不大于0.20 m。

③按第5.2.1.2条设置井道围壁时，轿厢地坎与面对轿厢入口的井道壁最低部件之间的距离不大于0.20 m。

④轿厢地坎与层门门楣之间或层门地坎与轿厢门楣之间的垂直距离不小于1.00 m。

无论轿厢是空载还是满载，在平层位置从静止开始意外移动的情况下，均应满足上述值。

3. 自监测子系统

在使用驱动主机制动器（同步主机）作为轿厢意外移动保护装置的制停元件时，应配备工作制动器自监测子系统，自监测包括对机械装置正确提起（或释放）的验证和（或）对制动力验证。

（1）对机械装置正确提起（或释放）的验证

监测驱动主机制动器提起或释放的装置，以微动开关（安装在驱动主机或制动器上）+控制装置或控制主板（安装于控制柜内）的方式最为常见，制动器微动开关如图7－63所示。制动器开关可以在电梯制动器提起或释放的每个过程进行检测，无论主机运行与否，只要抱闸的输出与微动开关反馈状态不一致，即报故障停梯。

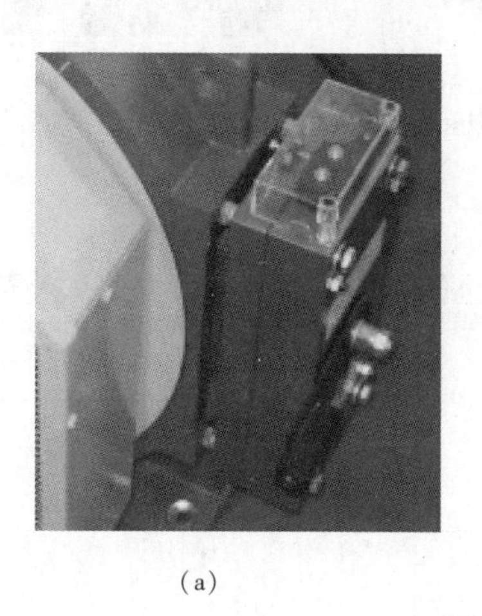
(a)

(b)

图7－63　制动器开关

机械装置的提起（或释放）与第7.2节的内容相同，在此不做赘述。

（2）对制动力验证

制动力自监测分为手动和自动两种方式，对于采用对机械装置正确提起（或释放）验证和对制动力验证的，制动力自监测的周期不应大于15天；对于仅采用对机械装置正确提起（或释放）验证的，则在定期维护保养时应检测制动力（常用）；对于仅采用对制动力验证的，则制动力自监测周期不应大于24 h。

监测方法：自监测功能不需要增加额外的外设件，通过软件在传统的抱闸控制方案上实现。监测时关闭电梯运行，不响应内外召，并有防止关人的措施。在不打开抱闸或只打开单边抱闸的情况下，给主机输出固定的力矩来检测曳引轮有无滑移，如果超出设定的阈值，则报故障停梯。某品牌控制系统制动力自监测软件功能码及参数设定范围见

表7－4。

表7－4 某品牌控制系统制动力自监测软件功能码及参数设定范围

功能码	功能说明	设定范围	备注
F2－37	检测力矩持续时间	1～10 s	设定为0时，按照5 s的默认值处理
F2－38	检测力矩幅值大小	1%～150%电动机额定力矩	设定为0时，按照80%电动机额定力矩的默认值处理
F2－39	检测有问题时的脉冲数	1～20个编码器反馈脉冲	设定为0时，按照3个编码器反馈脉冲的默认值处理
F2－40	溜车距离过大监测值	1°～20°主机旋转机械角度	设定为0时，同步机按照5°、异步机按照10°主机旋转机械角度的默认值处理
F7－09	抱闸力检测结果	0～2	1为合格，2为不合格
F7－10	抱闸力定时检测倒计时	0～1 440	分钟

4. 轿厢意外移动保护装置子系统的组合方式

根据电梯驱动系统和控制系统的不同，轿厢意外移动保护装置需配置一个或多个子系统，几个子系统的组合使用情况如图7－64和图7－65所示。

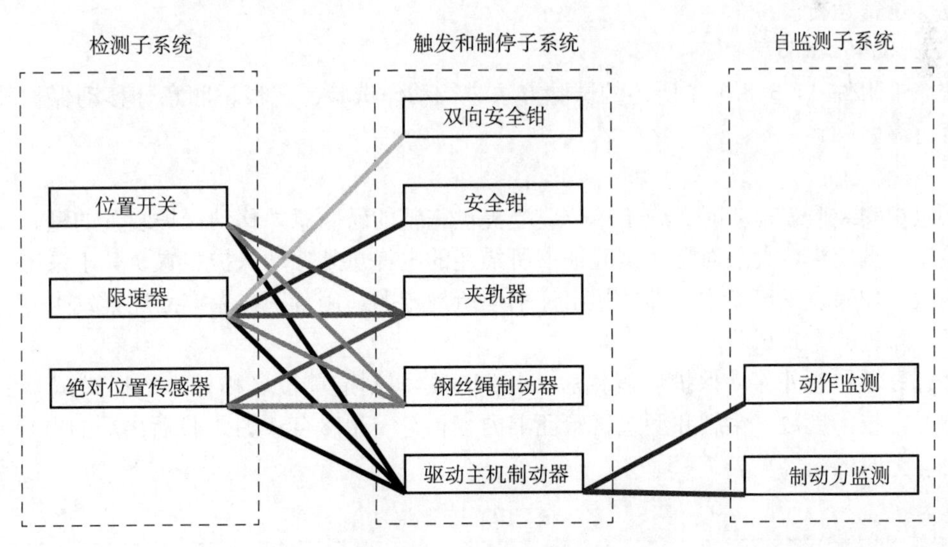

图7－64 轿厢意外移动保护装置子系统组合使用情况1

不具有门开着情况下的平层、再平层和预备操作的电梯，并且其制停部件是符合要求的驱动主机制动器时，不需要检测轿厢的意外移动，即不需要检测子系统。虽然不需要设置检测子系统，但仍然需要由制停子系统和自监测子系统组成的轿厢意外移动保护装置。

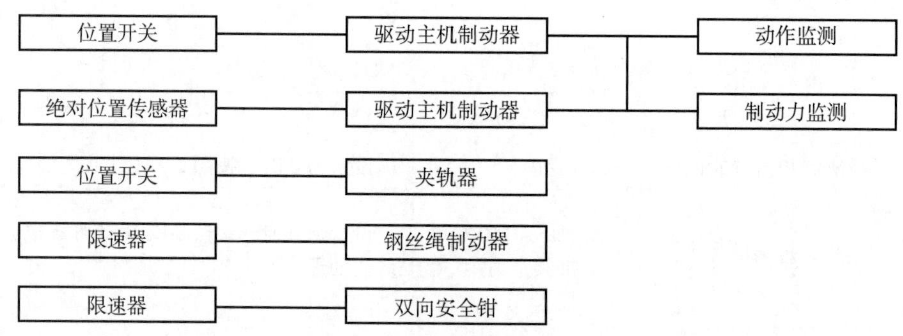

图 7－65　轿厢意外移动保护装置子系统组合情况 2

7.6.3　轿厢意外移动保护装置的检验

《电梯监督检验和定期检验规则》（TSG T7001—2023）A1.3.8 轿厢意外移动保护装置试验规定了本项目的检验内容和测试方法。

A1.3.8.1　试验方法

检查控制柜或者紧急和测试操作屏上是否标有轿厢意外移动保护装置动作试验方法。

A1.3.8.2　电气安全装置

检查轿厢意外移动保护装置上的电气安全装置功能是否有效。

A1.3.8.3　监测功能

采用存在内部冗余的制动器作为轿厢意外移动保护装置制停部件的，检查当制动器机械部件动作（松开或者制动）失效或者制动力不足时，是否能够关闭轿门和层门，并且能够防止电梯正常运行。

A1.3.8.4　试验

按照本附件 A1.3.8.1 条所述的试验方法进行动作试验，观察轿厢意外移动保护装置动作是否可靠。

1. 检验要点

①电梯安装监督检验时，施工单位应当提供完整的轿厢意外移动保护装置的型式试验证书。检验人员应当认真核对型式试验证书所描述的电梯意外移动保护装置及其子系统与实物是否一致，如果发现产品主要参数超出证书中所规定的适用范围或者产品配置发生变化，应当要求重新进行型式试验。

②查看轿厢意外移动保护装置铭牌，铭牌应标明制造单位名称标志、型式试验证书编号、型号、技术参数。铭牌和型式试验证书内容相符。2018 年 1 月 1 日后出厂的电梯 UCMP 铭牌上应标明的内容见表 7－5。

表 7－5　UCMP 铭牌内容

• 产品型号、名称	• 允许系统质量范围
• 制造单位名称及其制造地址	• 允许额定载重量范围
• 型式试验机构的名称或标志	• 所预期的轿厢减速前最高速度范围
• 出厂编号	• 出厂日期

2. 分析要点

轿厢的移动距离即制停距离，是指在制停子系统（即制停部件）制停过程中，轿厢从开始减速到完全停止所经过的距离。图 7－66 所示为电梯轿厢从平层位置开始发生意外移动后，从检测子系统检测到意外移动，到制动子系统被触发，再到轿厢被制停的时间和行程示意图。

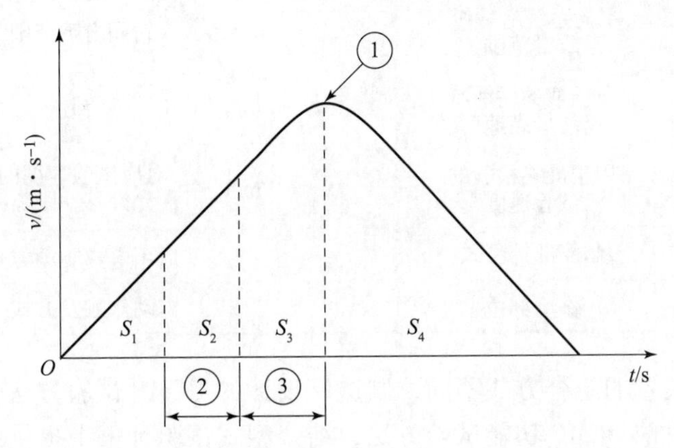

图 7－66　轿厢被制停的时间和行程示意图

图中相关符号含义如下：

①—在制停部件作用下开始减速的点；

②—轿厢意外移动检测和任何控制电路的相应时间；

③—触发电路和制停部件的响应时间；

S_1——检测子系统的最大检测距离；

S_2——检测子系统的响应时间内轿厢移动的距离；

S_3——触发与制停子系统的响应时间内轿厢移动的距离；

S_4——检测子系统的制停距离。

根据 GB 7588—2003 第 1 号修改单的要求，$S_1+S_2+S_3+S_4 \leqslant 1.2$ m。在 UCMP 的型式试验合格证中，检测到轿厢意外移动时轿厢离开层站的距离即为 S_1（表 7－6），对应试验速度的允许移动距离为 S_3+S_4（表 7－7）。

表 7－6　轿厢离开层站的距离

硬件版本		软件版本	（适用于PESSRAL）
硬件组成			
检测元件安装位置		检测到意外移动时轿厢离开层站的距离	mm
制停子系统型式		响应时间	ms
工作环境			

表 7－7　允许移动的距离

<table>
<tr><td colspan="2">产品名称</td><td colspan="2"></td><td>产品型号</td><td></td></tr>
<tr><td colspan="2">适用工作环境</td><td colspan="2"></td><td>适用防爆型式</td><td></td></tr>
<tr><td rowspan="6">制停子系统</td><td rowspan="6">适用范围</td><td>系统质量范围</td><td>kg</td><td>额定载重量范围</td><td>kg</td></tr>
<tr><td>平衡系统/平衡重质量范围</td><td></td><td>轿厢自重范围</td><td>kg</td></tr>
<tr><td>所预期的轿厢减速前最高速度</td><td>m/a</td><td>悬挂比</td><td></td></tr>
<tr><td>用于最终检验的试验速度</td><td>m/a</td><td>对应试验速度的允许移动距离</td><td>m</td></tr>
<tr><td>制停部件型式</td><td></td><td>适用电梯驱动方式</td><td></td></tr>
<tr><td>作用部位</td><td></td><td>动作触发方式</td><td></td></tr>
</table>

意外移动保护装置的组合方式不同，制造厂设计的 UCMP 试验方法也各不相同。检验人员可按照厂家提供的 UCMP 功能试验方法，结合型式试验证书上提供的试验速度进行功能试验。

除厂家提供的试验方法以外，针对采用不同型式的意外移动保护装置，检验人员在大多数情况下可采用以下常规检验方法开展本项目的检验。

1）对于采用驱动主机制动器作为意外移动保护装置制停部件的电梯，可按下列方法进行检验：

①移动距离检验。

空载轿厢停在井道上部，在电梯相关运行部件上制作标记并确定参考位置，将轿厢向下移动，使标记离开参考位置一定距离，然后使轿厢以试验速度上行。当标记和参考位置平齐时，断开安全回路，触发该制动器，制停轿厢，测量标记与参考位置间的距离，得到移动距离 K。将制停距离与型式试验证书上的“对应试验速度的允许移动距离”进行比较。

合格判定条件为：$K \leqslant$ 型式试验合格证书上的“对应试验速度的允许移动距离”。

②自监测功能检验。

自监测包括对机械装置正确提起（或释放）的验证和（或）对制动力的验证。当制动器提起（或者释放）失效，或者制动力不足时，能防止电梯的正常启动。

a. 本项目中对制动器机械装置正确提起（或释放）的自监测功能通常采用第 7.3 节中介绍的“制动器故障保护功能的检验”方法来实现，其具体检验方法见 7.3 节。

b. 制动力的验证：采用电梯制造单位提供的试验方法进行验证。通常采用电梯专用操作器，使电梯进入“制动力验证”模式。控制系统在不打开抱闸或只打开单边抱闸的情况下，给主机输出固定力矩的同时检测曳引轮有无滑移，当滑移超出设定的阈值时，则报故障停梯。

2）对于采用电气触发夹轮器、夹绳器等作为意外移动保护装置制停部件的电梯，无自监测功能，可按下列方法进行检验：

将空载轿厢停在井道上部，电梯进入检修或紧急电动控制状态，确认轿厢检修运行速度为型式试验证书所列的“用于最终检验的试验速度”。在电梯相关运行部件上制作标记并确定参考位置，轿厢检修下行使标记离开参考位置一定距离，再操作电梯检修上行，通过松闸扳手使工作制动器保持在松闸状态。当标记和参考位置平齐时，断开安全回路，触发夹轨器，在此过程中，松闸扳手始终使工作制动器保持在松闸状态，仅停靠夹轨器制停轿厢，测量标记与参考位置间的距离，得到移动距离 K。将制停距离与型式试验证书上的“对应试验速度的允许移动距离”进行比较。

合格判定条件为：$K \leqslant$ 型式试验合格证上的“对应试验速度的允许移动距离”。

3）对于采用限速器机械触发的双向安全钳（或双向夹绳器）作为意外移动保护装置制停部件的电梯，无自监测功能，可按下列方法进行检验：

将空载电梯轿厢置于次顶层平层位置，电梯进入检修或紧急电动控制状态，确认轿厢检修运行速度为型式试验证书所列的“用于最终检验的试验速度”。采用拆除电磁阀供电线等方式使限速器意外移动检测机构处于动作状态。通过松闸扳手使工作制动器保持在松闸状态，操作电梯检修上行，模拟轿厢发生向上的意外移动故障，直到限速器检测机构机械或电气动作后触发钢丝绳制动器（或双向夹绳器）工作，使轿厢停止移动并保持静止。在此过程中，松闸扳手始终使工作制动器保持在松闸状态。测量轿厢地坎与层门地坎之间的垂直移动距离为 K，$K-S_1$（S_1 为检测子系统的最大检测距离）的值即为制停距离，将制停距离与型式试验证书上的“对应试验速度的允许移动距离”进行比较。

合格判定条件为：$K-S_1 \leqslant$ 型式试验合格证上的“对应试验速度的允许移动距离”。

任务7.7　自动救援操作装置功能检测

在电梯运行过程中，因停电造成电梯停运的现象时有发生，当正在运行中的电梯突然遇到供电电网故障而停电时，如果轿厢内有乘客，会导致乘客被困。在传统救援模式下，当电梯停电人员被困后，被困人员通过轿厢内的紧急报警装置联系电梯运行管理部门，管理人员联系电梯救援人员，救援人员到现场后，通过操作电梯紧急操作装置将轿厢移至就近楼层的平层位置，放出电梯内被困人员。虽然该救援方式可以实现对被困乘客的救援，但救援往往花费较长时间，乘客在长时间被困后会产生较大心理压力，甚至做出过激和错误的自救行为，造成伤害事故。

电梯自动救援操作装置（Automatic Rescuer Device，ARD）也称电梯应急装置、停电自动平层装置（图7－67）。电梯自动救援装置在电梯正常运行时，在电梯控制回路之外，在电梯发生停电或供电系统故障时，电梯自动救援操作装置将自动切换投入工作，在满足电梯安全运行（安全与门锁回路导通）的条件下输出电梯所需电能。当电梯

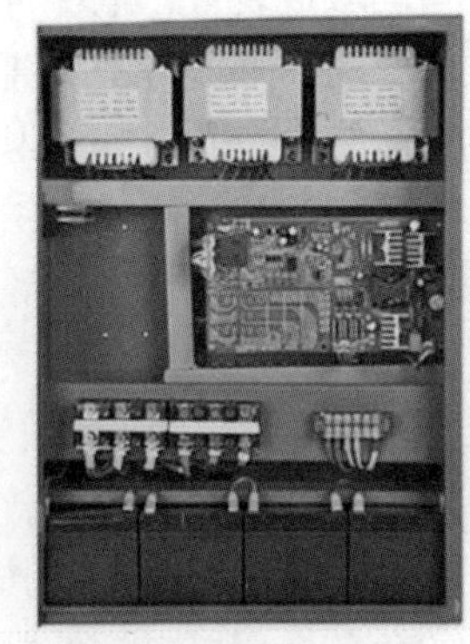

图7－67　电梯自动救援操作装置

轿厢处于开锁区域时，能自动打开轿门和层门；当电梯轿厢处于非开锁区域时，能有效控制运行速度，移动轿厢到邻近层站的平层位置，自动打开轿门和层门，让乘客安全走出电梯，实现快速解救乘客。

7.7.1 自动救援操作装置的结构原理

一般自动救援操作装置由蓄电池组、变压器、逆变器、控制主板、开关等组成。当供电电网正常时，ARD 处于充电或待机状态；当电网断电后，ARD 检测端口检测到外网断电，ARD 将自动切断电网与电梯控制柜的联系，并对电池组电压进行逆变 - 升压后直接输出给电梯或电梯控制柜，控制电梯就近平层并开门；当电网恢复供电时，ARD 将外电网接通到电梯控制柜，电梯恢复正常运行。

自动救援操作装置按输出电压的不同，分为三相 380 V AC、单相 380 V AC、单相 220 V AC 等多种。按与电梯控制系统的关系，主要分为两类：第一类 ARD 采用独立的控制系统，执行自动救援操作运行时，将电梯控制权完全接管过去，控制轿厢运行到最近的平层位置并开门使乘客安全撤离；第二类 ARD 在执行自动救援工作时，只向电梯控制柜提供电源，电梯的所有控制仍由电梯控制柜去完成。

1. 第一类：采用独立系统的电梯自动救援操作装置

这类 ARD 一般是成套的产品，整套装置安装在一个柜体内，其通用性较好，可与大部分的电梯控制柜匹配。这种停电应急救援装置由控制电路及蓄电池两部分组成，其中控制电路一般由检测控制回路、充电回路、逆变回路组成。检测控制回路负责检测电梯供电电源，在电源失电时启动停电应急装置，然后检测电梯的相关信号。

在外电网（市电）正常运行中，电梯自动救援装置对蓄电池进行充电。在外电网（市电）发生故障时，电梯自动救援装置将蓄电池中储存的电能逆变为 380 V AC 输出给电源控制柜。当检测到电梯安全回路接通（如有相序继电器，应短接），并且电梯检修/正常开关处于正常状态时，装置开始工作，向电梯控制柜发出应急操作信号。电梯接收到应急请求信号后，进入应急救援操作。电梯自动救援装置输出 380 V AC 三相交流电源给电梯应急运行。ARD 进一步检测轿厢的位置，如果轿厢在平层位置，停电应急救援装置提供开门电源及信号，电梯开门让乘客撤离；如果轿厢不在平层位置，即启动逆变回路，将蓄电池的直流电逆变成交流电，使驱动主机工作。当电梯低速运行到门区时，电梯控制柜反馈平层信号给电梯自动救援装置，电梯自动救援装置停止三相交流电输出，然后控制系统工作，打开电梯轿门和层门，乘客可安全离开。开门信号反馈给电梯自动救援装置，在电梯开门再延时几秒钟后救援结束，救援装置退出工作。电梯自动救援装置将接通外电网（市电）与电梯控制柜的连接，当外电网恢复供电后，电梯可正常运行。

系统的主拖动回路及开门控制回路如图 7 - 68 所示。图中 QA 为电梯的主电源开关，MD 为驱动主机，YC 为变频器输出接触器，YC1 为停电应急输出接触器。在控制上，YC 和 YC1 应电气互锁。

这一类停电应急救援装置是一套独立于电梯控制柜的装置，它在功能上除了如选层等部分控制功能没有外，其余是与电梯控制柜基本一致的。实际上，停电时它充当了电梯控制柜的角色，所以电梯控制柜的相关规范和标准要求对于该装置也是适用的。需要注意的是，这类停电应急救援装置在拖动时是开环控制的，电动机的转速并没有反馈到逆变板上。对于普

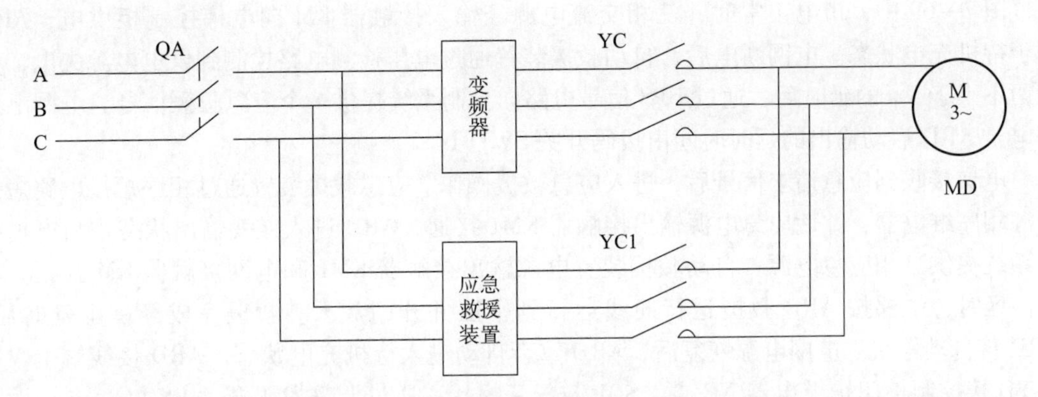

图7－68　系统的主拖动回路及开门控制回路

通异步电动机，采用这种控制是完全可以的，但对同步电动机，采用开环控制显然很难使电动机按照设定的速度正常运转，因此，这类停电应急救援装置一般不能用于同步曳引机上。

2. 第二类：仅提供备用电源供电的电梯自动救援操作装置

这一类停电应急救援装置由蓄电池组和相应的控制线路组成。蓄电池组可放置在救援装置控制柜内或独立放置在控制柜旁，其控制线路一般设置在救援装置控制柜内。

当供电电网正常时，ARD处于充电或待机状态；当外电网（市电）发生故障时，电梯自动救援装置将蓄电池中储存的电能逆变为220 V AC或380 V AC输出给电源控制柜，同时向电梯控制柜发出应急操作信号。电梯接收到应急请求信号后，进入应急救援操作，该装置供电给电梯控制柜（包括变频器）。电梯在由应急救援装置后备电源供电时，仍全部由控制柜控制，以检修或自救速度运行到平层位置开门。

图7－69所示是一种输出电压为三相380 V AC的电梯自动操作救援装置结构原理简图。

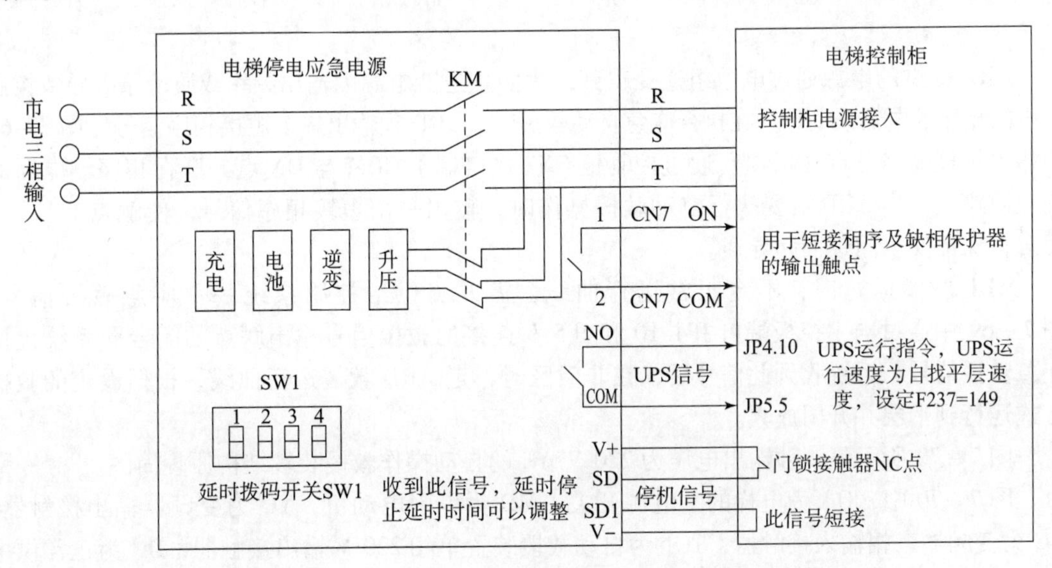

图7－69　自动操作救援装置结构原理简图

图7-69中，市电正常时，三相交流电源经输入接触器KM向电梯控制柜供电，ARD处于待机充电状态。电网断电后，自动救援装置通过电压检测电路检测到供电电源失电，在经历不小于3 s的延时后，通过UPS信号电路向控制系统提供一个应急救援信号。电网电源停电至ARD启动输出的延时时间由拨码开关SW1(1，2）调整。

电梯接收到应急请求信号后，进入应急救援操作，应急救援装置通过相序短接电路短接电源相序继电器，并使应急电源输出接触器KM1接通，ARD进入逆变输出状态，为电梯控制系统提供三相应急电源。自动救援装置电源输出接触器KM1和电网接触器KM互锁。在非门区时，电梯按ARD救援运行曲线运行到平层并开门放人。救援完成经一定延时后，ARD将自动停机。电网电源恢复后，ARD重新自动进入待机充电状态。ARD接线端上V+与SD接控制柜门锁继电器NC点，SD1与V-短接，通过调整拨码开关SW1(3，4）设定ARD救援完成后收到停机信号的时间：使拨码开关SW1-3=OFF，SW1-4=ON，收到门锁继电器闭合信号后延时10 s停止，如果没有此信号，则连续工作180 s后停止；当拨码开关SW1-3=ON，SW1-4=OFF时，门锁继电器闭合后定时15 s停止；当拨码开关SW1-3=ON，SW1-4=ON时，门锁继电器闭合信号后定时30 s停止。

开关门延迟时间调整方式见表7-8。

表7-8　开关门延迟时间

开机延时时间/s	SW1开关位置		关机延时时间/s	SW1开关位置	
	1	2		3	4
5	OFF	OFF	0	OFF	OFF
10	OFF	ON	10	OFF	ON
15	ON	OFF	15	ON	OFF
30	ON	ON	30	ON	ON

ARD提供的电源通过电池组逆变得到，为防止逆变电源因输出频率或质量原因导致控制柜内的相序继电器误动作，在执行应急自动救援时，ARD须输出一个短接相序信号。图7-69中相序短接电路触点（1，2）通过控制柜CN7接口端子COM与ON点并联在相序继电器的安全回路上，当ARD需要执行自动救援操作时，输出一个短接相序信号，使触点（1，2）闭合，保证安全门锁回路导通。

ARD救援运行时，不走正常运行曲线，需要提供给控制系统一个应急救援信号。图7-69中通过与主控板端口JP4.10和JP5.5连接的救援信号输出触点的闭合向系统提供应急救援信号，系统收到此信号后，在非门区时，走ARD救援运行曲线，根据设定的救援方式运行到平层并开门放人。

图7-70所示是一种输出电压为220 V AC的自动操作救援装置结构原理简图。

图7-70中，QA为电梯的主电源开关，MD为曳引电动机，YC为变频器输出接触器，AC为变频器三相输入接触器，TC1为自动救援装置单相220 V输出接触器，DC为正常供电时控制柜变压器输入电源接触器，TC2为停电应急运行时控制柜变压器输入电源接触器。在

控制上，AC 和 TC1、DC 和 TC2 均电气互锁。电源变压器使用单相 220 V 电压输入。

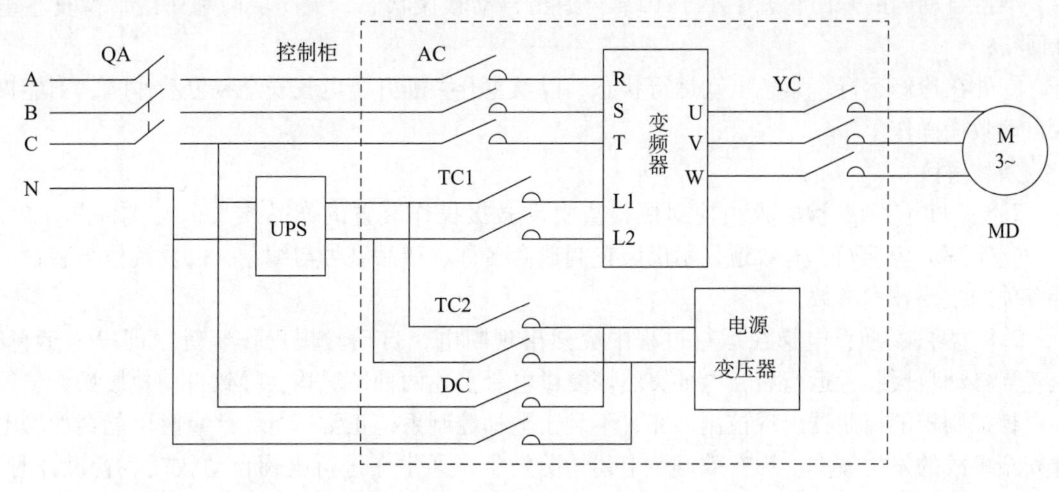

图 7 - 70　自动操作救援装置结构原理简图

供电正常时，充电/逆变器给蓄电池充电，停电时，蓄电池逆变出 220 V 电源供控制柜工作，同时，蓄电池给变频器直流输入端供电，变频器拖动电动机低速运行。

3. 两种 ARD 系统比较

与第一类停电应急救援装置运行时将控制权完全接管过去不同，第二类在工作时只向电梯控制柜提供应急电源，电梯的所有控制仍由电梯控制柜去完成，因此，它不存在对驱动主机、制动器、安全回路等的控制，电梯的平层精度、电动机运转时间限制等功能均由电梯控制柜控制。

（1）通用性

第一类在异步机上具有较好的通用性，但在同步机上的应用受到限制；第二类不能适用于全部的变频器，使用上也受到一定限制，但是，对于变频器生产企业来说，只要市场有需要，要增加单相 220 V 输入或直流低压输入运行功能都是较为简单的，并不需要增加额外的成本。因此，在通用性上，第二类的可发展空间更大。

（2）安全性

第一类停电应急救援装置工作时，直接拖动和控制电梯运行，如果没有严格的控制，其出现危险的可能性是较大的；第二类停电应急装置并没有直接控制电梯运行，而是供电给控制柜，由后者控制电梯，在安全性上，它与正常运行没有多少差别，在恢复正常供电时，也不存在位置信号错误的现象。显然，第二类停电应急装置的安全性能要更好。

7.7.2　停电应急救援装置的检验要求

《电梯监督检验和定期检验规则》（TSG T7001—2023）附件 A1.2.3.7 自动救援操作装置规定了本项目的内容。

如果配置自动救援操作装置，检查其是否符合以下要求：

①装置上设有铭牌，标明产品名称、型号、编号、制造单位名称、技术参数；加装的自动救援操作装置的铭牌与该装置的产品质量证明文件相符；

②当电网电源中断时，至少等待 3 s 该装置才能自动投入救援运行；完成自动救援运行后，维持自动门的开门状态不小于 10 s 再退出自动救援状态，关闭层门和轿门，恢复主电源回路；

③处在检修运行、紧急电动运行状态，以及主开关断开、电气安全装置动作时，不能投入自动救援操作。

条款解读：

2.8（9）①项：检验人员应对照检查自动救援操作装置的产品质量证明文件和铭牌。其中，铭牌上应准确、有效地显示出装置制造商名称、产品型号与编号，以及其他与装置运行有关的主要技术参数。

2.8（9）②项：电梯在运行过程中突然出现断电，自动救援操作装置立即投入运行，或者当自动救援装置运行后，电梯突然恢复供电。上述两种情况均会导致自动救援操作装置和电梯控制柜的控制器出现控制冲突，不利于电梯控制系统正常运行，严重时可能会加剧电梯安全事故的发生概率。为有效避免上述情况发生，通常在进行电梯自动救援装置设计时，要求装置的救援操作状态和控制柜的正常操作状态具有可靠的电气互锁，在外电网断电至少等待 3 s 后自动投入救援运行，电梯自动平层并且开门。

检验方法：将检修、紧急电动运行等开关置于正常位置，安全回路和门锁回路正常连通，轿厢位于中间楼层正常运行，切断外电网电源开关（应注意，断开的不是电梯主电源开关）。此时电梯自动救援操作装置在外电网断电后等待 3 s 以上后进入救援状态，控制电梯运行至平层区，并打开电梯门。

2.8（9）③项：为保证检修人员以及乘客安全，当电梯处于检修运行、紧急电动运行、电气安全装置动作或者主开关断开时，ARD 不得投入救援运行。

当人员正在操作电梯检修运行、紧急电动运行时，停电应急救援装置如果自动投入工作，启动电梯，维修人员在毫无准备的情况下，很容易造成伤害。

当维修人员需要断开电梯主电源开关时，如果停电应急救援装置自动投入工作，启动电梯，容易造成维修人员的伤害。因此，自动救援操作装置的接线必须确保电梯的主电源开关切断时，自动救援操作装置不投入救援运行。

与电梯正常运行时一样，在 ARD 起作用时，电梯的安全回路也必须起作用。当安全回路中的各个安全保护装置的电气开关、门联锁检测开关、急停开关、验证轿门关闭的电气安全装置等中的任何一个开关动作而造成安全回路断开时，必须保证电梯停止。

检验方法：

将电梯分别置于检修、紧急电动运行状态，切断外电网电源开关后，ARD 不得投入运行；

将电梯置于正常状态，保持外电网电源供电，仅断开电梯主电源开关，ARD 不得投入运行；

将电梯置于正常状态，保持外电网电源供电，使电梯电气安全装置动作，切断外电网电源开关，ARD 不得投入运行。

2.8（9）④项：自动救援操作装置应设有非自动复位开关。将电梯置于正常状态，人为关闭该开关，切断外电网电源开关，ARD 不得投入运行。

附录　常用的电气图形符号

常见电气图符号

本章所绘制电路图中采用的文字符号、图形符号及功能说明见附录表－1～附录表－5。

附录表－1　电源、电压、导线

序号	文字符号	说明
1	L1	三相交流电源第一相
2	L2	三相交流电源第二相
3	L3	三相交流电源第三相
4	N	中性线（零线）
5	PE	保护接地线
6	PEN	中性和保护接地共用线
7	U	三相交流用电设备端第一相
8	V	三相交流用电设备端第二相
9	W	三相交流用电设备端第三相
10	R	调速装置进线端第一相
11	S	调速装置进线端第二相
12	T	调速装置进线端第三相
13	AC	交流电
14	DC	直流电
15	+	正极
16	-	负极

附录表－2　端子、插座

序号	图形符号	说明
1		端子，一个连接点
2		端子，两个连接点
3		三极插座，有 PE
4		设备 PE 连接点

附录表 –3　线圈、触点

序号	图形符号	文字符号	说明
1	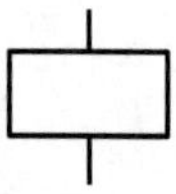	KM	常规接触器线圈
		KA	常规继电器线圈
2	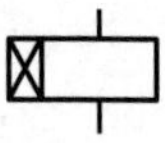	KT	通电延时继电器线圈
3		KM	常开主触点
4		KM	常闭主触点
5		KM（KA）	接触器（继电器）常开辅助触点
6		KM（KA）	接触器（继电器）常闭辅助触点
7		KT	断电延时断开的常开触点
8			断电延时闭合的常闭触点
9			通电延时闭合的常开触点
10			通电延时断开的常闭触点

附录表 –4　开关、按钮

序号	图形符号	说明
1	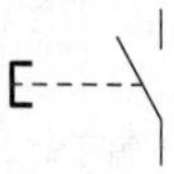	按钮开关（不闭锁）
2	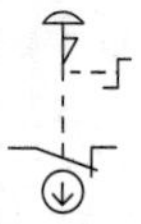	急停开关，旋转复位
3		旋转开关（闭锁）

续表

序号	图形符号	说明
4	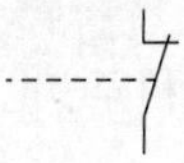	多位置开关的联动常闭触点
5	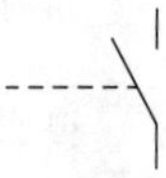	多位置开关的联动常开触点
6		钥匙开关（闭锁）
7		位置开关，常闭触点
8	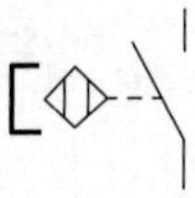	磁开关，常开触点
9	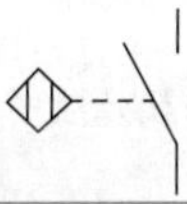	光电开关，常开触点

附录表－5 用电设备、安全保护、电子器件

序号	图形符号	说明
1	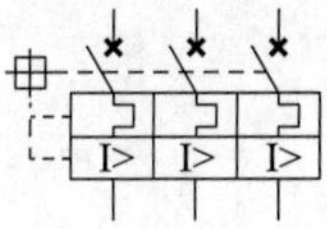	三相断路器（6 极）
2	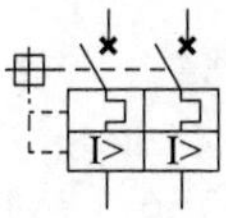	单相断路器（4 极）
3	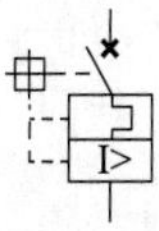	单相断路器（2 极）
4	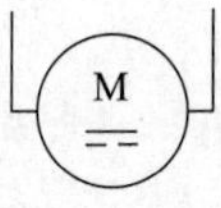 M	单线圈直流电动机
5	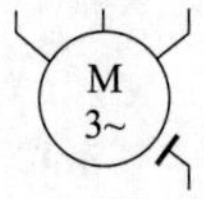 M 3~	三相异步电动机（单速）

续表

序号	图形符号	说明
6	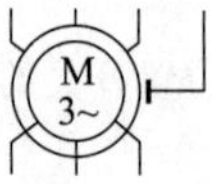	三相异步电动机（双速）
7	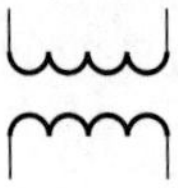	单相变压器
8	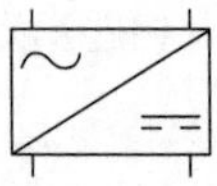	单相整流器
9		熔断器
10	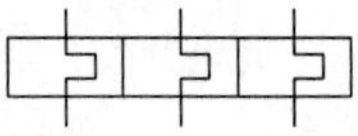	三相双金属片式热继电器（过热释放）
11	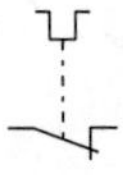	热继电器常闭触点
12	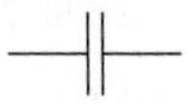	电容
13		电感
14	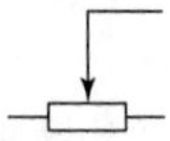	可调电阻器
15		电阻
16		警铃
17	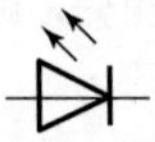	发光二极管

续表

序号	图形符号	说明
18	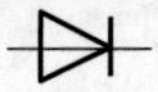	二极管
19	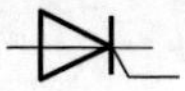	可控硅（晶闸管）
20		灯

参考文献

[1] 叶安丽. 电梯控制技术 [M]. 北京：机械工业出版社，2007.
[2] 常国兰. 电梯自动控制技术 [M]. 北京：机械工业出版社，2012.
[3] 段晨东，张彦宁. 电梯控制技术 [M]. 北京：清华大学出版社，2015.
[4] 马宏骞，石敬波. 电梯及控制技术 [M]. 北京：电子工业出版社，2013.
[5] 陈恒亮. 电梯基础知识与保养 [M]. 北京：中国劳动社会保障出版社，2014.
[6] 林凯明，彭成淡. 曳引电梯主要部件及功能检验检测技术 [M]. 北京：中国电力出版社，2019.
[7] 顾德仁. 电梯电气构造与控制 [M]. 南京：江苏凤凰教育出版社，2018.
[8] 顾德仁. 电梯电气原理与设计 [M]. 苏州：苏州大学出版社，2013.
[9] 郭宝忠，沈华. 电梯控制原理与调试技术 [M]. 北京：中国轻工业出版社，2016.
[10] TSG T7001—2009. 电梯监督检验和定期检验规则：曳引与强制驱动电梯 [S]，2009.
[11] GB 7588—2003. 电梯制造与安装安全规范 [S]，2003.
[12] 李惠昇. 电梯控制技术 [M]. 北京：机械工业出版社，2003.